AI 地质图生成技术与方法
——基于地质路线深度学习

李超岭　李丰丹　刘　畅　唐　振　林　敏　付　偲
汤建荣　施　璐　陈忠良　李五福　刘　爽　吕　霞
刘园园　周邦国　张新远　尤洪喜　黄　蒙　黄金明　编著
葛海影　曹锦山　钱　程　欧阳光文　　　　庞雪娇
王　翔　王　伟　邓佳良

地质出版社
·北　京·

内 容 提 要

本书详细介绍了把数字填图地质路线数据转换成填图对象知识标签，再通过半监督的标签数据增强和多模态数据同化处理的技术方法，建立了基于知识标签多模态数据多级中间层融合提取特征的全连接神经网络模型，实现了细粒度填图对象的高精度识别与定位和人工智能地质图输出。并给出了火山岩区、沉积岩区、变质岩区、造山带5个试点图幅的示范结果和效果的评价与分析。

本书可供地质填图、地质调查、地质信息技术、AI技术等专业技术人员和大中专院校相关专业的师生参考。

This book provides a detailed description of the techniques for converting digital geological route data into mapping object knowledge labels. It introduces a method that uses semi-supervised label enhancement and multimodal data assimilation processing to establish a fully connected neural network model based on knowledge labels. This model integrates multiple layers of multimodal data, facilitating high-precision identification and localization of fine-grained mapping objects and the output of AI-generated geological maps. The book presents demonstration results and effectiveness analyses for five pilot map areas including volcanic, sedimentary, metamorphic, and orogenic zones. It serves as a reference for professionals and students in geological mapping, geological survey, geological information technology, and AI technology.

图书在版编目（CIP）数据

AI地质图生成技术与方法：基于地质路线深度学习／李超岭等编著. --北京：地质出版社，2024.7.
ISBN 978-7-116-14262-6

Ⅰ.P623.7-39
中国国家版本馆CIP数据核字第2024X2Q904号

AI DIZHITU SHENGCHENG JISHU YU FANGFA——JIYU DIZHI LUXIAN SHENDU XUEXI

责任编辑：张　诚　费详惠　吴宁魁
责任校对：田建茹
出版发行：地质出版社
社址邮编：北京海淀区学院路31号，100083
电　　话：（010）66554528（邮购部）；（010）66554627（编辑室）
网　　址：https://www.gph.clmpg.com
传　　真：（010）66554686
印　　刷：北京地大彩印有限公司
开　　本：889 mm×1194 mm　1/16
印　　张：19.5
字　　数：560千字
版　　次：2024年7月北京第1版
印　　次：2024年7月北京第1次印刷
审 图 号：GS京（2024）1383号
定　　价：128.00元
书　　号：ISBN 978-7-116-14262-6

序

人工智能地质图自动生成技术与方法是数字地质调查全流程中最后一个结点，也是数字地质调查全流程技术与方法一直追求的最高目标。

自然资源部首批科技创新团队——地质调查主流程信息化团队经过15年的调查研究，实现了野外路线数据采集、野外路线总图、实际材料图、编稿原图及地质图全流程不同阶段、不同节点的数字化、计算机化、信息化及数据、流程的一体化。从2018年开始，经过5年的人工智能地质图自动生成技术方法研究与实践，形成了一套比较成熟的深度学习人工智能地质填图生成建模方法，并在此基础上，编纂了《AI地质图生成技术与方法——基于地质路线深度学习》专著。

专著提出了使用人工智能生成AI地质图的一种新方法，能够更好地利用遥感、地球物理、地球化学等多模态数据的互补性，提取跨模态数据的高维空间特征，特别适合地质填图大数据量、地质对象丰富和填图单位岩性组合复杂等特点的地质图建模，它已非单一的岩性图或岩石类型图建模方法，这个主题和方法可以扩展到地质矿产调查、环境地质调查、海岸带地质调查等更多的地质调查领域。

专著针对地质填图和实测地质图的特点，利用多模态数据挖掘技术，研究建立了基于地质路线的AI地质图生成的核心技术体系：对不同模态的数据进行更精细的特征表示，实现了有效的跨模态匹配，使模态互补优势达到了最优；通过研究单个与多个共享层逐渐融合的优劣对比，构建了有效的融合模型框架；研究监督与半监督结合的多模态学习方法，使融合模型框架效果更加真实，性能更加稳定。

专著针对多模态地质基础数据特点，研究了多个共享特征的表示或融合层的细粒度控制融合策略，提出的模态数据中间层融合深度神经网络地质图生成模型架构（简称IF-DNN），在提高模型精度和鲁棒性以及小样本类的识别精度等方面，均表现出较大优势。

专著基于地质路线是地质图生成的基础这一原理，提出了地质路线填图对象标签制作方法。地质路线是野外地质实际观察的点和路线，也是最基础粒度最细的地质数据，其制作方法和过程与地质填图应用场景相匹配，更有利于落地应用。

专著采用多次采样与半监督相结合的方法，研究创建了极少真标签到真伪混合标签再到大样本集高可信伪签的生成技术方法。这一方法可以把地质路线具有少标签、长尾现象和样本不均匀给建模带来的影响减小到最低；通过扩大采样范围来提高建模精度并能充分体现分类对象在空间的相邻关系。该研究成果对输出的分布形态是否更逼近实测地质图具有重要意义。

通过沉积岩区、火山岩区、变质岩区、造山带及覆盖区等 5 个试点图幅的填图实践，证明本书所提出的方法可以达到或接近实测地质图的水平，甚至在一些填图对象的分布和精度方面还优于人工填图。在浅覆盖区，部分填图对象能更好地反映浅覆盖层下的地质体及其分布特征。这些特点特别有助于在野外分析研究地质问题。深度学习地质填图技术与方法是信息化时代建设数字中国背景下地质调查必由之路，它不仅可以创新填图方法，还可以变革人们认知地球的思维方式。

区域地质调查是一项基础性地质工作，是各项地质工作的先行步骤，地质图件是体现地质勘查成果的重要产品。本书的编纂出版，对于提高地质调查和地质图件编研精度、效速、质量和水平，以及推动地质调查研究的创新发展，都具有十分重要的指导意义。

作为一名长期从事地质调查研究和地质图编研的地质工作者，我拜读了本书，倍感亲切，获益良深，欣以为序。

李廷栋

2024 年 7 月 12 日

前　言

人工智能地质图自动生成技术与方法是数字地质调查主（全）流程中最后的一个结点，也是数字地质调查全流程技术与方法一直追求的最高目标。

自然资源部首批科技创新团队——地质调查主流程信息化团队用了15年时间实现了野外路线数据采集、野外路线总图、实际材料图、编稿原图、地质图全流程不同阶段不同节点的数字化、计算机化、信息化及（数据、流程）一体化。但在最终产品——地质图的制作上，还是需要地质人员自主编辑，计算机只是一个编图工具而已。如何采用AI技术，自动生成人工智能地质图自然作为最后一个堡垒需要攻克了。

当前，云计算、大数据、物联网、人工智能、知识库等新一代信息技术为知识智能化提供技术支持和基础。而地质填图知识、实测地质图数据、算法和算力构成AI人工智能地质填图发展的四大要素也已经具备。

在算法上，神经网络研究领域领军者Hinton在2006年提出了神经网络Deep Learning算法，使神经网络的能力大大提高，向支持向量机发出挑战。同年，Hinton和他的学生Salakhutdinov在顶尖学术刊物*Science*上发表了一篇文章，开启了深度学习在学术界和工业界的浪潮，彻底改变了2006年前尝试训练深度架构都失败的状况。从2006年以后，大量的关于深度学习的论文被发表。并随着大数据出现和计算能力极大提升，使深度学习模型的算法不断取得突破，深度学习的出现，让图像、语音等感知类问题取得了真正意义上的突破，离实际应用已如此之近，将人工智能推进到一个新时代。上述的发展与应用，全面为人工智能在传统的地质行业应用落地奠定了基础。

在算力上，GPU诞生至今40余年，凭借GPU强大的计算能力，超级计算机在数据处理、物理模拟、天气预测、现代制药、基因测序、先进制造、人工智能、密码分析等方面都有着广泛的应用。目前本团队AI的算力情况在国内同行处于领先或先进水平。单精度浮点性能算力单台65.6万亿次，深度学习算力单台520万亿次。

在地质图数据和地质填图知识上，中国地质调查经过百年地质调查的历程，积累了大量的数据和地质填图知识。以区域地质调查为例，目前，全国1∶5万地质调查覆盖率为44.5%，占可测面积的50.5%。其中的地质路线记录、实际材料图、PRB路线数据、PRB图幅库、PRB实际材料数据库、地质图空间数据库、图幅说明书等，无论是传统的纸介质还是现在的数据库都为构建区域地质调查知识图谱库和地质路线知识标签样本库的条件已经非常成熟，把地质图数据库提升为地质填图知识智能服务、形成精度更高的人工智能地质图成为可能。

地质调查主流程信息化团队从2018年1月启动人工智能地质图技术方法研究。联合福建省地质调查研究院、中国地质调查局沈阳地质调查中心，以火山岩知识库构建为起点，把单一的填图单位的识别与分类提升到地质图预测的水平作为制高点，选取了33幅1：5万地质图或正在开展的填图图幅，经过数百次的建模试验、分析验证、野外验证和示范，通过对比发现了各种参数、知识成熟度、多尺度、多模式数据与预测精度的关系，形成了一套深度学习人工智能地质填图的初步建模方法。2019—2020年又联合中国地质调查局成都地质调查中心、青海省地质调查院、安徽省地质调查院、中国地质调查局昆明自然资源调查中心开展了沉积岩区、变质岩区、造山带区1：5万、1：2.5万区域地质调查人工智能地质图深度试验，从而形成了人工智能地质图生成技术总体框架与主要关键技术、地质路线填图对象知识标签构建、地质对象知识特征载体数据的组成与同化处理、地球物理数据特征增强处理、地质路线填图对象知识少样本增强技术、地质路线填图对象知识标签样本不均衡处理技术、人工智能地质图自动生成建模模型结构、人工智能地质图输出、人工智能地质图精度评价指标等内容组成的技术体系，从而实现了基于地质路线深度学习的填图对象识别、定位与人工智能地质图自动生成方法。

该方法在提高实测地质图精度和填图效率，充分发挥已有多尺度、多专业地质数据深度融合潜能，具有很强的能力，可满足最大4幅联测1：5万填图实际应用需求。该方法把数字填图地质路线数据转换成填图对象知识标签，再通过标签数据增强和多模态数据同化处理的技术方法，建立了基于知识标签的多模态数据多级中间层融合全连接神经网络模型，实现细粒度填图对象的高精度识别与定位和人工智能地质图输出。通过填图示范应用，证明该方法可以准确地反映测区的地质格架和空间分布形态，同时在填图单位细粒度精确识别、地质界线与接触关系识别、火山机构识别及浅覆盖揭露等方面具有很强的能力，把地质填图对象识别与分类，提升到逼近实测地质图的水平，部分填图对象分布及精度优于人工填图，火山岩区、沉积岩区、变质岩区、造山带区人工智能地质图建模精度全部都在97%以上，地质对象类平均召回率（指地质对象识别率含分布形态等）均在90%以上。人工智能地质图的空间表达，还有利于新问题、新信息的发现，对于野外地质问题的加深认识和分析具有很强的指示意义。该方法也适用其他相关地质调查工作应用，如矿产资源调查、环境地质调查等。

2020年12月在福建省福州市召开了智能地质调查技术应用示范研讨会暨填图单位及地质路线数据深度学习地质图预测技术与方法研讨会。会议邀请了4位首席地质填图科学家、6位图幅地质填图科学家、4位工程首席、中国地质调查局区调处负责人及相关人员28人参加了会议。专家一致认为“深度学习地质填图技术与方法是信息化时代建设数字中国背景下的历史必然，不仅创新填图方法，还变革了人们认知地球的思维方式，意义十分重大。”

本书是以自然资源部首批科技创新团队——地质调查主流程信息化团队为主要研究人员，联合试点与示范项目的地质专业人员，在经过5年（2017—2022年）的研究、试验、示范的基础上，共同编写完成的。参与编写人员来自中国地质调查局发展研究中心、中国地质调查局沈阳地质调查中心、中国地质调查局成都地质调查中心、福建省地质调查研究院、青海省地质调查院、安徽省地质调查院、中国地质调查局昆明自然资源综合调查中心及北京林业大学信息学院。全书由李超岭执笔编写和统稿。其中李丰丹、刘爽参与了第3章内容的编写。刘畅、李丰丹、黄金明参与了第4章内容的编写。付偲、刘爽、刘畅、李丰丹、吕霞、刘园园参与了第6、11、12、13章有关建模报告内容的编写。刘畅、李丰丹参与了第7章内容的编写。付偲、刘畅、刘爽、李丰丹参与了第8章内容的编写。第9章9.3节和9.5节由唐振执笔，刘畅、李丰丹参与了编写。唐振、施璐、林敏、汤建荣、李五福、张新远参与了第10章AI地质图评价内容的编写，刘畅、刘爽、李丰丹参与了第10章建模计算和计算报告的编写。第11章由唐振、施璐、林敏、汤建荣、尤洪喜、钱程、庞雪娇等执笔编写。第12章由陈忠良、黄蒙、葛海影、王翔、邓佳良等执笔编写。第13章由李五福、张新远、曹锦山、欧阳光文、王伟等执笔编写。另外，向运川提供了第4章4.3.3节地球化学数据处理相关内容。周邦国参与了第9章9.1节内容的编写。中国地质调查局南京地质调查中心周效华高级工程师提供了第5章5.1.1节一条PRB地质路线输出的实例数据。

在本书编写过程中，得到中国地质调查局天津地质调查中心首席地质填图科学家辛后田、中国地质调查局沈阳地质调查中心首席地质填图科学家张立东、中国地质调查局南京地质调查中心首席地质填图科学家蒋仁和图幅地质填图科学家褚平利、中国地质调查局西安地质调查中心首席地质填图科学家辜平阳、中国地质调查局沈阳地质调查中心图幅地质填图科学家汪岩、中国地质调查局昆明自然资源综合调查中心图幅地质填图科学家吴亮、河南省地质调查院图幅地质填图科学家翟文建、广东省地质调查院图幅地质填图科学家李瑞、安徽省地质调查院正高级工程师夏军、福建省地质调查研究院教授级高级工程师马金清以及中国地质调查局区调处邱士东处长、刘大文副处长等专家领导的指导，在此对上述各位专家和领导深表感谢。同时感谢昆明理工大学温兴平教授，中国地质调查局发展研究中心向运川研究员，福建地质调查院研究周国武、丘国春，中国地质调查局昆明自然资源综合调查中心李金旺、李鸿等地质人员参与试点和在数据整理、处理等工作中的付出。

就在本专著出版之际，地质调查主流程信息化团队通过坚持不懈的研究，目前已经基本上建立了一个人工智能地质填图应用技术系统，可以适合从地质填图空白区（零地质路线，无标签）到不同工作程度的地质填图工作（不同路线密度和标签）的全过程应用，并正在开展更深入的研究，以不断地健全和完善该系统。

本书的核心部分2024年7月已以论文的形式在遥感领域顶级期刊（*Remote Sensing of Environment* 309（2024）114214）发表，可以在https://doi.org/10.1016/j.rse.2024.114214获得全文。

最后借用“计算机领域诺贝尔奖”之称的2021年度图灵奖获奖者田纳西大学电气

工程和计算机科学系教授、高性能计算先驱、超算 TOP500 创始人 Jack J. Dongarra 在上海 2022 年世界智能大会报告的结束语（摘自微软的一份报告《计算未来》）作为该书前言的结束语，“AI is disruptive. It won’t replace the scientist, but scientists who use AI will replace those who don’t.”（AI 是颠覆性技术。它不会取代科学家，但使用人工智能的科学家将取代那些不使用人工智能的科学家）。

由于笔者水平有限，本书难免存在疏漏，不当之处，恳请读者批评指正。

作者

2024 年 7 月

目　录

第1章 引 言

1.1 人工智能与地质调查融合迎来落地阶段

众所周知，人工智能的发展，离不开计算、算法和数据，计算是基础。所以说大数据+计算能力+算法是人工智能实现依赖的三大要素。

从1956年美国达特茅斯会议首次提出“人工智能”的概念，到如今新一轮科技革命和产业变革方兴未艾，算法、大数据、5G等为公众所熟知，“人工智能”正在全球范围内蓬勃兴起，成为科技创新的“超级风口”。人工智能的发展经历了三起三落：20世纪50—70年代，人工智能提出后，力图模拟人类智慧，但是由过于分简单的算法、匮乏的难以应对不确定环境的理论，以及计算能力的限制，使其逐渐受到冷落。20世纪80年代，人工智能的关键应用——专家系统得以发展，但是数据较少，难以捕捉专家的隐性知识，建造和维护大型系统的复杂性和成本也使得人工智能渐渐不被主流计算机科学家所重视。进入20世纪90年代，神经网络、遗传算法等科技“进化”出许多解决问题的最佳方案，于是21世纪前10年，复兴人工智能研究进程的各种要素，例如摩尔定律、大数据、云计算和新算法等，推动人工智能在21世纪20年代进入快速增长时期。人工智能经历了三起三落，如今是第三波浪潮，因为计算能力得到极大提升，以及大规模的数据出现和算法突破，人工智能实现依赖的三大要素突破为人工智能的落地应用奠定了基础。

人工智能作为新一轮产业变革的核心驱动力，将进一步释放历次科技革命和产业变革积蓄的巨大能量，并创造新的强大引擎，重构生产、分配、交换、消费等经济活动各环节，形成从宏观到微观各领域的智能化新需求，催生新技术、新产品、新产业、新业态、新模式，引发经济结构重大变革，深刻改变人类生产生活方式和思维模式，实现社会生产力的整体跃升。

美国、俄罗斯、法国、西班牙等国家把人工智能已上升到国家战略高度布局，认为是未来国家经济主要增长点之一。

2019年2月11日，美国国家科技政策办公室发布了由总统特朗普亲自签署的《美国人工智能倡议》(*American AI Initiative*)。旨在促进人工智能的发展和监管。特朗普承诺美国将在人工智能、5G、量子科学以及先进制造业中保持领导地位，并指出美国在人工智能领域的持续领导，对于维护美国的经济和国家安全以及以符合国家的价值观、政策和优先事项的方式塑造人工智能的全球演变至关重要。人工智能是引领未来的战略性技术，世界主要发达国家把发展人工智能作为提升国家竞争力、维护国家安全的重大战略，加紧出台规划和政策，围绕核心技术、顶尖人才、标准规范等强化部署，力图在新一轮国际科技竞争中掌握主导权。

2017年7月，《国务院关于印发新一代人工智能发展规划的通知》（国发〔2017〕35号），提出了到2030年人工智能理论、技术与应用总体达到世界领先水平，成为世界主要人工智能创新中心。

基于上述大环境的形成，人工智能与地质调查融合已真正迎来落地阶段。

1.2 2019—2023年十大战略技术趋势，AI技术一直占主导

全球知名IT市场研究公司Gartner发布的2019—2023年战略技术趋势（表1.1），AI占主导。

从2019年开始，AI技术趋势发展很快，从AI驱动的开发，智能技术增强，很快步入人工智能工程化、生成式人工智能化。该技术发展态势及其成熟度，为驱动地质调查智能化落地应用奠定了基础。

下面对表1.1涉及AI技术的一些内容做进一步描述。

表1.1 Gartner发布的2019—2023年战略技术趋势

2019年	智能	自主设备
		增强分析
		AI驱动的开发
	数字化	数字孪生
		赋权的边缘
		沉浸式技术
		数字伦理与隐私
		量子计算
	数字网络	区块链
		智能空间
2020年	以人为中心	超级自动化
		多重体验
		专业知识平民化
		智能技术增强
		透明度与可追溯性
	智能空间	边缘计算
		分布式云
		自动化组件
		实用型区块链
		人工智能安全
2021年	以人为本	行为互联网
		全面体验
		隐私增强计算
	位置独立性	分布式云
		随处运营
		网络安全网格
	韧性交付	组装式智能企业
		人工智能工程化
		超级自动化
2022年	工程化信任	数据编织
		网络安全网格
		隐私增强计算
		云原生平台
	塑造变化	组装式应用程序
		决策智能
		自治系统
		人工智能工程化
	加速增长	分布式企业
		全面体验
		超级自动化
		生成式人工智能
2023年	优化	人工智能的信任、风险和安全管理
		自适应人工智能应对组织变革
		技术将在可持续性方面发挥作用
	扩展	垂直扩展行业云平台
		减少开发团队和复杂基础设施之间的摩擦
		利用Wi-Fi网络随时进行扩展
	开拓	创建数字免疫系统
		创建超级应用程序
		元宇宙将整合多种不同技术

1.2.1 2019年Gartner发布的战略技术趋势涉及AI的内容

（1）自主设备

机器人、无人机和自动汽车等自主设备，将使用AI来自动执行以前由人类执行的功能。它们的自动化超越了刚性编程模型提供的自动化。“自动化事物”主要包括机器人、车辆、无人机、家电、媒介5种类型，占据海洋、陆地、空中和数字4种环境，它们都具有不同程度的能力、协调和智能。

（2）增强分析

增强分析代表了数据和分析能力的第三大浪潮，因为数据科学家可以使用自动算法来探索更多假设和可能。增强分析侧重于增强智能的特定领域，使用机器学习来转换分析内容的开发、消费和共享方式。增强分析功能将迅速推进到主流应用，作为数据准备、数据管理、现代分析、业务流程管理、流程挖掘和数据科学平台的关键特性。

（3）AI 驱动的开发

AI 驱动的开发着眼于将 AI 嵌入到应用程序中并使用 AI 为开发过程创建 AI 驱动的工具、技术和最佳实践。市场将从关注与开发人员合作的数据科学家转移到使用作为服务提供的预定义模型独立运营的开发人员。这使更多的开发人员能够利用这些服务，并提高效率。

（4）智能空间

智能空间，指的是物理或数字环境、人类和技术支持的系统，在日益开放、连接、协调和智能的生态系统中相互作用。包括人员、流程、服务和事物的多个元素将汇集在智能空间中，为目标人群和行业场景创建更加身临其境、交互式和自动化的体验。

1.2.2 2020 年 Gartner 发布的战略技术趋势涉及 AI 的内容

2020 年，世界著名信息技术咨询公司 Gartner 发布的“2020 年十大技术趋势”的调查报告，超级自动化的机器人流程自动化（RPA）居首。

（1）超级自动化

自动化是指通过软件技术来自动执行最初需要由人执行的工作业务，从而帮助企业、组织有效地提升工作效率和节省时间。超级自动化是指用于交付工作的机器学习（ML）、软件工具包以及自动化工具的总和。自动化不仅涉及工具平台的广度，还涉及自动化本身的所有步骤，包括：发现、分析、设计、自动化、监测、智能分析等。Gartner 指出，RPA 和 iBPMS 是超级自动化的关键组成部分。超级自动化需要选择合适的工具和技术来应对当前的挑战。了解自动化的范围、业务与自动化之间的相互关系，以及它们之间的结合和协调是超级自动化的主要重点。

机器人流程自动化（RPA）：主要通过软件机器人将那些基于规则、重复性、枯燥的任务实现自动化，例如，RPA 机器人可以轻松地将系统 A 的数据自动移植到系统 B 中。并且还具有部署便捷、非侵入式、易使用、维护方便等特性。

智能业务流程管理（iBPMSs）：智能业务流程管理是一个集协调人、机器和业务的综合技术。iBPMS 的工作机制依赖于流程和规则，以帮助用户系统管理工作任务。通常与外部系统的集成是通过强大的 API 来实现。除了流程之外，强大的决策功能还可以简化工作环境并提供用于高级分析和机器学习的自然集成点。iBPMS 软件支持业务和决策的整个流程，包括：发现、分析、设计、实施、执行、监控和持续优化。Gartner 表示，这两项技术是相辅相成的，越来越多的企业将这两项技术交叉组合使用。iBPMS 可以快速将那些复杂的工作流程梳理清晰，尤其是在数字化流程的背景下，协调人员和整理业务流程。这对于企业通过 RPA 实现业务流程自动化有巨大的帮助。随着企业对 RPA 机器人的需求不断变化，机器学习和 NLP 等智能技术成功地拓展了超级自动化的范围：各种形式的 AI 技术，如机器学习（ML）、自然语言处理（NLP）、光学字符识别（OCR）迅速扩展了超级自动化的范围，帮助员工增加了处理非结构化数据的能力，例如从文档中读取文本，从图片中提取数据。企业在应用 RPA 和 iBPMS 等智能产品之后，员工开始出现恐惧感——害怕机器人会替代自己的岗位。但是，Gartner 认为 RPA 机器人不是取代这些工人的职位，人工智能技术主要用来增强员工创造价值的能力。

（2）专业知识平民或民主化

民主化是指向工作人员提供专业技术（例如：ML、应用开发、人工智能）或业务领域专业知识，彻底简化这些技术的应用流程，无需进行耗时和昂贵的培训便可应用。目前开发的无代码软件和可视化拖拽式操作便是很好的例子。根据 Gartner 预测，从 2020 到 2023 年技术民主化趋势将在以下 4 个方面迎来飞速发展：①数据与分析技能民主化（原本针对数据科学家的工具正在快速扩展，并逐步服务于普通开发人员社区）；② 开发技能民主化（利用 AI 工具实现应用程序的定制化开发）；③设计技能民主化（通过低代码、无代码模式实现开发，并通过在应用程序中内置自动化开发功能增强开发者的能力）；④知识民主化（非 IT 专业人员也可以使用工具与专业级系统，使其得以利用超越自身专业知识与培训范畴的特定技能）。

（3）智能技术增强

智能技术的持续增强最终还是为人服务。增强人类能力是指通过技术和科学的运用从而实现文明的进步，例如：在引入计算机之前，打字机、复印机等技术增强了人类创建、复制和发布文本的能力。眼镜、听力辅助工具和假牙都是人类增强的历史例子。计算机时代为人类增强增加了新的维度。桌面文字处理发布、网页、博客和社交媒体极大地扩展了我们创建和发布文本的能力。随着计算机、物联网、人工智能、智能扬声器和虚拟现实等新技术的兴起，以及诸如 CRISPR 18 之类从生物科学中崭露头角的全新技术，正在持续地增强人类的方方面面。

（4）透明度与可追溯性

网络隐私越来越受到个人、企业和政府的关注。消费者越来越意识到他们的个人信息很有价值并且需要保护。组织意识到保护和管理个人数据的风险越来越大，并且各国政府正在执行严格的立法以确保他们这样做。人工智能和使用 ML 模型进行自主决策，提高了人工智能的新水平。透明度与可追溯性指用于满足监管要求、维持使用人工智能和其他先进技术中所需遵守的道德规范以及恢复对企业机构信任缺失的态度、行动以及辅助技术与实际措施。企业机构在建立透明度与信誉措施时必须专注于三个领域：人工智能与机器学习；个人数据隐私、所有权与控制；符合道德的设计。

（5）自动化组件

自动化组件是使用人工智能自动执行那些以往被人类执行的任务的物理设备。最典型的自动化组件有机器人、无人机、自动驾驶汽车/船及各种设备。它们的自动化超越了固化的程序所能实现的自动化程度，并能够借助人工智能做出与所在环境和人类进行更自然交互的高级行为。随着技术能力的改进、监管机构的批准以及社会接受度的提高，自动化物件将被越来越多地用于不受限制的公共场所。自动化组件的发展非常迅速，这是因为它们共享自动化技术。一旦克服了某些开发的难题，可以将该技术快速应用到类似的其他业务上。

（6）人工智能安全

人工智能与机器学习将被继续用于提升各种应用场景中人类决策的能力。虽然这给实现超自动化和使用自动化物件进行业务转型带来了良机，但同时也因为物联网、云计算、微服务（Microservices）及智能空间中高度连接的系统增加了大量潜在攻击点而给安全团队与风险领导者带来了新的挑战。安全与风险领导者应专注于三个关键领域——保护人工智能赋能系统、利用人工智能提升安全防御机制以及做好攻击者对人工智能的恶意使用的心理准备。随着网络攻击速度和类型的扩大，网络安全人员越来越难防御这些恶意攻击。为了满足对更多使用 AI 过滤和自动化防御的需求，安全工具供应商正在使用 ML 来增强其工具、决策支持和响应操作。

1.2.3 2021 年 Gartner 发布的战略技术趋势涉及 AI 的内容

2021 年，与 Gartner 以往年发表的十大战略性技术趋势不同，战略性技术趋势只有九项，分成三组，每组三项。第一组以人为本：尽管疫情改变了许多人与组织的工作和互动，但人仍然是所有业务的中心，他们需要数字化流程才能在当今环境中发挥作用。第二组位置独立性：COVID-19 已经转移到员工、客户、供应商和组织生态系统实际存在的地方。位置独立性要求进行技术转移以支持这种新版本的业务。第三组韧性交付：无论是大流行还是衰退，世界上都存在波动。

（1）组装式智能企业

智能组合型业务通过获取更好的信息并对此做出更敏锐的响应来彻底改变决策。依靠丰富的数据和洞见，未来的机器将具有更强大的决策能力。智能组合型业务将为重新设计数字化业务时刻、新业务模式、自主运营和新产品、各类服务及渠道铺平道路。

（2）人工智能工程化

Gartner 的研究表明，只有 53%的项目能够从人工智能（AI）原型转化为生产。首席信息官和 IT 领导者发现，由于缺乏创建和管理生产级人工智能管道的工具，人工智能项目的扩展难度很大。为了将人工智能转化为生产力，就必须转向人工智能工程化这门专注于各种人工智能操作化和决策模型（例如机器学习或知识图）治理与生命周期管理的学科。

人工智能工程化立足于三大核心支柱：数据运维、模型运维和开发运维。强大的人工智能工程化策略将促进人工智能模型的性能、可扩展性、可解释性和可靠性，完全实现人工智能投资的价值。

（3）超级自动化

超级自动化是一股不可避免且不可逆转的趋势。一切可以而且应该被自动化的事物都将被自动化。

1.2.4 2022 年 Gartner 发布的战略技术趋势涉及 AI 的内容

要找到能够成倍增加 IT 力量的方法，从而实现增长和创新并创建可扩展、有韧性的技术基础，通过这一可扩展性释放用于数字投资的现金。这些要求构成了 2022 年趋势的三个主题：工程化信任、塑造变化和加速增长。

（1）生成式人工智能（Generative Artificial Intelligence）

即将上市的生成式人工智能是最引人注目和最强大的人工智能技术之一。该机器学习方法从其数据中学习内容或对象，并运用数据生成全新、完全原创的实际工件。

生成式人工智能可用于多种活动，如创建软件代码、促进药物研发和有针对性地营销，但该技术也会被滥用于诈骗、欺诈、政治造谣、伪造身份等。Gartner 预计到 2025 年，生成式人工智能将占所有生成数据的 10%，而目前这一比例还不到 1%。

（2）自治系统（Autonomic Systems）

随着企业的发展，传统的编程或简单的自动化将无法扩展。自治系统是可以从所在环境中学习的自我管理型物理或软件系统。与自动化甚至自主系统不同，自治系统无需外部软件更新就可以动态修改自己的算法，使它们能够像人类一样迅速适应现场的新情况。自治行为已因为近期被部署在复杂的安全环境中而为人所知。而从长远看，这项技术将被普遍应用于机器人、无人机、制造机器和智能空间等物理系统。

（3）决策智能（Decision Intelligence，DI）

一家企业机构的决策能力是其竞争优势的重要来源，而如今这个时代对这项能力的要求也越来越高。

决策智能是一门实用的学科。该学科通过清楚理解并精心设计做出决策的方式以及根据反馈评估、管理和改进结果的方式来改进决策。Gartner 预测在未来两年，三分之一的大型企业机构将使用决策智能实现结构化决策，进而提高竞争优势。

（4）超级自动化（Hyperautomation）

超级自动化通过快速识别、审核和自动执行尽可能多的流程来实现加速增长和业务韧性。

Gartner 的研究表明，表现最好的超级自动化团队专注于三个关键优先事项：提高工作质量、加快业务流程和增强决策敏捷性。在过去的一年中，业务技术专家平均支持 4.2 项自动化倡议。

（5）人工智能工程化（AI Engineering）

IT 领导人想方设法地将人工智能集成到应用中，在从未投入生产的人工智能项目上浪费时间和金钱或在人工智能解决方案发布后努力保持它们的价值。人工智能工程化是一种实现人工智能模型操作化的综合方法。

Gartner 的研究表明，从事人工智能工作的混合团队是否真正能够为他们的企业机构实现差异化，取决于他们通过快速人工智能变革不断提升价值的能力。到 2025 年，10%建立人工智能工程化最佳实践的企业从其人工智能工作中产生的价值将至少比 90%未建立该实践的企业高出三倍。

1.2.5 2023 年 Gartner 发布的战略技术趋势涉及 AI 的内容

Gartner 2023 年十大战略技术趋势，侧重于三个主题：优化、扩展和开拓。通过优化 IT 工作来削减成本、通过扩大网络规模以实现业务价值和增长，以及改变业务发展方向，这些都位列 Gartner 预测的 2023 年十大技术趋势之中。

如何应对供应链问题、乌克兰和东欧战争、人才难寻以及不断演变的金融危机所带来的最新挑战，这变得令人越来越无法把握。为了解决这些问题，一些企业会削减成本，另一些企业会继续推进现有的扩张计划，还有一些企业会彻底改变其企业发展战略方向。基于这三个主题（优化、扩展和开拓），Gartner 预测了 2023 年的十大战略技术发展趋势，可帮助企业应对当前的经济和市场挑战。

（1）创建数字免疫系统

Gartner 的数据显示，目前负责数字产品的团队中，有 76%同时负责创收。传统的软件开发方法难以创建可扩展、安全和稳定的系统，因此阻碍了创收机会。

这就是科研公司的数字免疫概念发挥作用之处，因为这一概念围绕应用程序开发生命周期将多种现代做法（例如可观察性）结合在一起，以提高企业的可观察范围以及站点可靠性工程和混沌工程，并且提高应用程序的弹性。Gartner 的研究表明，这一概念将分析和人工智能技术结合在一起，以改进这些分析和人工智能工具的测试过程，然后还具备整个供应链的端到端安全性。而这带来的是更具弹性的应用程序，并将有助于你避免发生业务中断。Gartner 预测，通过应用其中一些技术，企业能够将停机时间减少多达 80%，而这将转化为营收。

（2）人工智能的信任、风险和安全管理

AI TRiSM（即信任、风险和安全管理），简单地说，就是让人工智能值得信赖。Gartner 发现，即使在最有经验的企业中，也只有 50% 的 AI 模型投入生产，而其背后的原因是对数据缺乏信任，以及存在一些安全和隐私问题。

首先，为了提高人工智能的应用，企业必须能够解释计算机做出某一决策的原因。这涉及 Gartner 公司所说的 modelops 一词，该词被用于对各种已应用的 AI 和决策模型（包括机器学习、知识图谱、规则、优化以及基于语言和主体的模型）的治理和生命周期管理。根据 Gartner 的说法，使用 modelops 的结果是，模型可以更快地投入生产，且摩擦更少。

接下来是使用对抗性 AI 等先进技术，用于生成一个模型来训练另一模型，Gartner 的研究表明，这种情况已经被用于图像生成等领域，以及国际象棋等比赛，所有这一切都意味着这些模型将具有更高的可信度，因此，在开发工作中，你可能会将其投入生产环境中，但需要制定道德准则和进行强有力的数据保护。

（3）创建超级应用程序

Gartner 建议，企业可以通过开发超级应用程序来开拓吸引客户的新方式。Gartner 的研究表明，超级应用程序可将常规应用程序的一些功能与应用程序平台和生态系统的一些属性相结合。超级应用程序不仅具有自身的差异化功能，而且还能够利用核心应用程序和第三方软件之间共享的通用数据模型来构建第三方应用程序。

(4) 自适应人工智能应对组织变革

一旦信任问题、生产问题和生成个性化分析的问题得到解决，企业就可以使用自适应人工智能，该技术可利用实时反馈和自适应学习算法来了解业务状况，然后对不断变化的环境做出响应。

自适应人工智能使企业能够创建和使用新数据以在这些环境中进行测试，并能够持续地为用户提供个性化的算法输出，从而为用户提供专属的个性化产品。这就是自适应人工智能，与传统人工智能具有截然不同的思维方式。

1.3 深度学习模型的主要能力和水平完全满足地质对象识别模型的构建

ILSVRC（ImageNet Large Scale Visual Recognition Challenge）是近年来机器视觉领域最受追捧也是最具权威的学术竞赛之一，代表了图像领域技术的最高水平，从2010到2017年连续举办8年。由于深度学习技术的日益发展，使得机器视觉在ILSVRC的比赛成绩屡创佳绩，其错误率已经低于人类视觉，若再继续举办类似比赛已无意义，现在大家对电脑视觉技术的期待由相当成熟的image identification转向尚待开发的image understanding。2018年起，将由WebVision竞赛（Challenge on Visual Understanding by Learning from Web Data）来接棒。WebVision所使用的dataset抓取自浩瀚的网络，不经过人工处理与label，难度大大提高，但也会更加贴近实际运用场景。

正是因为ILSVRC 2012挑战赛上的AlexNet横空出世，使得全球范围内掀起了一波深度学习热潮。这一年也被称作“深度学习元年”。

ImageNet数据集是ILSVRC竞赛使用的数据集，由斯坦福大学李飞飞教授主导，包含了超过1400万张全尺寸的有标记图片。每年的ILSVRC比赛会从ImageNet数据集中抽出部分样本，以2012年为例，比赛的训练集包含1281167张图片，验证集包含50000张图片，测试集为100000张图片。下述深度学习模型的研究水平、内容和成绩在ILSVRC得到充分体现，表明深度学习模型的主要能力和水平完全满足地质调查对象识别模型的构建。

(1) 图像分类与目标定位（CLS-LOC）

图像分类的任务是要判断图片中物体在1000个分类中所属的类别，主要采用top-5错误率的评估方式，即对于每张图给出5次猜测结果，只要5次中有一次命中真实类别就算正确分类，最后统计没有命中的错误率。

2012年之前，图像分类最好的成绩是26%的错误率，2012年AlexNet（深度学习模型的先驱之一）的出现使错误率降低了10个百分点，降到16%。2016年，公安部第三研究所选派的“搜神”（Trimps-Soushen）代表队在这一项目中获得冠军，将成绩提高到仅有2.9%的错误率。

目标定位是在分类的基础上，从图片中标识出目标物体所在的位置，用方框框定，以错误率作为评判标准。目标定位的难度在于图像分类问题可以有5次尝试机会，而在目标定位问题上，每一次都需要框定得非常准确。

目标定位项目在2015年ResNet从上一年的最好成绩25%的错误率提高到了9%的错误率。2016年，公安部第三研究所选派的“搜神”（Trimps-Soushen）代表队的错误率仅为7%。

目前，我们可以采用图像分类深度学习模型对岩石标本进行学习分类。

(2) 目标检测（DET）

目标检测是在定位的基础上更进一步，在图片中同时检测并定位多个类别的物体。具体来说，是要在每一张测试图片中找到属于200个类别中的所有物体，如人、勺子、水杯等。评判方式是看模型在每一个单独类别中的识别准确率，平均检出率mean AP（mean Average Precision）也是重要指标，一般来说，平均检出率最高的队伍也会在多数的独立类别中获胜，2016年这一成绩达到了66.2%。

（3）视频目标检测（VID）

视频目标检测是要检测出视频每一帧中包含的多个类别的物体，与图片目标检测任务类似。要检测的目标物体有 30 个类别，是目标检测 200 个类别的子集。此项目的最大难度在于要求算法的检测效率非常高。

2016 年南京信息工程大学代表队在这一项目上获得了冠军，他们提供的两个模型分别在 10 个类别中胜出，并且达到了平均检出率超过 80%的好成绩。

目前，利用目标定位技术可以确定在复杂背景中拍摄的标本照片（野外露头的草、沟、树枝及其他非岩石）自动识别照片中的岩石部分，并自动根据标本的出露部位，按全局、局部进行采样处理，为全自动建模奠定了基础。

（4）场景分类（Scene）

场景分类是识别图片中的场景，比如森林、剧场、会议室、商店等。也可以说，场景分类要识别图像中的背景。这个项目由 MIT Places 团队组织，使用 Places2 数据集，包括 400 个场景的超过 1000 万张图片。评判标准与图像分类相同（top-5），5 次猜测中有一次命中即可，最后统计错误率。2016 年最佳成绩的错误率仅为 9%。场景分类问题中还有一个子问题是场景分割，是将图片划分成不同的区域，比如天空、道路、人、桌子等。该项目由 MIT CSAIL 视觉组织，使用 ADE20K 数据集，包含 2 万张图片，150 个标注类别，如天空、玻璃、人、车、床等。这个项目会同时评估像素及准确率和分类 IOU（Intersection of Union）。

卷积神经网络相比传统的机器学习算法，无须手工提取特征，也不需要使用诸如 SIFT 之类的特征提取算法，可以在训练中自动完成特征的提取和抽象，并同时进行模式分类，大大降低了应用图像识别的难度；相比一般的神经网络，CNN 在结构上和图片的空间结构更为贴近，都是 2D 的有联系的结构，并且 CNN 的卷积连接方式和人的视觉神经处理光信号的方式类似。所以非常适合岩石识别模型的建立。

1.4 人工智能地质图技术方法主要解决的科学问题与实现的目标

1.4.1 传统地质填图存在的一些问题

区域地质填图从创始至今，地质路线仍是地质填图不可缺少的手段和方法（Harvey Thorleifson et al.，2010）。这是因为最原始地质图形成过程就是将各条填图路线中的各地质点、点和点间界线及分段路线，根据所观测到的内容（如岩性）的相似性、地质体产状及区域地质构造现象等，按所确定的填图单位，在地理底图上合理地互相连接起来、圈绘出地质体和地质现象的过程。

由于地质路线密度有限，地质体的大部分边界是通过一定的规则预测连接的，其连接的准确性、合理性和精度，不仅受地质人员的主观和专业水平影响（Erik Sturkell et al.，2008），还受填图区的客观条件（如露头）约束，其主要问题有：

1）地质调查人员专业性特别强，涉及的地质学科广泛，能够达到独立填图能力的人员至少要经过 1~2 轮（3~6 年）的填图经历，100 年积累的地质填图知识只能主要通过传统的“传帮带”实现。例如，在野外认识岩石和岩石地层单位是每一个地质工作者最基本的专业能力。据大多专业地质人员提供经验数据表明，由于岩石识别的复杂性，一个专业人员在野外正确识别标本的能力，准确率达 60%~80%算是较高至高的水平了，如果在岩石和岩石组合识别的基础上，再判断该岩石属于哪一个岩石单位（即属于哪一个地质年代和成因），需要更多的岩相、岩性、地层年代、地质构造、岩浆活动等地质综合基础知识，因而识别的难度会更高。而这个能力通常需要在野外经过“传帮带”及几轮的填图经历，才能达到比较高的专业水平。所以，如何把“传帮带”知识变成人工智能，提高预测和识别能力，大幅度提高地质调查的水平和精度，一直是地质调查行业广大地质人员中最为普遍关注的焦点和热点。

2）地质路线是野外获取第一手资料的最重要手段。如对于1幅约420 km^2 的1：5万图幅，规范要求观测路线总长度一般控制在600 km以上，对于艰险地区或植被发育地区，地质人员常常要冒着巨大生命风险穿越，如果无法穿越，除了参考该区域的前人资料外，只能依据一些其他手段如遥感数据进行综合研究，划分地质体，由于受方法所限，因而也影响了地质体划分与预测的能力及精度。

3）地质路线所穿越的地质体不可能对地质体的边界全部控制，受控的地质体边界主要是通过两两的地质路线中，把相同填图单位或分类通过一定的规则把地质体的边界圈出来（专业称地质连图），可以看出，对于一个地质体来说，地质体的大部分边界是通过一定的规则预测连接的，其连接的准确性、合理性和精度，受地质人员的主观和专业水平影响比较大。其次，虽然不同比例尺填图有不同路线长度的要求，但是受地质路线不可能穿过所有出露的地质体制约，地质编图时可能会遗漏某些地质体，或不能很客观的反映地质体空间分布的形态和关系，这是不可避免的。

4）在地质填图中，受填图区域覆盖（如第四系、植被）的影响，地质人员受客观限制，很难观察覆盖层（指浅层）下的地质体。特别在古火山机构研究中，火山成因的一般经过后期构造破坏，只留下一部分弧形、扇形形迹，加上植被等覆盖原因，影响了地质人员的观察和发现，最终可能导致地质图表达的实际地质信息会不够完整和准确等。

5）由于传统地质填图是在前人的资料基础上，辅以遥感图像，基本以人工穿越的地质路线为依据进行地质编图。地质路线的数据的利用仅仅体现在地表表面观察的信息，地质路线的数据的利用价值还没有得到最大化的应用。从地质学的角度考虑，填图单位是以实际组成的岩石特征为基础，强调整体岩石特征的一致性，其结果必然会出现该填图单位在遥感、地球物理、地球化学资料中出现对应的特点和特征。基于这个特点，经过百年的地质调查，基本形成了地质调查遥感、地球物理、地球化学海量数据。为地质图预测提供了大量训练基础数据，形成了地质图预测深度学习模型的基本条件。但是目前，地质路线上不同的填图单位及岩性的数据与该路线的邻近区域的地球物理、地球化学、不同成像方式的遥感数据并没有完全建立起对应关系，因而面向填图单位及岩性的各种数据特征提取与地质图预测应用基本还是空白。

1.4.2 人工智能地质图技术方研究内容与目标意义

深度学习预测地质图模型的核心就是把近百年地质人员填图的方法、经验和知识形成可计算的知识库，通过人工智能将各种原始数据转化为高维特征表达，最大化去发现和融合相关填图单位及岩性与多专业（涉及地物化遥）、多模态（矢量数据、栅格数据或空间数据和属性数据）、多尺度数据（最高精度0.8 m，一般精度在10~2000 m之间）、可反映地表及一定深度下（去部分掩盖层）等地质特征的数据特点，精度最大化地预测地质填图单位，最终使地质图最基本的地质对象——填图单位及岩性在空间的分布形态和展布方向、分布位置、地质对象之间的相邻关系等指标可以准确性最大化地体现和表达。这项技术突破后，将彻底变革现有地质调查工作模式存在的问题，变地质填图为地质路线+地质知识图谱+地质大数据+深度学习算法为一体的新型地质填图模式。

第 2 章　深度学习基本概念与技术方法综述

2.1　深度学习模型的发展

2.1.1　深度学习的基本概念

神经网络是一种机器学习（ML）技术，它受到人类神经系统和大脑结构的启发并与之相似。它由按输入层、隐藏层和输出层组织的处理单元组成。每个层中的节点或单元都连接到相邻层中的结点。每个连接都有一个权重值。输入值乘以各自的权重，并按每个单位求和。然后根据激活函数对总和进行变换，在大多数情况下，激活函数是一个 sigmoid 函数，即双曲或直线单位（ReLU）。使用这些函数是因为它们具有数学上有利的导数，从而更容易计算误差增量相对于各个权重的偏导数。sigmoid 和 tanh 函数还将输入压缩到一个较窄的输出范围或选项，即用 0/1 和-1/+1 表示。当输出在各自阈值之前/后达到稳定或饱和时，它们实现饱和非线性。另一方面，ReLU 在 $f(x) = \max(0, x)$ 下表现出饱和和非饱和行为。然后将函数的输出作为输入再输入到下一层的后续单元。最终输出层的结果被用作问题的解决方案。

神经网络可用于多种问题，包括模式识别、分类、聚类、降维、计算机视觉、自然语言处理（NLP）、回归、预测分析等。

1957 年，弗兰克·罗森布拉特（Frank Rosenblatt）创建了感知器，即我们现在所知的神经网络的原型。它有两层处理单元，可以识别简单的模式。1969 年，神经网络没有经历更多的研究和开发，而是进入了它历史上的一个黑暗阶段，当时麻省理工学院的教授证明它甚至不能学习一个简单的 XOR 函数。此外，还有另一项发现，尤其抑制了深度神经网络（DNN）的发展动力。普遍逼近定理表明，单个隐层能够解决任何连续问题，它也得到了数学证明，这进一步质疑了 DNN 的有效性。虽然一个隐藏层可以用来学习，但它并不高效，与我们现在知道的 DNN 多个隐藏层的分层抽象所提供的便利和能力相差甚远。但阻碍 DNN 发展的不仅仅是普遍逼近定理。那时，我们也没有办法训练 DNN。这些因素延长了所谓的人工智能冬天，即人工智能历史上的一个阶段，在这个阶段，人工智能没有获得太多资金和技术支持，因此也没有取得太多进展。2006 年前，尝试训练深度架构都失败了。直到 2006 年的 3 篇论文改变了这种状况，由 Hinton（被称为“神经网络之父”）的革命性的在深度信念网络（Deep Belief Networks，DBNs）上的工作所引领（三篇文章是：① Hinton G E，et al. *A fast learning algorithm for deep belief nets. Neural Computation*，2006，18：1527-1554；② Bengio Y，et al. *Greedy Layer-Wise Training of Deep Networks.* In Platt J，et al. *Advances in Neural Information Processing Systems* 19（NIPS 2006），153-160，MIT Press，2007；③ Ranzato M A，et al. *Efficient Learning of Sparse Representations with an Energy-Based Model.* In Platt J et al. *Advances in Neural Information Processing Systems*（NIPS 2006），MIT Press，2007），从 2006 年以来，大量的关于深度学习的论文被发表。2006—2011 年深度学习发展很平稳的，只有学术界才会去搜索这个词语，才知道这个事情。2011 年突然之间搜索量开始呈现指数级增长，各行各业都在讨论深度学习，现在搜索量已经非常的大。深度学习进入了爆发过程。

Hinton 等人于 2006 年提出的深度学习的概念主要是基于深度信念网络（DBN）的非监督贪心逐层训练算法，为解决深层结构相关的优化难题带来希望，随后提出多层自动编码器深层结构。此外 Lecun（Facebook 人工智能研究院院长、卷积神经网络之父）等人提出的卷积神经网络是第一个真正多层结构学习算法，它利用空间相对关系减少参数数目以提高训练性能。

深度学习是机器学习中一种基于对数据进行表征学习的方法。含多隐层的多层感知器就是一种深度学习结构。深度学习通过组合低层特征形成更加抽象的高层表示属性类别或特征，以发现数据的分布式特征表示。观测值（例如一幅图像）可以使用多种方式来表示，如每个像素强度值的向量，或者更抽象地表示成一系列边、特定形状的区域等。而使用某些特定的表示方法更容易从实例中学习任务（例如，人脸识别或面部表情识别）。深度学习的好处是用非监督式或半监督式的特征学习和分层特征提取高效算法来替代手工获取特征。

2.1.2　深度学习的主要任务和内容

深度学习围绕计算机视觉领域的八大任务，包括：图像分类、目标检测、图像语义分割、场景文字识别、图像生成、人体关键点检测、视频分类、度量学习等。是人工智能的重要核心技术之一。

（1）图像分类

图像分类是根据图像的语义信息对不同类别图像进行区分，是计算机视觉中重要的基础问题，是物体检测、图像分割、物体跟踪、行为分析、人脸识别等其他高层视觉任务的基础。图像分类在许多领域都有着广泛的应用。如：安防领域的人脸识别和智能视频分析等，交通领域的交通场景识别，互联网领域基于内容的图像检索和相册自动归类，医学领域的图像识别等。

得益于深度学习的推动，图像分类的准确率大幅度提升。在经典的数据集 ImageNet 上，训练图像分类任务常用的模型包括 AlexNet、VGG、GoogLeNet、ResNet、Inception - v4、MobileNet、MobileNetV2、DPN（Dual Path Network）、SE-ResNeXt、ShuffleNet 等。

（2）目标检测

目标检测任务的目标是给定一张图像或是一帧视频，让计算机找出其中所有目标的位置，并给出每个目标的具体类别。

对于人类来说，目标检测是一个非常简单的任务。然而，计算机能够“看到”的是图像被编码之后的数字，很难理解图像或是视频帧中出现了人或是物体这样的高层语义概念，也就更加难以定位目标出现在图像中的哪个区域。

与此同时，由于目标会出现在图像或是视频帧中的任何位置，目标的形态千变万化，图像或是视频帧的背景千差万别，诸多因素都使得目标检测对计算机来说是一个具有挑战性的问题。

在目标检测任务中，目前主要有 PASCAL VOC、MS COCO 数据训练通用物体检测模型，包括 SSD 模型、PyramidBox 模型、R-CNN 模型。

SSD 模型，Single Shot MultiBox Detector，是一种单阶段的目标检测器。与两阶段的检测方法不同，单阶段目标检测并不进行区域推荐，而是直接从特征图回归出目标的边界框和分类概率。SSD 运用了这种单阶段检测的思想，并且对其进行改进：在不同尺度的特征图上检测对应尺度的目标，是目标检测领域较新且效果较好的检测算法之一，具有检测速度快且检测精度高的特点。

PyramidBox 模型，百度自主研发的人脸检测模型，是一种语境辅助的单次人脸检测新方法，能够解决在不受控制的环境中检测小的、模糊的及部分遮挡的人脸时的问题，模型于 2018 年 3 月在 WIDER Face 数据集上取得第一名的成绩。

R-CNN 系列模型，区域卷积神经网络（R-CNN）系列模型是典型的两阶段目标检测器，相较于传统提取区域的方法，R-CNN 中 RPN 网络通过共享卷积层参数大幅提高提取区域的效率，并提出高质量的候选区域。Faster R-CNN 和 Mask R-CNN 是 R-CNN 系列的典型模型。

Faster R-CNN 区域生成网络（RPN）+Fast R-CNN 的实现，将候选区域生成、特征提取、分类、位置精修统一到一个深度网络框架，大大提高了运行速度。

Mask R-CNN 在原有 Faster R-CNN 模型基础上添加分割分支，得到掩码结果，实现了掩码和类别预测关系的解耦，是经典的实例分割模型。

（3）图像语义分割

图像语意分割，顾名思义是将图像像素按照表达的语义含义的不同进行分组/分割。图像语义是指对图像内容的理解，例如，能够描绘出什么物体在哪里做了什么事情等，分割是指对图片中的每个像素点进行标注，标注属于哪一类别。近年来用在无人车驾驶技术中分割街景来避让行人和车辆、医疗影像分析中辅助诊断等。

分割任务主要分为实例分割和语义分割，实例分割是物体检测加上语义分割的综合体，上文介绍的 Mask R-CNN 是实例分割的经典网络结构之一。在图像语义分割任务中，我们主要介绍兼顾准确率和速度的 ICNet，DeepLab 中最新、执行效果最好的 DeepLab v3+。

DeepLab v3+，DeepLab 语义分割系列网络的最新作，通过 encoder-decoder 进行多尺度信息的融合，同时保留了原来的空洞卷积和 ASSP 层，其骨干网络使用了 Xception 模型，提高了语义分割的健壮性和运行速率，在 PASCAL VOC 2012 dataset 取得新的最先进的效果，其平均交并比（mean intersection-over-union，MIoU）达 89.0%。

ICNet（Image Cascade Network）主要用于图像实时语义分割，主要思想是将输入图像变换为不同的分辨率，然后用不同计算复杂度的子网络计算不同分辨率的输入，然后将结果合并。ICNet 由三个子网络组成，计算复杂度高的网络处理低分辨率输入，计算复杂度低的网络处理分辨率高的网络，通过这种方式在高分辨率图像的准确性和低复杂度网络的效率之间获得平衡。

（4）场景文字识别

许多场景图像中包含着丰富的文本信息，对理解图像信息有着重要作用，能够极大地帮助人们认知和理解场景图像的内容。场景文字识别是在图像背景复杂、分辨率低下、字体多样、分布随意等情况下，将图像信息转化为文字序列的过程，可认为是一种特别的翻译过程：将图像输入翻译为自然语言输出。场景图像文字识别技术的发展也促进了一些新型应用的产生，如通过自动识别路牌中的文字帮助街景应用获取更加准确的地址信息等。

在场景文字识别任务中，如何将基于 CNN 的图像特征提取和基于 RNN 的序列翻译技术结合，免除人工定义特征，避免字符分割，使用自动学习到的图像特征，完成字符识别。目前主要有 CRNN-CTC 模型和基于注意力机制的序列到序列模型。

CRNN-CTC 模型，采取 CNN+RNN+CTC 架构，卷积层使用 CNN，从输入图像中提取特征序列、循环层使用 RNN，预测从卷积层获取的特征序列的标签（真实值）分布、转录层使用 CTC，把从循环层获取的标签分布通过去重整合等操作转换成最终的识别结果。

基于注意力机制的序列到序列模型，提出了基于 attention 机制的文本识别方法，不需要检测，直接输入图片进行识别，对于识别字符类别数很少的场景很实用，例如车牌识别、自然场景图片的主要关键词提取等。同时也不要求识别文本必须单行排列，双行排列、多行排列都可以。在训练过程中则不需要文本框的标注，训练数据的收集变得很方便。

（5）图像生成

图像生成是指根据输入向量生成目标图像。这里的输入向量可以是随机的噪声或用户指定的条件向量。具体的应用场景有：手写体生成、人脸合成、风格迁移、图像修复、超分重建等。当前的图像生成任务主要是借助生成对抗网络（GAN）来实现。

生成对抗网络（GAN）由两种子网络组成：生成器和识别器。生成器的输入是随机噪声或条件向量，输出是目标图像。识别器是一个分类器，输入是一张图像，输出是该图像是否是真实的图像。

在训练过程中，生成器和识别器通过不断的相互博弈提升自己的能力。

在图像生成任务中，目前主要使用DCGAN和Conditional GAN来进行手写数字的生成，及用于风格迁移的CycleGAN。

Conditional GAN，顾名思义是带条件约束的生成对抗模型，它在生成模型和判别模型的建模中均引入了额外的条件变量，对于生成器对数据的生成具有指导作用。Conditional GAN是把无监督的GAN变成有监督模型的改进，为后续的工作提供了指导作用。

DCGAN，为了填补CNN在监督学习和无监督学习之间的gap，提出了将CNN和GAN结合的DCGAN（深度卷积生成对抗网络），并且DCGAN在无监督学习中取得了不错的结果。

CycleGAN，将一类图片转换成另一类图片。传统的GAN是单向生成，CycleGAN是互相生成，本质上是两个镜像对称的GAN构成了一个环形网络，所以命名为Cycle。风格迁移类任务一般都需要两个域中具有相同内容的成对图片作为训练数据，CycleGAN的创新点就在于其能够在没有成对训练数据的情况下，将图片内容从源域迁移到目标域。

（6）人体关键点检测

人体关键点检测，通过人体关键节点的组合和追踪来识别人的运动和行为，对于描述人体姿态，预测人体行为至关重要，是诸多计算机视觉任务的基础，例如动作分类，异常行为检测，以及自动驾驶等，也为游戏、视频等提供新的交互方式。

在人体关键点检测任务中，主要采用网络结构简单的coco2018关键点检测项目的亚军方案。

Simple Baselines for Human Pose Estimation in Fluid，coco2018关键点检测项目的亚军方案，没有华丽的技巧，仅仅是在ResNet中插入了几层反卷积，将低分辨率的特征图扩张为原图大小，以此生成预测关键点需要的Heatmap。没有任何的特征融合，网络结构非常简单，但是达到了最先进的效果。

（7）视频分类

视频分类是视频理解任务的基础，与图像分类不同的是，分类的对象不再是静止的图像，而是一个由多帧图像构成的、包含语音数据、包含运动信息等的视频对象，因此理解视频需要获得更多的上下文信息，不仅要理解每帧图像是什么、包含什么，还需要结合不同帧，知道上下文的关联信息。

视频分类方法主要包含基于卷积神经网络、基于循环神经网络、或将这两者结合的方法。在视频分类任务中，我们主要介绍视频分类方向的多个主流领先模型，其中Attention LSTM，Attention Cluster和NeXtVLAD是比较流行的特征序列模型，TSN和StNet是两个End-to-End的视频分类模型。

Attention LSTM模型速度快精度高，NeXtVLAD是2nd-Youtube-8M比赛中最好的单模型，TSN是基于2D-CNN的经典解决方案。Attention Cluster和StNet是百度自研模型，分别发表于CVPR2018和AAAI2019，是Kinetics600比赛中第一名使用到的模型。

Attention Cluster模型为ActivityNet Kinetics Challenge 2017中最佳序列模型，通过带Shifting Opeation的Attention Clusters处理已抽取好的RGB、Flow、Audio数据。

Attention LSTM模型，采用了双向长短记忆网络（LSTM），将视频的所有帧特征依次编码。与传统方法直接采用LSTM最后一个时刻的输出不同，该模型增加了一个Attention层，每个时刻的隐状态输出都有一个自适应权重，然后线性加权得到最终特征向量。

NeXtVLAD模型，第二届Youtube-8M视频理解竞赛中效果最好的单模型，提供了一种将帧级别的视频特征转化并压缩成特征向量，以适用于大尺寸视频文件的分类的方法。其基本出发点是在NetVLAD模型的基础上，将高维度的特征先进行分组，通过引入attention机制聚合提取时间维度的信息，这样既可以获得较高的准确率，又可以使用更少的参数量。

建模视频中局部时空相关性。另外通过temporal modeling block建模视频的全局时空依赖，最后用一个temporal Xception block对抽取的特征序列进行长时序建模。

Temporal Segment Network（TSN），视频分类领域经典的基于 2D-CNN 的解决方案，主要解决视频的长时间行为判断问题，通过稀疏采样视频帧的方式代替稠密采样，既能捕获视频全局信息，也能去除冗余，降低计算量。最终将每帧特征平均融合后得到视频的整体特征，并用于分类。

（8）度量学习

度量学习也称作距离度量学习、相似度学习，通过学习对象之间的距离，度量学习能够用于分析对象时间的关联、比较关系，在实际问题中应用较为广泛，可应用于辅助分类、聚类问题，也广泛用于图像检索、人脸识别等领域。

以往，针对不同的任务，需要选择合适的特征并手动构建距离函数，而度量学习可根据不同的任务来自主学习构建出针对特定任务的度量距离函数。度量学习和深度学习的结合，在人脸识别/验证、行人再识别（human Re-ID）、图像检索等领域均取得较好的效果，在这个任务中我们主要介绍基于 Fluid 的深度度量学习模型，包含了三元组、四元组等损失函数。

2.2 深度学习的主要框架

深度学习框架的出现降低了入门的门槛，我们不需要从复杂的神经网络开始编代码，可以根据需要选择已有的模型，通过训练得到模型参数，也可以在已有模型的基础上调整模型的结构（如全连接网络的层数），或者是在顶端选择自己需要的分类器和优化算法（比如常用的梯度下降法）。其实原来的基础框架是有针对性的，又具有公有性意义，因此具体到一个落地的科学问题，就需要去组合不同深度学习的组件，就像搭积木一样。总的来说深度学习框架提供了一系列的深度学习的组件（通用的算法），当需要使用新的算法的时候就需要用户自己去定义，然后调用深度学习框架的函数接口使用用户自定义的新算法。

目前，单个 GPU 中提供高达 100 个 CPU 的性能。如 Tesla V100 拥有 640 个 Tensor 内核，突破 100 万亿次（TFLOPS）深度学习性能的 GPU，过去只能在专业的团队和实验室做的事，现在也能在各个行业的相关部门做了。需求的驱动加上应用的落地，确定了这一次人工智能落地并发展进入新的阶段。对于应用部门来说，我们的焦点是拥有人工智能技术的能力，不是发明人工智能的技术。目前深度学习的框架主要有 PaddlePaddle、TensorFlow、Caffe、Theano、MXNet、Torch 和 PyTorch 和 Keras 等。以下内容主要参考百度百科及有关文献，归纳简化，以便读者有一个概貌的了解。

2.2.1 TensorFlow

2015 年 11 月，在 DistBelief 的基础上，谷歌大脑完成了对“第二代机器学习系统”TensorFlow 的开发并对代码开源。相比于前作，TensorFlow 在性能上有显著改进、构架灵活性和可移植性也得到增强。此后 TensorFlow 快速发展，截至稳定 API 版本 1.12，已拥有包含各类开发和研究项目的完整生态系统。在 2018 年 4 月的 TensorFlow 开发者峰会中，有 21 个 TensorFlow 有关主题得到展示。

Google 开源的 TensorFlow 是一款使用 C++语言开发的开源数学计算软件，使用数据流图（Data Flow Graph）的形式进行计算。图中的节点代表数学运算，而图中的线条表示多维数据数组（tensor）之间的交互。TensorFlow 灵活的架构可以部署在一个或多个 CPU、GPU 的台式及服务器中，或者使用单一的 API 应用在移动设备中。TensorFlow 最初是由研究人员和 Google Brain 团队针对机器学习和深度神经网络进行研究而开发，开源之后几乎可以在各个领域适用。

TensorFlow 是全世界使用人数最多、社区最为庞大的一个框架，因为 Google 公司出品，所以维护与更新比较频繁，并且有着 Python 和 C++的接口，教程也非常完善，同时很多论文复现的第一个版本都是基于 TensorFlow 写的，所以是深度学习界框架默认的老大。

2.2.2　PaddlePaddle

飞桨（PaddlePaddle）以百度多年的深度学习技术研究和业务应用为基础，是中国首个自主研发、功能完备、开源开放的产业级深度学习平台，集深度学习核心训练和推理框架、基础模型库、端到端开发套件和丰富的工具组件于一体。目前，飞桨已凝聚超过 265 万开发者，服务 10 万家企业，基于飞桨开源深度学习平台产生了 34 万个模型 。飞桨助力开发者快速实现 AI 想法，快速上线 AI 业务。帮助越来越多的行业完成 AI 赋能，实现产业智能化升级。其特点如下：

1）飞桨在业内率先实现了动静统一的框架设计，兼顾灵活性与高性能，并提供一体化设计的高层 API 和基础 API，确保用户可以同时享受开发的便捷性和灵活性。

2）在大规模分布式训练技术上，飞桨率先支持了千亿稀疏特征、万亿参数、数百节点并行训练的能力，并推出业内首个通用异构参数服务器架构，达到国际领先水平。

3）飞桨拥有强大的多端部署能力，支持云端服务器、移动端以及边缘端等不同平台设备的高速推理；飞桨推理引擎支持广泛的 AI 芯片，已经适配和正在适配的芯片或 IP 达到 29 款，处于业界领先地位。

4）飞桨围绕企业实际研发流程量身定制打造了大规模的官方模型库，算法总数达到 270 多个，服务企业遍布能源、金融、工业、农业等多个领域。

2.2.3　Caffe

和 TensorFlow 名气一样大的是深度学习框架 Caffe，由加州大学伯克利的博士贾扬清开发，全称是 Convolutional Architecture for Fast Feature Embedding，是一个清晰而高效的开源深度学习框架，由伯克利视觉中心（Berkeley Vision and Learning Center，BVLC）进行维护。

从它的名字就可以看出其对于卷积网络的支持特别友好，同时也是用 C++写的，提供 C++接口，也提供 matlab 接口和 python 接口。

Caffe 之所以流行，是因为之前很多 ImageNet 比赛里面使用的网络都是用 Caffe 写的，所以，如果你想使用这些比赛的网络模型就只能使用 Caffe，这也就导致了很多人直接转到 Caffe 这个框架下面。

Caffe 的缺点是不够灵活，同时内存占用高，Caffe 的升级版本 Caffe2 已经开源了，修复了一些问题，同时工程水平得到了进一步提高。

2.2.4　Theano

Theano 于 2008 年诞生于蒙特利尔理工学院，其派生出了大量的深度学习 Python 软件包，最著名的包括 Blocks 和 Keras。Theano 的核心是一个数学表达式的编译器，它知道如何获取你的结构，并使之成为一个使用 Numpy、本地库的高效代码，如 BLAS 和本地代码（C++）在 CPU 或 GPU 上尽可能快地运行。它是为深度学习中处理大型神经网络算法所需的计算而专门设计，是这类库的首创之一（发展始于 2007 年），被认为是深度学习研究和开发的行业标准。

但是开发 Theano 的研究人员大多去了 Google 参与 TensorFlow 的开发，所以，某种程度来讲 TensorFlow 就像 Theano 的孩子。

2.2.5　MXNet

MXNet 的主要作者是李沐，最早就是几个人抱着纯粹对技术和开发的热情做起来的，如今成了亚马逊的官方框架，有着非常好的分布式支持，而且性能特别好，占用显存低，同时其开发的语言接口不仅仅有 Python 和 C++，还有 R、Matlab、Scala、JavaScript，等等，可以说能够满足使用任何语言的人。

但是 MXNet 的缺点也很明显，教程不够完善，使用的人不多导致社区不大，同时每年很少有比赛和论文是基于 MXNet 实现的，这就使得 MXNet 的推广力度和知名度不高。

2.2.6 Torch

Torch 是一个有大量机器学习算法支持的科学计算框架，其诞生已有十年之久，但是真正起势得益于 Facebook 开源了大量 Torch 的深度学习模块和扩展。Torch 的特点在于特别灵活，但是另一个特殊之处是采用了编程语言 Lua，在深度学习大部分以 Python 为编程语言的大环境之下，一个以 Lua 为编程语言的框架有着更多的劣势，这一项小众的语言增加了学习使用 Torch 这个框架的成本。

2.2.7 PyTorch

PyTorch 的前身便是 Torch，其底层和 Torch 框架一样，但是使用 Python 重新写了很多内容，不仅更加灵活，支持动态图，而且提供了 Python 接口。它是由 Torch7 团队开发，是一个以 Python 优先的深度学习框架，不仅能够实现强大的 GPU 加速，同时还支持动态神经网络，这是很多主流深度学习框架比如 TensorFlow 等都不支持的。

PyTorch 既可以看作加入了 GPU 支持的 numpy，同时也可以看成一个拥有自动求导功能的强大的深度神经网络。除了 Facebook 外，它已经被 Twitter、CMU 和 Salesforce 等机构采用。

2.2.8 Keras

Keras 是一个由 Python 编写的开源人工神经网络库，可以作为 TensorFlow、Microsoft-CNTK 和 Theano 的高阶应用程序接口，进行深度学习模型的设计、调试、评估、应用和可视化。

Keras 在代码结构上由面向对象方法编写，完全模块化并具有可扩展性，其运行机制和说明文档有将用户体验和使用难度纳入考虑，并试图简化复杂算法的实现难度。Keras 支持现代人工智能领域的主流算法，包括前馈结构和递归结构的神经网络，也可以通过封装参与构建统计学习模型。在硬件和开发环境方面，Keras 支持多操作系统下的多 GPU 并行计算，可以根据后台设置转化为 TensorFlow、Microsoft-CNTK 等系统下的组件。

Keras 的主要开发者是谷歌工程师 François Chollet，此外其 GitHub 项目页面包含 6 名主要维护者和超过 800 名直接贡献者。Keras 在其正式版本公开后，除部分预编译模型外，按 MIT 许可证开放源代码。

自 2017 年起，Keras 得到了 TensorFlow 团队的支持，其大部分组件被整合至 TensorFlow 的 Python API 中。在 2018 年 TensorFlow 2.0.0 公开后，Keras 被正式确立为 TensorFlow 高阶 API，即 tf.keras。此外自 2017 年 7 月开始，Keras 也得到了 CNTK 2.0 的后台支持。

在 2019 年 9 月 17 日 Keras 稳定版本 2.3.0 的更新文档中，Keras 团队宣布了计划调整：在该版本之后，Keras 将集中于 Tensoflow 后台的有关内容，多后台 Keras 的开发优先度被降低，且更新将仅包含补丁（bug fix），不会有新的功能性内容移植/加入。

根据其官方文档，Keras 在开发时的关注点包括：用户友好、模块化、可扩展性和完全的 Python 支持。Keras 同时也提供了由代码-产品间转化的途径，例如支持在 iOS 的 Apple's CoreML、Android 的 TensorFlow 运行以及网页的 JavaScript 运行。

Keras 被认为是深度学习开发端受到关注的工具之一，例如在 2018 年的一份测评中，Keras 的普及率仅次于 TensorFlow，超过了 PyTorch、Microsoft-CNTK 和 Theano。

2.2.9 Deeplearning4j

Deeplearning4j 是为 Java 和 Java 虚拟机编写的开源深度学习库，是广泛支持各种深度学习算法的运算框架。Deeplearning4j 可以实施的技术包括受限玻尔兹曼机、深度置信网络、深度自动编码器、堆叠式降噪自动编码器、循环神经张量网络，以及 word2vec、doc2vec 和 GloVe。这些算法全部包括分布式并行版本，与 Hadoop 和 Spark 集成。Skymind 是 Deeplearning4j 的商业支持机构。

Deeplearning4j 基于广泛使用的编程语言 Java 但同时也兼容 Clojure，并且包括 Scala 的 API。它由自有的开源数值计算库 ND4J 驱动，可使用 CPU 或 GPU 运行。Deeplearning4j 是开源项目，主要由位于旧金山的一支机器学习团队开发，团队由 Adam Gibson 领导。

Deeplearning4j 是谷歌 Word2vec 页面上列出的唯一一个在 Java 环境下实施 Word2vec 的开源项目。

Deeplearning4j 已经用于多项商业和科研应用。其代码由 GitHub 托管，并在谷歌小组上设有支持论坛。

这一框架是可组合的，即受限玻尔兹曼机、卷积网络、自动编码器、递归网络等浅层神经网络可以相互叠加，组合成不同类型的深度网络。

该深度学习框架支持神经网络模型的构建、模型训练和部署。能够与现有大数据生态进行无缝衔接（Hadoop、Spark 等），也是可以原生态支持分布式模型训练的框架之一。支持多线程，跨平台（硬件：CUDA GPU，x86，ARM，PowerPC；操作系统：Windows/Mac/Linux/Android）。

2.2.10 Cognitive Toolkit

Microsoft Cognitive Toolkit（https：//cntk. ai）是一个统一的深度学习工具包，它通过有向图将神经网络描述为一系列计算步骤。在这个有向图中，叶节点表示输入值或网络参数，而其他节点表示对其输入的矩阵运算。CNTK 允许用户轻松实现和组合流行的模型类型，如 feed-forwardDNNs、卷积网（CNNs）和递归网络（RNNs/LSTMs）。它实现了随机梯度下降（SGD，误差反向传播）学习，具有自动微分和跨多个 GPU 和服务器的并行化。CNTK 自 2015 年 4 月起获得 open-source 许可证。

CNTK 是一个针对深度学习的系统，用来加速诸如语音、图像识别以及搜索相关性（search relevance）等领域的技术进步。并可运行于 CPU 或英伟达 GPU。Microsoft Cognitive Toolkit 既可本地运行，也可在云端基于 Azure GPU 运行。

Microsoft Cognitive Toolkit 在一系列微软产品中都有十分广泛的应用。全世界范围内有大规模深度学习部署需求的公司，对最新算法、技术感兴趣的学生，都是其用户。自从 2016 年 10 月，已发布了超过 10 个 beta 版本，涵盖数百个新特性、性能提升和修补。

2.3 深度学习神经网络主要特点

本节综合 SHRESTHA A and MAHMOOD A，2019；SHI D et al.，2019；Alom M Z et al.，2019；POUYANFAR S et al.，2018；Dargan S et al.，2019 等文献，摘编部分内容，对深度学习算法，进行宏观层面介绍。

2.3.1 深度学习神经网络基本特点

深度学习是机器学习的一个热门领域。深度学习是最有效，最具有监督性、最节省时间和成本的机器学习方法。深度学习不是一种受限的学习方法，可以应用于大量复杂的问题学习。该技术以分层的方式学习解释差异性特征。它被认为是利用反向传播算法发现高维数据中复杂体系结构的最佳选择。深度学习的广泛应用领域包括商业、科学和政府，其中还包括自适应测试、生物图像分类、计算机视觉、癌症检测、自然语言处理、物体检测、人脸识别、手写识别、语音识别、股市分析、智慧城市等。

机器学习是人工智能（AI）的一个分支，它赋予系统自动学习概念和知识的好处，而无需显式编程。深度学习依赖于机器学习算法的集合，这些算法通过多重非线性变换对数据中的高级抽象进行建模。深度学习技术适用于人工神经网络系统（ANN）。这些神经网络不断采用学习算法，通过不断增加数据量，可以提高训练过程的效率。效率取决于较大的数据量。这种训练过程被称为深度训练，因为神经网络的层数随着时间的推移而增加。深度学习过程的工作完全取决于两个阶段，即训练阶段和推理阶段。训练阶段包括标记大量数据并确定其匹配特征，推断阶段处理得出结论并使用其先前知识标记新的未暴露数据。深度学习是一种帮助系统以最大精度理解复杂感知任务的方法。深度学习也被称为深度结构化学习和分层学习，由多层组成，其中包括用于转换和特征提取的非线性处理单元。每个后续层都将前一层的结果作为输入。学习过程通过使用不同的抽象阶段和多层次的表示以有监督或无监督的方式进行。深度学习或深度神经网络使用基本计算单元，即接受多个信号作为输入的神经元。它将这些信号与权重线性集成，并在非线性任务上传输组合信号以产生输出。

在“深度学习”方法论中，“深度”一词列举了数据转换所通过的许多层的概念。这些系统由非常特殊的学分分配路径（CAP）深度组成，这意味着从输入到输出的转换步骤，并表示输入层和输出层之间的脉冲连接。必须指出，深度学习和表征学习之间存在差异。表征学习包括帮助机器将原始数据作为输入并确定用于检测和分类目的的表征的一组方法。深度学习技术纯粹是这样一种学习方法，它具有多层次的表示和更抽象的层次。深度学习方法的关键因素是：

1）多层或多阶段非线性处理。多层非线性处理是指一种分层方法，其中当前层接受前一层的结果，并将其输出作为输入传递给下一层。在层之间建立层次结构，以便组织数据。

2）监督或非监督学习。监督和非监督学习与分类目标标签相关联。它的可用性意味着一个受监督的系统，而不可用则表示一个无监督的系统。

表 2.1 提供了不同 DNN 体系结构的简要总结和比较。表中给出的实现、应用程序、数据集和 DL 软件框架的示例等内容。该表还提供了使用不同体系结构的常见应用程序的示例。

2.3.2 深度学习神经网络（DNN）的基本类型和体系结构

深度学习神经网络类型由深度信念网络、递归神经网络和深度神经网络等组成。DNN 可以通过在不同拓扑结构的人工神经网络的输入层和输出层之间添加多个隐藏层来构建。深度神经网络可以建模复杂和非线性关系，并生成模型，其中对象被视为基本体的分层配置。这些前馈网络没有环路，数据流从输入层流向输出层。有各种各样的体系结构和算法有助于实现深度学习的概念。表 2.2 描述了深度学习体系结构发展变化。表 2.3 描述了深度神经网络不同体系结构的各种应用领域。

2.3.3 深度学习神经网络（DNN）体系结构主要特点

深度学习算法架构的主要有六种基本类型，它们是：自动编码器（AE），卷积神经网络（CNN），受限 Boltzmann 机器（RBM），深层堆叠网络（DSN），长短期存储器（LSTM）/门控递归单元（GRU）网络，递归神经网络（RNN），其中，LSTM 和 CNN 是两种最基本和最常用的算法，下面分别介绍这六个算法特点：

（1）自动编码器（Auto-Encoder，AE）

自动编码器是一种特殊类型的人工神经网络，用于从数据中学习有效的特征。最初由 Hinton 在 2006 年提出。自动编码器（AE）是一种基于无监督学习技术并使用反向传播算法的神经网络。网络首先将目标结果值设置为等于输入值。网络试图理解等同于恒等函数的近似。它的结构由三层组成，分别是输入层、隐藏的编码层和解码层。网络试图重建其输入，这迫使隐藏层学习输入的最佳表示。隐藏层用于描述有助于表示输入的代码。自动编码器是神经网络，但它们也与主成分分析（PCA）密切相关。主要特点：①自动编码器是神经网络。②自动编码器基于无监督机器学习算法。③这些与主成分分析（PCA）非常相似。④它比 PCA 更灵活。⑤它最小化了与 PCA 相同的目标函数。⑥神经

表 2.1 不同 DNN 体系结构的简要总结和比较表

神经网络类型	神经网络体系结构	神经网络模型	训练类型	训练算法	实现示例	常见应用	测试数据集	深度学习框架
前馈神经网络（Feedforward Neural Network）	卷积神经网络（CNN）	判别模型（Discriminative）	监督模型	基于梯度下降的反向传播（Gradient Descent based Backpropagation）	Siamese Network，Deep CNN	图像识别/分类	MINST	TensorFlow，Caffect，Theano，Torch，Deeplearning4j. microsot CognitiveToolkit，Keras，MXNet，PyTorch
	残差网络（Residual Network）	判别模型（Discriminative）	监督模型	基于梯度下降的反向传播（Gradient Descent based Backpropagation）	Deep ResNet，HighwayNet；DenseNet	图像识别	ImageNet	TensorFlow，PyTorch，Keras，
	自编码器（Autoencoder）	生成模型（Generative）	非监督模型	反向传播（Backpropagation）	Sparse Autoencoders，Variational Autoencoders	降维；编码	MINST	TensorFlow，Deeplearning4j，MXNet，Keras
	对抗网络（Adversarial Networks）	具有判别模型微调的生成模型（Generative with Discriminativa finetuning）	非监督模型	反向传播（Backpropagation）	Generative Adversarial Network	生成真实的假数据，三维模型重建，图像改进	CIFAR10	TensorFlow，Keras，
	受限玻尔兹曼机（RBM）	具有判别模型微调的生成模型（Generative with Discriminativa finetuning）	非监督模型	基于梯度下降的对比发散（Gradient Descent based Contrastive divergence）	Deep Belief Network；Deep Boltzmann Machine	降维；特征学习；主题建模	MINST	TensorFlow，Caffect，Theano，Torch，Deeplearning4j，microsot CognitiveToolkit，Keras，MXNet，PyTorch
Recurrent Neural Network（RNN）	长短期记忆（LSTM）	判别模型（Discriminative）	监督模型	渐变下降和时间反向传播（Gradient Descent & Backpropagation Through Time）	Deep RNN，Gated Recurrent Unit（GRU），Neural Translation（NMT）	自然语言处理；语言翻译	MNIST Stroke Sequence	TensorFlow，Caffect，Theano，Torch，Deeplearning4j，microsot CognitiveToolkit，Keras，MXNetPyTorch
径向基函数 NN Radial Basis Funtion NN	径向基函数网络（RBF Network）	判别模型（Discriminative）	监督模型与非监督模型	k 均值聚类；最小二乘函数（K-means Clustering；Least Square Function）	Radial Basis Function NN	函数逼近；时间序列预测	Fisher's Iris data set	TensorFlow
Kohonen 自组织神经网络 Kohonen Self Organizing NN	以六边形或矩形网格排列的节点（Nodes arranged in hexagonal or rectangular grid）	具有判别模型微调的生成模型（Generative with Discriminativa finetuning）	非监督模型	竞争学习（Competitive Learning）	Kohonen Self Organizing NN	降维；优化问题；聚类分析	SPAMbase	TensorFlow

表 2.2　深度学习体系结构发展变化表

年份	深度学习神经网络类型
1990—1995	递归神经网络
1995—2000	长短期记忆，卷积神经网络
2000—2005	长短期记忆，卷积神经网络
2005—2010	深度信念网络
2010—2017	深层堆叠网络，门控循环单元

表 2.3　深度神经网络不同体系结构对应各种应用领域表

神经网络体系结构	主要应用领域
自动编码器	自然语言处理，理解数据的紧凑表示卷积神经网络文档分析、人脸识别、图像识别、自然语言处理、视频分析
深度信念网络	故障预测、信息检索、图像识别、自然语言理解
深层堆叠网络	连续语音识别、信息检索
LSTM/GRU 网络	手势识别、手写识别、图像字幕、自然语言文本压缩、语音识别
递归神经网络	手写和语音识别
受限 Boltzmann 机器	协作过滤、分类、降维、特征学习、回归和主题建模

网络的目标输出是自动编码器的输入。虽然自动编码器与 PCA 相同，但自动编码器的灵活性相当高。自动编码器允许在编码中以线性和非线性方式表示，而在 PCA 中可以进行线性变换。由于网络表示，自动编码器可以堆叠和分层，以生成深度学习网络。自动编码器的类型主要有以下类型：

1）去噪自动编码器：它是基本自动编码器的高级版本。为了处理标识函数，这些编码器破坏了输入，然后重新构造它们。它也被称为自动编码器的随机版本。

2）稀疏自动编码器：这些自动编码器具有自动从未标记数据中提取特征的学习方法。“稀疏”表示隐藏单元只允许针对特定类型的输入而不是过于频繁地触发。

3）可变自动编码器（VAE）：可变自动编码器由编码器、解码器和损失函数组成。它们用于设计具有大型数据集的复杂数据模型。它也被称为高分辨率网络。

4）压缩自动编码器（CAE）：这些是作为去噪自动编码器的鲁棒网络，但不同的是，压缩自动编码器通过编码器功能在网络中产生鲁棒性，而去噪自动编码与重建过程一起工作。

自动编码器用于处理高维数据，并通过降维解释一组数据表示。自动编码器（AE）主要使用两种结构，即去噪自动编码器和稀疏自动编码器。对于去噪自动编码器，它使用来自噪声的数据来体验网络权重，对于稀疏自动编码器，它们绑定隐藏单元的激活状态。自动编码器的工作机制先处理输入，然后借助非线性映射将其映射到固有变换。

（2）卷积神经网络（Convolutional Neural Network，CNN）

卷积神经网络（CNN）是最常见的深度学习方法之一。自 20 世纪 80 年代后期以来，CNN 已应用于视觉识别与分类任务，特别是 LeCun 等在 1998 年提出了 LeNet-5，基于 CNN 的相关研究随即成为研究热点，伴随图形处理（Graphical Processing Unit，GPU）计算能力的发展和大量标记数据集的出现，CNN 在算法和架构上不断改进，在各个应用场景取得了突破。

CNN 是一种基于动物视觉皮层的多层神经网络。CNN 的应用领域主要包括图像处理和手写字符识别，例如邮政编码解释。在体系结构上，较早的层用于识别边缘等特征，较晚的层用于重新组合特征，形成高级属性作为分类的输入。然后进行池化处理，去降低提取特征的维度。

先是进行卷积，然后再进行池化，然后输入一个完美连接的多层感知器。最后输出层的职责是通过使用反向传播算法来识别图像的特征。CNN 神经网络架构见图 2.1。

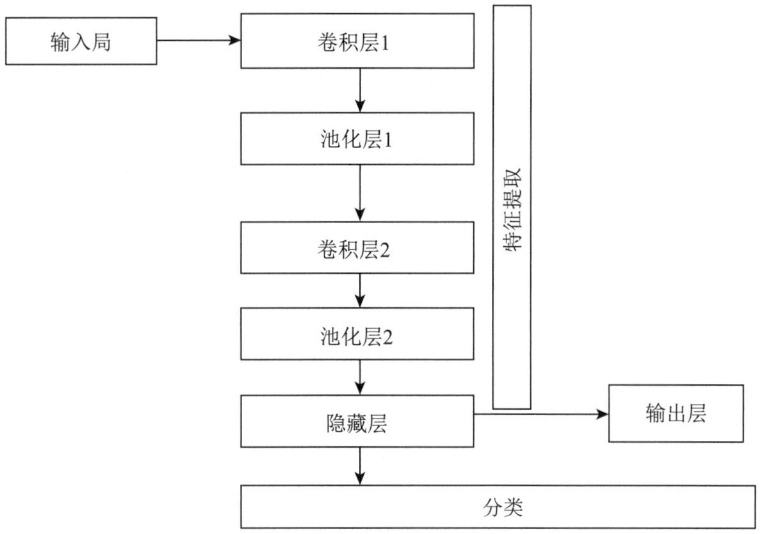

图 2.1 CNN 神经网络架构

在 CNN 中，深层处理层、卷积层、池化和完全连接的分类层的优势揭示了语音识别、医疗应用、视频识别和自然语言处理各种任务等的应用。CNN 凭借其独有的功能，如本地连接和共享权重，提高了系统的准确性和性能。它比其他任何深度学习方法都有效。与其他架构相比，它是最常用的架构。

近年来的研究表明，随着数据获取方式的简化和大数据集的出现，GPU 等芯片技术的快速发展，深度学习可以有效解决上述瓶颈问题。2012 年，Krizhevsky 等使用扩展了深度的 CNN 架构在 ImageNet 大规模视觉识别挑战竞赛中取得了最佳的分类效果，随即 CNN 受到研究者们的重视，一系列网络模型的提出进一步推动了 CNN 的深入研究与广泛应用。目前，CNN 已经成为大多数图像识别、分类和检测任务的领先架构，越来越多的网络架构也相继问世，包括 AlexNet、Clarifai、SPP、VGG、GoogleNet、FCN、U-Net 等。同时，梯度下降、参数优化策略、权重共享以及近年来神经网络架构优化（Neural Architecture Optimization，NAO）和元学习（meta-learning）等理论的迅速发展，使得 CNN 在复杂应用场景中的优势更加明显。新型的 CNN 神经网络架构表现出以多个网络或多种网络级联组合应用的新态势，神经网络形态的快速进化为纷繁复杂的科研领域提供了智能高效的数据分析手段。

（3）受限 Boltzmann 机器（Restricted Boltzmann Machines and Deep Belief Network，RBM）

受限玻尔兹曼机（RBM）是由 Hinton 和 Sejnowski 在 1986 年提出的神经网络模型，具备两层结构、层间全连接和层内无连接的特点，适用于有效地提取数据特征以及预训练传统的前馈神经网络，可明显提高网络的判别能力。

受限玻尔兹曼机器（RBM）是对隐藏层、可见层和层间对称连接的无方向图形化和模型化表示。在 RBM 中，输入和隐藏层之间没有连接。深信度网络代表了多层网络体系结构，它包含了一种具有许多隐藏层的新型训练方法。在这里，每一对相连的层都是一个 RBM，也称为一堆受限的 Boltzmann 机器。输入层构成了基本的感官输入，而隐藏层则是这个输入的抽象描述。输出层的工作是仅执行网络分类。

培训部分分为两个阶段：无监督的预培训和监督的微调。在无监督的预训练中，RBM 从第一个隐藏层开始，熟练地重构其输入。下一个 RBM 类似于第一个 RBM，第一个隐藏层被视为输入和可见层，RBM 通过从第一个隐藏层获取输出来工作。因此，每一层都是经过预先培训的。现在，当预培训完成后，开始监督微调步骤。在这一步中，用值或标签标记表示输出的节点，以便它们在学习过程中有所帮助，随后使用梯度下降学习或反向传播算法进行全网络训练。

RBM 可见层所描述的是观察数据一个方面或一个特征，约束条件是可见单元和隐藏单元必须构成二分图。这种机制可用于组建更加有效的训练算法，特别是基于梯度的对比发散算法。用 RBM 可以组成以下深层模型：深度置信网络（Deep Belief Network，DBN）、深度玻尔兹曼机（Deep Boltzmann Machines，DBM）和深能模型（Deep Energy Models，DEM），适用于特征提取、数据编码、构建用于监督学习的分类或回归学习模型，以及初始化神经网络等场景。

（4）深层堆叠网络（Deep Stacking Networks，DSN）

深堆积网络（DSN）也称为深凸网络。DSN 不同于其他传统的深度学习结构。它之所以被称为 deep，是因为它包含大量 deep 单个网络，每个网络都有自己的隐藏层。

DSN 认为，训练不是一个特定的孤立问题，但它包含了个人训练问题的组合。DSN 由作为网络一部分并存在于体系结构中的模块组合组成。有三个模块适用于 DSN。这里，模型中的每个模块都有一个输入区、一个隐藏区和一个输出区。子程序一个接一个地放置，每个模块的输入被视为前一层和真实输入向量的输出。图 2.2 描述了帮助解决复杂分类的层的工作过程。在 DSN 中，每个模块都是单独培训的，以便使其具有生产力和协调工作的能力。监督式培训方法的过程作为每个模块的反向传播而不是整个网络的反向传播。DSN 的工作性能优于典型的 DBN，使其成为适合的并被接受的网络架构。

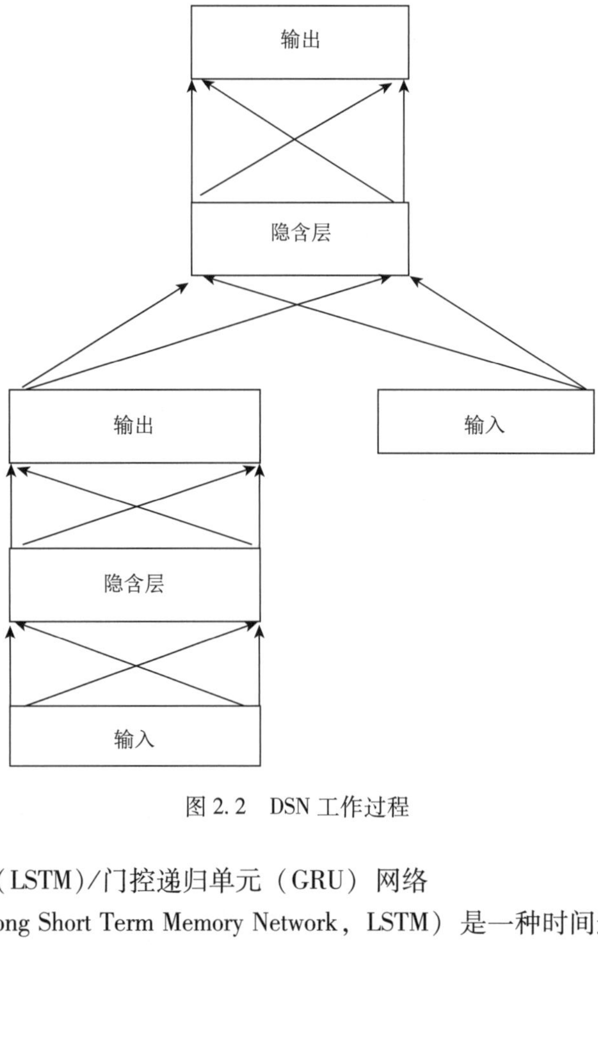

图 2.2　DSN 工作过程

（5）长短期存储器（LSTM）/门控递归单元（GRU）网络

长短期存器网络（Long Short Term Memory Network，LSTM）是一种时间递归神经网络，它出现的原因是为了解决 RNN 的一个致命的缺陷。原生的 RNN 会遇到一个很大的问题，叫做 The vanishing gradient problem for RNNs，也就是后面时间的节点会出现“老年痴呆症”，也就是忘事，这使得 RNN 在很长一段时间内都没有受到关注，网络只要一深就没法训练。

而 LSTM 网络具有“记忆性”，其原因在于不同“时间点”之间的网络存在连接，而不是单个时间点处的网络存在前馈或者反馈；并且 LSTM 擅长于处理多个变量的问题，该特性使其有助于解决时间序列预测问题。

长短期存储器（LSTM）是在 Hochreiter 和 Schimdhuber 的努力下设计的，应用广泛。IBM 选择 LSTM 主要用于语音识别。LSTM 使用一个称为单元的存储单元，该单元可以将其值保持足够的时间，并将其视为输入的函数。这有助于装置记忆上次计算的值。

存储单元或单元由三个称为门的端口组成，它们控制单元中信息的移动，即进入单元和离开单元。输入端口或门管理进入内存的新信息流。第二个门被称为忘记端口控制，在忘记现有信息时使用，帮助细胞记忆新数据。输出门的工作再次是控制单元中存在的信息，并用作单元的输出。单元的权重可用于控制目的。需要一种通常称为“时间反向传播”（BPTT）的训练方法来增强权重。该方法需要网络输出误差才能进行优化。

门控递归单元网络（Gate Recurrent Unit，GRU）是循环神经网络（Recurrent Neural Network，RNN）的一种。和 LSTM 一样，也是为了解决长期记忆和反向传播中的梯度等问题而提出来的。

相比 LSTM，使用 GRU 能够达到相当的效果，并且相比之下更容易进行训练，能够很大程度上提高训练效率，因此很多时候会更倾向于使用 GRU。

GRU 包括两个称为更新门和复位门的门。更新门的职责是告知维护前一个单元的内容的需求。复位门描述了先前单元内容与新输入的承载过程。GRU 通过将复位门初始化为 1 和更新门初始化为 0 来表示一个标准的 RNN。与 LSTM 模型相比，GRU 模型的工作能力简单。它可以在短时间内熟练，而且它被认为在执行方面更有效。

（6）递归神经网络（Recurrent Neural Network，RNN）

RNN 是一类用于处理序列数据的神经网络，与“人的认知是基于过往的经验和记忆”类似，通过使用特定形式的存储器来模拟基于时间的动态变化，RNN 不仅能考虑当前的输入，而且赋予了网络对前序内容的一种“记忆”功能。这种网络结构能够直接地反映系统动态变化过程中的高度非线性和不确定性，因此适用于对时序数据规律的学习与未来变化趋势的预测，但该方法存在梯度消失与梯度爆炸问题。1997 年，Hochreiter 和 Schmidhuber 提出了长短期记忆（Long Short-Term Memory，LSTM）网络，成功解决了这一问题。LSTM 可以保持前序信息的长期存储，在语音识别、信息检索、文本分类等应用中被广泛使用，现已成为实际应用中最有效的序列模型。

RNN 具有丰富的体系结构，并且是网络的基本体系结构。循环网络的重要特征是，与完全前馈连接相比，循环网络具有一个可以反馈到前一层的连接。它使用之前输入的记忆，并在一定时间内对问题建模。这些网络可以通过被称为时间反向传播（BPTT）的标准反向传播来升级、熟练和扩展。

2.3.4 深度学习神经网络（DNN）主要模型和训练算法

2.3.4.1 神经网络主要训练类型

神经网络主要训练类型有监督模型、半监督模型和非监督模型。这三种类型之间最主要区别在于实况数据的可用性水平，这里的可用性水平是指针对既定输入，已经预先知道了该模型的输出值。

监督学习的目标是学习一个函数，已知该函数的样本数据和输出值的情况下，尽最大可能拟合输入和输出间的关系。这意味着一些数据已经标记了正确回答。监督学习算法从标记的训练数据中学习，这有助于假设不可预测数据的结果。监督学习旨在利用训练数据集学习一个模型，再用模型对测试样本集进行预测。

无监督学习中不存在标注过的样本输出值，即没有给定事先标记过的训练范例，所用的数据没有属性或标签这一概念，直接对数据进行建模。无监督学习事先不知道输入数据对应的输出结果是什么。自动对输入的资料进行分类或分群，以寻找数据的模型和规律，因此其目标是推断一组数据样本中的内部结构。如聚类算法：针对数据集，自动找出数据中的结构，从而把数据分成不同的簇。与监督学习相比，该模型能够执行更复杂的处理任务。

半监督学习介于监督和无监督学习之间。半监督学习的数据一部分被标识，一部分没有被标识，特别在“训练数据”有限的情况下，及使用少量标记的训练数据和大量未标记的训练数据。严格说来，半监督学习模式也是监督学习的一种。半监督学习模式可以用来进行预测，但是模型首先需要学习数据的内在结构，以便合理地组织数据来进行预测。通常在标签数据缺少的情况下，监督与半监督结合使用，会取得比较好的结果。

2.3.4.2 神经网络主要模型

在监督的机器学习中，深度学习神经网络模型可以分为判别模型和生成模型。

判别模型基于条件概率进行预测，用于分类或回归，判别模型只关心不同类型的数据的差别，利用差别来分类。即判别学习不能反映训练数据本身的特性，但它寻找不同类别之间的最优分类面，反映的是异类数据之间的差异，直接面对预测，往往学习的准确率更高，由于直接学习 $P(Y|X)$ 或 $Y=f(X)$，从而可以简化学习。

生成模型围绕数据集的分布来返回给定示例的概率，即生成模型是从大量的数据中找规律，属于统计学习。生成方法的学习收敛速度更快，当样本容量增加的时候，学到的模型可以更快地收敛于真实模型。生成模型可以还原出联合概率分布（还原数据本身相似度），而判别方法不能。

从概率分布的角度考虑，对于一堆样本数据，每个均有特征 X_i 对应分类标记 Y_i，那么生成模型和判别模型基本概念如下：

生成模型：由数据学习联合概率分布 $P(X, Y)$，然后由 $P(Y|X)=P(X, Y)/P(X)$ 求出概率分布 $P(Y|X)$ 作为预测的模型。基本思想是首先建立样本的联合概率密度模型 $P(X, Y)$，然后再得到后验概率 $P(Y|X)$，再利用它进行分类。即先求出 $P(X, Y)$ 才得到 $P(Y|X)$ 的，然后这个过程还得先求出 $P(X)$。$P(X)$ 就是你的训练数据的概率分布。因此，当数据样本非常多的时候，你得到的 $P(X)$ 才能很好地描述你数据真正的分布，该方法表示了给定输入 X 与产生输出 Y 的生成关系，因此生成模型需要的数据量比较大，能够较好地估计概率密度。

判别模型：由数据直接学习决策函数 $Y=f(X)$ 或条件概率分布 $P(Y|X)$ 作为预测模型，即判别模型。判别方法关心的是对于给定的输入 X，应该预测什么样的输出 Y。基本思想是有限样本条件下建立判别函数，不考虑样本的产生模型，直接研究预测模型。

生成式模型代表模型有：朴素贝叶斯、K 近邻（KNN）、混合高斯模型、隐马尔科夫模型（HMM）、贝叶斯网络、Sigmoid Belief Networks、马尔科夫随机场（Markov Random Fields）、深度信念网络（DBN）等。

判别式模型的代表模型有：线性回归（Linear Regression）、逻辑斯蒂回归（Logistic Regression）、最大熵模型、神经网络（NN）、支持向量机（SVM）、高斯过程（Gaussian Process）、条件随机场（CRF）、CART（Classification and Regression Tree）等。

下面用地质上的具体应用示例来解释这两个模型的区别：如岩石识别，我们有沉积岩、变质岩、岩浆岩三大岩类，如果采用生成式模型，我们可以利用生成模型分别对沉积岩、变质岩、岩浆岩进行建模，分别学习沉积岩、变质岩、岩浆岩特征，形成沉积岩、变质岩、岩浆岩的模型。在具体应用识别中，我们可以把要识别的样本分别放到这三个模型中，然后看概率是多少，哪个大就属于哪个岩石类型。如果采用判别式，则沉积岩、变质岩、岩浆岩三大岩类样本提取特征统一建模，然后通过提取待测岩石标本特征来预测出这个样本属于沉积岩、变质岩、岩浆岩的概率。

2.3.4.3　神经网络主要训练算法

神经网络主要训练算法是深度学习的主要部分。层次的数量区分了深层神经网络和浅层神经网络。层数越多，越深。每一层都可以专门用于检测特定的方面或特征。比如，在图像（人脸）识别中，第一层可以检测边缘，第二层可以检测更高的特征，例如面部的各个部分，例如耳朵、眼睛等，而第三层甚至可以通过学习不同人的面部形状来进一步提高复杂性。尽管每一层都可能学习或检测到一个定义的特征，但序列并不总是为此设计的，特别是在无监督学习中。在开发梯度下降等训练算法之前，必须对每个层中的这些特征提取器进行手动编程。这些手工制作的分类器不能扩展到更大的数据集，也不能适应数据集的变化。Yann Lecun 等人在 1998 年的论文证明，具有更多自动学习和减少手动设计启发的系统能够产生更好的模式识别。

反向传播提供了表示学习方法，在这种方法中，可以输入原始数据，而无需手动为分类器进行处理，它会自动找到分类或识别所需的表示。学习算法的目标是找到权重向量的最佳值，以解决领域中的一类问题。一些著名的训练算法是：梯度下降、随机梯度下降、动量、列文伯格-马夸尔特（Levenberg-Marquardt）算法、时间反向传播。下面分别简要各算法要点：

（1）梯度下降（GD）

梯度下降（GD）是大多数机器学习和深度学习算法中的基本思想。它基于牛顿算法的概念，用于寻找根，即选择曲线上的一点，并根据该点处函数的导数或斜率的正负值沿 x 轴向左或向右滑动，直到 y 轴的值即函数或 $f(x)$ 变为零。梯度下降也采用了相同的思想，即如果成本函数持续减少，我们会沿着多维权重空间中的某条路径遍历或下降，并在误差率不再减少时停止。牛顿法如果当前点的函数导数为零则容易陷入局部最小值。同样，在非凸函数上使用梯度下降时也存在这种风险。实际上，在多维（每个维度代表一个权重变量）和多层的深度神经网络（DNN）景观中，这种影响被放大，并可能导致次优的权重集。成本函数是期望输出与当前输出之差的平方的一半，如下式所示：

$$C = \frac{1}{2}(y_{\text{expected}} - y_{\text{actual}})^2$$

反向传播方法使用梯度下降。在反向传播中，采用链式法则和偏导数来确定每个权重变化的误差增量。然后调整各个权重，以在每次学习迭代训练数据集后减少成本函数，从而产生最终的多维（多重）权重值景观。我们在对权重应用更新之前，会处理训练数据集中的所有样本。这一过程重复进行，直到目标（即成本函数）不再进一步减少。

图 2.3 显示了每个隐藏层中与输出相关的误差导数，这是与上层单元中输入相关的误差导数的加权总和。例如，当计算 $\frac{\partial E}{\partial z_k}$ 时，相对于 W_{jk} 的偏误差导数等于 $y_j\frac{\partial E}{\partial z_k}$。

（2）随机梯度下降（SGD）

随机梯度下降（SGD）是梯度下降的最常见变体和实现方式。在梯度下降中，我们在对权重应用更新之前，会处理训练数据集中的所有样本。而在 SGD 中，更新是在处理一小批数量为 n 的样本后进行的。由于我们在 SGD 中比在 GD 中更频繁地更新权重，因此我们可以更快地收敛到全局最小值。

（3）动量

在标准的随机梯度下降（SGD）中，学习率被用作梯度的固定乘数，以计算步长或对权重的更新。如果梯度过陡，这可能导致更新超过潜在的最小值；如果梯度有噪声，可能会延迟收敛。使用物理学中的动量概念，动量算法引入了一个速度变量 v，该变量配置为梯度的指数递减平均值。这有助于防止错误方向上的成本高昂的下降。在下面的方程中，$\alpha \in [0, 1)$ 是动量参数，ϵ是学习率。

速度更新：$v \leftarrow \alpha v - \epsilon g$

实际更新：$\theta \leftarrow \theta + v$

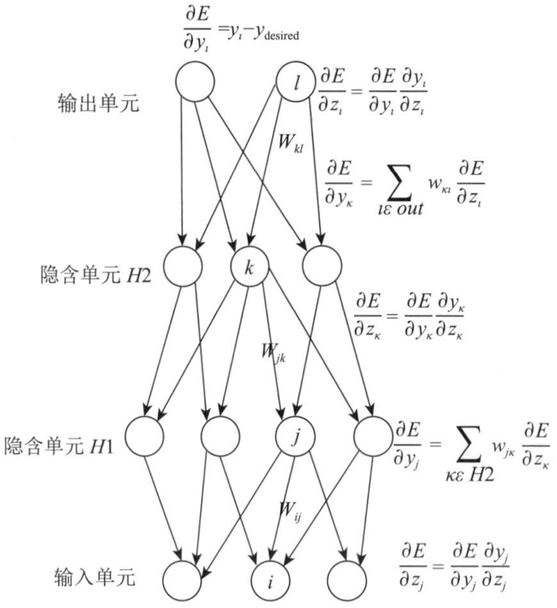

图 2.3 多层神经网络中的误差计算

（4）莱文贝格-马夸尔特算法（LMA）

莱文贝格-马夸尔特算法（LMA）主要用于解决非线性最小二乘问题，例如曲线拟合。在最小二乘问题中，我们试图用一个函数来拟合给定的数据点，使得实际数据点与函数中的点之间的误差平方和最小。LMA 结合了梯度下降和高斯-牛顿方法。梯度下降被用来通过更新函数的参数来减少误差平方和，更新的方向为最陡下降方向，而高斯-牛顿方法则假设函数在局部为二次形式，并通过寻找这个二次函数的最小值来最小化误差。

如果拟合函数用 $\hat{y}(t;p)$ 表示，m 个数据点用 (t_i, y_i) 表示，则平方误差可以写为：

$$x^2(p) = \sum_{i=1}^{m}\left[\frac{y(t_i) - \hat{y}(t_i;p)}{\sigma_{yi}}\right]^2$$

$$= (y - \hat{y}(p))^{\mathrm{T}}W(y - \hat{y}(p))$$

$$= y^{\mathrm{T}}W_y - 2y^{\mathrm{T}}W\hat{y} + \hat{y}^{\mathrm{T}}W\hat{y}$$

式中：$y(t_i)$ 的测量误差即 δ，是权重矩阵 W_{ii} 的逆。

关于 n 个参数的平方误差函数的梯度下降可以表示为：

$$\frac{\partial}{\partial p}x^2 = 2(y - \hat{y}(p))^{\mathrm{T}}W\frac{\partial}{\partial p}(y - \hat{y}(p))$$

$$= 2(y - \hat{y}(p))^{\mathrm{T}}W\left[\frac{\partial\hat{y}(p)}{\partial p}\right]$$

$$= 2(y\hat{y})^{\mathrm{T}}WJ$$

$$h_{gd} = \alpha J^{\mathrm{T}}W(y - \hat{y})$$

式中：J 是用来代替$[\partial\hat{y}/\partial p]$的大小为 $m\times n$ 的雅可比矩阵，h_{gd} 是沿最陡梯度下降方向的更新。高斯-牛顿方法更新（h_{gn}）的方程如下：

$$[J^{\mathrm{T}}WJ]h_{\mathrm{gn}} = J^{\mathrm{T}}W(y-\hat{y})$$

莱文贝格-马夸尔特更新 $[h_{\mathrm{lm}}]$ 是通过结合梯度下降和高斯-牛顿方法生成的，结果如下方程所示：

$$[J^{\mathrm{T}}WJ+\lambda\,\mathrm{diag}(J^{\mathrm{T}}WJ)]h_{\mathrm{lm}} = J^{\mathrm{T}}W(y-\hat{y})$$

（5）时序反向传播

时序反向传播（BPTT）是训练循环神经网络的标准方法。如图 2.4 所示，RNN 在时间上的展开使其看起来像一个前馈网络。但与前馈网络不同，展开的 RNN 在每一层都具有相同的权重值集，并代表了时间域中的训练过程。这个时间域网络的反向传递计算了每一层特定权重的梯度。然后，它平均了不同时间增量（或层）相同权重的更新，并改变它们以确保每一层的权重值继续保持一致。

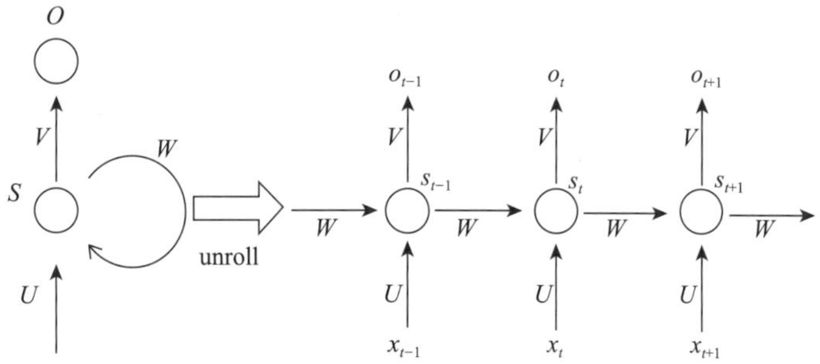

图 2.4　时序反向传播

（6）深度学习算法的比较

表 2.4 提供了常见深度学习算法的总结和比较。算法的优点和缺点以及解决缺点的技术都有所介绍。基于梯度下降的训练是最常见的训练类型。时序反向传播是为循环神经网络量身定制的反向传播方法。对比散度在概率模型如限制玻尔兹曼机（RBM）中找到其应用。进化算法可以应用于超参数优化或通过优化权重来训练模型。强化学习可用于博弈论、多智能体系统以及其他需要优化利用和探索的问题。

表 2.4　常见深度学习算法的总结和比较

算法	优点	缺点	解决缺点的技术
（批次）梯度下降 (Batch) Gradient Descent	优化后可扩展性良好	当权重在整个数据集传递后更新时，需要很长时间才能收敛	小批量梯度渐变下降
随机梯度下降法 Stochastic Gradient Descent	优化后可扩展性良好	由于它是在每个样本上计算的，会有噪声误差率；准确性需要随机排序	小批量梯度下降；在每个回次（轮次）后对数据进行随机排序
时序反向传播 Back Propagation through Time	性能优于元启发式解法（例如，遗传算法）	在需要在线适应的应用中难以使用，因为必须使用整个时间序列	截断部分时间，而不是整个时间
对比发散 Contrastive divergence	能够生成看似来源于输入数据分布的样本；生成模型；模式补全	难以训练	从蒙特卡洛马尔可夫链中获得样本
进化算法 Evolutionary Algorithms	能够有效探索和利用解决方案空间	运行需要很长时间，因为它需要测试不同的组合	利用云和 GPU
强化学习（Q-Learning） Reinforcement Learning (Q-learning)	能够平衡探索和开发	在某些情况下，回报是极其罕见的	从回报状态逆向工作

2.3.5　深度学习神经网络（DNN）代表性模型软件

由于神经网络具有许多灵活性，深度神经网络可以用一组不同的模型表示。这些架构被称为深度模型，主要代表性模型分述如下：

（1）AlexNet

该网络是为研究人员命名的。这是最早的深度学习架构，由 Alex Krizhevsky、Geoffrey Hinton 和他的同事开发，他们在深度学习方面进行了开创性的研究。该体系结构由卷积层和池层组成，它们彼此堆叠在一起，然后在顶部是完全互连的层。好处和优势在于 GPU 的可扩展性和使用是无与伦比的。由于使用 GPU，AlexNet 的处理和培训速度很快。

（2）Visual Graphic Group Net

视觉图形组网络由牛津视觉图形组的技术人员开发，呈金字塔形。该模型由较宽的底层和较深的顶层组成。VGG 适应连续的卷积层，然后适应池层，使层变窄。

（3）GoogleNet

GoogleNet 这种架构是由谷歌的研究人员介绍的，因此被称为“网络”。它包括 22 层，而 VGG 有 19 层。GoogleNet 基于一种称为 inception 模块的新技术。inception 从另一种角度来提升训练结果：能更高效地利用计算资源，在相同的计算量下能提取到更多的特征，从而提升训练结果。inception 结构的主要贡献有两个：一是使用 1×1 的卷积来进行升降维；二是在多个尺寸上同时进行卷积再聚合。

（4）ResNet Residual Network

ResNet 残差网络包含许多连续的残差模块，也称为 ResNet 的基本构建块。剩余模块一个接一个地放置，形成一个成功完整的节点到节点网络。ResNet 的主要优点是，许多剩余层能够形成经过训练的网络。

（5）ResNeXt

ResNeXt 它基于 ResNet 的概念构建，具有新颖、增强的体系结构和改进的性能。

（6）RCNN（Regions with Convolutional Neural Network）

RCNN（带卷积神经网络的区域）它取决于在图像中的对象上设计一个边界框，并识别图像中给定的对象。

（7）YoLo（You only look once）

YoLo（你只看一次）这种架构解决了图像检测问题。为了识别对象的类别，图像被划分为边界框，然后进行识别执行算法，这是所有框的通用算法。在识别类之后，将非常小心地合并这些框，以在对象周围形成最佳边界框。它可实时用于处理日常问题。

（8）SqueezeNet

SqueezeNet 架构是最强大的低带宽架构。此网络体系结构占用 4.9 MB 的空间，初始过程将占用 100 MB。fire 模块用于处理剧烈变化。

（9）SegNet

SegNet 被认为是解决图像分割问题的最佳模型。SegNet 是一种深度神经网络，用于解决图像分割的复杂性。它由一组称为编码器的处理层和一组用于像素分类的相关解码器组成。SegNet 的重要功能是能够在分割的图像中保留非常高的频率细节。其中，编码器网络和解码器网络连接了池索引。信息的流动也是直线的。

（10）GAN

GAN 生成对抗网络是一种独特的网络架构，它创建了一个全新的、不同的图像，这些图像在现有的训练数据集中还没有出现。

第 3 章　基于深度学习技术的地质体识别研究现状

3.1　概述

在地质领域相关方法研究中，早期就有利用传统机器学习方法开展这方面的研究与应用。如 20 世纪 90 年代美国地质调查局和加拿大地质调查局联合开发的空间建模工具 SDM，就属于传统的机器学习的监督建模方法。该方法需要先在地质对象目标区部署训练点，通过提取该目标区的特征信息，然后再预测地质对象目标区。其特征信息包括地球物理和地球化学图层，根据特征信息与预测地质对象的关系，分别按高值、中值和低值将原始特征数据转换为模糊隶属度数据，再利用原始数据与目标数据的相关关系求解地质空间模式，求解工具包含模糊逻辑、证据权法、罗吉斯蒂回归和神经网络 4 种空间数据挖掘方法。SDM 方法与深度学习方法相比，其建模主要有以下不同点：①SDM 一次只能选中一种预测地质对象，即采样时一次只能针对一种地质对象。而深度模型可以同时考虑多种预测的地质对象；②用于 SDM 建模的特征信息，在建模时，其数学模型对参加建模的特征信息要求本身不具相关关系，因此需要精通的专业人士才能建模，而深度学习模型没有此约束，凸显大数据的能力；③用于 SDM 建模的特征信息，在数量上（如变量数或图层数）受到数学模型的约束，不能超过一定数据量（如 20 个基本达到极限），而深度学习模型没有此约束；由于早期受到算力、数据和算法等各方面的约束，开展 AI 方面的研究和应用在广度和深度上还是受限很大。

谈到地质体识别，不能不说遥感数据应用。遥感数据处理也是在地质填图领域最早应用的技术之一，也是相对比较成熟的技术方法之一。遥感在区域地质填图中的应用，重点是与其他地质调查方法配合进行地质填图。遥感图像中含有大量不同尺度的地质信息，多数区域地质填图信息可以通过地质解释，直接从图像中提取，相关的地质体、地质现象和地质界线，可以在图像中直接追踪圈定。遥感技术在地质填图中的应用实效与多种因素有关，如最佳图像类型、时相、空间和时间分辨率选择；针对地质问题的最佳波段选择和图像处理方法选择，根据测区自然景观特点、基岩裸露程度和地质情况的变化选用最佳解译标志和解释方法。早期，地质遥感解释主要以人工解释为主，但随着计算机技术的不断发展，使用计算机对遥感影像分类已经变成解释方法之一。遥感影像分类就是遥感影像信息提取，是根据像元的相似度归类识别的过程。在地质遥感解释中，目前主要利用监督分类和部分非监督分类等方法开展地质对象分类和预测的典型应用中，在采样方面，监督模型中模型主要也是采用常用的解译标志或前人相关地质图件等。

随着深度学习方法的出现和深入应用，在遥感数据应用领域，从海量图像数据中直接学习图像特征表达，提高含有大量未知信息的遥感图像分类的精度，成为遥感图像分类研究中的热点。深度学习具有特征学习和深层结构两个特点，有利于遥感图像分类精度的提升。特征学习能够根据不同的应用自动从海量数据中学习到所需的高级特征表示，更能表达数据的内在信息。深层结构通常拥有多层的隐层节点，包含更多的非线性变换，使得拟合复杂模型的能力大大增强。但是在深度学习识别的应用中，仅采样方法上，同样也存在以下问题需要攻关和解决：①对于传统的遥感图像目标检测算法，训练样本的数量并不起到决定性的作用。然而在深度学习算法中，大量的训练样本是其得到最优检测模型的保证，而且训练样本需要包含各种不同的场景，这样才能使得检测模型具有足够好的鲁棒性。但是一方面满足要求的遥感影像数据量有限，另一方面人工判读解译效率往往较低，因此大型目标样本库的制备难度较大，由于深度学习算法需要大量的训练样本为前提，仅靠人工标注的有限样本难以满足要求。②在实际应用中，遥感图像的数据的采集和标定是较困难的，获取的已标定的训练样本集较小，因此在选取深度学习网络时需要合理地考虑遥感图像的特点，选取适合小样本、高维数据分析的网络模型。卷积神经网络需要动辄百万级的训练样本，卷积神经网络对百万级样本训练过程也极为漫长，如何从小量的数据中生成良好的神经网络将是未来的研究方向。目前没有看到这类技术在地质填图中的研究内容。本专著讨论的技术方法主要是基于多模态、多尺度数据融合基础上，而不是单一数据（遥感数据）的处理，所以，单一遥感数据处理不作为本专著讨论的内容。

从应用层面广度和深度两个维度来看，大致 2010 年以后，深度学习深入发展和应用进入到一个新的阶段，这个可以从 ILSVRC（ImageNet Large Scale Visual Recognition Challenge）机器视觉领域最受追捧也是最具权威的学术竞赛得到验证。该竞赛从 2010 到 2017 年连续举办 8 年，代表了图像领域竞赛的最高水平。正是因为 ILSVRC 2012 挑战赛上的 AlexNet 横空出世，使得全球范围内掀起了一波深度学习热潮。这一年也被称作“深度学习元年”。

直到 2018 年，由 WebVision 竞赛（Challenge on Visual Understanding by Learning from Web Data）来接棒，并且转向了无标签深度学习的更高阶段。

深度学习的兴起，为人工智能在传统的地质行业应用落地奠定了基础。基于地质填图基础性、先行性和野外工作艰险性和复杂性，人工智能地质图预测或生成的技术、方法和模型应用，成为人工智能在地质填图这个最传统、最基础的地质行业应用中最具有落地的典型应用场景之一，也是最最具有挑战之一的技术方法。

21 世纪初，随着人工智能第三波浪潮的兴起，深度学习已在各个领域都展现出独特的优势，并且也开始影响地质填图这个传统行业领域。通过大量文献查询分析，在时间上，地质领域应用机器学习或深度学习开展应用的起始时间大致也是 2012 年，如《计算机与地球科学》（Computers & Geosciences，journal homepage：www. elsevier. com/locate/cageo）2012 年 45 期 229-239 页发表的《使用支持向量机，利用遥感数据实现岩性自动分类》文章。但早期应用发表的文献并不多，直到 2018 年以后，这方面应用发表的文章才如雨后春笋，破土而出，迅速有一定数量的涌现（与早期阶段相比）。在涉及的应用范围方面，大多都是基于岩性识别方面的研究，部分为在岩相或利用测井数据开展岩性识别等方面的研究应用。下面抽取部分文献，分别介绍与深度学习技术或相关技术在地质体识别方面的研究现状和内容。

3.2 利用机器学习或深度学习开展岩性填图或分类研究现状

近 10 年来，随着机器学习和深度学习方法的快速发展，加上多光谱和高光谱遥感数据源越来越多和方便获取，为地质调查广泛和深度利用 MLA 开展岩性填图或分类的研究与应用奠定了很好的基础。表 3.1 是近 10 年利用机器学习或深度学习开展岩性填图或分类研究和应用成果的代表性论文。这些研究主要是利用不同类型的遥感数据、地球物理、地球化学及已知岩性图，应用传统机器算法或深度神经网络进一步挖掘提取数据信息，进行岩性填图或分类，基本代表目前这个领域的研究与应用水平。其研究进展、现状和存在问题综述如下：

（1）目前岩石填图或分类算法基本以传统机器算法为主，深度学习方法的研究应用还比较少

传统机器算法主要有 Support Vector Machine（SVM）、Random Forest（RF）、Multilayer Perceptron（MLP）、Maximum Likelihood Classifie（MLC）、Artificial Neural Network（ANN）、Linear Discriminant

Analysis（LDA）、Spectral Angle Mapper（SAM）、Minimum Distance（MD）、Spectral Information Divergence（SID）等算法。深度学习方法主要有 Fully Convolutional Network（FCN）、Convolutional Neural Networks（CNN）。上述涉及的数据基本是低维度数据融合，与本专著所讨论的中间层高维度融合方法，基本没有涉及。

表 3.1　近 10 来利用机器学习或深度学习开展岩性成图研究和应用的代表性论文

参考文献	使用的数据	分类器	岩石分类数	主要结论
Yuet al.，2012	ASTER，DEM	SVM，MLC	10	SVM 优于 MLC
Othman & Gloaguen 2015	ASTER	ML，SVM，RF	7	RF 优于 SVM 和 ML
De Boissieu et al.，2017	HyMap，ASD- FieldSpec 3	SVM	6	将光谱特征与 SVM 方法相结合，可以从航空高光谱图像中生成准确的地表地质图
Kuhn et al.，2018	Geophysical data sets，DEM，Landsat-8	RF	8	在没有地球化学数据的情况下，RF 可以应用于地球物理数据并产生可靠的岩性预测
Brandmeier & Chen 2019	Sentinel-2，ASTER，geophysical data	CNN	7	与单独使用 ASTER 或哨兵-2 数据相比，哨兵-2 和 ASTER 数据的组合产生了更高的精度。然而，将地球物理数据添加到数据集中会将准确性降低到 60%
Kuhna et al.，2019	Geophysical & Geochemical data，DTM	RF	17	有限露头取样产生的 RF 岩石类型预测可能不正确
Kuhnet al.，2020	Geophysical & Geochemical data，DTM	RF	8	许多岩石类型之间的相似性导致了相互竞争的类别概率和不稳定的分类
Pal et al.，2020	Hyperion，ASTER，Landsat-8	Fused Classifiers（MD，SAM，SID，SVM）	8	使用分类器集合（MD、SAM、SID 和 SVM）进行遥感图像岩性测绘，提高了精度
Kumara et al.，2020	ASTER AVIRIS-NG	SVM，LDA，RF	7	SVM 优于 RF 和 LDA
Wang et al.，2021	ASTER，DEM，Geophysical & Geochemical data	FCN	7	总体分类准确度为 0.96
Shebl & Csámer 2021	Sentinel 2，ASTER，Landsat OLI，Advanced Land Imager，Sentinel 1，ALOS DEM，Slope，Aspect	ANN，MLC，SVM	9	SVM 和 MLC 的性能要比 ANN 好得多，数据的维数应该超过 30。多个传感器的集成大大提高了精度。多样化的信息来源使每个分类器的分类准确率提高了约 10%
Shirmard et al.，2022	Landsat 8，ASTER，Sentinel-2	SVM，MLP CNN	9	CNN 和 ASTER 数据的结合为研究区域提供了最准确的岩性图，MLP 网络通常比 SVM 更准确
Shebl，et al.，2022	Sentinel 2，Geophysical data	SVM	13	与单源成图技术相比，混合数据融合可以更好地诊断岩性单元。与单独使用遥感数据相比，结合地球物理数据可以带来更好的结果
本专著	GF-1，GF-2，GF3，GF6，Landsat-8，ALOS-2，ASTER，Sentinel-1A，DEM，Geophysical & Geochemical data	IF-DNN	68-1717	更好地利用多模态数据的互补性，可以从跨模态数据中提取高维特征。这种方法特别适用于数据量大、分类粒度细、样本量小和样本不平衡的地质填图

从表 3.1 可以看出，在岩石填图或分类研究应用中，总体来说 SVM、RF 明显比其他传统机器算法有更好性能。Shebl & Csámer（2021）比较了过去 10 年中 15 项研究的结果也基本说明了这一点。Pal et al.（2020）研究表明 MD、SAM、SID、SVM 没有一个对 Hyperion、ASTER 和 Landsat 8 图像分类有更好的表现，但 SVM 总体优于 MD、SAM、SID。

在表 3.1 的研究中，不同类型的遥感数据通常被用作岩性分类方案的输入。由于如何确定每个特定应用的最佳数据源和分类器仍然没有得到很好解决，加上许多岩性类别之间的相似性导致了相互竞争的类别概率和不稳定的分类（Kuhn et al.，2020），所以在不同的文献中，并没有一致公认哪一种方法最佳，甚至出现不一致的结论。岩性判别主要归因于代表各种矿物学和岩性含量的像素的独特光谱特征。这些光谱响应可能受到大气条件、所处的空间位置和光谱分辨率、风化程度和植被的影响（Shebl，2023），所以单一数据源的准确性和有效性具有不确定性。为提高精度，目前大致有 3 种技术路线进行研究：①采用多类器集成的方法，用于利用遥感图像进行岩性填图，其精度得到了提高。如 Pal et al.（2020）证明采用多个 MD、SAM、SID 和 SVM 分类器集成的方法，对提高岩性填图精度方面是有效的。②是采用遥感数据融合的方法。在已有的研究中，都一致认为，与单源绘图技术相比，混合数据融合大多能更好地诊断岩性单元（Shebl，2021）。Shebl A & Csámer A（2021）的研究证明了多传感器数据的集成大大提高了精度，而且数据维度最低为 30，多样化的信息源使每个分类器的分类准确率提高了约 10%。③采用遥感数据与地球物理数据和地球化学数据融合的方法，来提高分类的准确性。如 Shebl et al.（2022）采用 SVM 方法，证明了加入地球物理数据会比单独使用遥感数据获得更好的结果。

传统机器学习方法，很难适应更大、更复杂的多模态数据融合，容易导致应用层面的约束。如 SVM 存在以下缺点：①当数据非常大时，它不会表现得很好，因为训练所需的时间是多项式。当数据有更多的噪声时，它也不能很好地执行。②在某种程度上，SM 将过度拟合问题从优化参数转移到了模型选择。遗憾的是，内核模型可能对过度拟合模型选择标准非常敏感。③内核模型无法解释（Nawaz & Arseienko，2016；Hossain，2022；Chavan，2018）。地质填图岩性成图具有数据量大，分类数多，数据噪音也比较明显的特点，因此 SVM 这些缺点对地质填图岩性成图的精度都是有重大的影响。目前岩性成图涉及 SVM 方法有关的文献，其数据和分类数都是小数量的，因而没有暴露上述问题。

虽然 RF 能够以更简单的输入参数和更低的计算成本产生准确的结果，但 RF 已经被证明在某些噪音较大的分类或回归问题上会过度拟合，即倾向样本过多的类。对于有不同取值属性的数据，取值划分较多的属性会对 RF 产生更大的影响（Deng，2011；Li，2013）。

因此上述方法对于 1∶5 万图幅（或联测 2~4 幅）来说，填图单位的岩性从几十到几百种（还会存在不同填图单位具有相同岩石名称），还要充分揭露填图单位之间的关系，预测空间范围的像素在千万级以上，上述方法无法满足岩石地层单位样本识别及地质图预测的要求。另外，从目前研究程度和数据积累来看，地质数据具有多专业（涉及地物化遥）、多模态（矢量数据、栅格数据或空间数据和属性数据）、多尺度（最高精度 5 m，一般精度在 10~2000 m 之间），可反映地表及一定深度下（去部分掩盖层）地质特征等特点。过去通常的处理方法基本都是按专业按同一数据类型进行处理，数据的融合很难摆脱“多张皮”的困局，大大地限制了数据在深层次方面的挖掘和融合。

（2）目前文献结果表明深度学习方法的性能优于传统机器学习

Brandmeier & Chen（2019）研究表明，深度卷积神经网络（CNN）方法岩性分类准确率为 75%，在相同数据上训练的 RF 和 SVM 的准确率分别只有 46%和 36%。Wang et al.（2021）研究表明，RF 方法岩性分类准确率为 84%，而全卷积网络（FCN）模型高达 0.96 的分类精度。表明浅层机器学习算法，在面对多源数据之间复杂的非线性关系和空间模式时无能为力。与传统的机器学习方法相比，基于深度学习的多模式学习具有几个明显的优势：①模态表示（特征）和共享（融合）表示都是从数据中学习的。②几乎不需要或根本不需要对输入数据进行预处理（端到端训练）。③深度学习架构中的隐式降维。④支持早期、晚期或中期融合。⑤在所有融合方法的数据大小和模态数量方面易于扩展（Ramachandram & Taylor，2017）。基于这些优点，深度学习神经网络如FCN、CNN目前刚进入初期研究与应用阶段。

（3）CNN提取多模态数据特征具有很强的能力，但针对地质填图对象分布的特点，CNN可能不是最好的方法

主要原因有：①通常有一些地质体分布呈细窄或边缘呈支叉状，如果卷积核的大小超过了地质体支叉状的大小，通常提取的特征可能代表不了该地质体的特征，也可能导致地质体的分布略有些位移；②CNN也可能由于高强的分类能力，导致预测的地质体分布的整体连续性会差些，输出的岩性分布图呈比较明显的“胡椒粉”状；③由于卷积核大小的原因，最后输出图的大小会比原尺寸小一些，这对标准图幅来说，会出现黑边。

（4）对于监督学习来说，标签制作难易对该方法的落地应用至关重要

目前，岩性成图标签训练样本都是在已有地质图上或岩性图上获取标签的方法，这种技术路线对研究可行，但其实在实际应用中，开始往往是没有已知目标图件的，因此，与落地应用的环境差别较大，也很难保证该方法的适用性和可行性。其次，这种做法与地质填图的实际流程并不对应。在实际地质填图中，地质路线是最主要的工作，也是唯一精准的数据。故采用地质路线作为标签更易于落地应用。

但从学习以线为特征地质路线知识到预测以面为特征的地质图，要保证有高识别的预测的能力和精度，就要保障深度学习模型有充分的学习样本，而地质路线所获取数据的线状特点，恰恰给面上获得多样本带来了困难，这也是导致目前在这方面研究进展不大、落地应用效果差等的主要原因。

（5）目前文献中预测对象都在10~20个地质对象左右，在预测对象上识别分类的数量和粒度仍是小数量级别

中大比例尺地质填图的地质单元（按岩性）划分，通常会达到数百个。因此多分类数量模型的研究基本没有涉及，现有模型可能存在的问题无法揭露。

3.3　多模态数据融合研究现状

深度学习多模态融合指机器从文本、图像、语音、视频等多个领域获取信息，实现信息转换和融合，从而提升模型性能的技术，是一个典型的多学科交叉领域，已逐步成为研究热点。多模态数据融合主要有3种融合方式：前端融合或数据水平融合、后端融合或决策水平融合以及中间融合。前端融合需要多个独立的数据集融合成一个单一的特征向量，再将该特征向量输入至机器学习分类器中完成分类任务；后端融合则是将不同模态数据分别训练好的分类器的输出进行决策融合；中间融合是指将不同模态数据先转化为高维特征表达，再于模型的中间层进行融合。目前用神经网络来进行多模态数据融合已经在很多领域都得到了应用，例如机器翻译（Su et al.，2019）、自动驾驶（Wang et al.，2019）等。近期，Maimaitijiang等（2019）运用深度神经网络（DNN）从RGB、多光谱信息及传感器图像信息这三种不同模态信息对大豆产量进行预测，并且根据多模态数据融合的不同方式对不同模态的数据提出了用前端融合以及中间融合两种模型，即DNN-F1和DNN-F2来进行比较，结果显示中间融合模型优于前端融合模型。Gao Qing等（2020）提出一种基于多模态数据融合和多尺度并行卷积神经网络（CNN）的方法提高手势识别的准确性和可靠性，该方法为混合数据融合方式，先对多模态数据进行前端融合得到两个不同尺度的图像，再将不同尺度的图像分别输入至并行CNN中进行分类，最后根据两个分类结果进行后端融合获得最终的手势识别结果。这些应用都充分利用了神经网络较强的学习能力和分类性能，同时神经网络在多模态融合中的优势是具备大数据学习能力，其分

层方式有利于不同模态的嵌入，具有较好的可扩展性。

但目前深度学习神经网络多模态数据融合和数据挖掘在岩性成图方面的应用研究不够深入。特别是数据融合在哪个深度（第几层）的表示是最优的，基本没有文献讨论和研究。因此基于深度学习的多模式融合学习优势，还没有得到充分挖掘和体现。

由于多模态数据对同一对象的描述存在形式多源异构、内在语义一致的特点。不同的模态形式分别描述对象在某一特定角度下的特征。同时还具有以下特征：①不同模态数据之间存在更深层的隐藏关系和信息，通过利用模态特定信息，它可以提供比单一模态更丰富的信息（互补性）。②每个模态都会给整体带来某种类型的附加值，而这些附加值无法从采集框架中的任何其他模态中推导或获得。③多模态数据不仅包含多模态信息，还包含丰富的跨模态信息（Jing Gao et al.，2020；Biessmann et al.，2011；Wagner et al.，2011；Dana Lahat et al.，2015；Khaleghi，et al.，2013）。

基于多模态数据的特点，多模态数据融合就成为多模态数据挖掘的一种最基本方法。该方法旨在将不同分布、来源和类型的数据整合到一个全局空间中，在该空间中，复合模态和跨模态都可以以统一的方式表示（Jing Gao et al.，2020；Bramon et al.，2012；Bronstein et al.，2010；Poria et al.，2017）。

深度学习出现之前的多模式融合方法通常将早期融合称为特征级融合，将晚期融合称为决策级融合。从多个模态提取的特征在输入到机器学习算法之前，只能在一个级别上进行融合，这种早期融合可能无法充分利用所涉及模态的互补性，并且可能导致包含冗余的非常大的输入向量。后期或决策级融合是指来自多个分类器的决策的集合，每个分类器在单独的模态上进行训练，因为来自多个分类器的误差往往是不相关的，并且该方法是独立于特征的。这种融合方式具有较好的抗干扰性能，但具有较大的信息损耗（Dhanesh Ramachandram et al.，2017；Peng Chen et al.，2020；Atrey P K et al.，2010；Ren Zeyu et al.，2021）。表 3.1 的数据融合基本属于这种早期的融合。

随着机器学习技术的发展，多模态学习领域的研究热点逐渐从经典的统计学习方法转移到深度学习方法。深度学习研究的自然发展指向了涉及更大、更复杂的多模态数据的问题。深度学习的最主要的优点之一是可以为每个模态自动学习分层表示，而不是手动设计或手工制作模态特定特征，然后将这些特征提供给机器学习算法（Dhanesh Ramachandram，2017）。为了学习多模态数据丰富的复合和跨模态信息，大多数现有的多模态数据融合深度学习模型首先使用深度模型来捕捉每个模态的私有特征，将特定模态的原始表示转换为特定全局空间中的高抽象表示。然后，这些高抽象表示被进一步封装为表示多模态的全局表示的向量。最后，使用深度模型对级联向量的高抽象表示进行建模（Jing Gao et al.，2020；Stahlschmidt S R et al.，2022；Boulahia S Y et al.，2021；Tadas Baltrušaitis et al.，2017）。

通过深度学习方法，特征级融合的概念可以进一步扩展到中间融合的概念，为如何以及何时融合从多模态数据中学习到的特征表示方面提供了更大的灵活性。由于深度学习的一个重要特征是它有能力从原始数据中学习到层次表示的特征。这个特性可以在多模态学习中被利用，对学习的特征如何进行细粒度控制融合。因此，多模式深度学习中的一种常见做法是构建一个共享特征的表示（融合层），该层可以合并（拼接）模态的特征表示，从而迫使网络学习其输入的联合特征表示。最简单的融合层是一层隐藏单元，每个隐藏单元接收来自所有模态的输入。可以利用在不同抽象级别学习跨模态共享表示的灵活性来获得更好的多模态融合结果；然而，问题仍然存在：融合在哪个深度（第几层）的表示是最优的（Dhanesh Ramachandram，2017），目前，已有基于深度学习对岩性成图的相关文献都是采取最简单一层隐藏单元的融合层，而且每个隐藏单元接收来自所有模态的输入。没有研究哪个融合共享层数量和深度（即多少融合层、层数有几层）表示最优的问题，对岩性成图的精度影响有多大？作者将通过研究与应用回答这些问题。

3.4 深度学习技术在岩石填图应用中的主要相关论文摘要

3.4.1 使用支持向量机，利用遥感数据实现岩性自动分类

“使用支持向量机，利用遥感数据实现岩性自动分类”（L Yu et al.，2012）的研究中，将支持向量机（SVM）算法应用于印度西北部研究区域的自动岩性分类，使用先进的星载热发射和反射辐射计（ASTER）图像以及ASTER衍生的数字高程模型（DEM）和航磁数据。图像增强技术用于从这三个数据集生成衍生数据集，以提高岩性识别能力。使用从47个数据集中选择的各种输入数据集组合测试了一系列SVM，其中包括从ASTER、DEM和航磁数据中提取的原始14个ASTER波段和33个衍生数据集，以确定提供最高分类精度的最佳输入。ASTER衍生的独立分量、主分量、DEM衍生的斜率、曲率和粗糙度以及航磁衍生的磁化率均值和方差的组合，为独立验证样本的岩性类别提供了最高的总体分类准确度，达92.34%。与最大似然分类器（MLC）的比较表明，SVM在独立验证样本的分类以及与可用基岩岩性图的相似性方面提供了更高的精度。该研究表明，支持向量机有助于在有岩性类型的一些信息的区域，建立初始岩性图。

对遥感数据岩性分类的研究需要大量的数据集，其中每个数据集包含像素级不同岩石类型的一些相关信息。此外，衍生数据集在每个像素的局部邻域中提供纹理/空间梯度信息。根据分类误差或混淆矩阵估算了所有10个类别和7个岩性类别的14种不同SVM的总体精度，以评估独立验证样本的结果。PC-IC-DEM-MAG SVM给出了最佳结果，10类岩性分类精度达93.43%，7类岩性分类精度达92.34%。该SVM使用了ASTER、DEM和航空磁数据集衍生数据层的组合。该SVM用于对所有特征向量进行分类，并映射输出类别以创建研究区域的岩性分类图像。相对于岩性图，SVM分类的总体准确度为50.45%。

3.4.2 基于支持向量机的风化层地质填图

为了对矿产资源的可持续勘探和开发进行管理，需要准确的地球地质图，特别是其表土，基于支持向量机的风化层地质填图：新喀里多尼亚风化含镍橄榄岩的实例研究（Boissieua F D et al.，2018）展示了在新喀里多尼亚植被茂盛的山区地体中风化橄榄岩上采集的航空成像高光谱数据是如何使用多种方法组合处理的，以生成可用于更有效地定向镍勘探的表土地质图。图像处理结合了两种常用的方法，即光谱特征提取和支持向量机（SVM）。光谱特征提取的基本原理可以通过仅针对诊断性矿物吸收和掩蔽植被、云和深阴影复杂的像素来快速降低数据复杂性。SVM是一种有监督的分类方法，能够生成具有这些特征的最优非线性分类器，即使在有限的训练数据下也能很好地推广。主要目标矿物为蛇纹石（被认为是水解橄榄岩的指示物）和氧化铁氢氧化物（赤铁矿和针铁矿），被认为是红土发育的诊断物。最终分类的表土图根据解释的表土现场进行评估，所有单元类型的相似性约为70%，并根据使用传统数据集（非高光谱图像）解释的表土地质图进行评估。重要的是，高光谱衍生矿物图提供了更详细的信息，从而能够更准确地了解裸露土壤和岩石的表土地质结构。

这项研究表明，结合光谱特征和SVM方法，可以从航空高光谱图像中生成准确的表土地质图。与其他方法相比，这种方法是否更有效、更准确尚不清楚。因此，未来的研究可以将当前生成表土地质图的结果与：①将SVM应用于原始反射率数据；②SVM与使用光谱特征作为输入的其他分类方法进行比较。使用数字高程模型（DEM）生成风化层地质3D结构的重要性也很重要。问题是如何将DEM与矿产测绘产品组合成2D甚至3D专题产品。

这项研究还举例说明了使用航空高光谱图像进行矿产勘探的挑战，尤其是在更偏远的地区。也就是说，与调查后勤、成本、及时性和尽量减少最近降雨事件后的云和植被覆盖以及土壤残留水分风险

相关的挑战都是限制因素。未来，这些问题中的许多/大部分可以通过获取即将到来的高光谱卫星任务的图像来解决（Staenz et al.，2013），这为快速更新最近被新道路和其他基础设施开发、火灾、山体滑坡和大风事件后暴露根系的区域开辟了新的机会。尽管高光谱卫星传感器的空间分辨率比机载传感器的分辨率粗（至少 30 m），但它对应于本研究中用于比较的现场调查风化层地质图上绘制的最小对象，因此，只要光谱分辨率足够高（HSE Resurs-P、EnMAP、PRISMA、HISUI 等），本研究中提出的方法无疑会为新喀里多尼亚提供一个基于定期提供任何新暴露矿物学的高光谱卫星成像的可更新主题风化土地质图。

3.4.3 利用遥感数据和形态学特征进行岩性制图的不同机器学习算法比较

《利用遥感数据和形态学特征进行岩性制图的不同机器学习算法比较——以伊拉克东北部库尔德斯坦地区为例》（Othman A et al.，2015），对感兴趣的地区“Bardi Zard”位于伊拉克东北部进行了研究。伊拉克东北部库尔德斯坦地区是扎格罗斯造山带的一部分，有七个岩性单元露头，以铬铁矿矿床闻名。该研究的目的是比较三种机器学习算法（MLA）：最大似然（ML）、支持向量机（SVM）和随机森林（RF），在使用先进的星载热发射和反射辐射计（ASTER）卫星及其衍生的空间信息（空间坐标）和地貌数据的监督岩性分类任务的背景下。这项研究表明，在测试的几乎 16 个组合数据集中，RF 算法优于 ML 和 SVM 算法。所有七个类别的最佳数据集组合与 RF 映射的总体准确度均达到 80%，生产者和用户的准确度分别为 73.91% 和 76.09%，而 kappa 系数为 0.76。与 RF 算法相比，SVM 算法的 TPI 更有效。表明，在数据集中添加地貌指数（如 TPI 和空间信息）可以提高岩性分类的准确性。

3.4.4 使用随机森林通过机器学习识别不列颠哥伦比亚火山地形中的侵入岩

确定侵入体位置是探寻斑岩铜±钼±金矿床的关键组成部分。在典型的斑岩区，若无露头，侵入岩与其所处的成分相似的火山和火山碎屑沉积岩难以区分。在早期探索阶段制作岩性图可以显著降低成本，因为这有助于规划和优先安排详细测绘和取样工作。此外，数据驱动策略为发现在传统填图和解释中未识别的侵入体提供了机会。研究中使用了随机森林（RF），一种监督式机器学习算法，对加拿大不列颠哥伦比亚省的克里尤斑岩矿点的岩石类型进行分类。地球化学采样点确定的岩石类型被用作训练数据。使用了航空磁力和放射性数据、地球化学和地形数据进行分类。结果通过 First Quantum Minerals 的地质图进行验证，该图包含了来自目标位置和横断面测绘的额外细节。岩石类型的岩石物理和组成相似性导致分类结果嘈杂。侵入体，尤其是更为离散的侵入体，预测不一致，这可能是因为它们相对于数据采样间隔的有限范围。对类成员概率（CMPs）的进一步检查确定了侵入体存在概率显著高于背景的位置。实际上，大量已绘制的侵入体对应于概率升高的区域，并且重要的是，这些区域被标记为潜在的侵入体，但在地质填图中并未被识别。RF 分类产生了一个合理的岩性图，尽管分辨率有所不足，但更重要的是，从 RF 的 CMPs 中得到的洞察提供了巨大的益处。通过映射升高的侵入体 CMP 的空间分布，这是一种软分类方法。

除了航天飞机雷达及（SRTM）高程数据外，本研究还包含了包含该项目的所有可用地球化学和地球物理数据集。地球化学数据包括一套 49 个测量元素（ICP21+MS61+XRF5000），用于在项目上方 350 m×350 m 间距处采集的岩石和土壤样品。这些数据已经过预处理，使得所有显示低于检测限的测量值的数据都被赋予该元素检测限的一半的值。省略了包括超过检测限（超过 25%或空间分布导致大面积真实数据不足）的过多样本的数据集。地球物理数据，包括归一化极（RTP）总磁强度数据和导出数据集（垂直和水平导数、倾斜导数、水平梯度幅度、分析信号和垂直积分的分析信号），以及以 100 m 线间距飞行的机载辐射数据（钾、钍、铀含量及总计数）。使用双向样条算法将磁和辐射数据网格化为 100 m 单元大小。以 100 m 线间距飞行的机载电磁数据在 100 m 处进行网格化处理。在该区域采集了 IP/电阻率数据；然而，它们的有限范围并不能提供对整个研究区域的充分覆盖，因此它们没有被包括在本练习中。将所有数据集重新采样为 50 m×50 m 网格，这是磁和辐射数据提供的较高分辨率与较低分辨率地球化学和电磁数据之间的折衷，并以东向、北向、V_1、V_2、…、V_n（其中 V 是给定变量/数据集）的形式编译为矩阵。为了保持条件独立性，当变量对的相关性超过 0.8（皮尔逊相关系数）时，删除其中一对。如果一个变量是一个数据集，显示出任何质量差的迹象，例如，过度缺失数据或读数低于检测极限，则该数据集被忽略。其中多重相关性降低了数据集的维数。如果这两个标准都不符合，但仅在相关性超过 0.8 的情况下，则根据主观地质效用删除数据集。

在本研究中，使用系统性的岩石和土壤采样点作为训练数据点。另外，详细的地质填图产生了一张新的 FQM 地质图，用以与随机森林（RF）分类结果进行比较。许多岩性类别之间的相似性导致了竞争类概率和不稳定的分类结果。特别是那些更为离散的侵入体，由于其相对于基础数据样本分辨率的有限范围，它们的表现被置于其中的空间较大类别所淹没，因此通过综合分类预测不一致。与综合分类相比，更仔细地检查类成员概率（CMPs）表明，许多位置的侵入体存在概率显著高于背景。实际上，大量已绘制的侵入体被升高侵入体 CMP 的区域所捕捉。此外，还识别出一些在 FQM 地质图中未绘制的、侵入体类别成员概率升高的区域。对于识别和定位侵入体的任务，侵入体 CMP，而非整体 RF 岩性图，是更有用的产品。使用这种软分类器有可能在探索的早期阶段提供宝贵的洞察。预期这种理解将被探索团队用作一种快速的近实时工具，以预测侵入体位置，从而针对性地安排和优先考虑现场活动。更广泛地，鼓励使用 RF 的 CMPs 来洞察在任何数据驱动的研究挑战中更具重要性的类别的发生情况。

3.4.5 基于地球物理和遥感数据，使用随机森林进行岩石学制图

使用随机森林进行岩石学制图，基于地球物理和遥感数据，开展了澳大利亚东部金矿的一项示范研究（Kuhn S et al.，2018）。西澳大利亚州东部金矿区是世界上主要的黄金产区之一。然而，大面积的潜在基岩被覆盖，缺乏详细的岩性图。远离近矿环境，勘探新的金矿前景需要使用有限的可用数据绘制地质图，并对不确定性进行稳健估计。该文使用机器学习算法随机森林（RF），利用地球物理和遥感数据（没有可用的地球化学采样数据），对历史上重要的 Junction 金矿附近的未勘探区域的岩性进行分类，使用稀疏的训练样本（占总地面面积的 1.6%）生成了精细的岩性图。分类是稳定的，尽管包括了研究区域中后期侵入和可变覆盖深度的部分，并且保留了训练数据中定义的地层单位。该方法使用信息熵来评估与这种新的 RF 分类相关的不确定性，识别出最有可能被错误分类的细化地图区域。该方法发现信息熵与不精确性有很好的相关性，为勘查提供了一种机制，使他们能够发现区域内最有可能被错误绘制或地质复杂的地区。该文得出结论：当面临有限的数据时，该方法可以成为一种有效的额外工具，可供地球科学家在未开发的造山金矿环境中使用。该方法既可以用于大幅改进现有地图，也可以以稀疏观测为起点生成新地图。它可以在类似情况下实施（露头信息有限，没有地球化学数据），作为一种客观、数据驱动的常规解释替代方法，具有量化不确定性的附加价值。

在这项研究中，使用了 16 个地球物理和遥感数据集，并以适合其各自采集线间距的网格单元大小（20%~25%）进行插值。在研究区域范围内，这包括大约 56000 个单元。

本研究中证明，相对于现有的解释地质图，RF 能够以大约 76%的准确度对岩性进行分类，仅使用 2%的可用数据作为训练样本。重要的是要注意，在每种情况下都会遇到不同的数据和地质条件。尽管如此，这项研究的结果与不同环境中的类似应用进行了积极的比较。

3.4.6 采用 K 临近、支持向量机、自适应增强在火山岩测井岩性识别中的方法对比

《三种经典机器学习算法在火山岩测井岩性识别中的对比》（牟丹等，2021）一文采用 K 临近、支持向量机、自适应增强算法，对研究区内的粗面岩、非致密粗面岩、辉绿岩、辉长岩、玄武岩和非

致密玄武岩等 6 类中基性火山岩进行岩性识别。从常规测井系列中优选对研究区岩性敏感的自然伽马、声波时差、补偿中子、深侧向电阻率和补偿密度等 5 种测井参数作为岩性识别模型的输入向量，从研究区内 5 口有岩心样品或薄片鉴定资料的目标层中选取测井数据点 1440 个，其中 960 个作为训练样本，其余 480 个作为测试样本。以识别符合率和时间作为评价指标，对 3 种算法的识别结果进行对比分析，实验表明：自适应增强算法的分类准确率最高，6 类岩性平均识别符合率达到 82.1%；支持向量机算法表现良好，平均识别符合率为 81.04%；K 临近算法平均识别符合率为 76.04%。

3.4.7 基于 10 种机器学习算法的隧道围岩智能分类

《基于 10 种机器学习算法的隧道围岩智能分类》（Zhao S et al.，2022）一文建立由钻孔参数驱动的智能围岩分类模型和软件系统。该方法收集了 912 个样本，包含四个钻孔参数（穿透速度、锤击压力、旋转压力和进给压力）和三个围岩（三级、四级和五级）。基于 python 机器学习工具包（Scikit-learn），采用网格搜索交叉验证的模型参数选择技术，采用 10 种监督机器学习算法对智能围岩分类模型进行训练。结果表明，平均精度为 0.82，证明了该方法的可行性。最后，基于三种模型建立了综合性能较好的隧道围岩智能分类系统。该系统在隧道试验段的分类精度为 0.87，表明该系统具有良好的泛化性能和实用价值。

该研究建模基于 python 机器学习工具包（Scikit-learn），使用 10 种类型的监督机器学习算法来训练智能围岩分类模型：支持向量机（SVM）、反向传播神经网络（BP）、径向基函数神经网络（RBF）、K 最近邻（KNN）、高斯天真贝叶斯（GNB）、决策树（DT）、随机森林（RF）、额外树（ET）、引导聚集（Bagging）和梯度增强（GB）算法。通过网格搜索 K-flod 交叉验证方法（$K=5$）对模型参数进行优化和评估，当使用 K-flod 交互验证方法（$K=3$）时，模型性能外部无偏。在模型性能优化过程中，采用平均精度来确定最优超参数组合。通过首先对三个围岩等级的每个验证集的精度求平均值，然后对五个验证集的平均值求平均值来计算平均精度。在模型性能的最终评估中，采用了准确度、召回率、F1 得分和准确度进行综合评估。这些指数是三个测试集结果的平均值。

当综合考虑精度、召回率、F1 得分和准确率时，三种类型的模型（SVM、RT 和 ET）在 10 种机器学习算法模型中具有更好的性能。他们的平均准确度、召回率、F1 得分和准确度均在 0.8 以上，除了四级围岩的召回率。特别是，对隧道安全有重大影响的Ⅴ级围岩的召回率高于 0.95。因此，这些基于 SVM、RT 和 ET 的机器学习模型具有一定的安全性和较高的实用价值。

本研究的主要结论是：

1）四个钻孔参数（V_p、P_h、P_r 和 P_f）与围岩等级（Ⅲ、Ⅳ和Ⅴ）之间的相关系数的绝对值均在 0.5 以上。因此，钻孔参数与围岩等级之间存在相关性，因此采用钻孔参数进行围岩分类的方法是可行的。

2）基于监督机器学习算法的 10 个模型均具有良好的性能。它们的平均准确度为 0.82。特别是，Ⅲ级和Ⅴ级的平均召回率大于 0.90。因此，这些由钻孔参数建立的机器学习模型在围岩智能分类中是可行和可靠的。

3）综合考虑准确度、召回率、F1 得分和准确度，我们发现在 10 种机器学习算法模型中，包含 SVM、RT 和 ET 的三种模型具有更好的性能。尤其是对隧道安全有很大影响的五级围岩的召回率在 0.95 以上。因此，这三种机器学习模型具有一定的安全性和较高的实用价值。

4）现场围岩智能分类系统的分类准确率为 86.7%，表明这些模型具有良好的通用性。

3.4.8 基于多传感器数据和卷积神经网络的岩性分类

《基于多传感器数据和卷积神经网络的岩性分类》（Brandmeier M et al.，2019）利用高级卷积神经网络（CNN）实现了一个模型，用于澳大利亚 Mount Isa 地区的岩性填图。该地区是光谱遥感调查的理想地区，因为只有稀疏的植被，除了免费提供的 Sentinel-2 和 ASTER 数据外，还可以从勘探活动中获得若干地球物理数据集。通过融合数据，从而覆盖广泛的光谱范围以及捕获岩石的地球物理特性，旨在提高分类精度并支持地质制图。还评估了传感器自身的性能与联合使用的性能，因为 Sentinel-2 卫星相对较新，目前只有很少的地质应用研究。该文使用 Keras 和 TensorFlow 开发了一个端到端的深度学习模型，该模型由几个卷积层、池层和反卷积层组成。模型受到 U-Net 架构家族的启发，其中低级特征图（编码器）与高级特征图（解码器）相连，从而实现精确定位。这种类型的网络结构特别设计用于有效地解决像素级分类问题，这适用于岩性分类。对不同波段的多传感器遥感数据和地球物理数据进行空间重采样并融合到图像立方体中，作为模型的输入。预处理在 ArcGIS 中完成，最终的微调模型被导入到工具箱中，以便直接在 GIS 环境的其他场景中使用。该工具根据定义的概率阈值将多波段图像的每个像素分类为不同类型的岩石。结果突出了 Sentinel-2 与 ASTER 数据结合使用的威力，准确率为 75%，而单独使用 ASTER 或 Sentinel-2 数据的准确率仅为 70% 和 73%。这些结果是相似的，但对不同类别的研究表明，对于在该地区分布不太广泛的粗玄岩或碳酸盐岩等类别，存在显著的改善。添加地球物理数据集将精确度降低到 60%，这可能是由于空间分辨率的数量级差异。相比之下，在相同数据上训练的随机森林（RF）和支持向量机（SVM）的准确率分别只有 46% 和 36%。最不安全的原因是标签错误和带有混合岩性的标签。然而，结果表明，U-Net 模型对于中等分辨率多光谱数据是其他分类器的有力替代。

3.4.9　基于深度卷积神经网络的岩相微相分类

岩相分析以岩石的微观描述和分类为基础，是沉积和成岩研究的关键技术。与手工试样相比，薄切片为分析矿物比例、分布、结构、孔隙空间分析和胶结成分提供了更好、更准确的方法。大多数岩相分析依赖于在显微镜下对岩石薄片进行目视检查，即使是经验丰富的地质学家，这也是一项艰巨的任务。时间紧迫的大型项目需要对大量薄切片进行分析，可能需要多个岩石学家，从而有可能在分析中引入不一致性。为了应对这一挑战，《基于深褶积神经网络的岩相微相分类》（Pires de Lima R et al.，2019）一文探索使用深度卷积神经网络（CNN）作为加速和自动化微相分类的工具。该文利用了基于鲁棒可靠的 CNN 模型的转移学习，该模型训练了大量非地质图像。通过在“微调”训练中使用相对较少数量的标记薄切片，能够调整 CNN 模型，使其在同一数据集的微相分类中达到较低的误差水平（小于 5%），在不同数据集的薄切片微相分类方面达到中等的结果（小于 40%）。这些备用数据集在两个独立因素上与训练数据不同：薄片来自不同的地层，由不同的实验室制作。

3.4.10　一种基于注意力的深度扩张卷积神经网络用于可解释空间谱图的地震相分析

随着地震数据的急剧增长和复杂性，人工地震相分析已成为一项重大挑战。近年来，机器学习和深度学习（DL）模型已被广泛用于辅助地球物理解释。尽管可以获得可接受的结果，但 DL 的不可解释的性质并不能改善对观测与背景科学之间关系的地质或地球物理理解。《一种基于注意力的深度扩张卷积神经网络用于可解释空间谱图的地震相分析》（Fangyu Li et al.，2021）一文提出了一种基于三维（空间-光谱）地震相特征关注图的高分辨率可解释 DL 模型。除了常规的数据增强技术外，还使用高分辨率谱分析技术来生成多谱地震输入。该方法基于深度扩展卷积神经网络（ADDCN）的可训练软注意机制，以改进地震相自动分析。此外，ADDCN 中的扩展卷积运算以有效的方式生成准确和高分辨率的结果。利用注意机制，不仅提高了面层划分的精度，而且通过空间-谱注意图揭示了地质沉积与地震谱响应之间的微妙关系。在实验中，所有主要指标，如分类精度、计算效率和优化性能都得到了提高，同时模型复杂度也得到了降低。

该文开发了一个基于注意力的深度扩张卷积神经网络（ADDCN）来执行可解释的地震相分析。除了最终的面部识别结果，所提出的 ADDCN 还生成三维空间-光谱注意力图。通过可视化注意力图，可以增强对地震相和多光谱特征的理解。为了减少计算负担并保持高分辨率，我们建议用扩展卷积替换卷积池操作。现场应用的大量定量分析表明，所提出的 ADDCN 在准确性、收敛速度、效率和模型复杂度方面具有良好的性能。此外，三维注意力图为进一步的地震相分析提供了深入的观察。主要贡献如下：

1）提出了一种用于自动地震相分析的新型 DL 架构。创新的设计不仅产生了准确的结果，而且为进一步的地球物理研究提供了深刻的解释。

2）建议采用扩展卷积和基于多光谱分量的特征工程。它们的结合同时提高了相分析的准确性和效率。

3）建议使用注意力机制将岩相识别结果映射到空间光谱特征，这有助于理解岩相与地球物理数据之间的关系，以及如何在未来的地震岩相分析中选择特征。

3.4.11 基于全卷积网络和多源地质数据的岩性成图

使用深度学习方法识别地质特征存在两个挑战。一方面，单一类型的数据资源无法诊断所有地质单元的特征；另一方面，深度学习模型通常被设计为整个输入输出某个类，而不是将其分割成若干部分，这是地质测绘任务所必需的。《基于全卷积网络和多源地质数据的岩性成图》（Wang Z Y et al.，2021）一文提出了一个包括多源数据融合技术和完全卷积网络（FCN）模型的框架，旨在提高地质制图的分类精度。该方法把多源数据融合技术应用于地球化学、地球物理和遥感数据的综合分析，然后构建基于语义分割的 FCN 模型，通过探索多源数据之间的关系来确定每个像素的岩性单位。通过对西藏错纳东穹隆七个岩性单元的对比研究，证明了该格架的正确性。总分类精度为 0.96，联合值上的平均交集高达 0.9。

该实验收集了四种类型的地质数据用于研究区域的岩性测绘，包括 ASTER 遥感图像，该图像覆盖了 9 个可见近红外（VNIR）和短波红外（SWIR）波段，空间分辨率分别为 15 m 和 30 m，比例尺为 1：20 万的地球化学勘探数据，包括七种主要氧化物（SiO_2、Al_2O_3、CaO、MgO、Fe_2O_3、Na_2O 和 K_2O），代表地质特征地形表面的高精度 PALSAR DEM 数据，比例尺 1：20 万的航磁数据。ASTER 和 PALSAR DEM 图像于 2002 年 2 月 17 日和 2018 年 4 月 4 日在 1T 级拍摄，由美国地质调查局免费提供。利用中国国家地球化学测绘项目的 X 射线荧光测定地球化学数据。中国地质调查局编制了航空总磁强度数据集的航磁数据。

岩性是在多种地质特征的共同作用下形成的，这些地质特征在地球物理、地球化学和遥感光谱信息方面具有空间复杂的结构特征。上述方法属于浅层机器学习算法，面对多源数据之间复杂的非线性关系和空间模式无能为力，因此可能会限制该地区的稀有金属勘探。因此，本研究的结果在添加 DEM 地形和航磁信息后，将同一研究区域内的淡色花岗岩分类精度提高了 5%。遥感图像提供了更多的诊断波段，丰富了地球化学和地球物理数据的空间细节；DEM 数据补充了与风化和侵蚀有关的地形特征分析。三种类型的地理数据的集成捕捉了多源数据的互补优势。在此基础上，本研究引入了 FCN-8s 模型，以促进高度相似岩性单元的识别，该模型可以提供足够的训练样本，并使其比基于块的方法的计算成本更低；这是因为不需要对相邻补丁执行冗余操作和重复计算。FCN-8s 模型通过学习多源数据之间的深层上下文相关性，进一步达到了高达 0.96 的可观分类精度。上述描述证明了拟议的 FCN-8 在矿产勘探地质目标特征测绘中的有效性，主要结论：① 多源数据融合技术集成了 ASTER 遥感图像、地球化学勘探数据、PALSAR DEM 数据和各种尺度的航磁数据，提供了地理数据的综合分析，而不是单一类型的数据资源。② FCN 是一种专门设计的语义分割模型，在任意输入大小的端到端和像素预测中占主导地位。FCN 保留了 CNN 中特征提取的优势，并通过反褶积操作和跳过连接解决了对图像中每个像素进行分类的问题，使其成为岩性映射的创新替代方案。③ 进行了对比研究，从视觉和量化的角度证明了所提出的框架在地质特征制图中是有效和成功的。所提出的

FCN-8s 模型通过从多源数据中提取更深层次的隐藏信息，与之前的研究报告相比，将无色花岗岩的分类精度提高了 9%。

3.4.12 基于融合多分类器的多光谱和高光谱遥感图像岩性优化成图

利用星载多光谱和高光谱遥感图像进行岩性制图的大多数现有研究都采用双重分类和光谱匹配算法来完成这项任务；然而，我们的实验表明，没有一种算法能够获得令人满意的结果。《基于融合多分类器的多光谱和高光谱遥感图像岩性优化成图》（Pal M et al.，2020）一文提出了一种基于分类器集成的新方法，用于利用遥感图像进行岩性填图，其精度得到了提高。该方法使用加权池方法在每个像素级进行岩性映射，使用图像多分类器的类别精度、总体精度和 kappa 系数的一致性。该技术分四个步骤实施：① 使用各种分类器生成分类图像；② 对每个类别进行准确度评估，对每个分类器进行总体分类和 kappa 系数估计；③ 通过对每个类别和每个分类器的类别准确度、总体准确度和 kappa 系数进行加权；④ 最后，将每个像素分配给在所有分类器中的所有类别中其具有最高总体类内精度指数的类别。为了证明所开发方法的优势，在一幅高光谱图像（Hyperion）和两幅多光谱图像（ASTER、Landsat 8-OLI）上使用了四个监督分类器（最小距离（MD）、光谱角度映射器（SAM）、光谱信息散度（SID）、支持向量机（SVM）），用于绘制印度西部拉贾斯坦邦乌代布尔地区的岩性单元。结果表明，该方法在提高岩性填图精度方面有显著效果。

从分类精度、总体精度和 kappa 系数可以看出，SVM 是 Hyperion 图像的更好单个分类器，而 MD 是 ASTER 和 Landsat 8 图像的更好分类器。研究发现，对于 Hyperion 图像，SAM 和 SID 明显优于 MD，而对于 ASTER 和 Landsat 8 图像，则不如 MD。Hyperion 的 MD、Landsat 8 的 SAM 和 ASTER 的 SID 分别是所用分类器中最弱的，而 SVM 是 Hyperion 的最佳分类器，也是 ASTER 和 Landsat 9 图像的更好分类器。因此，可以得出结论，在岩性测绘中，上述任何一种单一分类器都不适用于所有图像（Hyperion、ASTER 和 Landsat 8）。结果表明，所提出的方法提高了单个图像以及组合图像的分类精度。同样明显的是，与 ASTER 和 Landsat 8 图像相比，通过应用于 Hyperion 图像的所提出的方法获得的所有岩性类别和总体岩性精度更好，这同样证实了所提出的方法在通过多幅图像进行岩性填图时有效地提高了分类精度。因此，有可能通过所提出的方法获得比通过包括额外图像而由单个图像获得的最高精度更高的精度增强。

结论：高光谱和多光谱遥感图像的复杂性和有限的数据质量，以及单一分类算法的有限鲁棒性，导致了使用多分类器的基于集成的地质制图技术的发展。该文的提出混合分类程序，涉及分类器（MD、SAM、SID、SVM）的集合，以优化高光谱（Hyperion）和多光谱图像（ASTER、Landsat 8）的岩性映射。该技术分四步实施。首先，使用各种分类器生成分类图像。其次，对每个类别、总体分类和每个分类器的 kappa 系数进行准确度评估。再次，通过对每个类和每个分类器的类准确度、总体准确度和 kappa 系数进行加权来估计总体类内准确度指数。最后，图像的每个像素被分配给一个类别，对于该类别，在所有分类器中的所有类别中，它具有最高的总体类内精度指数。该方法在研究区域的 Hyperion、ASTER 和 Landsat 8 图像上进行了测试，并使用多个图像（Hyperion、ASTER 和 Landsat 8）的多分类器（MD、SAM、SID 和 SVM）的混合分类进行了验证。从结果可以看出，分类精度主要取决于岩性类别的性质及其矿物成分、反射光谱的多样性、非线性光谱混合、风化敏感性以及所用分类算法和数据集的质量。分类结果表明，该方法有效地提高了研究区岩性填图的准确性。

3.4.13 模糊 ARTMAP 神经网络方法在卫星图像和布尔逻辑地质制图中的性能评估

遥感技术作为有效的地质研究工具被引入，除了准确性之外，它还具有其他好处，例如可以进入艰苦的山区或无法进入的地区，这可以帮助我们更准确地绘制地质图。《模糊 ARTMAP 神经网络方法在卫星图像和布尔逻辑地质制图中的性能评估》（Aliabad F A et al.，2018）一文通过使用模糊

ARTMAP 人工神经网络方法对谷歌地球地图制作和修改的 1：10 万比例尺的地质调查地质图进行比较。为此，通过模糊 ARTMAP 人工神经网络方法，利用 Landsat 7 图像编制了 Yazd-Shirkooh 流域部分地质图，Kappa 系数为 89%。此外，还准备了地质调查和谷歌地球地图。通过地面控制对谷歌地球图像的视觉解释获得的图形地图被视为基础地图，并与使用布尔逻辑评估的其他地图进行比较。通过使用采样网络创建了 100 个点，其中 62 个点位于研究区域，56 个点位于模糊 ARTMAP 图中，52 个点位于地质调查图中，与底图一致。由于降低了成本和节约了时间，并且没有时间和空间的限制，模糊 ARTMAP 是一种适合绘制地质图的方法。

第 4 章 研究区、数据及数据预处理介绍

4.1 研究区位置介绍

本研究于 2018 年 1 月启动，选取了中国东南沿海采用数字填图技术已完成的 25 幅 1∶5 万实测的地质填图图幅（表 4.1，表 4.2，字体加黑图幅），经过数百次的建模试验、分析验证，研究与探索建模中各种参数、PRB 知识粒度、多尺度、多模式数据与预测精度的关系。

表 4.1 福建闽东北火山岩区 7 个试点图幅分布表

		荷地	**泰顺**	
		G50E003022	**G50E003023**	
政和县	**湖屯**	**寿宁县**	**南阳**	仕阳
G50E004020	**G50E004021**	**G50E004022**	**G50E004023**	G50E004024
后山	镇前	纯池	**上白石**	柘荣县
G50E005020	G50E005021	G50E005022	**G50E005023**	G50E005024
岭下	**双溪**	周宁县	**福安县**	柏洋
G50E006020	**G50E006021**	G50E006022	**G50E006023**	G50E006024
屏南县	棠口	霍童镇	赛歧镇	霞浦县
G50E007020	G50E007021	G50E007022	G50E007023	G50E007024

表 4.2 大兴安岭火山岩区 18 幅试点图幅分布表

	嘎吉尔敖包	汉恩达坂	新艾勒	**兴安敖包**	**查干保好**
	L51E016001	L51E016002	L51E016003	**L51E016004**	**L51E016005**
	勒勃温多尔	黄合吐	乌兰哈德	**塔拉布拉克**	**杜尔基**
	L51E017001	L51E017002	L51E017003	**L51E017004**	**L51E017005**
	吐卜钦	**巴雅尔图胡硕**	色布尔	乌兰花	敖兰敖日格
	L51E018001	**L51E018002**	L51E018003	L51E018004	L51E018005
	哈达营子	**阿拉哈达**	达巴艾勒	奈玛拉吉	前进公社（嘎亥图）
	L51E019001	**L51E019002**	L51E019003	L51E019004	L51E019005
	民主公社	**乙旦架拉嘎**	巨里河	荷叶哈达	华杰
	L51E020001	**L51E020002**	L51E020003	L51E020004	L51E020005
罕庙	**迟家堡**	**西沙拉**	**工农屯**	**扎鲁特旗**	赵家堡
L50E021024	**L51E021001**	**L51E021002**	**L51E021003**	**L51E021004**	L51E021005
	陶海营子	乃木格根	**五道井子**	**鱼泡子沟牧场**	浩尧尔花
	L51E022001	L51E022002	**L51E022003**	**L51E022004**	L51E022005
			包郎格艾勒	**查布嘎吐**	
			L51E023003	**L51E023004**	

在上述基础上，为了证明作者提出的 AI 地质图生成方法是否适合在不同地质分区（如沉积岩区、火山岩区、变质岩区、造山带）的应用，该研究选取了 5 个研究区（通常也称试点图幅）进行应用和验证工作：研究区 1 为云贵接壤沉积岩区的 1∶5 万地质填图图幅火烧坝幅（G48E002009，图 4.1 中 1），研究区 2 为同步开展的 1∶5 万地质填图的内蒙古自治区扎鲁特旗火山岩区的奈玛拉吉、巨里河、荷叶哈达幅（L51E020003、L51E019004、L51E020004，图 4.1 中 2），研究区 3 为已经完成的安徽大别山变质岩地区 1∶5 万地质填图的枫香驿幅（H50E010009，图 4.1 中 3），研究区 4 为近期完成青藏造山带的青海省都兰县昂日塔地区 1∶2.5 万区域地质矿产调查（I47F005021、I47F005022、I47F006022，图 4.1 中 4），研究区 5 为青藏造山带的青海双石峡 1∶5 万 地质填图图幅（J46E016006，图 4.1 中 5，目前正在开展 1∶2.5 万地质填图）。图 4.1 是上述实点图幅大致分布位置。

图 4.1　地质填图实验图幅大致分布位置图

4.2　参与建模的主要数据说明

表 4.3 是 IF-DNN 建模可以获得常用的训练数据类型和内容说明。数据集编号 2 到 13 号是最基础的数据，通过相关渠道基本可以免费获得。14、15 号数据集取决于研究区地质工作程度，只有部分地区含有该数据。每一个研究区可能是表 4.3 不同数据的组合构成。5 个研究区的填图对象个数（通常为地质人员在地质路线上对填图单位的岩性分类数量）、原始标签总数（每一个填图对象或类

采样点的数量之和）和涉及的具体数据集见表4.4，表4.5。

表4.3 目前建模可以获得的常用数据

数据类型	数据主要特点说明	数据集编号	数据作用
野外地质路线记录（地质路线PRB数据）	该数据由地质点，分段路线、点和点间界线描述等内容组成。标签的具体做法见第4章。在数字填图系统中，简称PRB数据。数据由工作区地质人员提供	1	标签
1：20万化探数据	由原地质部1979年开始的区域化探全国扫面计划（RGNR，约20年时间），区域化探工作野外采样以水系沉积物为主，少数地区采集土壤和岩石样品。1：20万采样密度一般1~2个/km^2，然后4 km^2 组合一个样品送实验室分析，1：50万低密度区域化探（青海、西藏、新疆等少数地区）采样密度一般4~36 km^2 采一个样品，送单点样分析，分析测试Ag、As、Au、B、Ba、Be、Bi、Cd、Co、Cr、Cu、F、Hg、La、Li、Mn、Mo、Nb、Ni、P、Pb、Sb、Sn、Sr、Th、Ti、U、V、W、Y、Zn、Zr、SiO_2、Al_2O_3、Fe_2O_3、K_2O、NaO、CaO、MgO共39个元素（氧化物）。截至2010年完成覆盖中国面积超过 760×10^4 km^2。由中国地质调查局免费提供	2	训练数据
中国陆域航磁10 km网格间距数据	本产品将历年航磁测量数据按新数据覆盖旧数据、数字收录覆盖模拟记录、低高度覆盖高高度、大比例尺覆盖小比例尺、高精度覆盖低精度等原则，经数据整理、高度归算、水平调整、坐标转换、数据拼接等处理过程，编制10 km航磁网格数据。数据为 X，Y 和 ΔT 磁异常格式的明码文件，已转换为经纬度格式，转换后网格间距0.1°。中国陆域航磁10 km×10 km网格化数据，采用北京54坐标系，投影方式为兰伯特等角割圆锥投影，第一标准纬度25°、第二标准纬度47°、中央子午线经度105°、投影原点纬度18°。覆盖了除台湾省以外的陆域面积900多万平方千米。由中国地质调查局免费提供	3	训练数据
高分一号GF-1	由两台高分相机组成：PMS1、PMS2；可获取2 m全色黑白图像（谱段号1：0.45~0.9 μm）、8 m多光谱彩色图像（谱段号2-蓝0.45~0.52 μm、谱段号3-0.52~0.59 μm、谱段号4-红0.63~0.69 μm、谱段号5-红外0.77~0.89 μm 4个波段）以及多光谱和全色融合之后的2 m真彩色产品。由中国地质调查局免费提供	4	训练数据
高分二号GF-2	由1 m分辨率全色/4 m分辨率多光谱相机组成。可获取0.8 m全色黑白图像（谱段号1：0.45~0.9 μm）、4 m多光谱彩色图像（谱段号2-蓝0.45~0.52 μm、谱段号3-0.52~0.59 μm、谱段号4-红0.63~0.69 μm、谱段号5-红外0.77~0.89 μm 4个波段）以及多光谱和全色融合之后的0.8 m真彩色产品。由中国地质调查局免费提供	5	训练数据
高分三号GF-3	高分三号卫星（GF-3）是中国首颗分辨率达到1 m的C频段多极化合成孔径雷达（SAR）卫星；具备12种成像模式，涵盖传统的条带成像模式和扫描成像模式，以及面向海洋应用的波成像模式和全球观测成像模式；本书采用易于获取的精细条带2（FSII）成像方式，分辨率10 m，双极化极化方式的数据。由国家航天局对地观测与数据中心所建“高分辨率对地观测系统网格平台”提供	6	训练数据
高分六号GF-6	高分六号卫星（GF-6）配置2 m全色/8 m多光谱高分辨率相机（观测幅宽90 km，全色光谱0.45~0.90 μm，谱段号1蓝色光谱0.45~0.52 μm，谱段号2绿色光谱0.52~0.60 μm，谱段号3红色光谱0.63~0.69 μm，谱段号4远红外0.76~0.90 μm），2 m全色/16 m多光谱相机（观测幅宽800 km）。由中国地质调查局免费提供	7	训练数据

续表

数据类型	数据主要特点说明	数据集编号	数据作用
高分七号 GF-7	高分七号卫星（GF-7）搭载的两线阵立体相机可有效获取 20 km 幅宽、优于 0.8 m（后视 0.65 m，前视 0.8 m）分辨率的全色立体影像和 3.2 m（后视 2.6 m）分辨率的多光谱影像。全色光谱 0.45~0.90 μm，多光谱 0.45~0.52 μm，0.52~0.59 μm，0.63~0.69 μm，0.77~0.89 μm。由中国地质调查局免费提供	8	训练数据
Landsat 8	陆地卫星 8 号有一个双传感器有效载荷；操作陆地成像仪（OLI）和热红外传感器（TIRS）。这两台仪器采集了 9 个 VNIR-SWIR 波段和 2 个长波 TIR 波段的图像数据［波段 1 沿海气溶胶（0.43~0.45 μm）30 m，波段 2 蓝色（0.450~0.51 μm）30 m，波段 3 绿色（0.53~0.59 μm）30 m，波段 4 红色（0.64~0.67 μm）30 m，波段 5 近红外（0.85~0.88 μm）30 m，波段 6 SWIR1（1.57~1.65 μm）30 m，波段 7 SWIR 2（2.11~2.29 μm）30 m，波段 8 全色（PAN）（0.50~0.68 μm）15 m，波段 9 卷云（1.36~1.38 μm）30 m］。美国地质调查局免费提供	9	训练数据
Sentinel-1A（SAR）	直接下载的 S1A VV+VH 极化 GRD 产品，成像模式为 IW，空间分辨率为 10 m。由欧洲航天局哥白尼开放获取中心提供	10	训练数据
ALOS-2 卫星（SAR）	直接下载的 HH+HV 极化 ALOS PALSAR LEVEL 2.2 产品，成像模式为 FBD，空间分辨率为 12.5 m。美国宇航局地球观测数据中心提供	11	训练数据
数字高程	SRTM 30 m。美国地质调查局免费提供	12	训练数据
ASTER	ASTER Level-1B 数据来自具有不同光谱和空间分辨率的可见光近红外（VNIR）、短波红外（SWIR）和热红外（TIR）的 3 个谱段。［VNIR：波段 1（0.520~0.60 μm）、波段 2（0.630~0.690 μm）、波段 3N（0.760~0.860 μm）最低点、波段 3B（0.760~0.860 μm），以上空间分辨率为 15 m；SWIR：波段 4（1.600~1.700 μm）、波段 5（2.145~2.185 μm）、波段 6（2.185~2.225 μm）、波段 7（2.235~2.285 μm）波段 8（2.295~2.365 μm）、波段 9（2.360~2.430 μm），空间分辨率 30 m；TIR：波段 10（8.125~8.475 μm）、波段 11（8.475~8.825 μm）、波段 12（8.925~9.275 μm），波段 13（10.250~10.950 m）和波段 14（10.950~11.650 μm），具有 90 m 空间分辨率。美国地质调查局免费提供	13	训练数据
1∶5 万化探数据	1∶5 万水系沉积物采样密度一般 4~8 个点/km^2，然后 0.25 km^2 组合一个样品送实验室分析。分析测试 As、Au、Ba、Be、Bi、Ca、Cd、Cr、Cu、F、Fe、Hg、K、La、Li、Mg、Mn、Mo、Na、Nb、Ni、Pb、P、Sb、Se、Si、Sn、Sr、Ti、V、W、Y、Zn、Zr、Ag、Al、Co 等 37 个元素。其中，Au，Ag，Cu，Pb，Zn，As，Sb，Bi，Hg，W，Sn，Mo，Cd，Co，Cr，Ni 等 16 种元素为必测元素。由青海省地质调查院免费提供	14	训练数据
1∶5 万高精度磁测数据	野外工作时采用 500 m×100 m 规则网，对观测数据进行了日变改正、高程改正、正常场改正及基点改正最终得到异常。由填图单位免费提供	15	训练数据

表 4.4　试点和应用图幅分别建模的具体数据表

图幅名称	数据类型	数据内容（数字代表波段）	分辨率	维度
火烧坝幅（G48E002009）	1∶5 万水系沉积物地球化学	As、Au、Ba、Be、Bi、Ca、Cd、Cr、Cu、F、Fe、Hg、K、La、Li、Mg、Mn、Mo、Na、Nb、Ni、Pb、P、Sb、Se、Si、Sn、Sr、Ti、V、W、Y、Zn、Zr、Ag、Al、Co（37 个元素）	500 m 网格	1

续表

图幅名称	数据类型	数据内容（数字代表波段）	分辨率	维度
火烧坝幅（G48E002009）	航磁 10 km×10 km 网格化数据	ΔT 磁异常	10 km 网格	1
	ALOS	RGB 融合	10 m	3
	高分一号	RGB 融合 321、432	2 m	2×3
	高分三号	RGB 融合	10 m	3
	高分六号	RGB 融合 321、432	2 m	2×3
	Landsat 8	RGB 融合 432、543、632、643、654、753、764	15 m	7×3
	S1A（哨兵卫星影像）	RGB 融合	10 m	3
	数字高程	DEM	30 m	1
奈玛拉吉、巨里河、荷叶哈达幅（L51E020003、L51E019004、L51E020004）	1：20 万地球化学测量	Al_2O_3、Ag、As、Au、Ba、Be、Bi、B、CaO、Cd、Co、Cr、Cu、Fe_2O_3、F、Hg、K_2O、La、Li、MgO、Mn、Mo、Na_2O、Nb、Ni、Pb、P、Sb、SiO_2、Sn、Sr、Th、Ti、U、V、W、Y、Zn、Zr（39 个元素）	2 km 网格	1
	1：5 万水系沉积物地球化学测量	As、Ag、Au、Bi、Cu、Hg、Mo、Pb、Sb、Sn、W、Zn（12 个元素）	500 m 网格	1
	航磁 10 km×10 km 网格化数据	ΔT 磁异常	10 km 网格	1
	高分一号、资源三号	RGB 融合（镶嵌融合）	2 m	3
	高分三号	RGB 融合	10 m	3
	Landsat 8	RGB 融合 432、632、752、753	30 m	4×3
	数字高程	DEM	30 m	1
枫香驿幅（H50E010009）	1：20 万地球化学测量	Al_2O_3、As、Ag、Au、Ba、Be、Bi、B、CaO、Cd、Co、Cr、Cu、Fe_2O_3、F、Hg、K_2O、La、Li、MgO、Mn、Na_2O、Nb、Ni、Pb、P、Sb、SiO_2、Sn、Sr、Th、Ti、U、V、W、Y、Zn、Zr（38 个元素）	2 km 网格	1
	航磁 10 km×10 km 网格化数据	ΔT 磁异常	10 km 网格	1
	ALOS	RGB 融合	10 m	3
	高分一号	RGB 融合 321、432	2 m	2×3
	高分三号	RGB 融合	10 m	3
	高分六号	RGB 融合 321、432	2 m	2×3
	Landsat 8	RGB 融合 432、543、632、643、654、753、764	15 m	7×3
	S1A（哨兵卫星影像）	RGB 融合	10 m	3
	数字高程	DEM	30 m	1
青海都兰县昂日塔地区（I47F005021、I47F005022、I47F006022）	1：20 万地球化学测量	Ag、Al_2O_3、As、Au、Ba、Be、Bi、B、CaO、Cd、Co、Cr、Cu、Fe_2O_3、F、Hg、K_2O、La、Li、MgO、Mn、Mo、Na_2O、Nb、Ni、Pb、P、Sb、SiO_2、Sn、Sr、Th、Ti、U、V、W、Y、Zn、Zr（39 个元素）	2 km 网格	1

续表

图幅名称	数据类型	数据内容（数字代表波段）	分辨率	维度
青海都兰县昂日塔地区（I47F005021、I47F005022、I47F006022）	1∶5 万水系沉积物地球化学测量	Ba、Al_2O_3、CaO、Ce、Co、Cr、Cs、Dy、Er、Eu、Fe_2O_3、FeO、Ga、Gd、Hf、Ho、K_2O、La、Lu、MgO、MnO、Na_2O、Nb、Nd、Ni、P_2O_5、Pr、Rb、Sc、SiO_2、Sm、Sr、Ta、Tb、Th、TiO_2、Tm、Yb、Y、Zr（40 个元素）	500 m 网格	1
	地面高精度磁法	T、ΔT 磁异常	500 m×100 m 网格	1
	ALOS	RGB 融合	10 m	3
	高分二号	RGB 融合 321、432	0.8 m	3
	高分六号	RGB 融合 321、432	2 m	3
	Landsat 8	RGB 融合 432、543、632、643、753、764	15 m	3
	S1A（哨兵卫星影像）	RGB 融合	10 m	3
	数字高程	DEM	30 m	1
青藏造山带的青海双石峡 1∶5 万地质填图图幅（J46E016006）	1∶20 万化探	Ag、Al_2O_3、As、Au、Ba、Be、Bi、B、CaO、Cd、Co、Cr、Cu、Fe_2O_3、F、Hg、K_2O、La、Li、MgO、Mn、Mo、Na_2O、Nb、Ni、Pb、P、Sb、SiO_2、Sn、Sr、Th、Ti、U、V、W、Y、Zn、Zr（39 个元素）	5 m	25
	1∶5 万化探	Ag、As、Au、Bi、Co、Cr、Cu、Mn、Ni、Pb、Sb、Sn、TFe、V、W、Zn（16 个元素）	5 m	16
	地面高精度磁法	T、ΔT 磁异常	500 m×100 m 网格	155
	ALOS	RGB 融合	10 m	3
	S1A	RGB 融合	10 m	3
	数字高程模型（DEM）	DEM	30 m	1
	遥感 Landsat 8	RGB 融合 432、543、632、643、654、753、764	15 m	3×7
	高分六号	RGB 融合 321、432	2 m	3×2
	高分七号	RGB 融合 321、432	0.65 m	3×2
	高分三号	RGB 融合		

表 4.5　研究区试点图幅涉及的填图对象个数及原始标签个数

研究区	填图对象个数	原始标签个数	地质分区	涉及的数据集编号（编号含义见表 4.3）
G48E002009（示例Ⅰ）	445	5657	云贵沉积岩区	2，3，4，6，7，9，10，12
L51E019004，L51E020003，L51E020004，（示例Ⅱ）	160	1970	大兴安岭火山岩带	2，6，9，12，15
H50E010009（示例Ⅲ）	166	11451	大别山变质岩区	2，3，4，6，7，9，10，12
I47F005021，I47F005022，I47F006022（示例Ⅳ）	402	10521	青藏造山带	2，3，5，7，9，11，12，14
J46E016006（示例Ⅴ）	58	5501	青藏造山带	2，3，6，7，8，9，10，11，12，14

4.3 数据来源与主要预处理方法

4.3.1 数据来源

研究中用到的国产高分辨率遥感数据有高分一号、高分二号、高分五号、高分六号、高分七号、资源一号、资源三号，这些数据从中国地质调查局 http：//geogf. agrs. cn 下载。

国产合成孔径雷达卫星高分三号数据先前可以由国家航天局对地观测与数据中心所建“高分辨率对地观测系统网格平台” https：//grid. cpeos. org. cn 获得。目前，各省可以向“https://www. cpeos. org. cn/research/#/”申请得到本省辖内的 GF-3 数据。

研究中用到的国外研究数据：Landsat 8 OLI 和 ASTER 数据从美国地调局 https：//earthexplorer. usgs. gov 下载。

研究中用到的国外 SAR 数据 Sentinel-1A 从欧洲航天局哥白尼开放获取中心 https：//scihub. copernicus. eu 下载。国外 ALOS SAR 数据从美国宇航局地球观测数据中心 https：//www. earthdata. nasa. gov 下载。

地球化学与地球物理数据可以从中国地质调查局网站得到基础的或小比例尺数据。涉及的大比例尺地球化学和地球物理数据需要从承担工作区填图或调查的工作单位获取。

4.3.2 地球化学、地球物理、遥感数据空间分辨率的同化技术

地球化学、地球物理测量数据通常根据地质调查的精度要求，采样的密度不同。如土壤地球化学数据采样，1∶20 万精度测量，要求每平方千米 1 个样，1∶5 万精度测量，每平方千米 4~20 个样等。又如 1∶5 万地球物理地面磁勘查，如果是长方形测网采样，线距 500 m，点距 50~200 m，如果是正方形测网，则线、点距相同，都是 500 m。也就是说我们拿到数据都有不同的空间分辨率或是不同尺度精度的数据。在建模过程中，需要对这些数据精细空间分辨率同化，即相同尺度化，才能统一匹配应用。

对于非网格化数据的网格同化处理中，如何确定网格大小是比较关键的指标。通过试验，对于建模来说，在考虑尽可能不降低遥感最高分辨率数据信息的基础上，主要考虑 2 个因素，一是尺度能够最细化，用以提高预测精度，二是考虑网格插值计算量。对于地质图预测或地质图成图来说，地质对象知识的载体数据空间分辨率同化最佳尺度，选取原则如下：

1）根据正常人的眼睛能分辨两个点的最小距离是 0.1 mm 的原理，空间分辨率同化尺度选取与成图比例尺的 0.1 mm 大小。如对于 1∶5 万地质图预测或成图，空间分辨率同化尺度定为 5 m×5 m 分辨率数据。即把地球物理、地球化学数据通过网格化插值全部转成 5 m×5 m 分辨率数据。

2）目前，可以方便地获取不同传感器、不同分辨率的遥感数据。不同传感器所获得遥感数据分辨率有 0.3 m、0.5 m、0.61 m、0.7 m、0.8 m、1 m、1.2 m、1.5 m、1.65 m、2 m、2.44 m、2.5 m、2.8 m、3.2 m、4 m、5.8 m、6 m、8 m、10 m、20 m、30 m、>30 m 等。遥感数据本身就是栅格数据，不需要通过重新采样按上述原则进行空间分辨率同化尺度变换，直接按第一条的同化尺度读取该点的数据值即可。

4.3.3 遥感数据处理（基础方法）

4.3.3.1 国产高分一号、高分二号、高分五号、高分六号、资源一号、资源三号高分辨遥感数据处理过程

在影像处理前，需要对原始影像进行检查和筛选，云量过大的数据不宜使用；研究区由几幅数据

覆盖时，尽量选择重合度在 5%~10%的影像数据；最后还需要对影像的质量进行粗略查看，检查影像数据是否存在噪声、黑点以及影像光谱信息的丰富度是否满足地质调查的条件。主要处理方法（Li et al.，2022）如下：

（1）辐射定标

辐射定标是为了校正传感器中各个探测元件响应度差异而对卫星传感器测量到的原始亮度值进行归一化的一种处理过程。辐射定标可利用头文件信息中增益和偏移参数完成。

（2）大气校正

大气校正是通过大气辐射方程，校正大气散射、吸收对地表辐射的干扰，使图像数据更加精确。研究所用影像用 ENVI FLAASH 模块进行大气校正，FLAASH 大气校正模块采用了 MODTRAN 4 辐射传输模型。FLAASH 大气校正可以通过影像像素光谱上的特征来估计大气的属性，不依赖遥感成像时同步测量的大气参数数据，同时有效去除气溶胶散射效应，并基于像素级校正目标像元和邻近像元交叉辐射产生的“邻近效应”。

（3）几何校正和正射校正

遥感影像在拍摄过程中，由于飞行器拍摄时的姿态、飞行速度、轨道高度以及地球自转等因素的影响，使得获取的图像相对于地面目标发生几何畸变，其表现为像元相对于地面目标的实际位置发生挤压、扭曲、拉伸和偏移等现象，通常要对这种几何畸变进行几何校正。几何校正是指通过数学模型改正和消除遥感影像成像时产生的原始图像上各地物的几何位置、形状、尺寸、方位等特征的变形。几何校正是给影像加上地理坐标，正射校正则是在加上地理坐标的同时再通过一些测量高程点和算法来消除地形起伏引起的影像变形。正射校正是对影像进行变换生成多中心投影平面正射影像的处理过程，它除了能校正一般系统因素产生的几何畸变外，还可以消除透视变形和地形引起的几何畸变。处理后影像中每个像元看上去均是从正上空获取的，改正了因地形起伏和传感器成像方式引起的像点位移。遥感数据的 L1A 级包括了 RPC 文件，在经过辐射定标、大气校正等处理后，用软件自动将 RPC 嵌入到处理结果中，利用研究区少量控制点和 DEM 数据对多光谱和全色数据结果进行正射校正。再利用已有区域的地质地形图及 GIS 数据对影像进行精几何校正，使精几何校正后的产品偏移误差满足质量要求。并进行投影转换为高斯-克吕格坐标系，大地基准面为 CGCS2000。

（4）影像融合

高分一号、高分二号、高分六号遥感卫星数据包括多光谱影像和全色影像，其中高分一号和高分六号多光谱影像和全色影像空间分辨率分别为 8 m 和 2 m，高分二号多光谱影像和全色影像空间分辨率分别为 3.2 m 和 0.8 m。通过影像融合的方式生成空间分辨率与全色影像相同的多光谱影像，新生成的高分辨率影像既保留了光谱特征，又具有较高空间分辨率，满足了在影像上提取足够监测信息的需要。本研究使用 ENVI 软件 Gram-Schmidt 算法进行图像融合，该方法融合的影像保真度较好，且操作简单，通过改变多光谱影像存储顺序可以提高融合效率。经融合后的影像在分辨率上明显优于融合前的多光谱影像，融合后的影像轮廓也变得更加清晰，色调明显优于融合前影像。地物特征更加鲜明，便于后期影像解译标志的建立及分类信息提取。

（5）影像镶嵌

在卫星拍摄过程中，因相机宽幅有限，数据采集区域具有一定的局限性，多数研究区需要多幅数据镶嵌完成。因此使用的原始数据必须为具有一定重叠度的影像。本研究使用 ENVI 5 无缝拼接工具 Seamless Mosaic 模块对影像进行无缝拼接，并自动增强色调。

（6）影像裁剪

对研究区域影像根据地质图幅边界进行裁剪，以保证数据范围一致、面积大小相等，进而保证结果的科学性和有效性。

（7）彩色合成

研究中为便于显示丰富的细节，选取数据融合后的3个波段分别赋予RGB色调，生成彩色图像。其中彩色合成，高分一号采用谱段号4、3、2和谱段号5、4、3与全色融合后，得到2个2 m真彩色图像数据；高分二号采用谱段号4、3、2和谱段号5、4、3与全色融合后，得到3.2 m和0.8 m真彩色图像数据；高分六号采用谱段号3、2、1及谱段号4、3、2与全色融合后，得到2个2 m真彩色图像数据。高分七号采用谱段号3、2、1及谱段号4、3、2与全色融合后，得到2个0.65 m真彩色图像数据。

4.3.3.2 高分三号SAR数据处理

高分三号SAR数据处理主要是将L1A级单视斜距复数（SLC）数据，转换为地理编码后的L2级强度或幅度数据。基础SAR处理模块一般包括数据导入、辐射定标、复数数据转换、多视处理、自适应滤波、斜地距转换、影像镶嵌、投影转换、影像裁剪和彩色合成10个部分。以下操作为编制程序完成。

（1）GF-3数据导入

研究中用的数据GF-3传感器工作模式为精细条带2（FSII），标称空间分辨率为10 m。数据导入为将GF-3数据转换成标准数据格式，包括GF-3单极化数据导入和GF-3双极化数据导入。输入待导入的雷达元数据文件和极化类型，输出格式为GeoTIFF文件格式。

（2）辐射定标

由于多种误差源的存在，不同来源的SAR数据通常存在辐射误差，辐射定标将不同来源的SAR数据校正到统一的参考基准，以精确反映地物回波特性。

（3）复数数据转换

强度/幅度特征是SAR影像最主要的特征之一，基于SAR强度/幅度影像可以提取地物目标信息，因此需要将SAR复数数据转换为SAR强度/幅度数据。数据转换即可将复数格式数据转换为强度、幅度、相位、实部和虚部等类型。

（4）多视处理

为提高图像的视觉效果，同时提高对每个像元后向散射的估计精度，需要进行多视处理。多视处理是指将整个有效合成孔径长度分成多段分别对同一场景成像，然后将所得的图像求和叠加到一幅SAR图像。多视处理的目的是抑制斑点噪声，代价是降低方位分辨率。

（5）自适应滤波

相干斑噪声是SAR系统的固有原理缺陷，其阻碍了SAR数据的后期应用。针对合成孔径雷达图像相干斑噪声抑制问题，研究中进行Frost或Lee滤波。

（6）斜地距转换

地理编码是依据相关基准将影像数据从雷达成像时的坐标系统（距离-方位）转换为UTM坐标系。

（7）影像镶嵌

在卫星拍摄过程中，因相机宽幅有限，数据采集区域具有一定的局限性，多数研究区需要多幅数据镶嵌完成。

（8）投影转换

将UTM坐标系投影转换为高斯-克吕格坐标系，大地基准面为CGCS2000。

（9）影像裁剪

对研究区域影像根据地质图幅边界进行裁剪，以保证数据范围一致、面积大小相等，进而保证结果的科学性和有效性。

（10）彩色合成

研究中采用 GF-3 双极化数据只有 HH 和 HV 两个波段，为便于显示丰富的细节，对 HH 和 HV 两个波段进行相减运算，得到第 3 个波段，最后将这 3 个波段分别赋予 RGB 色调，生成彩色图像。

4.3.3.3 Sentinel-1A 数据处理

研究中用到的国外 SAR 数据 Sentinel-1A 为直接下载的 S1A VV+VH 极化 GRD 产品，成像模式为 IW，ALOS SAR 数据为直接下载的 HH+HV 极化 ALOS PALSAR LEVEL 2.2 产品，成像模式为 FBD，该两种产品已完成上述 GF-3 处理前 6 个步骤处理，只需完成上述影像镶嵌、投影转换、影像裁剪和彩色合成即可。Sentinel-1A 和 ALOS SAR 数据空间分辨率分别为 10 m 和 12.5 m。

4.3.3.4 Landsat 8 OLI 和 ASTER 数据

国外 Landsat 8 OLI 和 ASTER 数据下载时为正射产品，所以无需做正射校正，其他辐射定标、大气校正、影像融合、影像镶嵌、投影转换、影像裁剪处理方法同上。Landsat 8 OLI 多光谱影像和全色影像空间分辨率分别为 30 m 和 15 m，数据融合后为 15 m 多光谱影像。ASTER 数据可见光/近红外、短波红外、热红外波段空间分辨率分别为 15 m、30 m 和 90 m，数据融合后为 15 m 多光谱影像。

4.3.4 地球化学数据预处理

针对空间分辨率同化技术特点，地球化学数据处理通常需要离散数据网格化插值技术和数据归一化处理 2 种技术方法。下面分别描述处理方法。

4.3.4.1 离散数据网格化插值技术

离散数据网格化是将空间上不均匀分布的数据，按一定方法（如滑动平均法、距离倒数加权、克里格法或其他适当的数值推算方法）归算成规则网格中的数据值（趋势值）的过程。

数据网格化遵循所研究变量的空间变化趋势，将空间上分散的数值转换成规则分布的网格数值，可压抑局部噪音，弥补空白网格的数值；同时，为不同变量的综合及对比提供划一的空间结构，以更加完整和充分地反映客体变量的空间模式。数据网格化是许多成图技术和模式识别技术处理数据的基本方法和手段，是将工作空间域获取不规则分布的离散数据进行数据内插值生成规则网格距离分布的网格数据的过程。网格数据可以通过生成栅格图像（建立数据图像）或生成连续梯度等值线（网格数据等值线）等方式在图形显示窗口可视化浏览其分布模式或规律。

对于规则网采样数据可按原始采样网度恢复，也可以根据用户设置数据插值类型和网格度对原始数据进行加密插值，为生成等值线或数据图像提供合理的数据矩阵。

离散数据网格化处理是空间插值分析方法，是将离散点的测量数据转换为连续的数据曲面的方法。其作用是便于与其他空间现象的分布模式进行比较。空间插值的理论假设是空间位置上越靠近的点，越可能具有相似的特征值；而距离越远的点，其特征值相似的可能性越小。把无规则分布的空间数据内插为规则分布的空间数据集，如规则矩形格网、三角网等。

规则格网能够更好地反映连续分布的空间现象，并对它们的变化作出模拟。格网化的数据，尤其是规则矩形格网，已成为目前地学模型的主要数据形式。网格化处理一般包括这样几个过程。

（1）空间几何属性

1）原始数据的空间分布（图 4.2 蓝色点）和分布范围，网格化的最大外接矩形（可以与原始数据范围一致，也可根据研究的需要确定范围）。

2）网格距大小，即网格节点（图 4.2 红色点）横向间距（dx）和纵向间距（dy），纵横向间距可以相等（推荐），根据特殊研究目的需要也可不相等。

网格距大小的确定一般依据采样（测量）点密度和比例尺确定。如按比例尺确定（参考），网格距大小可参见表 4.6。

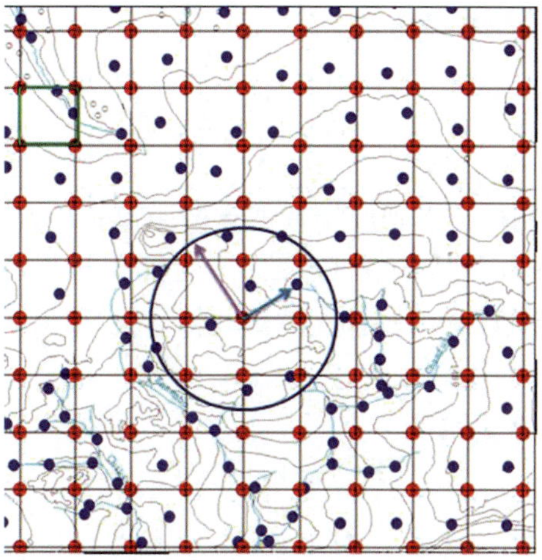

图 4. 2　原始数据（蓝色点）和网格化数据（红色点）的空间分布

表 4. 6　按比例尺确定的网格距大小推荐表

比例尺	网格距/m	比例尺	网格距/m
1 : 1 万	100	1 : 20 万	2000
1 : 2. 5 万	250	1 : 25 万	2000
1 : 5 万	500	1 : 50 万	5000
1 : 10 万	100	1 : 100 万	10000

3）网格节点值计算的数据搜索范围，即以网格节点为中心，搜索数据的方式与范围。

方位搜索：即给定一个方向，如 45°，按这个方位搜索最近的数据点数（需事先给定）。

全方位搜索：给定限定数据点数，以网格节点为中心，搜索到规定点数。

给定限制范围（圆域或方域）：给定搜索半径，在此半径范围内的所有数据用于计算节点值（推荐）。半径的确定一般可为网格距的 2. 5 倍。同时可根据研究目的不同采用不同的搜索半径，一般搜索范围越小越接近原始数据的分布特征，越大数据的趋势特征越明显。

（2）空间数据的探索分析

对原始数据的分布特征计算，如均值、方差、协方差、独立性和变异函数的估计等，可作为选择数据处理方法的参考。

（3）插值计算方法（模型）

利用搜索的数据点，计算网格节点数据值。

1）最近距离法：网格结点值等于与它距离最近的采样点的值。

2）平均值：网格结点值等于搜索区域内各采样点的平均值。

$$\hat{V} = \sum_{i=1}^{n} V_i \Big/ n \tag{4.1}$$

式中：V_i 为第 i 原始数据；n 为搜索数据点数。

3）距离倒数加权：是最常用的空间插值方法之一。

网格结点距离最近的若干个点的贡献最大，其贡献与距离成反比。

$$\hat{V} = \sum_{i=1}^{n} \frac{V_i}{r_i} \Big/ \sum_{i=1}^{n} \frac{1}{r_i} \tag{4.2}$$

式中：V_i 为第 i 原始数据；r_i 为网格节点到原始数据点的距离；n 为搜索数据点数。

4）距离→指数倒数加权（本书推荐方法）。

$$\hat{V}=\sum_{i=1}^{n}\frac{V_i}{e^{a\frac{r_i}{R}}}\Bigg/\sum_{i=1}^{n}\frac{1}{e^{a\frac{r_i}{R}}} \tag{4.3}$$

式中：V_i 为第 i 原始数据；r_i 为网格节点到原始数据点的距离；R 为数据搜索半径；a 为常系数（控制原始数据对计算点的贡献度）；n 为搜索数据点数；e 为指数。

指数的距离幂倒数加权是一种改进的距离函数加权法，这种插值方法的优点在于，曲面连续，而且消除了极小距离而产生的奇变影响。

5）总量：

$$V=V_1+V_2+\cdots+V_n$$

即搜索范围数据之和。

6）克里格（Kriging）插值。

7）其他函数插值方法：傅里叶级数、样条函数方法、双线性插值（拉格朗日）、立方卷积法等。

主要插值方法结果与效果对比见图 4.3。经过实验对比，IF-DNN 建模采用指数的距离幂倒数加权法效果最优。

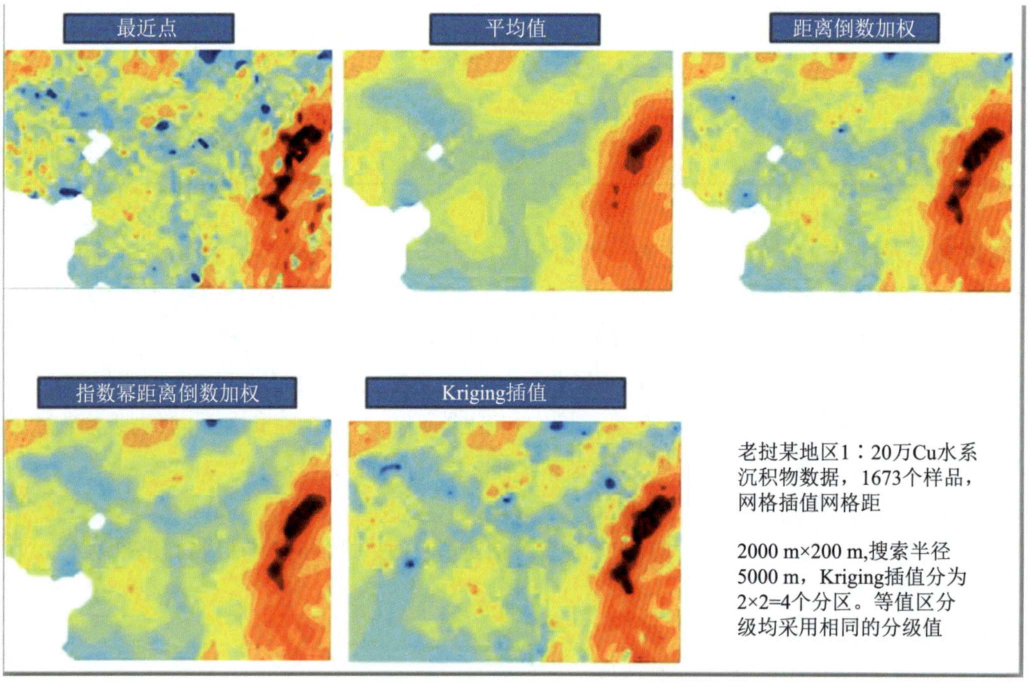

图 4.3　各种插值方法结果与效果对比图

4.3.4.2　数据归一化处理

地质数据因其地质系统复杂性及测试手段的差异等因素影响，通常①地质数据类型多，性质不一，反映地质内容丰富；量纲不统一，定量数据的数量级相差很大，各类数据的数量和精度相差悬殊；②地质数据往往是多种地质因素综合作用的结果，具有混合分布特征。由于地质数据的多元异构特点，为数据的挖掘和地质综合研究提出了难题。

现代信息技术和数据处理方法的发展，大大提高了对多种数据的综合分析能力，以及信息提取的科学性和客观性。地质数据处理解决的问题主要有：①抑制数据噪音，突出主体趋势；②使各类尽可能地满足某种分布（正态分布），便于解释其分布规律；③统一不同数据量纲和水平，便于累加和空间叠加等运算；④揭示多种数据的内在联系，提取隐蔽的有用信息；⑤分析对比、分类、评价等。数据分级之后，仅使原来的数据重新归类，数据的属性没有发生改变，研究人员可以根据归一化后的数据进行下一步的应用分析与研究。

地质数据归一化处理并不一定需要很复杂的计算方法。事实上，最佳的数据归一化处理是数据按照值域大小或受地质因素影响的程度进行划分，即按照数据大小分级划分放到一维数据中，形象解释就是，y 轴表示样本数的累积，x 轴代表数据的分段大小，需要合理地把这些数据分为 n 类，可以用图 4.4 和函数的方式（4.4）来表达。

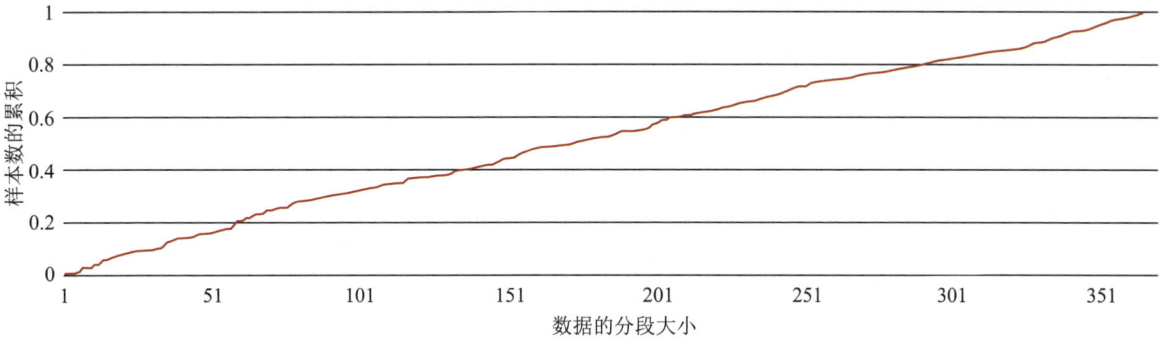

图 4.4　数据分级后频数分布

$$f_{(x_i)}=\begin{cases} n & k_{i-1}\leqslant x_i<k_i \\ \cdots & \cdots\cdots \\ 2 & k_1\leqslant x_i<k_2 \\ 1 & k_0\leqslant x_i<k_1 \\ 0 & x_i<k_0 \end{cases} \tag{4.4}$$

式中：$i=0,\ 1,\ 2,\ \cdots,\ n$ 划分的级次数；k_i 为阈值，将原始的观测数据 x_i 按照给定的阈值 k_i 转化为 0 至 n 的多元状态；转化后的 $f(x_i)$ 为 0，1，2，…，n 的分级，并且无量纲表示。

归一化处理最关键的步骤技术就是对数据的分级。它是对数据进行加工处理的一种重要方法，通过分级可以把数据划分成不同的级别，也就是把一个数据集划分成不同的子集。针对地学专业特点，将勘查数据转换为无量纲的统一标准化数据，并能更好地展示数据的空间和值域特征。转换的重要环节是采用什么方法对数据进行分级（或分类）划分，以便能够突出数据的地学特点，根据不同的研究目的和对象选择有效方法，如等差、对数、方差、等频、正态分布累频等。

（1）均值标准差分级

均值标准差可以反映各数据间的离散程度，按标准差分级，首先要保证数据的分布具有正态分布的规律，才可计算平均值和标准差，然后根据数据波动情况划分等级。以算术平均值作为中间级别的一个分界点，以标准差倍数作为分界点。

$$X_i=X_{avg}+/-n_i\times a\times X_{std}$$

式中：X_{avg} 为数据平均值；X_{std} 为标准差；a 为乘系数，其值通常取 1；n_i 为 0，1，2，…，n。即以平均值为中心，分别向最小值方向（-）和最大值方向（+）逐级取值，分级数目（n）是由数据本身所决定的，且对于同一数据集，采用标准差倍数越高分级数目越少，反之，分级数目增多。这种方法标准差是影响分级的重要因素，数据离散程度大或个别极高值点将造成分级的不合理或分级数较少。通常在计算标准差时，采用迭代方法首先剔除奇异高值点后的标准差，来改善分级的合理性（图 4.5）。

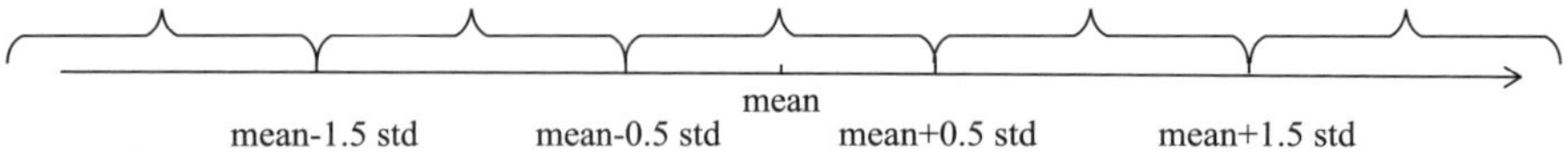

图 4.5　数据分级示意图

（2）等差分级

等差分级方法原理简单、易操作，但当数据集中在某一小范围内时，各分级之间数据个数的差别太大会造成分级配置不均衡，影响研究的合理性和制图效果。当数据具有均匀变化的分布特征时，等差分级法就简明实用；若数据分布差异过大，将会影响制图与统计结果的分析。

$$X_i = X_{\min} + n_i \times \mathrm{d}X$$

式中：$X_{\min}$ 为数据集；$\mathrm{d}X$ 为差值；n_i 为 0，1，2，…，n。即从数据最小值开始，按照等量值，逐级划分，到数据的最大值。差值可以根据经验确定，也可以先确定分级数（n），然后计算差值，$\mathrm{d}X = (X_{\max} - X_{\min})/n$。

当数据分散程度较高（如微量元素），可先对数据取对数，然后进行分级，称为对数等差分级，这样可改善分级配置的不均衡性。

根据数据集分布状态，也可采用等比方法分级。

（3）分位数分级

分位数分级是把数列划分为相等个数的分段，根据实际需要选择四分位、五分位、六分位……。为此，要先将数列按大小排列，从一端开始计算其分位数，把处于分位数上的那个值作为分级值。

分位数分级可以使每一级别的数据个数接近一致，往往能产生较好的制图效果。

（4）等样品（面积）数分级

等样品（面积）数据分级（也可称为等频分级）是将数据集从小到大排序，按照样品数将其 n 等分，每一等分点对应的排序数据值为分级点的值。这种方法使得每一级在图上占据的面积相等或大致相等。这种方法的特点是在图面上只反映各级占有相同的面积，制图效果好，但是没有充分利用图面表示级间的差异。

对于规则栅格数据而言，一定区域内的面积可由该区域内的栅格个数乘以栅格分辨率得到，所以按等面积分级只需考虑栅格个数即可。

（5）正态累频分级

累积频率（Cumulative Frequencies）是对数据集进行分组后，分布在各组内的数据个数称为频数或次数，各组频数与全部频数之和的比值称为频率或比重。为了统计分析的需要，有时需要观察某一数值以下或某一数值以上的频率之和，则为累积频率，或称为对频率的累计。从数值小的一方向变量值大的一方累加，称为向上累积，反之称为向下累积。频率的最终累积值为 100%。

一组样品 x_1，x_2，…，x_n，给定某一阈值 x_0 不大于 x_0 的样本数为 m，则称为 m/n 不大于 x_0 的累积频率，计算就得到累积频率曲线（图 4.6）。

大多数地学数据集服从正态统计分布规律，在数据分级方法中引入正态分布的概念，能够更好地反映地质现象。正态分布（Normal Distribution），也称“常态分布”，又名高斯分布（Gaussian Distribution），若数据集 X 服从一个位置参数为 μ、尺度参数为 σ 的概率分布，且其概率密度函数为：

$$f(x) = \frac{1}{\sqrt{2\pi}\sigma}\exp\left(-\frac{(x-\mu)^2}{2\sigma^2}\right)$$

当 $\mu = 0$，$\sigma = 1$ 时，正态分布就成为标准正态分布：

$$f(x) = \frac{1}{\sqrt{2\pi}}\mathrm{e}^{\left(-\frac{x^2}{2}\right)}$$

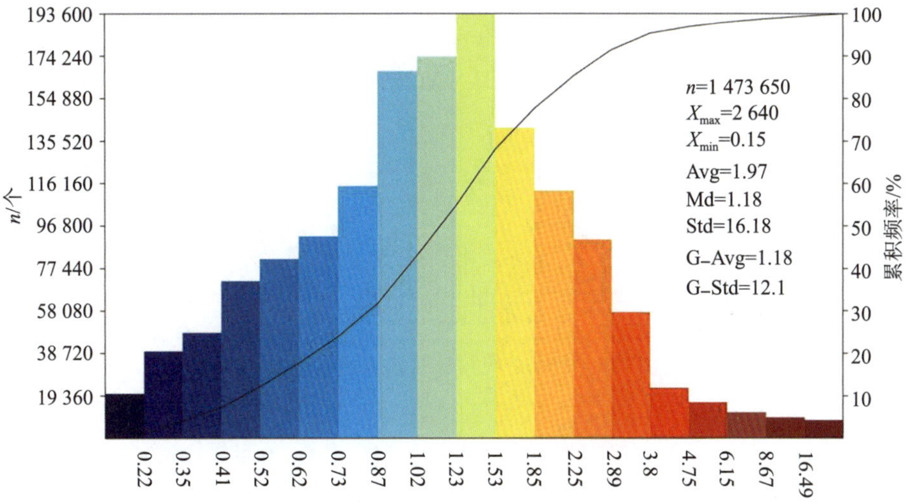

图 4.6　累积频率曲线

正态累频分级方法采用了累积频率和正态分布的概念，即将数据集从小到大排序，采用累积频率进行分段，分段的方法使分段后的数据频数满足（或基本满足）正态分布。

这种方法的特点是数据值众数集中在 50%范围（大概率），为背景分布区；两侧小值域和大值域为小概率分布，为异常分布区。在图面上反映制图效果好，更好地反映了地质现象与数据空间分布特性的关联性（图 4.7）。

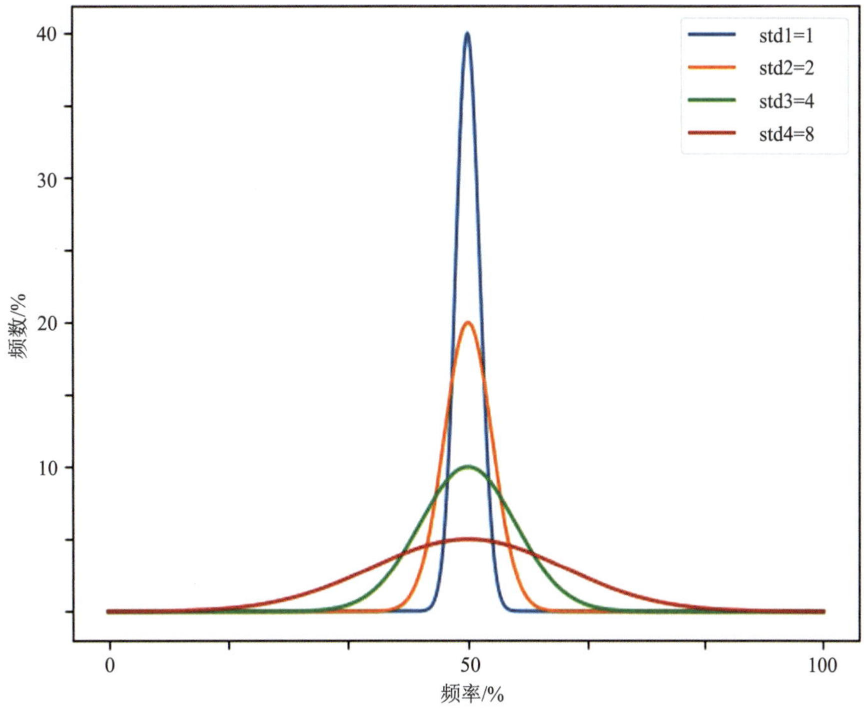

图 4.7　频率正态分布概率密度图
（std1，2，3，4 为标准差）

一般分布的数据频数所绘制的直方图，高峰位于中部，左右两侧大致对称。当数据分级逐渐增多，组段不断分细，直方图顶端的连线就会逐渐形成一条高峰位于中央（均数所在处），两侧逐渐降低且左右对称，不与横轴相交的光滑曲线图（图4.8）。这条曲线称为频数曲线或频率曲线，近似于数学上的正态分布。由于频率的总和为100%或1，故该曲线下横轴上的面积为100%或1。

图4.8　数据分级频数曲线或频率曲线图

GeoExpl和GeoSmart默认19级正态累频分级序列（%）：0，0.5，1.2，2，3，4.5，8，15，25，40，60，75，85，92，95.5，97，98，98.8，99.5，100。

对于IF-DNN模型来说，数据分级为255级，该方法的特点是突出地质背景（Liu，2004）。255级正态累频分级序列（%）见表4.7：

（6）其他分级方法

自定义分级：自定义分级即对一个数据集，根据自己的应用目的设定各个级别的数值范围来实现分级的方法。这种方法适用于研究者对该数据集比较了解，能够找到合适的分级临界点。

模式分级：模式分级就是指按固定模式进行分级，在固定模式中，级差由特定的算法自动设定。

自然裂点法分级：任何统计数列都存在着一些自然转折点、特征点，用这些点可以把研究的对象分成性质相似的群组，因此，裂点本身就是分级的良好界限。

将统计数据制成频率直方图、坡度曲线图、积累频率直方图，有助于找出数据的自然裂点。如果频率最低点与峰值构成一个近似正态分布曲线，可以把任意两个正态分布曲线交点作为分级界线。自然裂点法是基于让各级别中的变异总和达到最小的原则来选择分级断点的。

地球化学数据处理推荐使用中国地质调查局发展中心的GeoExpl（International）或GeoSmart软件处理。GeoExpl（International）具有工作空间综合管理、数据处理与分析和空间数据管理与分析三个主要模块，实现了化探数据处理与综合分析、物探数据模拟解释、遥感信息提取、地学数据综合处理、空间分析等数百个功能，是进行地球化学勘查、矿产资源预测评价、生态环境评价等地学研究强大的工具软件。目前，该软件已发布了英文、俄文、法文、西班牙文和中文等五个版本。GeoSmart是GeoExpl的更新版本。集成了GeoExpl和GeoMDIS两大软件系统的数据处理功能，并增加了更多的数据处理与分析功能，增加了岩石地球化学分析，人工智能机器学习地质预测，加强了图形处理和制图功能，提升了地质大数据的综合处理功能。

在GeoExpl和GeoSmart中累计频率系统默认为19级分级，用户也可以自定义修改累频的分级（勾选自定义即可在自定义累频中修改）；平均值与变差是按照平均值+/-c倍变差分级；对数等差按对数间隔分级；算术等差按算术等差间隔分级；等差255色对数据值域范围，按等差分为255级；等频率255色按等频数分为255级；四分位255色将数据按25%、50%、75%四分位，每一分位按等频分级，累计255色。

4.3.5　地球物理数据预处理

地球物理数据处理通常采用以下步骤处理：①采用最小曲率法对磁测数据网格化处理；②对磁测网格化数据进行化极处理，处理参数采用当地的地磁倾角和地磁偏角；③为了突出或增强浅部或小尺度的地质体或构造，对重磁网格化数据进行异常分离和导数处理（Sihombing et al.，2015），以及其

表 4.7　255 级正态累频分级序列（%）

累频	分级值	累频	分级值	累频	分级值	累频	分级值	累频	分级值	累频	分级值	累频	分级值	累频	分级值	累频	分级值
0	0	0.267	30	2.689	60	14.199	90	41.516	120	73.984	150	93.319	180	99.079	210	99.935	240
0.015	1	0.292	31	2.872	61	14.851	91	42.633	121	74.903	151	93.681	181	99.148	211	99.941	241
0.017	2	0.318	32	3.064	62	15.522	92	43.757	122	75.804	152	94.028	182	99.212	212	99.946	242
0.019	3	0.347	33	3.267	63	16.214	93	44.885	123	76.687	153	94.36	183	99.271	213	99.952	243
0.021	4	0.378	34	3.482	64	16.925	94	46.017	124	77.552	154	94.677	184	99.327	214	99.956	244
0.023	5	0.411	35	3.707	65	17.656	95	47.153	125	78.398	155	94.979	185	99.379	215	99.961	245
0.026	6	0.447	36	3.945	66	18.406	96	48.291	126	79.226	156	95.268	186	99.427	216	99.965	246
0.029	7	0.486	37	4.194	67	19.176	97	49.43	127	80.035	157	95.543	187	99.472	217	99.968	247
0.032	8	0.528	38	4.457	68	19.965	98	50.57	128	80.824	158	95.806	188	99.514	218	99.971	248
0.035	9	0.573	39	4.732	69	20.774	99	51.709	129	81.594	159	96.055	189	99.553	219	99.974	249
0.039	10	0.621	40	5.021	70	21.602	100	52.847	130	82.344	160	96.293	190	99.589	220	99.977	250
0.044	11	0.673	41	5.323	71	22.448	101	53.983	131	83.075	161	96.518	191	99.622	221	99.979	251
0.048	12	0.729	42	5.64	72	23.313	102	55.115	132	83.786	162	96.733	192	99.653	222	99.981	252
0.054	13	0.788	43	5.972	73	24.196	103	56.243	133	84.478	163	96.936	193	99.682	223	99.983	253
0.059	14	0.852	44	6.319	74	25.097	104	57.367	134	85.149	164	97.128	194	99.708	224	99.985	254
0.065	15	0.921	45	6.681	75	26.016	105	58.484	135	85.801	165	97.311	195	99.733	225	100	255
0.072	16	0.994	46	7.059	76	26.951	106	59.594	136	86.433	166	97.483	196	99.756	226	—	—
0.08	17	1.072	47	7.453	77	27.903	107	60.697	137	87.046	167	97.647	197	99.776	227	—	—
0.088	18	1.156	48	7.864	78	28.871	108	61.791	138	87.639	168	97.801	198	99.796	228	—	—
0.097	19	1.245	49	0.292	79	29.855	109	62.876	139	88.213	169	97.947	199	99.813	229	—	—
0.107	20	1.34	50	8.737	80	30.854	110	63.951	140	88.768	170	98.084	200	99.83	230	—	—
0.117	21	1.442	51	9.199	81	31.867	111	65.015	141	89.304	171	98.214	201	99.845	231	—	—
0.129	22	1.55	52	9.68	82	32.893	112	66.067	142	89.821	172	98.336	202	99.859	232	—	—
0.141	23	1.664	53	10.179	83	33.933	113	67.107	143	90.32	173	98.45	203	99.871	233	—	—
0.155	24	1.786	54	10.696	84	34.985	114	68.133	144	90.801	174	98.558	204	99.883	234	—	—
0.17	25	1.916	55	11.232	85	36.049	115	69.146	145	91.263	175	98.66	205	99.893	235	—	—
0.187	26	2.053	56	11.787	86	37.124	116	70.145	146	91.708	176	98.755	206	99.903	236	—	—
0.204	27	2.199	57	12.361	7	38.209	117	71.129	147	92.136	177	98.844	207	99.912	237	—	—
0.224	28	2.353	58	12.954	88	39.303	118	72.097	148	92.547	178	98.928	208	99.92	238	—	—
0.244	29	2.517	59	13.567	89	40.406	119	73.049	149	92.941	179	99.006	209	99.928	239	—	—

他相关方法。④对部分数据处理结果采用不同方法的归一化针对性（消除峰值影响）处理，然后采用双线性插值方法进行网格加密处理。主要内容分述如下。

4.3.5.1　地球物理数据收集与预处理

（1）主要收集的数据

重力数据：研究区重力数据主要以 1∶20 万比例尺数据为主，尽量收集近年来最新完成的 1∶5 万比例尺数据。

磁力数据：研究区磁力数据主要以 1∶20 万比例尺的数据为主，尽量收集 1∶5 万比例尺的航磁数据或地磁数据。

地质图空间数据库主要以 1∶50 万和 1∶20 万数据为主。

研究区的各类物性资料：包括密度、磁化率、剩磁强度等资料；与研究区有关的科研报告、专著和公开发表的论文等。

（2）预处理

空间地质图数据库数据、区域重磁数据的投影坐标系和数据处理范围的统一，重磁数据网格化处理等。

4.3.5.2 地球物理数据处理方法技术

利用重、磁位场识别地质体边缘平面展布位置的方法众多，可以分为数理统计类、数值计算类和其他三大类（王万银等，2010）。

数理统计类边缘识别方法有小子域滤波和归一化标准差两种方法。数理统计类方法的优点是可以通过选择不同的窗口大小来压制噪声干扰、提高信噪比，其缺点是难以比较边缘识别结果的精度。

数值计算类边缘识别方法是研究最多、应用最广的边缘识别方法。此类方法有垂向导数、总水平导数、解析信号振幅（有时称总梯度模量）三种基本方法和倾斜角、θ 图两种基本比值方法。其他方法均是在这五种方法基础上发展起来的，如垂向二阶导数为垂向导数的垂向导数，倾斜角总水平导数为倾斜角的总水平导数，增强解析信号振幅为垂向导数的解析信号振幅，等等。数值计算类边缘识别方法均利用极大值位置或零值位置识别地质体的边缘位置，其依据的理论基础是二度体铅垂台阶模型的重力异常特征。在该模型边缘处重力异常总水平导数和解析信号振幅达到极大值、垂向导数达到零值。

数值计算类边缘识别方法根据其功能分为边缘探测和边缘增强。边缘探测方法的计算结果受地质体几何参数和物性参数两方面的影响，可以突出水平尺寸大、物性差异大或埋藏浅的地质体边界，如总水平导数和解析信号振幅等边缘识别方法就具有边缘探测的功能；而边缘增强方法的计算结果主要受地质体几何参数的影响，基本不受物性参数的影响，故可以突出水平尺寸小、物性差异小或埋藏深的地质体边界，如垂向导数、倾斜角和 Theat Map 等边缘识别方法就具有边缘增强的功能。边缘探测或边缘增强有其共性，也有区别。数值计算类方法的优点是可以比较边缘识别结果的精度，其缺点是对噪声的压制能力较差。

其他类方法中主要有方向滤波法，图像增强技术以及磁异常分量转换方法，这类方法主要解决边缘识别结果的图示问题和一些特殊的边缘识别问题。

以上三类方法中，以数值计算类方法为主，其次是数理统计类方法。数值计算类方法的优点是可以比较边缘识别结果的精度，但对噪声的压制能力较差；而数理统计类方法的优点是对噪声有很好的压制作用，但是不能比较识别结果的精度。

因此，面向地质路线深度学习 AI 地质填图研究中，地球物理方法技术应用研究的重点在于如何将二者的优点结合起来克服各自的缺点，达到更好的识别效果。

通常采用的重磁数据处理方法包括：位场分离方法（正则化滤波、补偿圆滑滤波、滑动平均滤波和趋势分析、向上延拓）、化极、小子域滤波和各类导数处理方法（水平一阶导数、水平二阶导数、垂向一阶导数、垂向二阶导数、总水平导数、解析信号振幅、倾斜角、倾斜角总水平导数、Theta Map 等 20 多种方法）。以上方法各有特点和适用条件，应该根据不同地区重磁异常和地质条件的需要，通过多次试验来确定处理参数。需要指出的是，在多个研究区的数据处理过程中，先后引入了磁源重力异常、总水平导数的倾斜角、解析信号的倾斜角、解析信号的垂向导数等方法，并逐步放弃了位场分离方法（正则化滤波、补偿圆滑滤波、滑动平均滤波、趋势分析和向上延拓）、解析信号、空间域水平一阶导数、水平二阶导数等方法。不过，这些仍在采用和已经放弃的方法的有效性，还需要在大量实际的工作中试验和评估。

下面是在个别研究区中，对地球物理数据处理的一个实例，具体涉及以下几种不同的方法和参数：

1）磁源重力异常水平方向0°、45°、90°、135°一阶导数（计算跨度2，4，10，20点距数）；
2）磁源重力异常水平方向0°、45°、90°、135°二阶导数（计算跨度2，4，10，20点距数）；
3）磁源重力异常解析信号振幅的倾斜角；
4）磁源重力异常解析信号振幅的垂直方向一阶导数；
5）磁源重力异常最大水平方向一阶导数；
6）磁源重力异常归一化标准差；
7）磁源重力异常归一化标准差垂向导数；
8）磁源重力异常归一化总水平方向导数垂向导数；
9）磁源重力异常归一化 Theta Map 垂向导数；
10）磁源重力异常倾斜角总水平方向导数；
11）磁源重力异常频率域总水平方向导数；
12）磁源重力异常空间域总水平方向导数；
13）磁源重力异常 Theta Map；
14）磁源重力异常斜导数；
15）磁源重力异常总水平方向导数（频率域）；
16）磁源重力异常总水平方向导数（空间域）（计算跨度2，4，10，20点距数）；
17）磁源重力异常垂向二阶导数（艾勒金斯第一公式）（计算跨度2，4，10，20点距数）；
18）磁源重力异常垂向二阶导数（艾勒金斯第二公式）（计算跨度2，4，10，20点距数）；
19）磁源重力异常垂向二阶导数（艾勒金斯第三公式）（计算跨度2，4，10，20点距数）；
20）磁源重力异常垂向二阶导数（哈克第三公式）（计算跨度2，4，10，20点距数）；
21）磁源重力异常垂向二阶导数（罗森巴赫第二公式）（计算跨度2，4，10，20点距数）；
22）磁源重力异常垂向一阶导数（频率域）；
23）磁源重力异常垂向一阶导数（空间域）；
24）化极磁力异常解析信号振幅；
25）补偿圆滑滤波处理求取的化极磁力剩余异常（补偿因子3，指数因子200）；
26）化极磁力异常水平方向0°、45°、90°、135°一阶导数（计算跨度2，4，10，20点距数）；
27）化极磁力异常水平方向0°、45°、90°、135°二阶导数（计算跨度2，4，10，20点距数）；
28）化极磁力异常最大水平方向一阶导数；
29）滑动平均滤波处理求取的化极磁力剩余异常（滑动窗口20×20点距数）；
30）化极磁力异常归一化标准差；
31）化极磁力异常归一化标准差垂向导数；
32）化极磁力异常归一化总水平方向导数垂向导数；
33）化极磁力异常归一化 Theta Map 垂向导数；
34）化极磁力异常斜导数；
35）化极磁力异常斜导数总水平方向导数；
36）化极磁力异常总水平方向导数（频率域）；
37）化极磁力异常总水平方向导数（空间域）（计算跨度4，10，20点距数）；
38）化极磁力异常 Theta Map；
39）向上延拓处理求取的化极磁力剩余异常延拓高度1000 m；

40）化极磁力异常垂向二阶导数（艾勒金斯第一公式）（计算跨度 2，4，10，20 点距数）；
41）化极磁力异常垂向二阶导数（艾勒金斯第二公式）（计算跨度 2，4，10，20 点距数）；
42）化极磁力异常垂向二阶导数（艾勒金斯第三公式）（计算跨度 2，4，10，20 点距数）；
43）化极磁力异常垂向二阶导数（哈克公式）（计算跨度 2，4，10，20 点距数）；
44）化极磁力异常垂向二阶导数（罗森巴赫第二公式）（计算跨度 2，4，10，20 点距数）；
45）化极磁力异常垂向一阶导数（频率域）；
46）化极磁力异常垂向一阶导数（空间域）；
47）重力异常解析信号振幅的倾斜角；
48）重力异常解析信号振幅的垂直方向一阶导数；
49）重力异常最大水平方向一阶导数；
50）重力异常归一化标准差；
51）重力异常归一化标准差垂向导数；
52）重力异常归一化总水平方向导数垂向导数；
53）重力异常归一化 Theta Map 垂向导数；
54）重力异常倾斜角；
55）重力异常倾斜角总水平方向导数；
56）重力异常频率域总水平方向导数；
57）重力异常空间域总水平方向导数（计算跨度 2，4，10，20 点距数）；
58）重力异常 Theta Map；
59）重力异常垂向二阶导数（艾勒金斯第一公式）（计算跨度 2，4，10，20 点距数）；
60）重力异常垂向二阶导数（艾勒金斯第二公式）（计算跨度 2，4，10，20 点距数）；
61）重力异常垂向二阶导数（艾勒金斯第三公式）（计算跨度 2，4，10，20 点距数）；
62）重力异常垂向二阶导数（哈克第三公式）（计算跨度 2，4，10，20 点距数）；
63）重力异常垂向二阶导数（罗森巴赫第二公式）（计算跨度 2，4，10，20 点距数）；
64）重力异常频率域垂直方向一阶导数；
65）重力异常垂直方向一阶导数的倾斜角；
66）重力异常空间域垂直方向一阶导数。

4.3.5.3 地球物理数据网格化插值处理

对重磁数据处理结果进行网格数据剪裁和插值，生成和其他专业数据相同的填图空间区域和网格参数网格数据。其中网格数据插值采用双线性插值。在数学上，双线性插值是有两个变量的插值函数的线性插值扩展，其核心思想是在两个方向分别进行一次线性插值。其基本算法如下。

如图 4.9 所示，已知点 Q_{11}、Q_{21}、Q_{12}、Q_{22} 和 P 点的坐标值，也知道了点 Q_{11}、Q_{21}、Q_{12}、Q_{22} 的数值为 $f(Q_{11})$、$f(Q_{12})$、$f(Q_{21})$、$f(Q_{22})$。我们需要求 P 点的数值。

空间任一点，首先用关于 X 方向的单线性插值去分别计算 R_1、R_2 的值。

$$f(x,\ y_1) \approx \frac{x_2 - x}{x_2 - x_1} f(Q_{11}) + \frac{x - x_1}{x_2 - x_1} f(Q_{21}),$$

$$f(x,\ y_2) \approx \frac{x_2 - x}{x_2 - x_1} f(Q_{12}) + \frac{x - x_1}{x_2 - x_1} f(Q_{22})。$$

再使用关于 y 方向的单线性插值计算 P 点的值，可得：

$$f(x,\ y) \approx \frac{y_2 - y}{y_2 - y_1} f(x,\ y_1) + \frac{y - y_1}{y_2 - y_1} f(x,\ y_2)$$

对于一个矩形或正方形网格进行加密，一般选取在网格中心和四条边的中心，各增加一个点，可

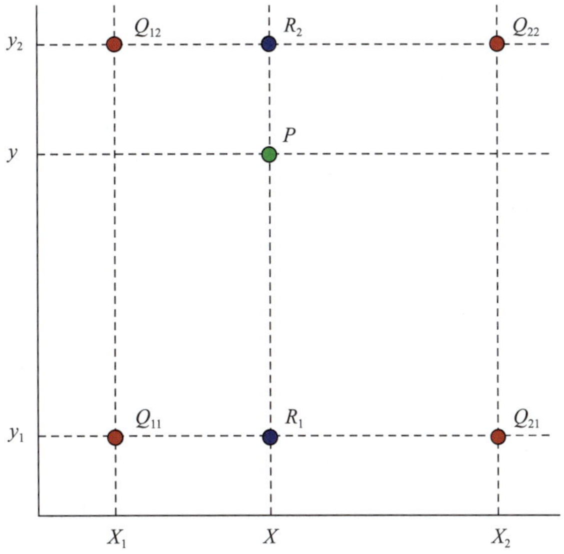

图 4.9　双线性插值

以将一个网格细分为四个网格。双线性插值可以进一步简化。在网格边上增加的新网格点的值为相邻两个网格点值之和的二分之一，在网格中心增加的新网格点的值为周围四个网格点值之和的四分之一，可以采用递归算法对一个网格数据进行多次细分，直到满足需要为止。

小于 10000×10000 行列的网格细分插值采用自编的批处理软件完成，速度较快，一次处理可以完成几个乃至几十个网格的插值过程。否则，采用 Surfer 软件完成，速度较慢。图 4.10 为自编批处理软件（左图）和 Surfer（右图）的网格插值结果对比。

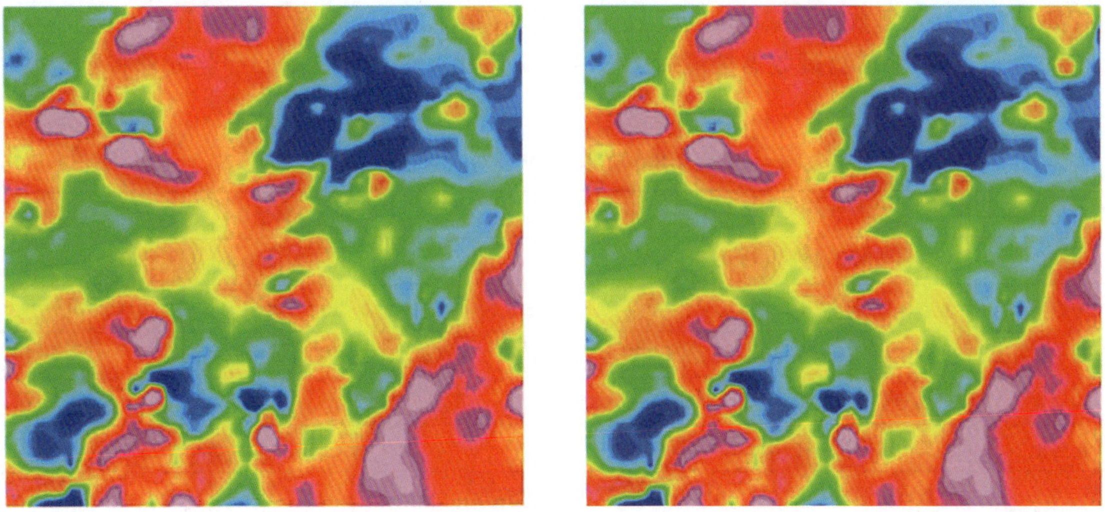

图 4.10　自编批处理软件（左图）和 Surfer（右图）的双线性插值结果对比

4.3.5.4　地球物理数据处理主要工具

在地球物理数据尤其是重磁数据预处理和处理过程中，用到的工具软件有 Oasis Montaj、MapGIS、RGIS、Surfer 和 GeoSmart 等和自编的各类数据批处理软件。

Oasis Montaj 主要用于完成重磁数据的数据库管理、投影转换和数据网格化处理等功能。

MapGIS 软件用于完成重力和航磁图件的数字化功能。

RGIS 软件用于完成重磁数据的各项处理功能。

Surfer 软件用于完成大于 10000×10000 行列的网格细分插值功能。

GeoSmart 软件用于完成地球物理样本数据的栅格化功能。

其中重磁数据的处理软件推荐使用 RGIS 软件。该软件由中国地质调查局发展研究中心研发，是一个基于 Windows 系统和 GIS 平台，集重、磁、电数据可视化管理、重磁数据预处理和处理、重磁电正反演解释、GIS 空间分析与制图等功能为一体的重磁电数据处理与解释软件系统。2013 年在 RGIS 系统的基础上发布了英文版地球物理地球化学数据处理解释软件 RGIS-IGDP 系统。

4.3.6 数据归一化处理

地球化学、地球物理、遥感数据往往具有不同的量纲和单位，如地球化学测试数据的单位有%、ng/g、μg/g；地球物理航磁磁异常单位为 nT（纳特）、航空伽马能谱单位为 Ur（百万分之一平衡轴）、布格重力单位为 m/s^2（米每二次方秒）等。由于量纲和单位的不同，会影响到融合数据分析的结果，为了消除指标之间的量纲影响，解决不同专业数据指标之间的可比性，需要进行数据归一化处理。即将有量纲的表达式，经过变换，化为无量纲的表达式，成为纯量。归一化通常即将数据映射为［0，1］或者［-1，1］之间的小数，将有量纲数据转换为无量纲数据，消除数据之间的量纲影响，使不同单位的数据具有可比性，有利于建模中进行综合对比评价，其次如果数据存在异常值和较多噪音，用标准化，可以间接通过中心化避免异常值和极端值的影响。提升模型的收敛速度；提高模型的精度。

量纲的归一化处理有很多种方式（Sun et al.，2019；de Moraes et al.，2020），但具体应该使用那一种方式，需根据不同专业数据的特点，特别是在地质图成图建模中，需要重点考虑背景的数据，淡化异常值的影响。表 4.8 列出的是常用的量纲化处理方法。

本书根据地球化学和地球物理数据的特点，采用两种方式归一化处理。如果涉及的数据都为正值，如只有地球化学数据，或地球物理数据处理后，值域大于或等于 0，则归一化处理将数据映射为［0，1］。如果地球物理数据处理后，值域在正值和负值区间，则归一化处理将数据映射为［-1，1］。

表 4.8　常用的量纲化处理方法

归一化类型	作用	算法	备注
标准化	使整体数据变成平均值为 0，标准差为 1	$(x-\text{Mean})/\text{Std}$	
中心化	使整体数据变成平均值为 0	$x-\text{Mean}$	
归一化	把整体数据压缩在［0，1］范围内	$(x-\text{Min})/(\text{Max}-\text{Min})$	本书推荐
均值化	把数据变成以平均值为中心的分布	x/Mean	
正向化	把整体数据压缩在［0，1］范围内	$(x-\text{Min})/(\text{Max}-\text{Min})$	
逆向化	把数据压缩在［0，1］范围内，且数据的方向与原数据相反	$(\text{Max}-x)/(\text{Max}-\text{Min})$	
区间化	让数据压缩在 a，b 之间（由用户确定 a，b 值）	$A+(b-a)\times(x-\text{Min})/(\text{Max}-\text{Min})$	
初值化	数据除以第一个数字	x/该列第一个不为空的数据	
最小值化	以最小值作为标准进行对比	x/Min	
最大值化	以最大值作为标准进行对比	x/Max	
求和归一化	数据表达总和的比例	$x/\text{Sum}(x)$	
平方和归一化	数据表达平方和的比例	$x/\text{Sqrt}(\text{Sum}(x\times x))$	

续表

归一化类型	作用	算法	备注
255 值等频法	将一组数据的个数总和除以 256，得到 n，然后从小到大排序并数数，第一组 n 个值赋值 0，第二组 n 个值赋值 1，以此类推，使数据转换成 0~255 的一组数据	$N/256$，$n_1=0$，$n_2=1$，$n_3=2$，$n_4=3$，…，$n_{256}=255$	本书推荐，突出异常类地质体
255 值正态分布累频法	将一组正态分布的数据，从小到大分成 256 个区间，区间间隔为 n，然后依次对落入每个区间的值转换成 0~255 的一组数据	$(\mathrm{Max}-\mathrm{Min})/256$ $n_1=0$， $n_2=1$，$n_3=2$，$n_4=3$，…，$n_{256}=255$	本书推荐，突出地质背景

备注：表格中，x 表示某数据，N 表一组数据总的个数，Mean 表示平均值，Std 表示标准差；Min 表示最小值，Max 表示最大值，Sum 表示求和，Sqrt 表示开根号。

第 5 章　人工智能地质图生成技术总体框架与主要应用流程

5.1　人工智能地质图生成技术总体框架

深度学习地质填图的技术核心就是把近百年地质人员填图的方法、经验和知识形成可计算的知识库，通过人工智能将各种原始数据转化为高维特征表达，最大化地去发现和融合相关填图单位及岩性与多专业（涉及地物化遥）、多模态（矢量数据、栅格数据或空间数据和属性数据）、多尺度数据（最高精度 0.8 m，一般精度为 10~2000 m 之间）、可反映地表及一定深度下（去部分掩盖层）等地质特征的数据特点，精度最大化地预测地质填图单位及岩性，最终使地质图最基本的地质对象——填图单位及岩性在空间的分布形态和展布方向、分布位置、地质对象之间的相邻关系等指标可以准确性最大化地体现和表达。该技术实现的目标聚焦在变革现有地质调查工作模式，变地质填图为优化地质路线+地质知识图谱+地质大数据+深度学习算法为一体的新型地质填图模式。

总体技术框架由三大部分组成：①地质填图知识库；②地质对象知识载体库；③人工智能地质图深度学习算法。人工智能地质图总体技术框架见图 5.1，各部分主要内容如下。

5.1.1　地质填图知识库

通常知识库有两种含义：一种是指专家系统设计所应用的规则集合，包含规则所联系的事实及数据，它们的全体构成知识库。这种知识库是与具体的专家系统有关，不存在知识库的共享问题；另一种是指具有咨询性质的知识库，这种知识库是共享的，不是一家所独有的。而人工智能地质图知识库概念来自两个不同的领域，一个是人工智能及其分支——知识工程领域，另一个是传统的数据库领域。由人工智能（AI）和数据库（DB）两项计算机技术的有机结合，发展成了人工智能地质图知识库系统或知识库。

许多应用程序都利用知识，其中有的还达到了很高的水平，但是，这些应用程序可能并不是基于知识的系统，它们也不拥有知识库。一般的应用程序与基于知识的系统之间的区别在于：一般的应用程序是把问题求解的知识隐含地编码在程序中，而基于知识的系统则将应用领域的问题求解知识显式地表达，并单独地组成一个相对独立的程序实体，这就是为什么人工智能地质图不是一条应用程序的原因。有些管理者希望把人工智能地质图变成一条程序，认为输入数据就可以直接输出人工智能地质图了。其实，针对不同的地质问题，其学习的知识也是不同的，如何将应用领域的问题求解知识显式地表达，是专业人员的首要解决的问题，所以方法和知识库的结合，才能给出或胜出人工大脑所需要的答案。人工智能地质图知识库，就是把近百年地质人员填图的方法、经验和知识形成可计算的知识库，并能够满足深度学习算法的需要。对于基于地质路线深度学习人工智能地质图技术方法来说，可以落地应用的地质知识库可以由以下内容组成：

（1）知识本体层

地质对象分两类与知识体系有序化，以地质、地质填图理论及沉积岩、变质岩、火山岩填图方法为基础，形成不同地质填图对象的知识有序化分类。这一层是可计算知识库的基础和依据。

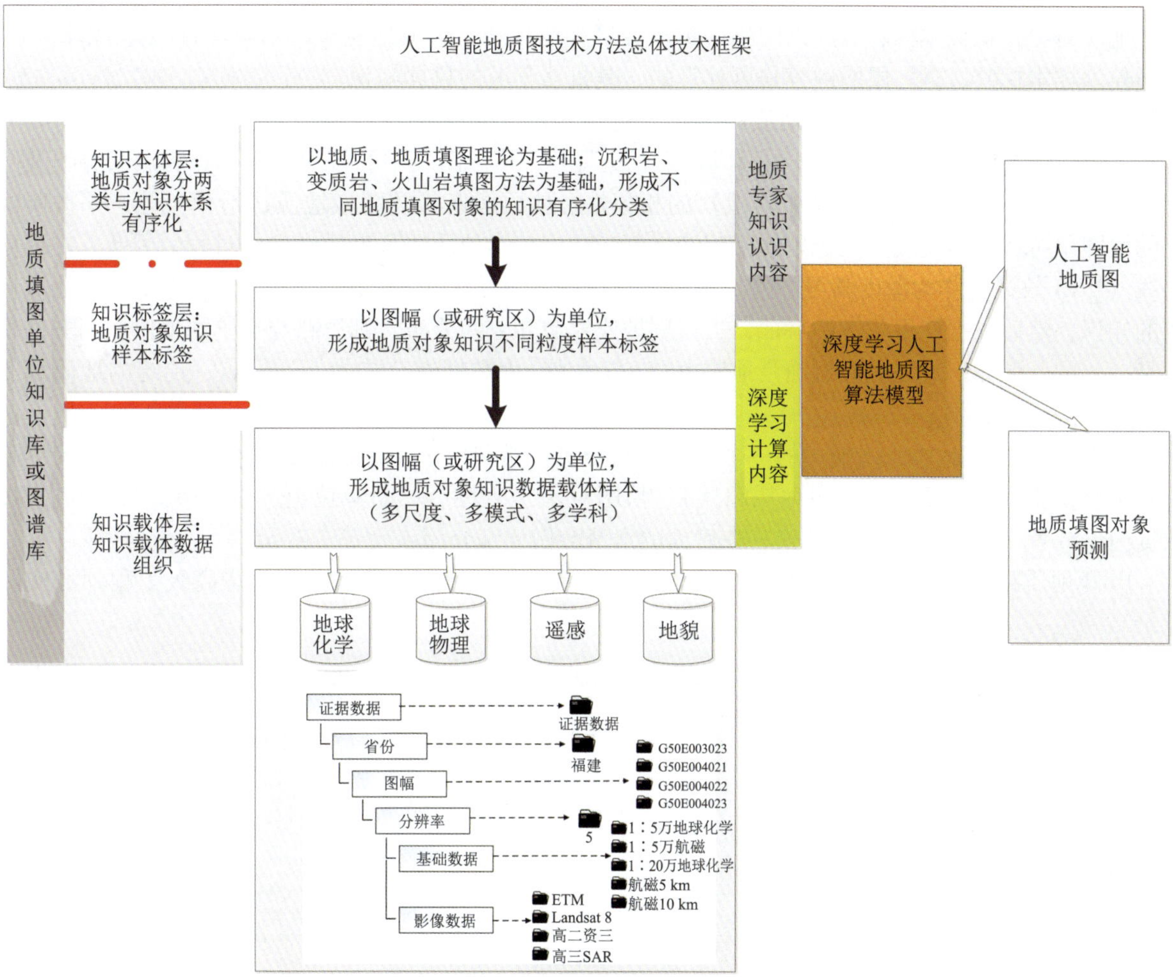

图5.1　人工智能地质图技术方法总体技术框架

通常，地质知识是指地质人员经过综合研究（包括地质理论、地质特征、实验鉴定等相关的内容）给出的地质对象的分类的结论（如填图单位、岩性、地质构造、古火山机构）。需要注意的是：在深度学习地质填图技术范畴内，地质对象的分类、空间分布形态、特征和关系是地质对象知识最直观的表达。知识是信息的最终产物，因此只能作为机器学习的目标，但不能作为特征提取的数据。

地质填图知识的主要来源和组成如下：

- 地质图（含地质报告等）；
- 实际材料图（PRB库）；
- 野外手图（PRB电子手图）；
- 填图单位；
- 填图单位岩性（含薄片鉴定）；
- 地质构造（如古火山机构等）；
- 特殊地质体；
- 地质路线（PRB数据）；
- 剖面；
- 其他分析报告。

（2）知识标签层

地质对象知识样本标签——以图幅（或研究区）为单位，形成地质对象知识（特别是填图单位）不同粒度样本标签，这一层的内容是可计算的，是机器学习的目标知识。

区域地质填图从创始至今，地质路线仍是地质填图不可缺的手段和方法（Harvey Thorleifson et al.，2010）。这是因为最原始地质图形成过程就是将各条填图路线中的各地质点、点和点间界线及分段路线，根据所观测到的内容（如岩性）的相似性、地质体产状及区域地质构造现象等，并按所确定的填图单位，在地理底图上合理地互相连接起来、圈绘出地质体和地质现象的过程。因此，把地质路线（PRB 数据）作为深度学习的人工智能地质图技术方法最重要的知识标签，让机器学习地质专家的知识，然后根据知识载体的特征，去识别地质对象和空间分布，其思路与传统的地质填图方法思路是一致的，但知识大脑的分析确是地质大脑+AI 大脑+大数据综合能力，这一点，传统的地质填图方法是无法比拟的。

以下给出 PRB 地质路线输出的一个实例，它是机器学习的一个原型标签。可以用于标签的信息有：坐标位置（含地质点、分段地质路线）、填图对象（岩性、填图单位组、段、层、断层），PRB 数据向可计算化 PRB 知识库的转换，在后面的章节会做详细介绍。

PRB 地质路线输出的一个实例（引至南京地质调查中心野外地质人员周效华高级工程师的实际记录）：

路线编号：L4301
路线描述：黄连至左源地质路线
目标任务：路线地质调查
图幅编号：H50F029032
记 录 者：周效华
同 行 者：廖圣兵
日期：20071127

地质点号：D4301
纵坐标：590854.50
横坐标：3276080.30
高程：240.10
露头信息：人工好
点性：断层观测点（Ptb^2 与 Ptb^2）
微地貌：大路边
风化程度：弱风化

点两侧岩性一致，为灰色细砂质绢云石英千枚岩夹粉砂质板岩、板岩（照片 D4301-1）。细砂质绢云石英千枚岩：鳞片粒状变晶结构，变余砂状结构，千枚状构造，岩石千枚理面具丝绢光泽。岩石主要由石英（50%~60%）、绢云母（30%~40%）组成，另可见少量长石和绿泥石等。岩石中绢云母等片状矿物定向排列构成了岩石的千枚理，粒状矿物粒径 0.1~0.2 mm，呈眼球状和透镜状沿千枚理发生定向拉长。两侧岩石呈断层接触，证据：①存在宽约 10 m 的断层，岩石极为破碎，且揉褶变形及重力滑塌构造较发育。②断层顺大沟谷延伸，地貌上为负地形。断层走向 50°左右，其性质不明。

点间路线描述：

点处至 NNW 1540 m 处

1：0+1539.89 方位 339.51°：1539.89 m　沿途岩性稳定，主要为浅灰色粉砂质绢云石英千枚岩夹粉砂质板岩、板岩。岩石板理面及千枚理面有较弱的弯曲变形，约 600m 处可见千枚理膝折构造（照片 D4301-2，素描 1），膝折轴面产状：320°∠35°。路线由南向北，产状倾角变陡，砂屑粒度总体变化为细砂-粉砂-中细砂。

（Ptb^2）

点 9 m 处面理产状：20°∠55°

照片点坐标 X：590837.90 Y：3276096.90

点 NW 36 m 处岩石产出特征照片 1 张，镜头方向：0°

照片 D4301-1

点 SW 268 m 处面理产状：40°∠50°

点 NW 544 m 处面理产状：35°∠65°

点 NW 692 m 处膝折构造素描图，素描比例尺：1∶20

照片点坐标 X：590378.80 Y：3276160.00

点 NW 693 m 处膝折构造照片 1 张，镜头方向：35°

点 NW 701 m 处膝折轴面产状：320°∠35°

点 NW 945 m 处面理产状：45°∠70°

点 NW 1240 m 处面理产状：30°∠65°

分段路线上界线描述：

0：界线两侧岩性一致，为灰色细砂质绢云石英千枚岩夹粉砂质板岩、板岩（见照片 D4301-1）。

细砂质绢云石英千枚岩：鳞片粒状变晶结构，变余砂状结构，千枚状构造，岩石千枚理面具丝绢光泽。岩石主要由石英（50%~60%）、绢云母（30%~40%）组成，另可见少量长石和绿泥石等。岩石中绢云母等片状矿物定向排列构成了岩石的千枚理，粒状矿物粒径 0.1~0.2 mm，呈眼球状和透镜状沿千枚理发生定向拉长。

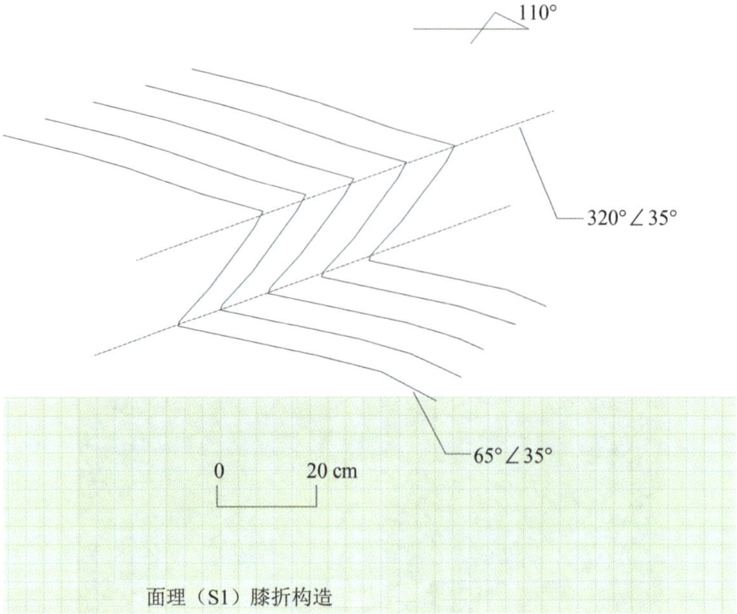

素描 1

照片 D4301-2

两侧岩石呈断层接触，证据：

1）存在宽约 10 m 的断层，岩石极为破碎，且揉褶变形及重力滑塌构造较发育。

2）断层顺大沟谷延伸，地貌上为负地形。

断层走向 50°左右，其性质不明。

地质点号：D4302

纵坐标：590567. 10

横坐标：3276823. 80

高程：282.00
露头信息：人工中
点性：岩性控制点（Ptb^2）
微地貌：大路边
风化程度：中等风化

点上岩性为灰色千枚状变细砂岩夹绢云千枚岩（见照片 D4302-1）。千枚状变细砂岩：灰色，变余砂状结构，鳞片粒状变晶结构，千枚状构造。岩石主要矿物为石英（60%~70%）、绢云母（25%~35%），另有少量的长石和绿泥石。部分石英为眼球状和透镜体状沿千枚理定向拉长，可能为原岩砂屑，粒径 0.1~0.2 mm。片状矿物定向排列构成了岩石的千枚状构造。绢云千枚岩：灰黑色，鳞片变晶结构，千枚状构造，岩石千枚理面平整光滑，具较强的丝绢光泽。岩石主要由绢云母（>80%）组成，另有少量石英（10%~20%），粒径<0.1 mm。绢云母等片状矿物定向排列构成了岩石的千枚状构造。千枚理产状：25°∠70°。

点 SE 0 m 处面理产状：25°∠70°

点间路线描述：

点处至 NNW 477m 处

1：0+476.65 方位 324.71°：476.65 m　沿途通过黄连村，为残坡积及冲洪积覆盖，但从沟中及房屋后露头可知岩性主要为灰色千枚状变细砂岩夹绢云千枚岩。

（Ptb^2）

照片点坐标 X：590582.20 Y：3276844.00

点 NE 15 m 处岩石产出特征照片 1 张，镜头方向：100°

照片 D4302-1

477 m 处至 NNW 978m 处

2：476.65+501.36 方位 329.99°：978.01 m　沿途：

500~650 m，岩性为灰黑色板岩夹浅灰绿色绢云千枚岩，岩石中顺千枚理揉褶构造极为发育，多处可见揉褶构造，600 m 处揉褶构造特征见照片 D4302-2、素描 1，揉褶轴面产状：100°∠35°。

650 m~D4303，岩性为灰色粉砂质板岩与浅灰色粉砂质绢云石英千枚岩互层，由南向北，泥质含量逐渐增多。

(Ptb^2)

照片点坐标 X：590281.50 Y：3277187.10

点 NW 510 m 处断层破碎带照片 1 张，镜头方向：20°

照片 D4302-2

分段路线上界线描述：

本界线为断层界线，断层走向 60°~70°，断层证据：

1）出露宽约 50 m 的断层破碎带（见照片 D4302-2），带中充填有透镜状石英脉、碎裂化板岩及千枚岩和断层泥，断层破碎带具铁染现象；

2）地貌上为一沟谷负地形。

断层两侧岩性一致，为深灰色板岩夹浅灰绿色绢云千枚岩。

地质点号：D4303

纵坐标：590149.50

横坐标：3277481.90

高程：295.10

露头信息：人工好

点性：界线点（Ptb^2 与 Ptb^3）

微地貌：大路边

风化程度：弱风化

点南为灰色粉砂质板岩与浅灰色粉砂质绢云石英千枚岩互层。粉砂质板岩：灰色，变余粉砂状结构，板状构造，板理厚 5~35 mm，板理面平整、具丝绢光泽。岩石主要由绢云母（55%~65%）、石英（30%~40%）等组成。点北为深灰色板岩、粉砂质板岩夹浅灰色、灰色绢云千枚岩、石英绢云千枚岩。板岩：深灰色，变余泥质结构，板状构造，板理厚 3~30 mm，板理面平整、具丝绢光泽。岩石主要由绢云母（>80%）、石英（10%~20%）等组成。粉砂质板岩：深灰色，变余粉砂状结构，板状构造，板理厚 5~50 mm，板理面平整、具丝绢光泽。岩石主要由绢云母（60%~70%）、石英（25%~35%）等组成。板理产状：20°∠72°

点间路线描述：

点处至 NNW 1205 m 处

1：0+1204.60 方位 316.00°：1204.60 m 沿途为灰黑色、深灰色粉砂质板岩、板岩夹浅灰色石英绢云千枚岩、绢云千枚岩，偶见浅灰色粉砂质绢云石英千枚岩，路线后段可见少量灰色千枚状变长石石英杂砂岩，岩石含有褐铁矿斑点。路线总体产状陡倾，200 m 处产状变为向南倾，200 m~D4304 产状基本稳定南倾。

(Ptb^3)

点 NW 10 m 处面理产状：20°∠72°

照片点坐标 X：590068.60 Y：3277702.20

点 NW 248 m 处岩石产出特征照片 1 张，镜头方向：90°

照片 D4303-1

点 NW 265 m 处面理产状：202°∠70°

点 NW 592 m 处面理产状：35°∠75°

点 NW 682 m 处面理产状：190°∠78°

点 NW 919 m 处面理产状：185°∠80°

分段路线上界线描述：

0：界线南为灰色粉砂质板岩与浅灰色粉砂质绢云石英千枚岩互层。

粉砂质板岩：灰色，变余粉砂状结构，板状构造，板理厚 5~35 mm，板理面平整、具丝绢光泽。岩石主要由绢云母（55%~65%）、石英（30%~40%）等组成。

界线北为深灰色板岩、粉砂质板岩夹浅灰色、灰色绢云千枚岩、石英绢云千枚岩。

板岩：深灰色，变余泥质结构，板状构造，板理厚 3~30 mm，板理面平整、具丝绢光泽。岩石主要由绢云母（>80%）、石英（10%~20%）等组成。

粉砂质板岩：深灰色，变余粉砂状结构，板状构造，板理厚 5~50 mm，板理面平整、具丝绢光泽。岩石主要由绢云母（60%~70%）、石英（25%~35%）等组成。

板理产状：20°∠72°

二者呈整合接触。

地质点号：D4304
纵坐标：589397.30
横坐标：3278268.80
高程：438.80
露头信息：天然好
点性：岩性控制点（Ptb^3）
微地貌：小路边
风化程度：弱风化

点上岩性为深灰色粉砂质板岩夹灰色石英绢云千枚岩。粉砂质板岩：深灰色，变余粉砂状结构，板状构造，板理厚 6~30 mm，板理面平整、具丝绢光泽。岩石主要由绢云母（55%~65%）、石英（30%~40%）等组成。石英绢云千枚岩：灰色，粒状鳞片变晶结构，千枚状构造，岩石千枚理面具较强的丝绢光泽。岩石主要由绢云母（55%~65%）、石英（30%~40%）组成，另有少量绿泥石、长石。绢云母等片状矿物定向排列构成了岩石的千枚状构造，局部见粒状矿物（可能为原岩碎屑）沿千枚理发生压扁拉长。千枚理产状：30°∠70°。

点 SE 0 m 处面理产状：30°∠70°

照片点坐标 X：589401.90 Y：3278259.50

点 SE 0 m 处岩石产出特征照片 1 张，镜头方向：135°

点间路线描述：

点处至 W 1199 m 处

1：0+1199.37 方位 270.00°：1199.37 m 路线顺构造线前行，产状紊乱，多数近直立，路线产状总体南倾。沿途总体岩性为灰色千枚状变长石石英杂砂岩、千枚状变细砂岩夹少量浅灰色板岩。千枚状变长石石英砂岩中偶见黄铁矿颗粒，粒径 1~2 mm，含量<1%。约 400 m 处出露一条宽约 10 m 左右的辉绿岩脉（采得样品：bD4304-1-1），脉体走向约 350°。

（Ptb^3）

点 SW 356 m 处面理产状：185°∠75°

点 SW 454 m 处样品（b 薄片），样品编号 D4304-1，样品岩性为灰绿色辉绿岩

地质点号：D4305
纵坐标：588324.30
横坐标：3278307.10
高程：521.40
露头信息：天然中
点性：岩性控制点（Ptb^3）

照片 D4304-1

微地貌：小路边

风化程度：中等风化

点上岩性为灰色粉砂质绢云石英千枚岩夹深灰色粉砂质板岩、板岩（见照片 D4305-1）。粉砂质绢云石英千枚岩：灰色，鳞片粒状变晶结构、变余粉砂状结构，千枚状构造，岩石千枚理面具丝绢光泽。岩石主要由石英（55%~65%）、绢云母（30%~40%）组成，另可见少量长石和绿泥石等。岩石中绢云母等片状矿物定向排列构成了岩石的千枚理，粒状矿物粒径<0.1mm，呈眼球状和透镜状沿千枚理发生定向拉长。粉砂质板岩：深灰色，变余粉砂状结构，板状构造，板理厚 6~45 mm，板理面平整、具丝绢光泽。岩石主要由绢云母（60%~70%）、石英（25%~35%）等组成。板岩：深灰色，变余泥质结构，板状构造，板理厚 3~30 mm，板理面平整、具丝绢光泽。岩石主要由绢云母（75%~85%）、石英（15%~25%）等组成。千枚理产状：215°∠75°。

点间路线描述：

点处至 NNW 1036 m 处

1：0+1035.90 方位 329.48°：1035.90 m 沿途植被发育，覆盖严重，从零星露头及滚石可知岩性主要为灰色粉砂质绢云石英千枚岩夹深灰色粉砂质板岩、板岩。沿途产状总体南倾。

(Ptb^3)

照片点坐标 X：588314.20 Y：3278332.30

点 NW 28 m 处岩石产出特征照片 1 张，镜头方向：280°

点 NW 29 m 处面理产状：215°∠75°

点 NW 713 m 处面理产状：205°∠65°

地质点号：D4306

纵坐标：587859.30

横坐标：3279073.10

高程：320.70

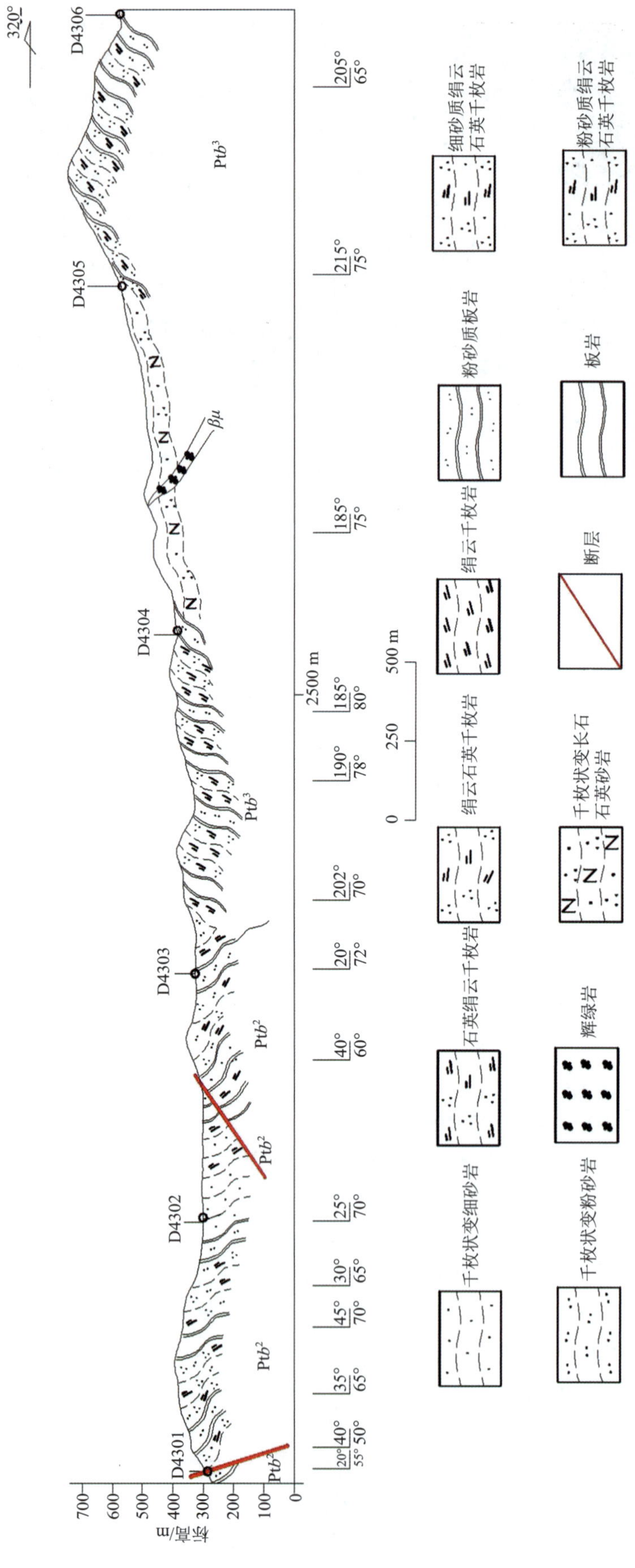

L4301地质路线信手剖面图

照片 D4305-1

露头信息：天然差
点性：岩性控制点（Ptb^3）
微地貌：小路边
风化程度：中等风化

点上岩性为深灰色粉砂质板岩、板岩。粉砂质板岩：深灰色，变余粉砂状结构，板状构造，板理厚 6～45 mm，板理面平整、具丝绢光泽。岩石主要由绢云母（60%～70%）、石英（25%～35%）等组成。板岩：深灰色，变余泥质结构，板状构造，板理厚 3～30 mm，板理面平整、具丝绢光泽。岩石主要由绢云母（75%～85%）、石英（15%～25%）等组成。板理产状：225°∠68°

路线自检：

自检　本人对 L4301 路线进行了 100%的自检，小组人员对地质现象观察认真，严格尊重野外地质事实，野外记录详细、准确，产状丰富，记录项齐全，文图相符。野外地质数据采集精度达到 1∶5 万数字区域地质调查要求。

（3）知识载体层

我们把能够体现地质对象特征的各种信息（可以是数据、图、图像、表、场）的综合称为地质对象特征的载体。

地质对象特征的载体由以下内容组成：

1）地球化学（造岩氧化物、造岩元素、常量元素、微量元素数据）；

2）地球物理（如：地震弹性波、重力、地磁、地电、地热和放射能等数据）；

3）遥感（多尺度不同传感器形成的图像）；

4）地形地貌（DEM、植被）。

知识载体数据组织——以图幅（或研究区）为单位，形成地质对象知识数据载体样本，即多尺度、多模式地球物理、地球化学、多传感器遥感、数字高程、地质等数据。

机器学习的目标就是把 PRB 地质知识转化为地质对象载体的高维度特征。这一层是机器学习的知识的特征的内容，即也是机器学习提取某一知识地物化遥数据知识载体的特征。在地质数据处理领域中，提取特征或多源数据融合算是比较耳熟能详的概念了。但在深度学习领域中，却给提取特征或多源数据融合赋予新的概念和能力，即多源数据高维度融合和特征提取，其特征的广度、深度、数量远远超出人的大脑预期。

5.1.2 深度学习人工智能地质图基本算法模型和算力

（1）全连接神经网络是人工智能地质图基础算法

神经网络研究领域领军者 Hinton 在 2006 年提出了神经网络 Deep Learning 算法，使神经网络的能力大大提高，向支持向量机发出挑战。同年，Hinton 和他的学生 Salakhutdinov 在顶尖学术刊物 *Science* 上发表了一篇文章，开启了深度学习在学术界和工业界的浪潮，彻底改变了 2006 年前尝试训练深度架构都失败状况。从 2006 年以后，大量关于深度学习的论文被发表。并随着大数据出现和计算能力极大提升，使深度学习模型的算法不断取得突破，深度学习的出现，让图像、语音等感知类问题取得了真正意义上的突破，离实际应用已如此之近，将人工智能推进到一个新时代。上述的发展与应用，全面为人工智能在传统的地质行业应用落地奠定了基础。

深度学习算法和典型的神经网络之间有什么区别？最明显的区别是：深度学习中使用的神经网络具有更多隐藏层。这些隐藏层在神经元的第一层（输入层）与最后一层（输出层）之间。此外，不必将不同级别的所有神经元彼此连接。全连接神经网络是人工智能地质图基本算法。全连接神经网络是基于感知机（Hinton and Sejnowski，1986）的扩展，而全连接神经网络可以理解为包含多个全连接层的神经网络。全连接神经网络每层的“神经元”之间采用全连接的映射方式与下一层网络中的神经元互连，图 5.2 是仅包含一层全连接层的全连接神经网络的示例图。

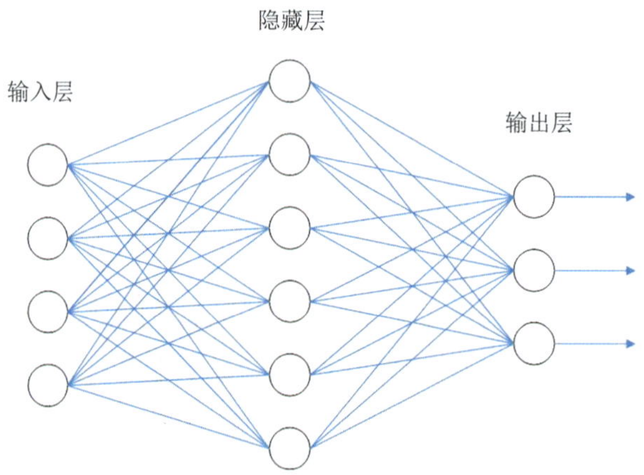

图 5.2 全连接神经网络示例图

1）全连接神经网络前向传播算法：全连接神经网络前向传播算法就是利用若干个权重系数矩阵 w，偏向值 b 来和输入向量 x 进行一系列线性运算和激活运算，从输入层开始，一层层地向后计算，一直到运算到输出层，得到输出结果为止。

全连接神经网络中隐藏层即为全连接层，全连接层中每一个神经元的输出可表示为：

$$o = f\left(\sum_{j=1}^{d} x_j w_j^i + b_i\right)$$

式中：x_j 表示上层网络中的第 j 个神经元的输入值；d 代表上层网络中的神经元总个数；w_j^i 表示上层网络中第 j 个神经元与下层网络中第 i 个神经元之间的权重；b_i 代表下层网络中第 i 个神经元的偏置值；f 是激活函数。

2）反向传播算法

反向传播（Rumelhart et al.，1986）就是根据全连接神经网络前向传播得到的输出值与真实值的误差对网络中的权重系数矩阵 w 和偏置值 b 的更新过程，通过损失函数 L 对权重系数矩阵 w 和偏置值 b 求偏导得到参数的更新方向，即 $\frac{\partial L}{\partial w}$ 和 $\frac{\partial L}{\partial b}$，其中 w 和 b 分别表示神经网络各层权重系数矩阵和偏置值。通过不断地调整 w 和 b 的值使得神经网络更加准确地去拟合样本数据，直到达到理想的误差范围内。

3）激活函数是网络模型训练的关键元素之一，它主要是向神经网络中加入非线性因素，使得网络可以解决更复杂的非线性问题，同时激活函数在前向传播的过程中过滤掉一些无用的信息，并且在反向传播中更新网络训练参数。考虑到ReLU函数（Krizhevsky et al.，2012）具有单侧抑制、单侧直通、激活边界较宽以及可以稀疏网络等特点，因此，在全连接层中均采用ReLU激活函数，加快网络训练并有效防止梯度弥散。由于该计算模型是用于处理多分类任务，因此在输出层使用Softmax激活函数。

4）损失函数是用来评估网络模型对输入数据的拟合程度，其值越小就表明网络模型对输入数据的拟合效果越好，一般情况下，损失函数都是非负的实函数。另一方面，损失函数还担任着反向传播过程中网络模型参数更新的“重任”，好的损失函数既可以加快网络模型收敛的速度，又可以使得网络模型具有更好的性能。

该模型采用分类问题中常用的交叉熵损失函数来对模型参数进行优化，并在交叉熵损失函数的基础上使用L2正则化防止模型在训练过程中发生过拟合现象，增强模型的泛化能力。损失函数（Wang et al.，2020）公式采用：

$$Loss = -\sum_{i \subseteq C} \hat{y}_i \log(y_i) + \lambda \| \theta \|^2$$

式中：C 为分类类别；$\hat{y}_i$ 为真实类别；y_i 为预测类别；$\| \theta \|^2$ 为L2正则项；λ 为正则项系数。

该计算模型选择SGD（随机梯度下降算法）作为参数优化器（Plagianakos et al.，2001），相较于经典梯度下降算法（Lecun et al.，1998）更新参数时遍历所有训练数据，随机梯度下降算法用单个训练样本的损失来近似表示所有训练样本的平均损失，大大加快了网络训练速度。在学习速率的选择上，选择0.001作为初始学习速率，并在网络训练中采用衰减学习速率的方法即一开始采用较大的学习速率，每次参数更新后，在下一次更新参数时减小学习速率对参数做更精细的调整。

地质路线PRB数据深度学习地质图成图建模算法，有以下难点需要突破：①突破地质路线所获取数据的线状特点，在准确及有效范围内，如何制作最大获取每个岩石地层单位及岩性的样本标签，因为增加大量的训练样本是获得最优检测模型的保证。②通过最大可能去掉界线两侧易造成模棱两可或多义性等样本的数量，把地质图上岩石地层单位地质界线由于人为因素的影响降到最低，更加准确地提取地质图上岩石地层单位模型的训练样本和代表性，来增加模型的可靠性。③与标签匹配的多尺度、多专业、多数据格式的训练数据采集方法。④最大化去发现和融合相关填图单位及岩性与多专业（涉及地物化遥）、多模态（矢量数据、栅格数据或空间数据和属性数据）、多尺度数据（最高精度0.8 m，一般精度为10~2000 m）、可反映地表及一定深度下（去部分掩盖层）等地质特征的数据特点，精度最大化地预测地质填图单位，最终使地质图最基本的地质对象——填图单位及岩性在空间的分布形态和展布方向、分布位置、地质对象之间的相邻关系等指标可以准确性最大化地体现和表达。

人工智能地质图深度学习算法需要在全连接神经网络基础上进行各种增强算法组合，将各种原始数据转化为填图对象或地质对象的高维特征，以获得高精度识别的模型，其技术目标重点聚焦在变革现有地质调查工作模式，变地质填图为优化地质路线+地质知识图谱+地质大数据+深度学习算法为一体的新型地质填图模式。

（2）深度学习人工智能地质图基本算法需要一定算力支持

人工智能算法和算力是构成 AI 人工智能地质填图发展的几大要素之一。

在算力上，GPU 诞生至今 40 余年，凭借 GPU 强大的计算能力，直接促进了 AI 在人工智能算法、物理模拟、天气预测、现代制药、基因测序、先进制造、密码分析等方面广泛的应用，原本很多需要在专门实验室和超级计算中心做的事情，现在直接可以在团队自建的计算环境开展大规模人工智能计算，如深度学习等。

当今一块 Tesla V100 16G GPU 显卡单精度浮点性能可达到 16.4 TFLOPS，深度学习的算力可达到 130 TFLOPS。目前本团队 AI 的算力配置（表 5.1），单台单精度浮点性能可达到 65.6 万亿次，单台深度学习的算力可达到 520 万亿次。这是什么概念，即团队建设的计算能力可以达到 2010 年排名世界第二“星云”超级计算机的一半能力，这样，一个基层的团队，可以不要借助专门的超算中心，也可以具有亚超算中心的计算能力。

表 5.1　本团队 AI 的算力配置

GPU 显卡	算力（单精度浮点性能）	算力（深度学习）
Tesla V100 16G×2 Tesla V100 32G×2	16.4 TFLOPS×4	130 TFLOPS×4
Tesla V100 32G×4	16.4 TFLOPS×4	130 TFLOPS×4
	单台 65.6 万亿次	单台 520 万亿次

生成一幅 1∶5 万人工智能地质图，建模所花费的时间与 GPU 的配置有关，有条件的话，可以高配，以提高建模效率和节省计算的时间。我们给出一个实例，以便读者对 GPU 的个数与建模的时间有一个基本概念。如对于 3 幅 1∶5 万生成人工智能地质图，约 10170×7434 网格单元（5 m×5 m），在一块 NVIDIA GeForce GTX 1080（单精度浮点性能 12TFLOPS）GPU 支持下，其运算的时间总的需要 65 h。具体计算时间与内容见表 5.2。

表 5.2　实验内容及耗时

实验阶段	耗费时长/h
归一化	2
第一次采样	1
数据存储	0.5
第一次建模	3.2
第二次采样	3
采样点筛选	1.9
第二次建模	51.5
预测图幅	1.5
总计	64.6

5.1.3　深度学习人工智能地质图基本内容和概念

近 10 年来，随着机器学习和深度学习方法的快速发展，加上多光谱和高光谱遥感数据源越来越多和方便获取，为地质调查广泛和深度利用 MLA 开展岩性填图或分类的研究与应用奠定了很好的基础。岩性填图或分类的研究特点就是岩石类型或单一岩石识别与分类和成图，与 AI 地质图的概念不完全相同。AI 地质图研究的实体地质对象并非只有岩石类型。实体地质对象主要为填图单位或填图单元，其次还有断层带、蚀变、矿化点、面状水系，本研究的实体地质对象并非岩石类型。实体地质对象主要为填图单位，其次还有断层带、蚀变、矿化点、面状水系，或一些特殊地质特征（如冰水沉积物）等。填图单位是在地质填图时，根据任务要求和比例尺大小，按野外标志，将地层、岩体等划分成详略各不相同的岩性组合，作为野外地质图上反映地质特征的基本组成部分。所以它一定是地质对象的主体内容。而岩石类型通常按成因分为岩浆岩、沉积岩和变质岩。所以二者概念完全不同。比如本专著在后续章节提供的研究区2，对流纹岩岩性而言，有的是填图单位 J_3mk 的流纹岩，有的则是填图单位 K_1b 的流纹岩。如果按岩石类型图，输出的是流纹岩，而不会区分是 J_3mk 还是 K_1b 的流纹岩。那么在野外地质图上就不可能反映地质特征的基本组成部分。如同岩性不同时代的侵入岩。研究区1有很多地层单位的岩性都是灰岩等。

AI 地质图输出的识别结果主要是以填图单元（一套组合岩性）的表达，同时还包含了很多的地质内容，实测地质图所表达的基本内容基本都能得到体现：如图中各类地质体（主要为地质单元）与区域构造线方向和形态一致。调查区断裂构造，地层单元或填图单元分形态与格架、火山构造、断裂、褶皱（向背斜）、侵入关系等，其结果逼近实测地质图。而这些地质内容仅用岩石类型图是不可能反映的。为区分实测地质图（本专著所说的地质图，是指中大比例尺地质图，来源于实测，不包含小比例尺地质图），本专著提出了 AI 地质图的概念（基于地质路线形成的 AI 地质制图）。

其实地质图分类有很多种，可以从工作方法、研究程度、地质内容来分类。如从工作方法的角度出发，还有遥感解译地质图、实测地质图、编稿地质图、立体地质图等；根据研究程度分为：概略的、区域的、详细的和专门的地质图；根据比例尺划分为小（1：50万及其以小）、中（1：25~1：20万）、大比例尺（1：5万及其以大）地质图。依据内容分为：基岩地质图、地质矿产图、岩性-岩相分布图、构造地质图、矿产图、第四纪地质图、古地理图、水文地质图、工程地质图和环境地质图等。AI 地质图重点要解决传统填图存在的问题，属于实用性和分析性地质图，也是属于工作方法或研究程度的一种，与狭义的地质图（多指基础性普通地质图）稍有区别。

基于地质路线深度学习的人工智能地质图基本内涵如下：

把野外地质路线数据转换成填图单位对象知识标签（地质对象知识库）及对标签数据增强和多模态数据同化处理的技术方法的预处理，采用基于标签的多模态数据多层中间层融合全连接模型，将各种原始数据转化为高维特征表达，最大化去发现和融合相关填图单位及岩性与多专业（涉及地物化遥）、多模态（矢量数据、栅格数据或空间数据和属性数据）、多尺度数据（最高精度 0.8 m，一般精度在 10~2000 m 之间）、可反映地表及一定深度下（去部分掩盖层）等地质特征的数据特点。精度最大化地预测地质填图单位及岩性，最终使地质图最基本的地质对象——填图单位及岩性在空间的分布形态和展布方向、分布位置、地质对象之间的相邻关系等指标可以准确性最大化地体现和表达。把地质填图单位识别与分类，提升到逼近实测地质图的水平。人工智能地质图具有以下特点：

1）从先有地质路线才会有地质图这一地质填图基本原理入手，采用基于学习地质人员地质路线的知识来创建标签的方法，而不是目前文献采用已有地质图上获取标签的方法。根据这个特点，AI 地质图的图面内容可以根据需求来建立相应的学习标签，形成个性化、定制式的地质图件，可以根据野外调查的具体工作和未来的图件使用对象进行丰富和调整。这也正是本方法的优点所在。本次工作是以地质实体或填图对象为单位建立标签的，图面信息就反映了在不同地质作用下形成的多种地质实体，可以满足地质学研究的需要。与传统地质图不同，它不包含地质学家根据地质规律推测出的图面内容，如根据多个走向一致的断层观测点而连接出的断层等，即大幅度地减少了人为的因素。

2）基本与中大比例尺（1：50000—1：5000）地质草图、实际材料图或编稿原图的主要内容一致。特别是填图单位色标与地质图标准基本保持一致，中大比例尺人工智能地质图识别分辨率为 5 m，大比例尺人工智能地质图识别分辨率为 1 m。

3）它基本可以全面、真实地反映各种地物（包括地质体）的特征及其空间组合关系（包括新老和相邻关系)。

4)提供或展示(组合和独立)每个岩石地层单位和岩石谱系单位(最细粒度可以划分到岩性)的出露形态、空间展布情况及岩性组成信息。

5)提供或展示部分地层产状与接触关系信息。

6)可以反映主要构造的形态、空间展布、活动性以及彼此间的成生联系信息,如火山机构,背向斜等褶皱。

7)可以反映区域性大断裂带的空间位置以及它在一定地质历史时期里的迁移演变情况信息。如糜棱岩。

8)提供或展示部分第四系浅覆盖之下的地质对象(岩性)的空间展布信息。

9)提供或展示部分中生代火山岩盖层之下的区域性大断裂的空间展布信息。

10)提供或展示部分蚀变(如黄铁矿化、硅化等蚀变)空间展布信息。

11)提供或展示部分水系(体)、地貌、植被等空间展布信息。

12)可提供或展示部分特殊地质体(地质人员关注的地质对象,如冰水沉积物)等空间展布信息。

5.2 深度学习人工智能地质图技术方法应用流程

基于地质路线深度学习的人工智能地质图技术方法在应用流程上,可以与传统或地质填图全过程同步开展应用。深度学习人工智能地质图技术方法应用流程见图 5.3。

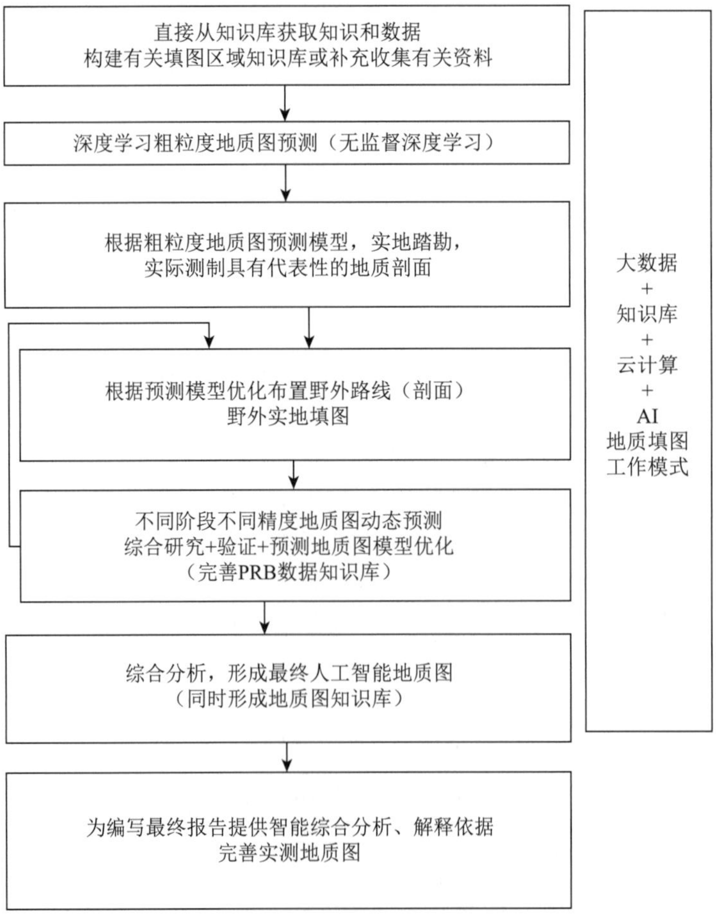

图 5.3 深度学习人工智能地质图技术方法应用流程

深度学习人工智能地质图技术方法应用流程主要步骤说明如下。

（1）直接从知识库获取知识和数据，构建有关填图区域知识库；补充收集有关资料

同传统填图流程一致，收集测区地物化遥数据资料。地质对象载体数据特别是地质调查数据会随地质工作程度不同而受到比较大的约束。表 5.3 列出的数据是比较容易收集到的数据，也是深度学习地质图建模最基础的数据。

表 5.3　常用而且比较容易收集到的数据

数据类型	数据内容	分辨率	维度
1：20 万地球化学测量	SiO_2、Al_2O_3、Fe_2O_3、K_2O、Na_2O、MgO、As、Ag、Au、Ba、Be、Bi、B、CaO、Cd、Co、Cr、Cu、F、Hg、La、Li、Mn、Nb、Ni、Pb、P、Sb、Sn、Sr、Th、Ti、U、V、W、Y、Zn、Zr（38 个元素或氧化物）	2 km 网格	1×38
航磁 10 km×10 km 网格化数据	ΔT 磁异常	10 km 网格	1
ALOS	RGB 融合	10 m	3
高分一号	RGB 融合 321、432 波段	2 m	2×3
高分三号	RGB 融合	10 m	3
高分六号	RGB 融合 321、432 波段	2 m	2×3
Landsat 8	RGB 融合 432、543、632、643、654、753、764 波段	15 m	7×3
S1A（哨兵卫星影像）	RGB 融合	10 m	3
数字高程	DEM	30 m	1

在此基础上，如果可以获得更大比例尺的地球化学和地球物理数据，如 1：5 万或更大比例尺的地球化测量数据、地球物理测量数据，预测的精度会随着这些数据的加入而提高。

如果可以直接获取小比例尺路线数据（如 1：20 万地质填图），则可直接建立 PRB 路线知识标签，可跳到第 5 步直接建模。

（2）深度学习粗粒度地质图预测

如果是在空白区进行首次地质填图，则需要采用无监督深度学习人工智能地质图技术方法生成粗粒度的人工智能地质图。该技术方法的详细技术路线和做法请参见本书作者编写的相关论文或专著。

（3）根据粗粒度地质图预测模型，实地踏勘，实际测制具有代表性的地质剖面，并根据预测模型优化布置野外路线（剖面）和野外实地填图

在野外工作阶段，可利用采用无监督深度学习人工智能地质图技术方法生成粗粒度的人工智能地质图为基础或依据，进行野外工作部署，如地质路线、剖面等，以便对填图单位（对象）粒度和特点达到统一认识并给出统一代号等。

（4）不同阶段不同精度人工智能地质图动态生成

随着地质路线和剖面数量的增多，就可以采用基于地质路线深度学习人工智能地质图技术方法生成细粒度人工智能地质图。通常当地质路线覆盖工作区 20%~30%以上，人工智能地质图的精度或内容就可以逐渐逼近实测地质图的精度。

不同阶段不同精度人工智能地质图动态生成流程如图 5.4 所示。

该流程的动态性主要体现在地质 PRB 数据不同的数量上。随着地质路线数量的增多，可以及时

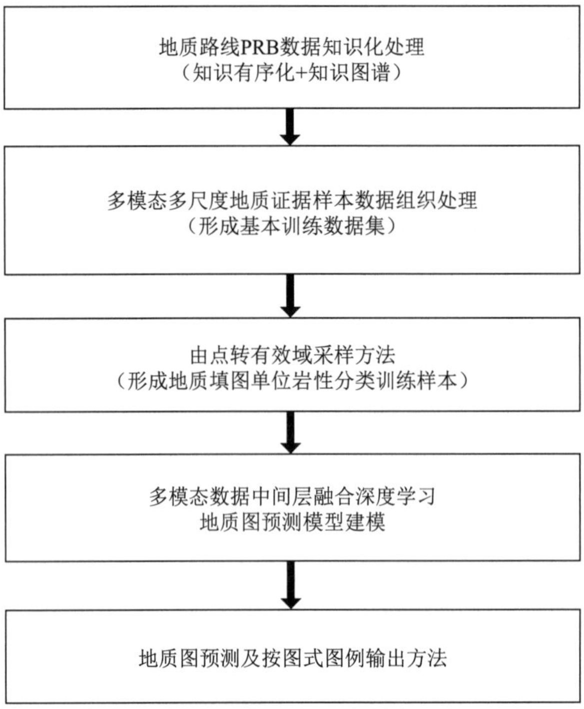

图 5.4　不同阶段不同精度人工智能地质图动态生成流程

的建模，以便提供不同精度的人工智能地质图，方便野外地质填图工作，为提高填图研究精度或研究程度提供重要依据。

（5）综合研究+验证+预测地质图模型优化（完善 PRB 数据知识库），综合分析，形成最终人工智能地质图（同时形成地质图知识库）

由 5.1.3 节深度学习人工智能地质图及基本内容和概念，可以看出人工智能地质图可以提供比人工实际连图要多得多的信息。当拿到一幅人工智能地质图时，地质人员应根据深度学习地质填图精度评价指标表评价人工智能地质图，深度学习地质填图精度评价指标设计由以下内容组成（表 5.4）。

表 5.4　深度学习地质填图精度评价指标和内容

指标类型	指标内容
模型评价指标	精度指标：原始采样点及训练采样点预测计算的准确率
	平均召回率：按填图单位（或岩性）分类原始采样点及训练采样点计算的平均召回率
	训练精度曲线：模中模型收敛时训练集精度值
应用评价指标	预测新的出露位置且准确的地质体评价分析（指原地质草图未体现）
	预测准确的地质体评价
	预测与认识不同的地质体评价
	浅覆盖地区揭露与一定深度预测地质对象的评价
	地质体相邻关系准确度的评价
	火山机构反映程度与准确度评价
	总体构造反映程度与准确度评价
	矿化点准确度及预测能力评价

模型评价指标主要体现建模的数学精度，如果数学精度不高，应及时分析标签数据是否合理，一般容易出问题的就是知识粒度的不一致，比如，填图单位和填图单位岩性共存，即包含关系，导致特征提取未能达到最佳，具体要求可以参见后续章节。

在建模的数学精度基础上，地质人员应重点对应用评价指标进行评价，对新发现问题（即与地质人员认知有矛盾的地方），应进行相应的综合分析、解释和野外验证。直到最终形成人工智能地质图和对应的 PRB 知识库。

（6）编写人工智能地质图评价报告，完善实测地质图

编写人工智能地质图评价报告，为区调报告提供综合分析、解释依据及素材。

第 6 章　多模态数据中期融合深度神经网络地质图生成模型结构（IF-DNN）与评价指标

6.1　人工智能地质图自动生成模型

6.1.1　人工智能地质图建模的多模态数据（训练数据）融合方法

目前，人工智能真正落地的部分就是深度学习。人工智能地质图建模实际就是基于地质路线深度学习地质图建模的过程。地质路线是知识标签，训练的数据就是多专业、多模态、多尺度的地物化遥数据。训练过程就是提取地质路线上的地质点、地质路线上确定的地质对象（或填图单位）的特征，这些特征就是多专业、多模态、多尺度的地物化遥数据在这些标签上的具体特征。可以看出，深度学习就是一个数据驱动的过程，当做某一件特定事情时数据量及参数量大到一定程度时，机器就可能在做这件事情上超过人类。

就人工智能地质图来说，一方面，机器学习地质人员的地质知识（地质路线上的地质对象标签）要可靠，另外，训练数据（地物化遥数据）提供的知识特征要能够充分和完整，这样机器就有可能超过地质人员的认知。通常地质人员在地质填图过程中，也会对多专业、多模态、多尺度的地物化遥数据进行综合分析研究，受人类大脑的限制，都是在低维度条件下的分析研究，获取的信息也非常有限，数据融合的程度也比较原始。而深度学习，可以把多模态数据分别或混合或跨模态进行高维化，然后融合，进行特征提取，其特征的内容和数量是人的大脑所不及的，因此，多模态数据融合的策略是深度学习非常重要的技术策略。

由于自然过程和环境的丰富特性，很少有一种单一的采集方法能够提供完整的理解。因此多个数据集的联合分析一直是广泛研究的主题，并在 20 世纪 60 年代末至 70 年代初取得了重大进展，提出了多集规范相关分析、平行因子分析和其他张量分解等概念和技术（Multimodal Data Fusion：An Overview of Methods，Challenges and Prospects）。在地质领域，数量化理论的逻辑信息法就是多个数据集的联合分析的一个示例。随着信息技术的进步，有关感兴趣的现象或系统的信息可以从不同类型的仪器、测量技术、实验设置和其他类型的来源获得。在越来越多的领域中，采用越来越多的手段对相同现象的数据采集越来越多，而且对应于相同现象的数据的可用性也迅速增加，这导致如何有效利用这些数据集的研究越来越深，即多视图、多关联和多模态数据高效分析方法。

当前，我们进入了一个信息来源丰富的时代，几乎不可能忽视可能相关的多个数据集的存在。大量研究成果表明，相关数据集的集合通常是“超过其部分的总和”，因为它包含了如果忽略这些关系就会丢失的宝贵信息。然而，隐藏在这些数据集中的感兴趣的信息通常不容易访问，这就是研究数据融合方法的意义和目的所在。因此我们认为，实现这一附加值的道路必须首先理解和识别多模式和多集合数据的特殊性，同时，多个数据集的联合分析“站在”单集分析的肩膀上。文献研究表明，适当考虑数据集之间的联系的方法确实有潜力实现远远超出单独处理每个数据集时可能获得的收益和益处。由于研究对象自然现象的丰富特征，单一模态提供研究对象现象的完整知识是罕见的，而几种“模态”数据融合的使用，就可以弥补不完整知识的缺陷。

虽然，数据融合在地质领域并不生疏，比如，不同传感器遥感数据融合，遥感数据与地球化学数据、地球物理数据融合，在地质领域数据处理也是常用的方法之一。但目前所采用的融合技术通常为前端融合或后端融合，也是通常所说的初级融合或决策融合，数据融合的能力有限，很大成分还与人的认知相关较大。本研究的中间多级融合，目前在该领域的研究还处在初期阶段，其数据融合的能力，能够充分利用 AI 算法的能力，最大程度挖掘不同地质体的特征，达到高精度识别建模的水平。下面将介绍不同融合的概念、技术与区别。

6.1.1.1 模态的定义

根据文献（Lahat D et al.，2015）把一种仪器、测量设备或采集技术观察现象或系统的设置定义为一个采集框架。在这种情况下，每个采集框架被表示为模态，并与一个数据集相关联。如果在一个模型中，可以访问从多个模态获得的数据，被称为多模态。

在数据领域，多模态用来表示不同形态的数据形式，或者同种形态不同的格式，一般指文本、图片、音频、视频、混合数据。多模态数据是指对于同一个描述对象，通过不同领域或视角获取到的数据，并且把描述这些数据的每一个领域或视角叫做一个模态。而多模态数据融合，主要是指利用计算机进行多模态数据的综合处理，负责融合各个模态的信息来执行目标预测。

多模态的一个关键特性是互补性，即每个模态都会给整体带来某种类型的附加值，而这些附加值无法从设置中的任何其他模态中推导或获得。在数学术语中，这种附加值被称为多样性。多样性（由于多模态）是允许以单一模态无法实现的方式增强用途、益处和见解的属性。多样性允许通过提供增强唯一性、可解释性、鲁棒性、性能和其他期望属性的约束来减少系统中的自由度（即不确定性）。因此，多样性是数据融合的关键。

6.1.1.2 多模态数据融合

多模态数据融合是对多个模态（多数据集）的信息进行有效的整合和数据集的分析，汲取不同模态的优点，以使不同的数据集能够相互作用并相互互补，完成对信息的整合。

自然现象具有十分丰富的特征，单一模态很难提供某个现象的完整信息。比如，高光谱、多光谱和全色图像的典型空间分辨率分别为几十米、几米和不足一米。因此，在光谱和空间分辨率之间存在权衡。地形信息可以从诸如光探测和测距（LiDAR）和合成孔径雷达（SAR）等有源传感器获取。激光雷达基于窄脉冲激光束，因此提供了与物体距离（即高度）的高度准确信息。SAR 基于照射相当宽区域的无线电波，并记录到达传感器的反向散射分量。这两种技术都可以提供有关高程、观测对象的三维结构及其表面特性的信息。基于激光束的激光雷达通常报告表面的结构，尽管它可以部分穿透某些区域，例如森林冠层，提供关于树木内部结构的信息。SAR 和激光雷达使用不同的电磁频率，因此与材料和表面的相互作用不同。例如，根据波长的不同，SAR 可以将冠层视为透明物体（波到达冠层下的土壤）、半透明物体（它们穿透冠层并与其相互作用）或不透明物体（它们被冠层顶部反射）。光学技术是被动的，这意味着它们依赖于自然照明。LiDAR 和 SAR 等有源传感器可以在夜间和阴影区域工作。在现实生活中，如果没有额外信息，一种模态的观察结果可能难以解释。例如，在高光谱成像中，在平坦表面上，反射光取决于丰度（像素中材料的比例）和端部构件（像素中存在的纯材料）反射率。在非平坦表面中，反射光还取决于地形，这可能会导致场景照明和散射的变化。因此，在非平坦条件下，不能仅从光学数据中准确地提取材料含量信息。为了准确解析光谱，需要添加一种报告地形的模态，如激光雷达。所以，光学、SAR 和激光雷达图像的多模态多时间数据融合，可以大大改进物体分类。

文献（Pal M et al.，2020）表明在岩性测绘中，任何一种单一分类器都不适用于所有图像（Hyperion、ASTER 和 Landsat 8）。只有通过多幅图像进行岩性填图时才会有效地提高了分类精度。多个图像比单个图像会获得更高的精度。

数据的融合，其目的就是使分析唯一性、可解释性、鲁棒性，减少不确定性。因此，任何分析模型的关键特性都是唯一性。唯一性对于实现可解释性是必要的。

文献（Lahat D et al.，2015）研究表明，数据集的集合“大于其部分的总和”，因为它包含了如果忽略这些关系就会丢失的宝贵信息。由于数据集是链接的，不同数据集中的元素是相关的（或不相关），以及这些交互的性质，将新类型的约束带入系统，从而减少自由度，增强唯一性、可解释性和鲁棒性等，即多模态可以提供一种新的多样性形式，即使在其他不是唯一的情况下也可以实现唯一性。

尽管目前大多数数据融合工作都忽略了噪声，但在许多数据融合场景中都提出了如何联合权衡或平衡不同误差源的问题。自然，在存在噪声的情况下，适当的模型会产生更精确的推断。

6.1.1.3 多模态数据融合方法

在多模态融合的过程中，融合发生的位置或时间是一个重要的考虑因素。目前，多模态数据融合主要有四种融合方式：前端融合（early-fusion）或数据水平融合（data-level fusion）、后端融合（late-fusion）或决策水平融合（decision-level fusion）和中间融合（intermediate-fusion）及跨模态融合（cross-modal data fusion）。

前端融合将多个独立的数据集融合成一个单一的特征向量，然后输入到机器学习分类器中。由于多模态数据的前端融合往往无法充分利用多个模态数据间的互补性，且前端融合的原始数据通常包含大量的冗余信息。因此，多模态前端融合方法常常与特征提取方法相结合以剔除冗余信息，如主成分分析（PCA）、最大相关最小冗余算法（mRMR）、自动解码器（Autoencoders）等。

后端融合则是将不同模态数据分别训练好的分类器输出打分（决策）进行融合。这样做的好处是，融合模型的错误来自不同的分类器，而来自不同分类器的错误往往互不相关、互不影响，不会造成错误的进一步累加。常见的后端融合方式包括最大值融合（max-fusion）、平均值融合（averaged-fusion）、贝叶斯规则融合（Bayes’rule based）以及集成学习（ensemble learning）等。其中集成学习作为后端融合方式的典型代表，被广泛应用于通信、计算机识别、语音识别等研究领域。

中间融合是指将不同的模态数据先转化为高维特征表达，再与模型的中间层进行融合。以神经网络为例，中间融合首先利用神经网络将原始数据转化成高维特征表达，然后获取不同模态数据在高维空间上的共性。中间融合方法的一大优势是可以灵活地选择融合的位置。

根据文献研究，三种融合的优势对比如下（表 6.1）：

表 6.1 三种融合的优势对比表

方法	信息损失	互补性	容错性	融合水平	唯一性
前端融合	中	低	差	低	弱
中间融合	小	高	好	高	强
后端融合	大	中	中	中	较强

文献（Boulahia S Y et al.，2021）通过深度学习的多模态动作识别的早期、中期 1 和中期 2 融合策略研究，证明了中期融合在多模态识别过程中的影响最强（表 6.2）。在实践中，由于潜在现象、各种复杂因素以及特定的研究问题的复杂性和基本上未知的性质，在更高的抽象层次上融合数据集可能会更有用和更好。

深度学习技术在与本专著类似或相关主题的研究，最早可以追溯到 2012 年。表 6.3 是近年来深度学习技术在与本专著类似或相关主题的研究发表的主要论文。从这些论文来看，基本上没有谈到数据融合的策略，而基本采用的数据融合方法都是早期融合方法。因此，这些应用或效果会受到一些局限。

表 6.2　深度学习的多模态动作识别的早期、中期 1 和中期 2 融合能力对比表

融合策略	跨主题得分（NTU RGB-D 数据集）	跨视图得分（NTU RGB-D 数据集）	BU Interaction 数据集的得分
早期	86.74%	87.62%	89.57%
中期 1	95.94%	98.11%	99.05%,
中期 2	94.30%	97.61%	95.61%

注：中期 1 是指不同模态特征提取数量不同，然后再特征连接；而中期 2 是指不同模态特征提取数量相同，然后再特征连接。

表 6.3　近年来深度学习技术在与本专著类似相关主题的研究发表的主要论文

论文题目	论文发表时间	主要算法或算法比较	数据集个数或模态数	预测对象个数	应用国家或区域
使用支持向量机，利用遥感数据实现岩性自动分类	2012	SVM，MLC	47	10	印度西北部
基于支持向量机的风化层地质填图	2017	SVM	>4	6	新喀里多尼亚
利用遥感数据和形态学特征进行岩性制图的不同机器学习算法比较	2015	MLA，ML，SVM，RF	16	7	伊拉克东北部
使用随机森林通过机器学习识别不列颠哥伦比亚火山地形中的侵入岩	2019	RF	51	8	加拿大不列颠哥伦比亚
应用于地球物理和遥感数据，使用随机森林进行岩石学制图	2018	RF	16	8	西澳大利亚州东部金矿区
采用 K 临近、支持向量机、自适应增强在火山岩测井岩性识别中的方法对比	2021	K 临近，SVM	5	6	中国某油田
基于 10 种机器学习算法的隧道围岩智能分类	2022	SVM、BP、RBF、K（KNN）、GNB、DT、RF、ET、Bagging、GB	4	3	中国郑州至万州高速铁路隧道工程
基于多传感器数据和卷积神经网络的岩性分类	2019	CNN	2	10	澳大利亚 Mount Isa 地区
基于深度卷积神经网络的岩相微相分类	2019	FCN	1	5	美国俄克拉荷马州卡特县和斯蒂芬斯县的 Sycamore 地层
一种基于注意力的深度扩张卷积神经网络用于可解释空间谱图的地震相分析	2021	ADDCN，FCN32，FCN16，SegNet，U-Net，Attention U-Net，Dilated U-n	20	8	中国北海
基于全卷积网络和多源地质数据的岩性成图	2021	FCN	19	7	西藏错纳东穹隆
基于融合多分类器的多光谱和高光谱遥感图像岩性优化成图	2020	MD，SAM，SID，SVM	3	8	印度西部拉贾斯坦邦乌代布尔地区
模糊 ARTMAP 神经网络方法在卫星图像和布尔逻辑地质制图中的性能评估	2018	the fuzzy ARTMAP neural network method			伊朗亚兹德省西南部 Yazd-Shirkooh 流域
本专著	2022	intermediate fusion DNN architecture	59-118	68-1717	摩洛哥，中国贵州、四川、青海、福建、内蒙古、辽宁、新疆和安徽

通过大量的文献，总结前人研究的结果，人工智能地质图数据融合的策略应放在中期融合的策略上。

6.1.2 多模态数据中期融合深度神经网络地质图生成模型结构

6.1.2.1 模型结构

多模态融合是指综合来自两个或多个模态的信息进行预测的过程。在预测的过程中，单个模态通常不能包含产生精确预测结果所需的全部有效信息，多模态融合过程融合了来自两个或多个模态的信息，实现信息补充，拓宽输入数据所包含信息的覆盖范围，提升预测结果的精度，提高预测模型的鲁棒性。中间融合是指将不同模态数据先转化为高维特征表达，再与模型的中间层进行融合，可以利用算法模型的优势，提取更多的信息，有利于客观地对地质体进行识别和分类。本书采用中间融合方式，建立了多模态数据中间层融合全连接地质图预测模型网络结构（图 6.1）。

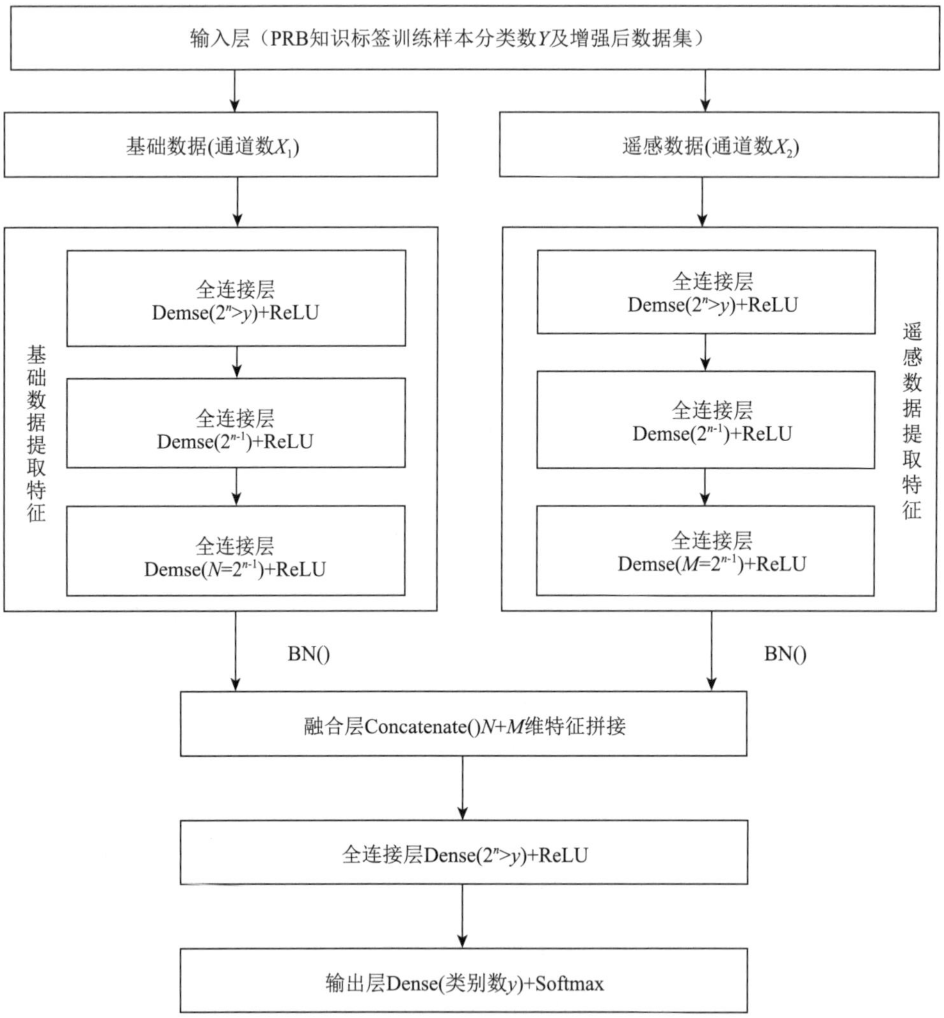

图 6.1 人工智能地质图多模态数据中间层融合全连接模型结构图

中间层全连接计算模型网络结构如图 6.1 所示，其中各层的含义如下：

1）输入层：将训练采样点的基础数据和遥感影像数据同时通过输入层输入模型。

2）基础数据特征提取层：该特征提取层由三个全连接层构成，通过全连接神经网络进行全连接操作，利用权重值来提取网络特征即基础数据特征，将原始数据转化为高维特征表达。

3）遥感影像数据特征提取层：该特征提取层由三个全连接层构成，通过全连接神经网络进行全连接操作，利用权重值来提取网络特征即遥感影像数据特征，将原始数据转化为高维特征表达。

4）融合层：将基础数据特征与遥感影像数据特征进行特征融合。

5）全连接层：利用全连接神经网络获取基础数据和遥感影像数据在高维空间上的共性特征。

6）输出层：输出采样点预测为各类的概率值。

需要说明的是，我们的分类网络仅包含完全连接的层。由于我们采用了中间融合做法，在这个阶段，我们不需要任何卷积层。对于 N 个模态预训练架构的结果是分数向量，这些分数向量已经经历了多次卷积。（Boulahia S Y et al.，2021）所以，遥感数据不需要单独再做卷积处理。

在 CNN 中，卷积运算降低了特征图像的大小和分辨率。为了恢复作为输入的特征图的大小，FCN 将 CNN 的所有最后完全连接的层替换为 1×1 卷积层。反褶积网络使通过卷积和池化层获得的特征图能够通过连续上采样操作（也称为双线性插值）恢复到原始分辨率。这种巧妙的操作使每个预测值逐个对应于输入图像中的像素，并实现端到端和每像素分类（Wang Z Y et al.，2020）。

另一方面，由于地质体空间分布的形态比较复杂，对于一些细窄或边缘呈支叉状的地质体，如岩脉、火山环状构造体、次火山岩体等地质体，如果采用卷积方法提取特征，卷积窗口的大小选取对这些地质体采样影响比较大，容易造成甚至取不到样本进行训练的情况。这种情况无法充分提取这些地质体的特征，导致模型召回率下降，部分地质体丢失，或空间分布形态严重失真。

图 6.2 是人工智能地质图多模态数据中间层融合全连接计算模型网络结构图，是图 6.1 的另一种

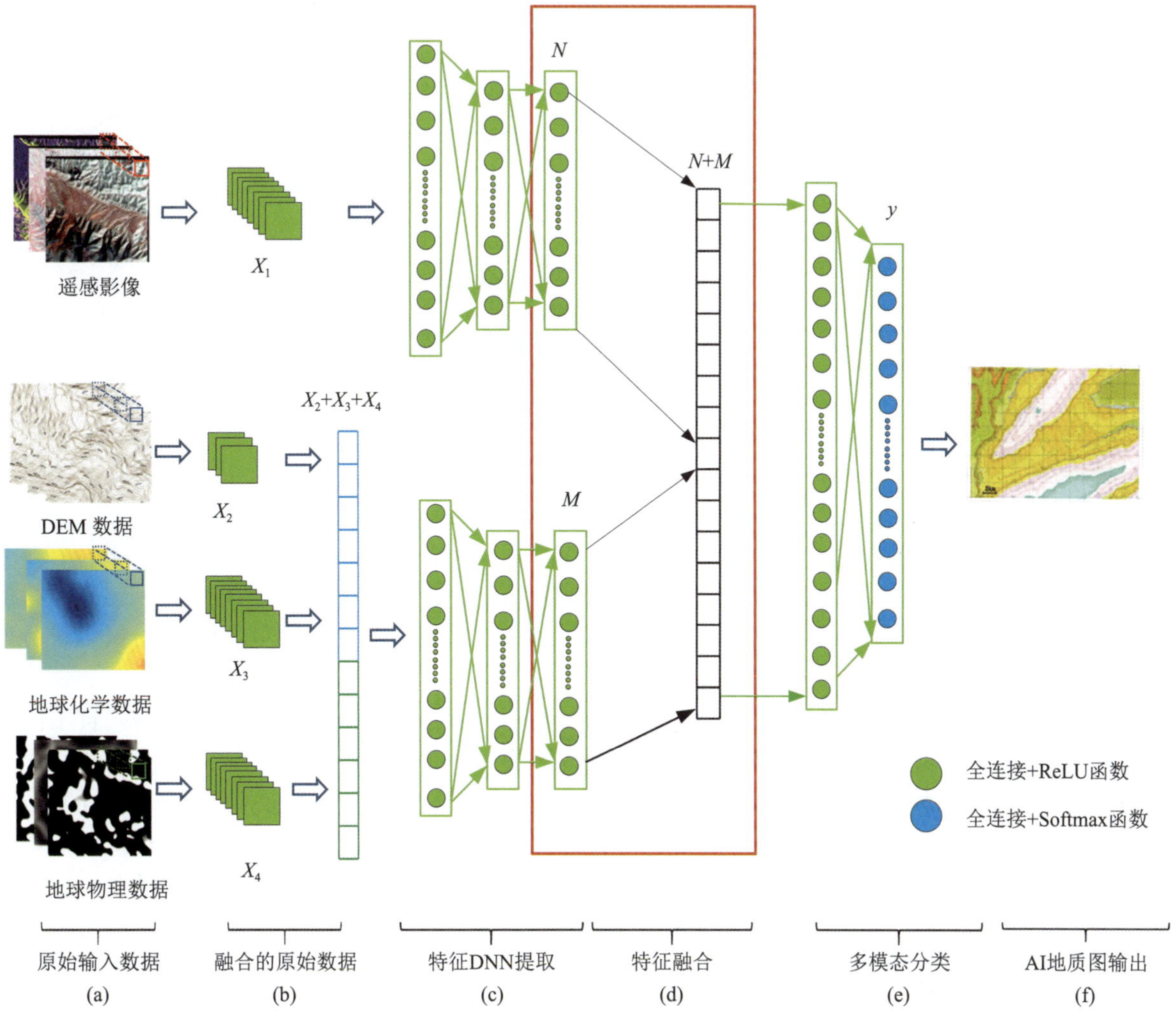

图 6.2 多模态数据中间层融合深度神经网络地质图生成模型架构

表现方式，体现了算法结构。

该结构主要使用深度神经网络高维度提取两种不同模态的数据特征，然后将两种特征向量进行特征拼接得到多模态特征向量，最终通过全连接神经网络完成特征融合并使用 Softmax 分类器（Almurieb H A et al.，2020）进行填图对象按图例分类输出。通过试验，全连接的层数应不少于 3 层。

图 6.2 中 X_1 为地质专业数据的实体数；X_2 为遥感数据的实体数。Dense-1-1、Dense-1-2、Dense-1-3 这三个全连接层为地质专业基础数据提取特征，Dense-2-1、Dense-2-2、Dense-2-3 这三个全连接层为遥感数据提取特征。其中每个单一模态提取特征的第一个全连接层神经元个数（Dense-1-1、Dense-2-1）即参数由需要分类的地质体类别数（即标签的分类数）来确定，设标签类别数为 Y，第一个全连接层神经元个数为 A，Y 与 A 的关系应满足以下公式：$A=2^n>Y$。Concatenate 层为融合层。其输入维度和输出维度相同，其值与 Dense-1-1、Dense-2-1 的第一个全连接层神经元个数输入相同。Dense-3 获取基础数据和遥感数据在高维空间上的共性特征。输入维度和输出维度与融合层相同。Dense（Y）为输出层。其中 Y 为 PRB 标签的分类数，也是地质对象的预测数量。表 6.4 是建模计算参数设置的一个实例。

表 6.4 建模计算相关参数输入示例

名称	参数	激活函数	输入维度	输出维度
Input-1	$X_1=38$	—	—	38
Input-2	$X_2=15$	—	—	15
Dense-1-1	512	ReLU	38	512
Dense-1-2	256	ReLU	256	256
Dense-1-3	256	ReLU	256	256
Dense-2-1	512	ReLU	15	512
Dense-2-2	256	ReLU	256	256
Dense-2-3	256	ReLU	256	256
Concatenate	—	—	512	512
Dense-3	512	ReLU	512	512
Output	$Y=463$	Softmax	512	463

该模型结构主要使用深度神经网络提取两种不同模态的数据特征，然后将两种特征向量进行特征拼接得到多模态特征向量，最终通过 DNN 全连接神经网络完成特征融合并使用 Softmax 分类器进行地质体分类输出。主要特点如下：

1）采用了细粒度控制融合策略，建立了 2 个共享特征的表示（融合层）。一是根据来自不同模态的多个特征之间的相关性，采用第一层隐藏单元的融合，将部分原始数据（地球物理、地球化学和 DEN）相关性高的模态数据集成到统一表示中，这样可以更好利用模态相关性及互补性的特点。二是把主要的共享特征的表示或融合层放在中间第三层。该层对 DNN 分别对 2 个分支（模态）得到的 $N+M$ 高维特征向量，进行合并（拼接）模态的特征表示，从而迫使网络学习其输入的联合特征表示，即将多个不同的特征向量通过特定的映射输出一个新的特征向量，通过高维特征挖掘跨模态信息，达到提高分类精度的目的。

2）分类网络仅包含完全连接的层。由于我们采用了中间融合做法，在这个阶段，我们不需要任何卷积层。对于 N 个模态预训练架构的结果是分数向量，这些分数向量已经经历了多次卷积

（Boulahia S Y et al.，2021）。所以，遥感数据不需要单独再做卷积处理。另一方面，由于地质体空间分布的形态比较复杂，对于一些细窄或边缘呈支叉状的地质体，如岩脉、火山环状构造体、次火山岩体等地质体，如果采用卷积方法提取特征，卷积窗口的大小选取对这些地质体采样影响比较大。容易出现部分地质体丢失，或空间分布形态严重失真的情况。

3）为了获取物化遥数据的高阶特征表达，本结构设计三层 DNN 提取数据特征，具体结构如图 6.2 所示。其中，三层全连接层的神经元个数采用以下原则：设标签类别数为 Y，第一个全连接层神经元个数为 A，Y 与 A 的关系应满足以下公式：$A=2^n>Y$。第二个和第三个全连接层的神经元个数相同，其个数为 2^{n-1}。如：标签的分类数 $Y=360$，则 $n=9$。三层全连接层的神经元个数分别为 512，256、256。最终不同模态的原始数据都生成 256 维特征向量。

4）遥感影像数据反映了标签样本点附近一定范围内的空间信息与光谱信息，地球物理、地球化学及高程数据反映了标签样本点的地球物理与地球化学元素三维分布信息，不同模态数据从不同方面反映了样本点所在位置的地质体的特征，通过 2 个共享特征的表示（融合层）整合所有模态的信息，从而提高地质体识别的准确率。

5）为了增强网络的非线性表达能力，同时激活函数在前向传播的过程中过滤掉一些无用的信息，并且在反向传播中更新网络训练参数，本模型结构中所有全连接层后的激活函数都选用整流线性单元（rectified linear unit，ReLU）（Nair V et al.，2010）。

6）为避免过度拟合，在图 6.2（e）层可以采用批正则化或 dropout 来优化模型，类平均召回率可以提高 1%~2%，但需要计算的时间会增加比较多（约增加全部时间的 1/3 左右）。

7）全连接神经网络地质图输出就是把对应图幅中每个栅格点的地质知识载体数据输入二次建模的模型，然后进行识别分类的过程。首先需要将每个栅格点的坐标信息、识别分类及分类色标分别保存至相同识别分类文件中，然后按照 PRB 标签体现的地质对象的新老关系的顺序读取识别分类文件，按对应的位置顺序输出。

6.1.2.2　激活函数

为了增强网络的非线性表达能力，同时激活函数在前向传播的过程中过滤掉一些无用的信息，并且在反向传播中更新网络训练参数，本模型结构中所有卷积层、全连接层后的激活函数都选用整流线性单元（rectified linear unit，ReLU）。

激活函数是网络模型训练的关键元素之一，它主要是向神经网络中加入非线性因素，使得网络可以解决更复杂的非线性问题，同时激活函数在前向传播的过程中过滤掉一些无用的信息，并且在反向传播中更新网络训练参数。考虑到 ReLU 函数（Krizhevsky et al.，2012）具有单侧抑制、单侧直通、激活边界较宽以及可以稀疏网络等特点，因此，在全连接层中均采用 ReLU 激活函数，加快网络训练并有效防止梯度弥散。由于该计算模型是用于处理多分类任务，因此在输出层使用 Softmax 激活函数。

6.1.2.3　损失函数

损失函数是用来评估网络模型对输入数据的拟合程度，其值越小就表明网络模型对输入数据的拟合效果越好，一般情况下，损失函数都是非负的实函数。另一方面，损失函数还担任着反向传播过程中网络模型参数更新的“重任”，好的损失函数既可以加快网络模型收敛的速度，又可以使得网络模型具有更好的性能。该模型采用分类问题中常用的交叉熵损失函数来对模型参数进行优化，并在交叉熵损失函数的基础上使用 L2 正则化防止模型在训练过程中发生过拟合现象，增强模型的泛化能力。损失函数（Qi Wang et. al.，2020）公式采用：

$$Loss=-\sum_{i\subseteq C}\hat{y}_i\log(y_i)+\lambda\|\theta\|^2 \tag{6.1}$$

式中：C 为分类类别；$\hat{y}_i$ 为真实类别；y_i 为预测类别；$\|\theta\|^2$ 为 L2 正则项；λ 为正则项系数。

该计算模型选择 SGD（随机梯度下降算法）作为参数优化器（Plagianakos V P et al.，2001），相较于经典梯度下降算法（Lecun et al.，1998）更新参数时遍历所有训练数据，随机梯度下降算法用单个训练样本的损失来近似表达所有训练样本的平均损失，大大加快了网络训练速度。在学习率的选择上，选择 0.001 作为初始学习率，学习率衰减系数为 6，L2 正则化系数为 0.001。并在网络训练中采用衰减学习速率的方法即一开始采用较大的学习速率，每次参数更新后，在下一次更新参数时减小学习率对参数做更精细的调整。

6.1.2.4 本研究主要的硬件环境

本研究主要的硬件环境为 Intel CoreTM i7-6700 CPU（64GB 内存）和 TITAN RTX（24GB 显存），软件环境为 Ubuntu18.04 LTS 64 位操作系统，模型框架选择使用 TensorFlow 后端的 Keras。模型优化器选择带动量的随机梯度下降（stochastic gradient descent，SGD），bachsize 设置为 1024，迭代次数 epoch 设置为 200 次，学习率设置为 10^{-3}，学习率衰减系数为 6，L2 正则化系数为 10^{-3}。

6.2 人工智能地质图自动生成模型评价指标

针对人工智能地质图建模特点及应用的特点，人工智能地质图自动生成模型评价指标采用定量指标和定性指标进行评价。定量指标针对数学模型的评价，定性指标则基于与实测地质图一致性或野外验证吻合性等内容进行评价。

6.2.1 模型定量评价指标

统计分类模型结果评测指标一般都用准确率、召回率和精确率。本文推荐采用训练点类平均召回率和整体召回率和来评价人工智能地质图的精度。

（1）整体召回率计算如公式

整体召回率（Overall Recall Accuracy，$Overall_{Recall}Acc$）为所有测试集样本点中模型预测正确的样本点的占比，主要用来衡量模型整体的有效性：

$$Overall_{Recall}Acc = \frac{True_{\mathrm{Sum}}}{Num_{\mathrm{Sum}}} \tag{6.2}$$

式中：Num_{Sum} 代表训练集采样点总数，$True_{\mathrm{Sum}}$ 代表模型识别正确的训练集采样点数。

（2）类平均召回率计算方式

类平均召回率（Average recall Accuracy，$AVG_{Recall}Acc$）为各类地质体测试集样本点中模型预测正确的样本点的平均占比，代表类平均召回率。

$$AVG_{Recall}Acc = \frac{Sum_{\mathrm{Recall}}}{Num_{\mathrm{Class}}} \tag{6.3}$$

式中：Sum_{Recall} 代表各类地质体的召回率总和，Num_{Class} 代表地质体类别或填图单位及岩性的类别数。

（3）F1 分数指标

F1 分数（F1-score）是精确率（Precision，P）和召回率（Recall，R）的一个统一综合指标，可以避免精确率和召回率相差较大的极端情况，较好地反映整体结果。其中，精确率 P 代表预测为类 C 的样本点中标签为 C 的样本点占比；召回率 R 代表标签为类 C 的样本点被模型正确预测的样本点占比。由于本实验地质体类别较多且各类地质体参与模型训练的样本点数不同，因此，将各类地质体的 F1-score 进行加权平均后得到的值（$Weigted\text{-}F1$）作为最终的 F1-score：

$$P = \frac{TP}{TP + FP} \tag{6.4}$$

$$R = \frac{TP}{TP + FN} \tag{6.5}$$

$$F1 = \frac{2 \times P \times R}{P + R} \tag{6.6}$$

$$Weighted - F1 = \sum_{i \subseteq C} \frac{Num_i \times F1_i}{Num_{\text{total}}} \tag{6.7}$$

上述公式中：Num_{total} 代表测试集样本点总数；TP 代表每类预测正确的测试集样本点数；FP 代表模型预测为类 C 但是实际不是类 C 的样本点数；FN 代表每类预测错误的测试集样本点数；C 为分类类别；Num_i 代表第 i 类地质体的测试集样本点数；$F1_i$ 代表第 i 类的 F1 分数。

6.2.2　人工智能地质图自动生成模型应用定性评价指标

定性评价指标是指地质测绘人员根据工作经验和对测绘区域的了解，对人工智能地质模型进行综合分析和评价。这种评估在不一致或重大矛盾的情况下尤其重要，这可能会提供有价值的地质见解。它也可以通过现场进行验证。应用程序评估指标的主要方面包括：

1）一致性：评估 AI 地质图与实测地质图地质格架（分布形态与展布方向）的一致性。

2）准确性：评估 AI 地质图在表示填图区域的地质特征方面的准确性，如地质体相邻关系是否准确等。

3）完整性：评估人工智能地质图在多大程度上捕捉到填图区域的所有相关地质信息和特征。所有填图单位、构造（断层、断层带）、矿化点（或蚀变）是否能够识别。特殊地质体（指标签特别少，但地质意义大的地质对象，通常是地质对象出露面积小，但有特别地质意义）预测准确度评价。

4）可解释性：评估人工智能地质图提供可解释结果和有意义的地质解释的能力。如：浅覆盖地区揭露、火山机构、特殊地质体等。

5）新颖性：评估 AI 地质图在填图区发现或识别与前人认知不同的地质体特征能力（填图单位不一致或在新的位置发现其他地质填图单位）。

这些评估指标有助于衡量人工智能地质模型的性能和可靠性，并为进一步改进和完善提供有价值的见解。

6.3　人工智能地质图自动生成模型难点和技术性问题

1）知识“点”“线”（知识标签）到知识“面”的转化：地质路线和地质点数据不是覆盖一个区域，而是离散的点或线组成，它是少样本的根本原因，也是最不利于深度学习建模的首要问题。故要最大化地扩展地质点起作用的区域，而又要保证所采的样与地质点的属性相同（即同属一类），来保证有足够的训练样本，因为增加大量的训练样本是获得最优模型的保证。

2）知识“点”多义性向唯一性的转化：地质点或地质界线大多都是地质人员根据野外观察确定的界线点和界线，如果受到野外观察的限制，如掩盖、观察条件不允许，容易导致界线点或界线的位置不是特别的准确，有可能出现界线点的位置不在实际的界线位置上，导致出现 A 和 B 的界线点要么都出现在 A 侧或 B 侧（即给出了错误的属性）。另一方面，界线点本身就反映的是多义性，即界线点即是 A 的属性，又是 B 的属性。如果把这样的界线点作为样本标签时，多义性就会导致机器学习精度下降。因此需要通过最大可能去掉界线两侧易造成模棱两可或多义性等样本的数量，把地质图上岩石地层单位地质界线由于人为因素的影响降到最低，更加准确地提取地质图上岩石地层单位模型的训练样本，通过唯一性和代表性，来增加模型的可靠性。

3）知识“面”（训练数据）的数据粒度匹配：地球化学、地球物理、遥感数据空间分辨率是不仅是多尺度的，而且尺度的差别还是比较大的，比如遥感数据最高的分辨率可达厘米级，而地球化学或地球物理数据的数据精度（空间分辨率）则是数百米或数千米级别的。要充分发挥这些多专业、多模态、多尺度数据潜力，就需要对的信息进行有效整合，提供更加丰富的信息，让信息之间具有互补的优势发挥到最大，这时应根据预测的粒度，匹配对应的训练数据粒度，这就是数据空间分辨率的同化和数据量纲的归一化处理问题。更具体一点，其核心问题是空间分辨率的同化，大小多少为合适？数据量纲归一化的什么方法更合适地球物理和地球化学数据？

上述人工智能地质图自动生成模型难点技术问题是作者在该方法研究中重点要解决的问题，因此做了大量的试验和对比，最后确定了比较成熟和较优的方案，这些技术将在后续的相关章节做详细的介绍。

第 7 章　地质路线填图对象知识标签构建方法

7.1　数字填图 PRB 技术及 PRB 数据简述

2000 年以来，数字地质填图和制图技术得到很大发展（Jackson I et al.，2002）。数字地质填图 PRB 技术（Li et al.，2003）是指把传统地质填图的野外地质路线观察人员步行观察的主要过程，即地质定点过程（Geological Point）、点间路线观察描述过程（Geological Route）、点和点间地质界线描述过程（Geological Boundary）的野外观察过程转化为计算机模拟的数字化过程中所采用相关技术的总和，简称数字地质填图 PRB 技术。至今，PRB 技术仍是中国数字地质填图的主要技术方法。基于 PRB 技术的数字填图主要流程见图 7.1。

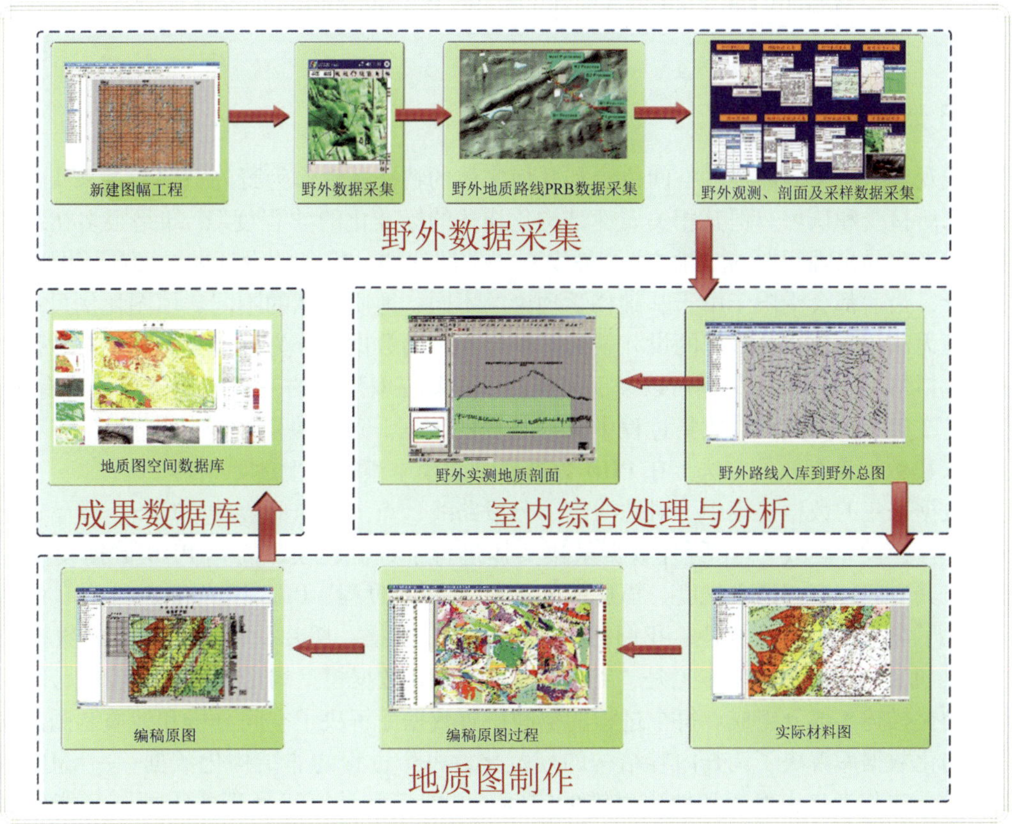

图 7.1　基于 PRB 技术的数字填图流程

PRB 是 Point、Routing 和 Boundary 三个英文单词的首字母，代表地质填图野外数据采集主要的数字过程（图 7.2（a））。数字地质填图 PRB 技术核心主要由 PRB 数据模型、PRB 基本过程、PRB 操作等内容组成。PRB 数据模型由地质点、分段路线、点间界线、GPS、样品、化石、产状、素描、照片等野外数据采集实体构成，分别由空间数据模型、结构化数据模型与非结构化数据模型组成。不同PRB 组合可以适合不同复杂程度地质内容的填图工作。采用 PRB 操作形成实际材料图、地质草图、编稿地质图、地质图空间数据库。图 7.2（b）是对野外采集的 PRB 数据，通过相邻的地质路线，根据数字地质填图软件提供的各种工具进行地质连图，形成地质草图。

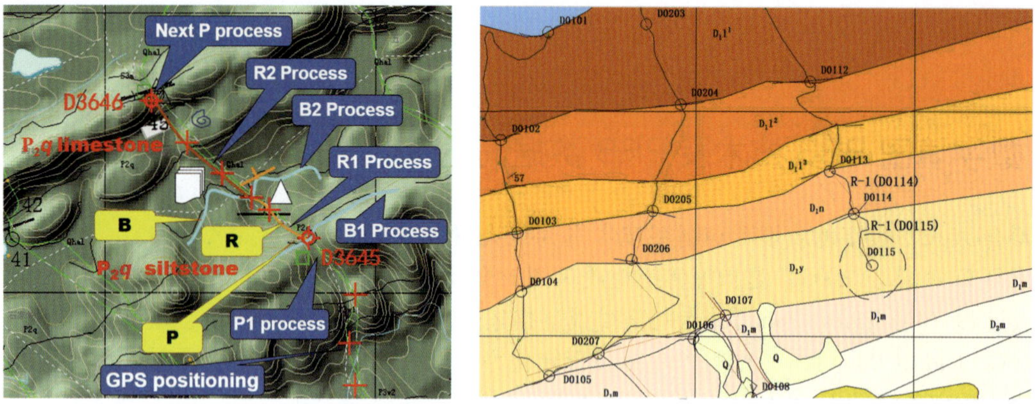

图 7.2　数字填图地质路线 PRB 数据与表达示意图

（a）地质路线 PRB 采集数字过程；（b）通过地质路线 PRB 数据操作连接的地质草图

7.1.1　PRB 数据模型

野外路线观察对象及其路线的空间位置和几何实体的特征属性作为野外空间数据采集的主要对象很容易被大家所接受和认可。但其相关属性结构化描述的标准化的“程度”，却是很多初级开发者或类似软件开发者容易出现问题的“地方”。最没有“填图软件”特色的设计就是面向填图对象一对一的结构化设计，最后都会受限于由于基础科学理论的不同、地质分区的不同、填图比例尺和地质分类标准的不同而无法正常使用。最好的设计就是把野外采集的数据划分为解释数据和绝对数据 2 种。解释数据就是包括最终“地质图”和可以经反复概括、重新提取形成的三维地质模型的所有相关信息。而绝对数据是在整个填图过程、收集过程中保持不变的数据。这就决定了半结构化（ 而不是完全限定）方法是采集数据最有效的方法。在 PRB 数据模型建模中遵循了上述原则。

在野外数据采集的数据建模中，对地质点、分段路线、点上和点间界线、GPS、样品、化石、产状、素描、照片、设计路线 10 个野外数据采集实体进行了数据建模，简称 PRB 数据模型。在 PRB 数据模型中，其空间粒度、语义粒度、描述粒度是通过 PRB 过程、PRB 模式和 P、R、B 的数据模型来体现的。除了 P 和 RB 过程之外，我们把产状、化石、素描、照片、影像、样品的数据采集称为 PRB 过程扩展机制。这类数据基本上是“绝对数据”。PRB 数据模型均由描述空间位置、结构化观测内容和非结构化描述 3 部分组成。每个过程的空间位置数据库解决了空间分析和地质制图的问题，每个过程的结构化数据库解决了调查内容结构的规范化，每个过程的非结构化数据——XML（ 自由文本）开辟了地质工作者自由发挥和地质思维的空间，既能满足计算机处理的需要，又能保证地质工作者取全取准观测数据和参数，描述地质实体的空间位置和属性。其 P、R 和 B 数据结构如下，其中☆为主码。

（1）P 过程

P［描述属性］｛☆图幅编号，☆路线号，☆地质点号，经度，纬度，高程，纵坐标，横坐标，地理位置，露头性质，点性，微地貌，风化程度，岩性 A，岩性 B，岩性 C，岩性代码 A，岩性代码 B，岩性代码 C，地层单位 A，地层单位 B，地层单位 C，接触关系 AB，接触关系 BC，接触关系 AC，批注岩性A，批注岩性B，批注岩性C，批注岩性代码A，批注岩性代码B，批注岩性代码C，批注地层单位A，批注地层单位B，批注地层单位C，批注接触关系AB，批注接触关系BC，批注接触关系AC，原地质点号，日期，地质点描述文件名（XML文本格式）}。

P［空间位置］（GIS图层）。

（2）R过程

R［描述属性］{☆路线号，☆地质点号，☆点间编号，填图单位，日期，分段路线距离，点间累计距离，路线方向，备注，批注说明，分段路线描述文件名（XML文本格式）}。

R［空间位置］（GIS图层）。

（3）B过程

B［描述属性］{图幅编号，☆路线号，☆地质点号，☆B编号，☆R编号，纵坐标，横坐标，高程，经度，纬度，右边地质体，左边地质体，界线类型，走向，倾向，倾角，接触关系，国标码，备注，日期，右边地质体批注，左边地质体批注，界线类型批注，接触关系批注，点间界线描述文件名（XML文本格式）}。

B［空间位置］（GIS图层）。

在上述结构化模型中，通过语义粒度和描述粒度的结构化解决了解释数据采集的问题，如在填图单位的字典中，在不同比例尺的地质填图中，填图单位大可到“界”，小可到“层”或岩性“层”。地质界线也同样如此。

PRB数据模型不仅能够满足区域地质调查野外数据采集所需要的计算机处理最基本的结构化信息，而且能够保证地质学者不受约束地采全、采准野外观察数据。

7.1.2 地质路线PRB的基本过程组合的规则

地质定点（P）、分段路线观察（R）、点和点间界线（B）的描述是地质填图野外路线地质调查过程最基本的过程。地质点POINT（P）过程是指对野外路线所通过的地质界线、重要接触关系、重要地质构造或重要地质现象等进行地质观测点控制的过程。分段路线ROUTE（R）过程是2个地质观测点之间的实际分段路线描述记录的控制过程。该实际路线根据2个地质观测点之间的内容和变化进行分段描述，该变化可以是2个地质实体的界线的变化，也可以是1个地质实体的内部变化。点上和点间界线BOUNDARY（B）过程是依赖于ROUTE的过程，是对2段ROUTE之间的界线进行分段描述，该界线可以是2个地质实体的界线，也可以是1个地质实体的内部变化界线。BOUNDARY过程在室内PRB的过程中是地质连图的重要依据。在一条路线地质调查中，点和点间界线（B）加上分段路线的组合足以描述任意类型的地质对象，从空间拓扑关系来说，一条路线所穿过的地质体不足以构成面，因而地质定点（P）、分段路线观察（R）、点和点间界线（B）过程是组成路线的最小单位，一条完整的地质观察路线就是PRB最小组合单位的循环。

在PRB过程粒度的划分中，通过建立PRB的基本过程组合的规则（the combinatorial rule of whole PRB process）来满足不同复杂程度的填图工作。其描述PRB的基本过程组合的规则为：地质点P过程是PRB过程的核心。分段路线ROUTEEG过程、点间界线BOUNDARY过程必须隶属P过程。一个P过程可以有1个至N个R过程和0个至n个B过程。一个R过程可以有0个或1个以上的B过程。图7.3是野外PRB划分的几种方式。

从图7.3野外PRB划分的几种方式可以看出，PRB过程是路线地质调查的最小组合单位。一条野外路线可由若干个最小单元组合而成，可由地质人员任意组合。其组合模式可以归纳为以下3种最小单元的组合模式。模式一：P适合地质填图野外填图中的补点工作；模式二：P-R-P，P-（B）-R-（B）-P，P-P适合地质内容复杂程度中等的填图工作；模式三：P-（B1，B2，…）-R-（B1，B2，…）-P适合地质内容复杂程度大的填图工作。

综上所述，PRB 的最小粒度的确定和划分不但没有改变传统的地质观察路线的工作模式，而且规范化、数字化了数字填图野外路线观测的过程，同时又增大了描述地质路线的灵活性，地质人员可以通过 P 和 R 与 B 的任意组合，对野外路线观察的任何对象、观察路线进行无缝的描述。

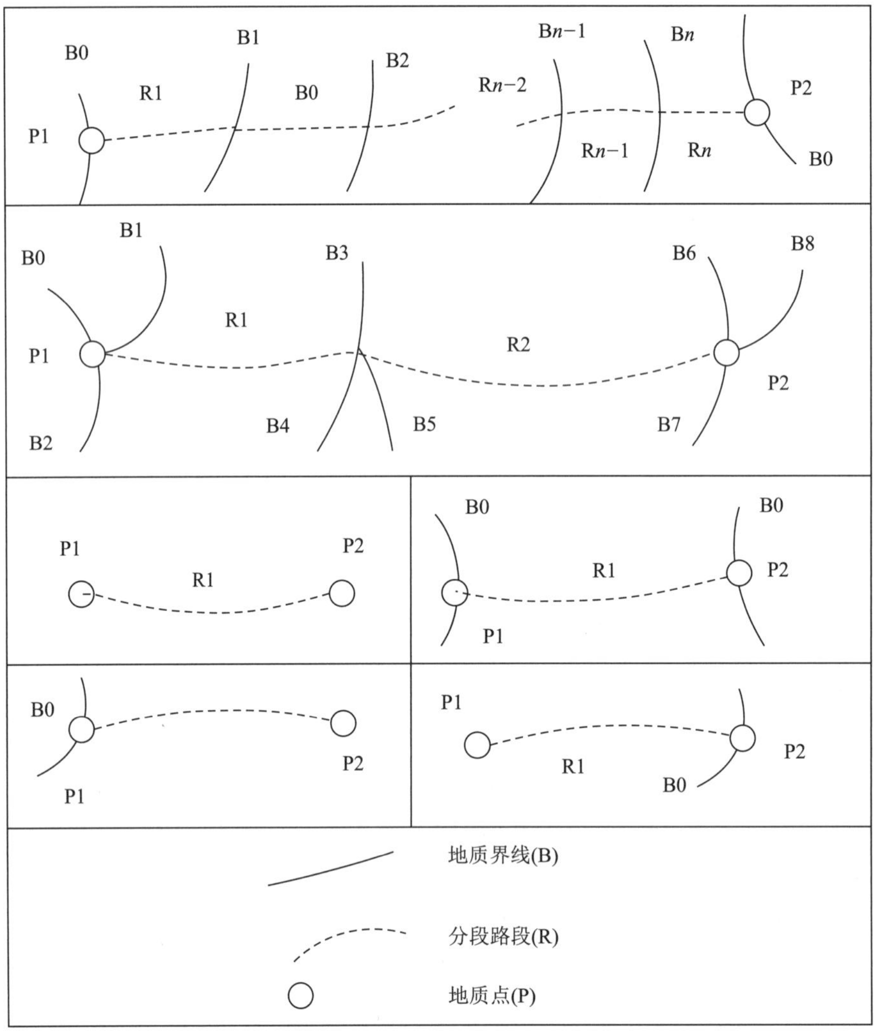

图 7.3　PRB 的基本过程组合的规则

7.1.3　地质路线 PRB 数据结构化与非结构化表达实例

该实例以 1∶50000 区域地质填图（镇前幅 G50E005021）为例。具体的野外路线记录（数据采集）为镇前甲幅 G50F009041，1∶2.5 万实际材料图的 L1012 路线。该数据由福建省地质调查研究院提供，是真实的野外采集数据。

该路线长度为 9817.81 m，由 17 个地质点，28 个样品点，21 个产状点，3 个素描点和 39 个照片点组成。该路线经过的地层有下白垩统黄坑组上段、下白垩统寨下组上段及上侏罗统南园组第二段。下白垩统黄坑组上段主要见到英安质含角砾晶屑熔结凝灰岩。下白垩统寨下组上段主要见到凝灰质砂砾岩、凝灰质砂岩、粗面岩、粗面质晶屑凝灰岩、英安质含角砾晶屑熔结凝灰岩、流纹质晶屑熔结凝灰岩等。上侏罗统南园组第二段主要见到灰白色流纹质晶屑凝灰岩和灰黑色硅质泥岩。另外在点 D1025 与 D1026 点处可见到断层经过的迹象，推测有断层由这两点处经过。

该地质路线 PRB 数据结构化数据见图 7.4 至图 7.6（本处只列出地质点 P、分段路线 R 和点间界线 B 数据）。地质路线的 PRB 数据非结构化表达，即 PRB 数据按传统的野外手簿记录方式输出可参见 5.1 节内容。

（1）地质点 P 数据库主要结构与内容（图 7.4）

ID	ROUTECO	GEOPOINT	ALTITUDE	XX	YY	OUTCROP	TYPE	GEOMORF	WEATHING	LITHO_A	LITHO_B	LITHO_C	STRAPHA	STRAPHB	STRAPHC	STRARAB	STRARBC	STRARAC
1	L1012	D1012	811.00	698408.40	3017057.80	天然好	岩性控制点	小路边	中等风化	灰紫色英安质含角砾晶屑弱熔结凝灰岩			K@1h$2					
2	L1012	D1013	845.10	698972.00	3017095.20	人工中	界线点	公路壁	中等风化	灰紫色英安质含角砾晶屑熔结凝灰岩	凝灰质砂砾岩		K@1h$2	K@1z$1		接触关系不明		
3	L1012	D1014	928.70	699209.70	3017242.20	人工好	界线点	公路壁	中等风化	灰紫色凝灰质砂砾岩	粗面质流纹质晶屑凝灰岩		K@1z$2	K@1z$2		相变接触		
4	L1012	D1015	937.70	699195.00	3017357.00	人工中	界线点	公路壁	中等风化	灰紫色凝灰质砂砾岩	灰紫色英安质角砾、含角砾晶屑熔结凝灰岩		K@1z$2	K@1z$2		相变接触		
5	L1012	D1016	957.20	699493.60	3017462.10	人工好	界线点	公路壁	中等风化	灰紫色流纹质晶屑熔结凝灰岩	灰色凝灰质砂砾岩		K@1z$2	K@1z$2		相变接触		
6	L1012	D1017	1080.00	699723.50	3017364.00	人工好	界线点	公路壁	中等风化	浅灰绿色凝灰质砂砾岩	灰紫色流纹质含角砾晶屑熔结凝灰岩		K@1z$2	K@1z$2		接触关系不明		
7	L1012	D1018	1084.00	699850.20	3017655.30	人工好	岩性分界点	公路壁	强风化	灰红色粗面质晶屑凝灰岩	灰黄色粗面岩		K@1z$2	K@1z$2		相变接触		
8	L1012	D1019	1062.10	700202.00	3018447.70	人工好	岩性控制点	公路壁	强风化	粗面岩			K@1z$2					
9	L1012	D1020	1038.30	700458.80	3018530.00	人工好	岩性分界点	公路壁	中等风化	灰紫色粗面岩	灰紫色粗面质晶屑熔结凝灰岩		K@1z$2	K@1z$2		平行不整合接触		
10	L1012	D1021	1048.70	701110.90	3018803.20	人工中	界线点	公路壁	强风化	灰紫色粗面质含角砾晶屑凝灰岩	灰紫色粗面岩		K@1z$2	K@1z$2		相变接触		
11	L1012	D1022	1026.30	701346.20	3018808.50	天然中	岩性分界点	公路壁	中等风化	灰紫色粗面岩	灰紫色英安质晶屑凝灰岩		K@1z$2	K@1z$2		相变接触		
12	L1012	D1023	1020.80	701734.10	3018815.60	人工好	岩性分界点	公路壁	中等风化	灰紫色英安质晶屑凝灰岩	灰紫色粗面岩		K@1z$2	K@1z$2		相变接触		
13	L1012	D1024	994.80	702694.30	3018724.80	天然中	岩性分界点	公路壁	中等风化	灰紫色粗面岩	灰紫色粗面质晶屑凝灰岩		K@1z$2	K@1z$2		相变接触		
14	L1012	D1025	981.20	703158.00	3018595.40	天然好	断层观测点	公路壁	弱风化	灰紫色粗面岩	灰色硅化流纹质晶屑凝灰岩		K@1z$2	J@3n$2		断层接触		
15	L1012	D1026	975.80	703356.60	3018135.00	人工好	断层观测点	公路壁	中等风化	流纹质晶屑凝灰岩			J@3n$2			断层接触		
16	L1012	D1027	972.00	704552.10	3017493.40	天然中	岩性分界点	公路壁	中等风化	灰白色流纹质晶屑凝灰岩	灰黑色硅质泥岩	灰白色流纹质晶屑凝灰岩	K@1z$2	K@1z$2	J@3n$2		相变接触	相变接触
17	L1012	D1028	990.00	704892.70	3017220.80	人工好	岩性控制点	公路壁	中等风化	灰白色流纹质晶屑凝灰岩			J@3n$2					

图 7.4　地质点数据库主要结构与内容

（2）地质路线分段路线 R 数据库主要结构与内容（图 7.5）

ID	ROUTECO	GEOPOINT	R_CODE	STRAPHA	LITHO	DATE	DISTANCE	DIRECTION	SUM_L	PSTRAPHA	PLITHO	GeoDesc
3	L1012	D1012	1	K@1h$2	灰紫色英安质含角砾晶屑熔结凝灰岩	20121009	631.15	86.38	631.15			1:0+631.15米,方位86.38度:631.15米 沿途为断续的人工露头，局部有覆盖，其岩性为灰紫色英安质含角砾晶屑熔结凝灰岩，沿途开始有段风化较强，基本为全风化，从该点至下一点熔结越来越发育
4	L1012	D1013	1	K@1z$1	灰紫色凝灰质砂砾岩	20120929	281.77	58.51	281.77			1:0+281.77米,方位58.51度:281.77米 沿途为断续的人工露头，其岩性为灰紫色凝灰质砂砾岩
5	L1012	D1014	1	K@1z$2	灰色凝灰质砂砾岩	20121009	118.12	352.48	118.12	K@1z$2	石英二长斑岩	1:0+118.12米,方位352.48度:118.12米 沿途为较好的人工露头，开始为粗面质晶屑凝灰岩，其后变为凝灰质砂砾岩
6	L1012	D1015	1	K@1z$2	灰紫色英安质角砾晶屑熔结凝灰岩	20121009	276.76	70.70	276.76	K@1z$2	流纹质晶屑熔结凝灰岩	1:0+276.76米,方位70.70度:276.76米 沿途为断续的人工露头，其岩性为灰紫色英安质含角砾晶屑熔结凝灰岩，风化弱，岩石硬度较大
7	L1012	D1015	2	K@1z$2	灰紫色流纹质含角砾晶屑熔结凝灰岩	20121009	50.81	66.80	327.57			2:276.76+50.81米,方位66.80度:327.57米 沿途为断续的人工露头，其岩性为灰紫色流纹质含角砾晶屑熔结凝灰岩，风化弱，岩石硬度较大
8	L1012	D1016	1	K@1z$2	灰绿色凝灰质砂岩	20120929	302.15	113.60	302.15	K@1z$2	流纹质晶屑熔结凝灰岩	1:0+302.15米,方位113.60度:302.15米 沿途为断续的露头和少量的残块，其岩性为灰绿色凝灰质砂岩
9	L1012	D1017	1	K@1z$2	灰紫色流纹质含角砾晶屑熔结凝灰岩	20121009	109.75	16.82	109.75			1:0+109.75米,方位16.82度:109.75米 沿途为断续的露头和大量的残块，其岩性为灰紫色流纹质含角砾晶屑熔结凝灰岩。
10	L1012	D1017	2	K@1z$2	灰绿色火山角砾岩	20121009	125.90	26.57	235.65			2:109.75+125.90米,方位26.57度:235.65米 沿途为断续的露头，其岩性为灰绿色火山角砾岩，风化较弱，硬度较大
11	L1012	D1017	3	K@1z$2	灰红色粗面质含角砾晶屑凝灰岩	20121009	90.41	25.49	326.06	K@1z$2	英安岩	3:235.65+90.41米,方位25.49度:326.06米 沿途为断续的露头和大量的残块，其岩性为灰红色粗面质含角砾晶屑凝灰岩
12	L1012	D1018	1	K@1z$2	灰色粗面岩	20121009	1117.11	23.80	1117.11	K@1z$4	粗面岩	1:0+1117.11米,方位23.80度:1117.11米 沿途为断续的人工露头，其岩性为灰色的粗面岩，风化较弱，局部风化面上有少量的褐铁矿化、铁锰矿化
13	L1012	D1019	1	K@1z$2	灰色粗面岩	20121009	247.57	73.77	247.57			1:0+247.57米,方位73.77度:247.57米 沿途为断续侧露头，其岩性为灰色的粗面岩
14	L1012	D1020	1	K@1z$2	灰紫色粗面质含角砾晶屑凝灰岩	20121009	723.93	67.67	723.93	K@1z$2	粗面岩	1:0+723.93米,方位67.67度:723.93米 沿途为断续的人工露头，其岩性为灰紫色粗面质含角砾晶屑凝灰岩，风化较弱，岩石硬度较大。
15	L1012	D1021	1	K@1z$2	灰紫色粗面岩	20121009	233.57	87.97	233.57	K@1z$2	粗面岩	1:0+233.57米,方位87.97度:233.57米 沿途为断续的人工露头，局部掩盖，其岩性为灰紫色粗面岩，风化较弱，岩石硬度较大
16	L1012	D1022	1	K@1z$2	灰紫色英安质晶屑凝灰岩	20121009	412.81	89.30	412.81	K@1z$2	粗面岩	1:0+412.81米,方位89.30度:412.81米 沿途为断续的人工露头，其岩性为灰紫色英安质晶屑凝灰岩，风化弱，岩石硬度大。
17	L1012	D1023	1	K@1z$2	灰紫色粗面岩	20121009	1045.42	95.09	1045.42			1:0+1045.42米,方位95.09度:1045.42米 沿途为连续的人工露头，露头较好，其岩性为灰紫色粗面岩
18	L1012	D1024	1	K@1z$2	灰紫色粗面质晶屑弱熔结凝灰岩	20121009	389.87	115.49	389.87	K@1z$2	粗面岩	1:0+389.87米,方位115.49度:389.87米 沿途为断续的人工露头，其岩性为灰紫色粗面质晶屑弱熔结凝灰岩，风化较弱，岩石硬度较大
19	L1012	D1024	2	K@1z$2	灰紫色粗面岩	20121009	114.43	72.73	504.30	K@1ξοπ	正长斑岩	2:389.87+114.43米,方位72.73度:504.30米 沿途为连续的人工露头，其岩性为灰紫色粗面岩，风化较弱，岩石硬度较大
20	L1012	D1025	1	J@3n$2	灰色流纹质晶屑凝灰岩	20121009	700.14	157.31	700.14	J@3n$2	流纹质晶屑弱熔结凝灰岩	1:0+700.14米,方位157.31度:700.14米 沿途为连续的露头，其岩性为灰色流纹质晶屑凝灰岩，硅化较强，由于受构造影响，节理面发生弯
21	L1012	D1026	1	J@3n$2	灰色流纹质晶屑凝灰岩	20121009	103.00	175.04	103.00			1:0+103.00米,方位175.04度:103.00米 沿途为灰白色流纹质晶屑凝灰岩，可见断续的露头，风化较弱，岩石硬度较大
22	L1012	D1026	2	J@3n$2	灰黑色硅质泥岩	20121009	86.73	170.54	189.74	J@3n$2	灰黑色硅质泥岩	2:103.01+86.73米,方位170.54度:189.74米 沿途为断续的露头，其岩性为灰黑色硅质泥岩，风化较弱，岩石硬度较大
23	L1012	D1026	3	J@3n$2	灰白色流纹质晶屑凝灰岩	20121009	1272.86	110.52	1462.59	J@3n$2	流纹质晶屑角砾凝灰岩	3:189.73+1272.86米,方位110.52度:1462.59米 沿途为灰白色流纹质晶屑凝灰岩，可见断续的露头，风化较弱，岩石硬度较大,局部见有凝灰质砂岩、泥岩夹层
24	L1012	D1027	1	J@3n$2	灰白色流纹质晶屑凝灰岩	20120929	442.14	128.93	442.14	J@3n$2	含硅质泥岩	1:0+442.14米,方位128.93度:442.14米 沿途为断续的露头，其岩性为灰白色流纹质晶屑凝灰岩，风化弱，硬度大

图 7.5　地质路线分段路线 R 数据库主要结构与内容

（3）地质路线点和点间界线 B 数据库主要结构与内容（图 7.6）

ID	ROUTECO	GEOPOINT	SUBPOINT	R_CODE	RIGHT_BO	LEFT_BOD	TYPE	RELATIO	DATE	GeoDesc
2	L1012	D1017	1	2	K@1z$2	K@1z$2	相变接触界线	相变接触	20101115	界线南西侧为流纹质含角砾晶屑熔结凝灰岩，呈紫色、灰紫色，具假流纹构造，熔结凝灰结构，主要由晶屑、岩屑、浆屑及火山灰组成，晶屑主要为长石、石英，含量约10%，岩屑含量约3%，浆屑含量约5%，定向排列，其余为胶结物火山灰，露头较好，有一定的风化，发育有少量的高岭土化等矿化蚀变。界线北东侧为火山角砾岩，呈灰绿色，具块状构造，角砾状结构。胶结物呈灰绿色，主要为火山灰，角砾呈红色、浅红色，棱角状、次棱角状，含量约70%，大小约0.5cm-10cm，露头较好，中等风化。二者间为相变接触关系
3	L1012	D1026	0	1	J@3n$2	J@3n$2	断层接触界线	断层接触	20120521	为一深沟，沟南东侧可见有硅化石英脉发育，另外还可见大量的断层角砾岩，两侧的岩石还可见大量的片理化，矿化蚀变主要有硅化、绿泥石化，推测有断层经过。两侧为硅化流纹质晶屑凝灰岩，呈灰色、浅灰色，具块状构造，凝灰质结构，主要由晶屑、岩屑及火山灰组成。发育有较强的硅化，岩石风化弱，硬度大。另外流纹质晶屑凝灰岩受构造影响，发育有较强的褶皱变形，推测有断层经过
4	L1012	D1013	0	1	K@1z$1	K@1h$2	接触关系不明	接触关系不明	20120929	界线南西侧为英安质含角砾晶屑熔结凝灰岩，呈灰紫色、浅灰紫色，具块状构造，凝灰质结构，主要由角砾、晶屑、岩屑、浆屑及火山灰组成。可见较好的人工露头，风化较弱，岩石硬度较大。界线北东侧为凝灰质砂砾岩，呈紫红色、灰紫色，具块状构造，砂砾状结构，主要由砾石和火山灰组成，砾石含量约60%。大小不一，大者可达50cm，其成分主要为英安质晶屑熔结凝灰岩、花岗岩等，成分较为复杂，胶结物为火山灰。可见较好的人工露头，风化较弱，岩石硬度较大
5	L1012	D1014	0	1	K@1z$1	K@1z$1	相变接触界线	相变接触	20120521	界线南西侧为凝灰质砂砾岩，呈紫红色、灰紫色，具块状构造，砂砾状结构，主要由砾石和火山灰组成，砾石含量约60%。大小不一，大者可达50cm，其成分主要为英安质晶屑熔结凝灰岩、花岗岩等，成分较为复杂，胶结物为火山灰。可见较好的人工露头，风化较弱，岩石硬度较大。界线北东侧为粗面质晶屑凝灰岩，呈紫红色、灰紫色，具块状构造，凝灰质结构，主要由晶屑和火山灰组成，晶屑主要成分为钾长石，含量约5%，大小约0.3cm左右。其余为胶结物火山灰，可见较好的人工露头，风化较弱，硬度较大
6	L1012	D1015	0	1	K@1z$2	K@1z$2	相变接触界线	相变接触	20101115	界线南西侧为英安质角砾、含角砾晶屑熔结凝灰岩，呈紫色、灰紫色，具假流纹构造，熔结凝灰质结构。主要由角砾、晶屑、玻屑、浆屑及火山灰组成，角砾成分不明，一般小于1cm，含量约8%，晶屑主要为长石和少量的暗色矿物，含量约5%，玻屑含量约5%，晶屑含量约8%，其余为胶结物火山灰。可见较好的人工露头，风化较弱，岩石硬度较大。界线北东侧为流纹质含角砾晶屑熔结凝灰岩，呈紫红色、灰紫色，具假流纹构造，熔结凝灰结构，主要由角砾、晶屑、浆屑及火山灰组成。角砾含量较少，偶见个别，晶屑主要由石英、长石等组成。浆屑含量较多，约15%，定向排列清楚，产状变化较大。二者间推测为相变接触
7	L1012	D1015	0	1	K@1h$2	K@1h$2	相变接触界线	相变接触	20101115	界线南西侧为英安质角砾、含角砾晶屑熔结凝灰岩，呈紫色、灰紫色，具假流纹构造，熔结凝灰质结构。主要由角砾、晶屑、玻屑、浆屑及火山灰组成，角砾成分不明，一般小于1cm，含量约8%，晶屑主要为长石和少量的暗色矿物，含量约5%，玻屑含量约5%，晶屑含量约8%，其余为胶结物火山灰。可见较好的人工露头，风化较弱，岩石硬度较大。界线北东侧为流纹质含角砾晶屑熔结凝灰岩，呈紫红色、灰紫色，具假流纹构造，熔结凝灰结构，主要由角砾、晶屑、浆屑及火山灰组成。角砾含量较少，偶见个别，晶屑主要由石英、长石等组成。浆屑含量较多，约15%，定向排列清楚，产状变化较大。二者间推测为相变接触
8	L1012	D1016	0	1	K@1z$2	K@1z$2	接触关系不明	接触关系不明	20101115	界线南西侧为流纹质含角砾晶屑熔结凝灰岩，呈紫红色、灰紫色，具假流纹构造，熔结凝灰结构，主要由角砾、晶屑、浆屑及火山灰组成。角砾含量较少，偶见个别，晶屑主要由石英、长石等组成。浆屑含量较多，约15%，定向排列清楚，产状变化较大。界线北东侧为凝灰紫色砂岩，呈灰绿色、浅灰绿色，具层状构造，成层性较好，可见凝灰质砂砾岩与凝灰质砂岩互层，层厚约20-40cm，砂状结构，主要由火山灰和火山碎屑组成
9	L1012	D1017	0	1	K@1z$2	K@1z$2	接触关系不明	接触关系不明	20101115	界线南西侧为凝灰紫色砂岩，呈灰绿色、浅灰绿色，具层状构造，成层性较好，可见凝灰质砂砾岩与凝灰质砂岩互层，层厚约20-40cm，砂状结构，主要由火山灰和火山碎屑组成。界线北东侧为流纹质含角砾晶屑熔结凝灰岩，呈紫色、灰紫色，具假流纹构造，熔结凝灰结构，主要由晶屑、岩屑、浆屑及火山灰组成，晶屑主要为长石、石英，含量约10%，岩屑含量约3%，浆屑含量约5%，定向排列，其余为胶结物火山灰，露头较好，有一定的风化，发育有少量的高岭土化等矿化蚀变
10	L1012	D1017	2	3	K@1z$2	K@1z$2	相变接触界线	相变接触	20101115	界线南西侧为火山角砾岩，呈灰绿色，具块状构造，角砾状结构。胶结物呈灰绿色，主要为火山灰，角砾呈红色、浅红色，棱角状、次棱角状，含量约70%，大小约0.5cm-10cm，露头较好，中等风化。界线北东侧为粗面质含角砾晶屑熔结凝灰岩，呈浅红色、浅肉红色，具块状构造，凝灰质结构。主要由角砾、晶屑及火山灰组成，角砾量很少，约5%，成分不明，已风化。晶屑主要为钾长石，呈肉红色。其余为胶结物火山灰。可见较好的人工露头，风化较弱。二者间为相变接触关系
11	L1012	D1018	0	1	K@1z$2	K@1z$2	相变接触界线	相变接触	20101115	界线南西侧为粗面质含角砾晶屑熔结凝灰岩，呈浅红色、浅肉红色，具块状构造，凝灰质结构。主要由角砾、晶屑及火山灰组成，角砾量很少，约5%，成分不明，已风化。晶屑主要为钾长石，呈肉红色。其余为胶结物火山灰。可见较好的人工露头，风化较弱。界线北东侧为粗面岩，呈灰色、灰黄色，具块状构造，斑状结构，基质具隐晶质结构，斑晶主要为钾长石，含量约15%，大小约0.4cm左右，可见较好的人工露头，风化较弱，风化面上局部呈灰黑色、褐色，推测有少量的褐铁矿化、铁锰矿化
12	L1012	D1020	0	1	K@1z$2	K@1z$2	相变接触界线	相变接触	20101115	界线南西侧粗面岩，呈灰色、灰黄色，具块状构造，斑状结构，基质具隐晶质结构，斑晶主要为钾长石，含量约15%，大小约0.4cm左右，可见较好的人工露头，风化较弱，风化面上局部呈灰黑色、褐色，推测有少量的褐铁矿化、铁锰矿化。界线北东侧为粗面质含角砾晶屑凝灰岩，呈紫色、灰紫色，具块状构造，凝灰质结构，主要由晶屑、角砾及火山灰组成，角砾含量很少，约3%，大小一般为1cm左右，呈棱角状。晶屑主要为钾长石，呈肉红色、浅肉红色，含量约15%，其余为火山灰。露头较好，可见较好的人工露头，风化较弱
13	L1012	D1021	0	1	K@1z$2	K@1z$2	相变接触界线	相变接触	20101115	界线西侧为粗面质含角砾晶屑凝灰岩，呈紫色、灰紫色，具块状构造，凝灰质结构，主要由晶屑、角砾及火山灰组成，角砾含量很少，约3%，大小一般为1cm左右，呈棱角状。晶屑主要为钾长石，呈肉红色、浅肉红色，含量约15%，其余为火山灰。露头较好，可见较好的人工露头，风化较弱，岩石硬度较大。界线东侧粗面岩，呈灰色、灰黄色，具块状构造，斑状结构，基质具隐晶质结构，斑晶主要为钾长石，含量约15%，大小约0.4cm左右，可见较好的人工露头，风化较弱，风化面上局部呈灰黑色、褐色，推测有少量的褐铁矿化、铁锰矿化
14	L1012	D1022	0	1	K@1z$2	K@1z$2	相变接触界线	相变接触	20101115	界线西侧粗面岩，呈灰色、灰黄色，具块状构造，斑状结构，基质具隐晶质结构，斑晶主要为钾长石，含量约15%，大小约0.4cm左右，可见较好的人工露头，风化较弱，风化面上局部呈灰黑色、褐色，推测有少量的褐铁矿化、铁锰矿化。 界线东侧为英安质晶屑凝灰岩，呈紫色、灰紫色，具块状构造，凝灰质结构。主要由晶屑、岩屑及火山灰组成，晶屑主要为钾长石和暗色矿物，含量约15%，岩屑含量约5%，成分复杂，其余为胶结物火山灰，风化较弱，岩石硬度较大
15	L1012	D1023	0	1	K@1z$2	K@1z$2	相变接触界线	相变接触	20101115	界线西侧为英安质晶屑凝灰岩，呈紫色、灰紫色，具块状构造，凝灰质结构。主要由晶屑、岩屑及火山灰组成，晶屑主要为钾长石和暗色矿物，含量约15%，岩屑含量约5%，成分复杂，其余为胶结物火山灰，风化较弱，岩石硬度较大。界线东侧粗面岩，呈灰色、灰黄色，具块状构造，斑状结构，基质具隐晶质结构，斑晶主要为钾长石，含量约15%，大小约0.4cm左右，可见较好的人工露头，风化较弱，风化面上局部呈灰黑色、褐色，推测有少量的褐铁矿化、铁锰矿化
16	L1012	D1024	0	1	K@1z$2	K@1z$2	相变接触界线	相变接触	20101115	界线西侧粗面岩，呈灰色、灰黄色，具块状构造，斑状结构，基质具隐晶质结构，斑晶主要为钾长石，含量约15%，大小约0.4cm左右，可见较好的人工露头，风化较弱，风化面上局部呈灰黑色、褐色，推测有少量的褐铁矿化、铁锰矿化。界线东侧为粗面质晶屑弱熔结凝灰岩，呈紫红色、灰紫色，具块状构造，凝灰质结构。主要由晶屑、浆屑及火山灰组成，晶屑主要为钾长石和少量的暗色矿物，含量约10%，其余为胶结物火山灰，浆屑呈定向排列。露头较好，风化较弱，岩石硬度较大
17	L1012	D1024	1	2	K@1z$2	K@1z$2	相变接触界线	相变接触	20121009	点北西侧为粗面质晶屑弱熔结凝灰岩，呈紫红色、灰紫色，具块状构造，凝灰质结构。主要由晶屑、浆屑及火山灰组成，晶屑主要为钾长石和少量的暗色矿物，含量约10%，其余为胶结物火山灰，浆屑呈定向排列。露头较好，风化较弱，岩石硬度较大。点处及点东南侧粗粗面岩，局部可见宽约10cm的方解石脉，呈白色、灰白色。岩石呈灰色、灰黄色，具块状构造，斑状结构，基质具隐晶质结构，斑晶主要为钾长石，含量约15%，大小约0.4cm左右，可见较好的人工露头，风化较弱，风化面上局部呈灰黑色、褐色，推测有少量的褐铁矿化、铁锰矿化。二者间为相变接触关系
18	L1012	D1025	0	1	J@3n$2	K@1z$2	断层接触界线	断层接触	20120521	界线北西侧为粗面岩，岩石呈灰色、灰黄色，具块状构造，斑状结构，基质具隐晶质结构，斑晶主要为钾长石，含量约15%，大小约0.4cm左右，可见较好的人工露头，风化较弱。界线南东侧为硅化流纹质晶屑凝灰岩，呈灰色、浅灰色，具块状构造，凝灰质结构，主要由晶屑、岩屑及火山灰组成。发育有较强的硅化，岩石风化弱，硬度大。另外流纹质晶屑凝灰岩受构造影响，发育有较强的褶皱变形
19	L1012	D1026	1	2	J@3n$2	J@3n$2	相变接触界线	相变接触	20101115	界线北西侧为硅化流纹质晶屑凝灰岩，呈灰色、浅灰色，具块状构造，凝灰质结构，主要由晶屑、岩屑及火山灰组成。露头加好，岩石风化弱，硬度较大。界线南东侧为硅质泥岩，呈黑色、灰黑色，具块状构造，泥质结构。岩石硬度较大，小刀刻不动。泥岩中发育有细小的石英脉，风化较弱，岩石硬度较大。二者间未见直接接触，推测为相变接触
20	L1012	D1026	2	3	J@3n$2	J@3n$3	相变接触界线	相变接触	20101115	界线北西侧为硅质泥岩，呈黑色、灰黑色，具块状构造，泥质结构。岩石硬度较大，小刀刻不动。泥岩中发育有细小的石英脉，风化较弱，岩石硬度较大。界线南东侧为硅化流纹质晶屑凝灰岩，呈灰色、浅灰色，具块状构造，凝灰质结构，主要由晶屑、岩屑及火山灰组成。露头加好，岩石风化弱，硬度较大。二者间未见直接接触，推测为相变接触

图 7.6 地质路线点和点间界线 B 数据库主要结构与内容

7.2 地质路线填图对象知识标签构建

7.2.1 地质路线填图对象知识标签的分类粒度

地质人员经过地质填图和综合研究（包括地质理论、实验鉴定等相关的内容）给出的地质对象的分类和结论（如填图单位、岩性、构造、蚀变、岩脉）统称为地质填图对象知识。地质路线上的地质对象分类、空间分布形态、特征和关系是地质填图对象知识最直观的表达，也称PRB知识标签。它的分类粒度，是指对地质填图对象分类的粗细程度。

PRB可计算知识标签是深度学习建模重要的监督模型。因此PRB可计算知识标签的分类粒度应满足最原始的地质图是将各条填图路线中的各地质点、点和点间界线及分段路线，根据所观测到的内容（如岩性）的相似性合理地互相连接起来便圈绘出了填图区域内的地质体，形成地质图最基本的特点，考虑到地质路线所有的采集数据应尽可能地参与建模，又要与研究地质对象在空间位置和分类上紧密相关，同时又能适应和不约束地质人员对所关心的地质对象的表达，PRB知识标签的分类粒度从三个维度进行考虑：一是指根据填图比例尺精度，在地质路线上对所观察地质对象分类的详细程度，二是指地质对象在空间分布的大小，三是指组成一个类的样本数量多少。

通常按地质理论分类的主要地质填图对象分类粒度有：①填图单位分类的粒度：填图单位、非正式填图单位或填图单位的段；②按填图单位的岩性分类粒度（最细粒度）：可分为填图单位的每种岩性或岩性组合等，这也是最有意义最为常用的基础分类，也是本书选用的主要粒度；③按特征环境成因分类的粒度：如火山岩相、变质岩相等，通常可以在填图单位岩性的粒度上进行组合划分；④其他地质体的分类粒度：如断层破碎带、断层、蚀变、矿化带（点）、小岩脉、灾害点、溶洞等。在具体分类时，分类粒度应统一，同时避免分类交叉。

从空间表达的角度出发，地质填图对象在空间的大小也是作为分类的一个重要因素。由于支持识别小粒度填图地质对象的高精度数据获取相对比较困难，所以通常以最终地质图可以表达的对象作为分类依据。

从建模的角度出发，分类的样本应有一定的数量。根据深度学习建模的特点，要考虑尽可能获取标签的样本，才能保证模型的精度。因此，在制作知识标签时，要充分考虑地质对象在空间的大小的维度，即不同比例尺地质填图精度对最小地质对象填绘在图上的要求。如对于1：50000地质填图过程中，要求图上宽度大于1 mm长度大于2 mm的地质体标在手图上。建议对于过小的地质体需要斟酌考虑。一般来说，相同地质填图对象至少有3个以上样本组成一个类，否则舍弃。但如果是特殊地质对象，如标志层等，也可考虑少于3个样本组成一个分类。图7.7是地质路线地质点、分段路线、样品对地质对象分类的一个示例。

从图7.7，可以发现分类粒度有以下特点：

1）分类粒度主要是以每一个填图单位中的岩性为主。

2）分类粒度可以是除了填图单位的岩性，还可以是构造、蚀变等信息，如图7.7中的P@2-3e破碎带。

3）非常相近的定名可以组合成一个类，如图7.7中S@3c泥质粉砂岩和S@3c紫红色泥质粉砂岩。如果考虑颜色也是一个重要的分类信息，那么这两种岩性就应该分成2个类。

4）由于野外定名标准的差异或不同人员对岩性描述方面的差异，在综合分类时，根据具体情况（主要是根据野外观察的对比），可以考虑合并成一个类，避免由于描述的差异，导致岩性分类过细或代表性不强。如D@2hy白云岩夹泥岩和D@2hy白云岩夹薄层泥岩可以合并成一个类。

5）为了考虑各类样本的均衡性，尽量避免类之间的数量差别太大，导致两级风化，这种现象称为数据“长尾”现象，对建模精度的影响和泛化能力影响还是比较大的。通常做法就是把样本数量较多的类，依据粒度、颜色、蚀变、结构等特征进行再分成更细的类，有利于提高建模的精度。具体的实例可以参看第10章有关内容的讨论。

7.2.2 地质路线填图对象知识标签表的结构与内容

地质路线填图对象知识标签的结构就是把野外路线记录内容标签化，非数字填图的地质路线记录

ID	路线号	地质点号	采集方式	TYPE	XX	YY	PRB原始记录（填图单位+岩性组合标签）	整理后标签（填图单位+岩性分类）
10	L9690	D9699	地质点	岩性控制点	422940	3068068.13	T@1f$3砂岩夹泥岩	T@1f$3砂岩夹泥岩
11	L9690	D9700	地质点	岩性控制点	423833	3068415.84	T@1f$3砂岩夹泥岩	T@1f$3砂岩夹泥岩
12	L9690	D9701	地质点	岩性控制点	424441	3068493.92	T@1f$3砂岩夹泥岩	T@1f$3砂岩夹泥岩
5	L8690	D8694	地质点	岩性分界点	414885	3075545.36	T@1f$3砂岩夹粉砂岩	T@1f$3砂岩夹粉砂岩
7	L8690	D8696	地质点	岩性分界点	413989	3074437.31	T@1f$3砂岩夹粉砂岩	T@1f$3砂岩夹粉砂岩
162	L8650	D8659	地质点	岩性分界点	417287	3078208.91	T@1f$3砂岩夹粉砂岩	T@1f$3砂岩夹粉砂岩
35	L209	D0629	地质点	岩性控制点	401059	3075042.51	D@2hy白云岩夹薄层泥岩	D@2hy白云岩夹泥岩
33	L209	D0627	地质点	岩性控制点	401093	3074887.71	D@2hy白云岩夹泥岩	D@2hy白云岩夹泥岩
34	L209	D0628	地质点	岩性控制点	400999	3075001.48	D@2hy白云岩夹泥岩	D@2hy白云岩夹泥岩
11	L8160	D8170	地质点	岩性控制点	404231	3079060.57	S@3c泥质粉砂岩	S@3c泥质粉砂岩
1	L8230	D8230	地质点	岩性控制点	402139	3072984.27	S@3c泥质粉砂岩	S@3c泥质粉砂岩
1	L8240	D8240	地质点	岩性控制点	402018	3072826.23	S@3c泥质粉砂岩	S@3c泥质粉砂岩
4	L205	D0262	地质点	岩性控制点	402759	3076568.32	S@3c紫红色泥质粉砂岩	S@3c泥质粉砂岩
1	L205	D0260	地质点	岩性控制点	402980	3076418.18	S@3c紫红色泥质粉砂岩	S@3c泥质粉沙岩
15	L8215	D8229	地质点	岩性控制点	404331	3071157.36	S@3c紫红色泥岩偶夹灰绿色条带	S@3c泥岩夹砂岩
3	L8280	D8282	地质点	岩性控制点	403119	3074355.13	S@3c厚层状紫红色泥岩夹灰绿色砂岩	S@3c泥岩夹砂岩
12	L9200	D9208	分段路线	1	413139	3063936.695	T@3x$2砂岩夹泥质粉砂岩	T@3x$2砂岩夹泥质粉砂岩
12	L9200	D9208	分段路线	1	413182	3063917.001	T@3x$2砂岩夹泥质粉砂岩	T@3x$2砂岩夹泥质粉砂岩
12	L9200	D9208	分段路线	1	413225	3063934.885	T@3x$2砂岩夹泥质粉砂岩	T@3x$2砂岩夹泥质粉砂岩
12	L9200	D9208	分段路线	1	413267	3063957.37	T@3x$2砂岩夹泥质粉砂岩	T@3x$2砂岩夹泥质粉砂岩
12	L9200	D9208	分段路线	1	413309	3063936.31	T@3x$2砂岩夹泥质粉砂岩	T@3x$2砂岩夹泥质粉砂岩
12	L9200	D9208	分段路线	1	413317	3063889.732	T@3x$2砂岩夹泥质粉砂岩	T@3x$2砂岩夹泥质粉砂岩
18	L8000	D8018	分段路线	1	413721	3077551.996	T@3x$2砂岩夹浅灰色薄层状泥质粉砂岩	T@3x$2砂岩夹泥质粉砂岩
18	L8000	D8018	分段路线	1	413737	3077506.271	T@3x$2砂岩夹浅灰色薄层状泥质粉砂岩	T@3x$2砂岩夹泥质粉砂岩
18	L8000	D8018	分段路线	1	413745	3077458.773	T@3x$2砂岩夹浅灰色薄层状泥质粉砂岩	T@3x$2砂岩夹泥质粉砂岩
18	L8000	D8018	分段路线	1	413751	3077410.689	T@3x$2砂岩夹浅灰色薄层状泥质粉砂岩	T@3x$2砂岩夹泥质粉砂岩
9	L9740	D9748	分段路线	1	423125	3065195.791	T@3x$2砂岩夹浅绿色泥质粉砂岩	T@3x$2砂岩夹泥质粉砂岩
9	L9740	D9748	分段路线	1	423142	3065157.32	T@3x$2砂岩夹浅绿色泥质粉砂岩	T@3x$2砂岩夹泥质粉砂岩
9	L9740	D9748	分段路线	1	423158	3065118.36	T@3x$2砂岩夹浅绿色泥质粉砂岩	T@3x$2砂岩夹泥质粉砂岩
9	L9740	D9748	分段路线	1	423173	3065079.359	T@3x$2砂岩夹浅绿色泥质粉砂岩	T@3x$2砂岩夹泥质粉砂岩
9	L9740	D9748	分段路线	1	423191	3065041.144	T@3x$2砂岩夹浅绿色泥质粉砂岩	T@3x$2砂岩夹泥质粉砂岩
1	L9070	D9070	分段路线	1	412643	3066811.017	P@2-3e破碎带	破碎带(P@2-3e)
1	L9070	D9070	分段路线	1	412597	3066794.135	P@2-3e破碎带	破碎带(P@2-3e)
1	L9070	D9070	分段路线	1	412549	3066789.68	P@2-3e破碎带	破碎带(P@2-3e)
2	L8240	D8242	0	B标本	401867	3072378.2	D@1ps石英砂岩	D@1ps石英砂岩
1	L9275	D9277	0	B标本	402204	3064700.47	D@1ps石英砂岩	D@1ps石英砂岩
3	L8280	D8281	0	B标本	402685	3074326	D@1ps砂岩砾岩	D@1ps石英砂岩
5	L9070	D9078	采样	H基本化学分析样品	409879	3069389.36	P@3l$1灰绿色泥岩	P@3l$1泥岩
3	L9070	D9078	采样	H基本化学分析样品	409877	3069383.34	P@3l$1泥岩	P@3l$1泥岩
1	L9070	D9078	采样	H基本化学分析样品	409880	3069374.28	P@3l$1紫红色泥岩	P@3l$1泥岩

图 7.7　地质路线地质点、分段路线、样品对地质对象分类粒度示例

可参照该方法进行标签化。标签化的过程就是把各条填图路线中的各地质点、点和点间界线及分段路线，把所观测到的相同内容，形成一个对象的知识标签类，便于机器学习。其结构与内容设计见表 7.1。

表 7.1　地质路线地质填图对象知识标签的结构与内容与示例

字段代码	字段名与内容说明	备注
RouteCode	路线号	如 L0001
GeoPoint	地质点号	如 D0001
Acquisition ways	指样本的采集方式	主要方式有：地质点、地质分段路线、地质剖面等采样
Type	样本的具体采样类型	主要类型有：地质界线点、岩性控制点、断层点、构造点、分段路线号（与分段路线对应）、标本、薄片、岩石全分析样等
XX	XX 坐标值	高斯克里格横坐标值
YY	YY 坐标值	高斯克里格纵坐标值
Geological object Id（initial）	原始填图单位的代号+岩性名称	通常是填图单位地质代号+岩性，如：S1d 泥岩
Geological object Id（for modeling）	综合分析后确定的填图单位代号+岩性名称	可能会与原始的不同，主要是有些岩性进行合并处理，是计算建模分类的标签
RGB Value	填图单位+岩性组合色标 RGB 值	根据设色标准，如红色 RGB 值，255，0，0
RGB color	用 RGB 值的颜色填充	具体的 RGB 值

在建立标签样本表时除了遵循地质填图对象知识标签分类粒度的三个维度划分的要求，为考虑地质草图输出在图例和地质对象相邻关系尽可能与地质图保持一致，标签表的样本排列从上到下，总体上地质年代应从新到老，对应的分类样本数据应依序排序。图 7.8 是地质路线填图对象标签（地质点、分段路线、样品）的一个示例。

路线号	地质点号	采集方式	TYPE	XX	YY	原始填图单位+岩性组合标签	整理后填图单位+岩性分类计算标签	填图单位岩性RGB值	填图单位岩性色标
L8545	D8546	地质点	断层观测点	425508.79	3073093	D@2q灰岩夹泥岩	断层点(D)	255，0，0	
L205	D0273	地质点	断层观测点	401357.2	3077045	D@2st石英砂岩	断层点(D)		
L9520	D9525	地质点	构造观测点	416402.36	3068300	P@2-3e杏仁状玄武岩	断层点(P)		
L9180	D9180	地质点	构造观测点	407436.72	3064981	P@2@-@3e玄武岩	断层点(P)		
L9070	D9070	分段路线	1	412597.07	3066794	P@2-3e破碎带	破碎带(P@2-3e)	255，0，0	
L9070	D9070	分段路线	1	412549.01	3066790	P@2-3e破碎带	破碎带(P@2-3e)		
L9785	D9793	地质点	岩性分界点	418356.81	3064186	J@2sx$1紫红色粉砂岩	J@2sx$1粉砂岩	153,255,229	
L9135	D9148	地质点	岩性分界点	411985.29	3062133	J@1z紫红色泥岩夹泥质粉砂岩	J@1z泥岩夹泥质粉砂岩	127.255.229	
L8650	D8654	地质点	岩性控制点	415704.29	3078602	T@3x$2黄灰绿色页岩	T@3x$2页岩	255.242.242	
L8085	D8104	地质点	岩性控制点	412013.87	3074534	T@3x$2砂岩夹泥质粉砂岩	T@3x$2砂岩	255.242.242	
L8500	D8517	地质点	褶皱观测点	413845.31	3077223	T@3x$2砂岩	T@3x$2砂岩		
L8040	D8051	样品	B标本	410682.23	3073604	T@3x$1岩屑长石砂岩	T@3x$1岩屑长石砂岩	255,242,242	
L9530	D9539	分段路线	1	416879.81	3064325	J@2sx细粒石英砂岩	J@2sx石英砂岩	178.255.242	
L9530	D9539	分段路线	1	416909.72	3064285	J@2sx细粒石英砂岩	J@2sx石英砂岩		
L9635	D9635	分段路线	1	423312.56	3061711	P@2-3e玄武岩	P@2-3e玄武岩	242，191，0	
L9070	D9078	样品	基本化学分析样	409878.68	3069379	P@3l$1灰绿色凝灰岩	P@3l$1凝灰质泥岩	255,255,255	
L9070	D9078	样品	b薄片	409878.35	3069394	P@3l$1泥质粉砂岩	P@3l$1泥质粉砂岩	242，242，89	
L9045	D9050	样品	HS化石标本	403947.51	3069125	P@2q蜓	P@2q生物碎屑灰岩	242.229.76	

图 7.8　地质路线填图对象（地质点、分段路线、样品）标签的示例

地质路线 PRB 数据按填图单位岩性分类的标注，大大简化了地质对象标注的难度，提高了地质对象标注的自动化和效率，非常有利于地质人员的接受和操作，而不要计算机专业人员的参与，避免造成建模和应用两张皮的情况。该方法克服了一般建模方法，特别是监督建模方法，低效、烦琐、一般不具二次标注等方面的难点。由于地质路线 PRB 数据按填图单位岩性分类的标注完全可以自动化，因此，地质人员可以对填图区域重要的地质内容，如地质体空间分布形态、第四系盖层下基岩预测、古火山环状构造等内容补充地质路线数据，通过地质证据数据潜力来提高地质图预测模型学习、泛化能力及进度，更好地对工作图幅的危险区域、人工难以穿过的区域、覆盖严重的区域、地质复杂的区域进行预测，提高地质填图的精度、研究程度和效率。

7.3　地质路线 PRB 数据标签数据处理与生成方法

地质路线 PRB 数据标签数据处理与生成方法主要流程见图 7.9，具体实现原理、方法流程如下。

7.3.1　地质路线上地质点 P 及采样数据标注

地质路线是地质人员在野外观察直接获取的第一手地质数据。地质点是地质人员在通过前人研究资料、实测剖面和实地踏勘路线等综合研究基础上在野外实地定下的，加上地质点上的标本大多数都有岩性薄片鉴定，部分通过综合研究后期还会对地质点前期认识的批注，因此所得的地质信息可信度是比较高的也比较准确，因此作为深度学习的标签其依据是充分的。

地质点的点性分类有：填图单位界线控制点、岩性控制点、标志层控制点、岩相变化控制点、矿化带控制点、矿体控制点、岩体接触带控制点、蚀变带控制点、褶皱枢纽控制点、断层带控制点、节理观测点、片理观测点、劈理观测点、线理观测点、产状要素观测点、山地工程控制点、钻孔位观测点、地球化学勘探工作点、地球物理勘探工作点、水文工作点、地貌点、出土文物点、采样点、化石点、岩脉控制点、蚀变点、矿化点等。对于地质图成图模型的标签来说，最常用的为填图单位界线控制点、岩性控制点和采样点。填图单位界线控制点是地质填图最为重要的地质观察点之一，也是地质

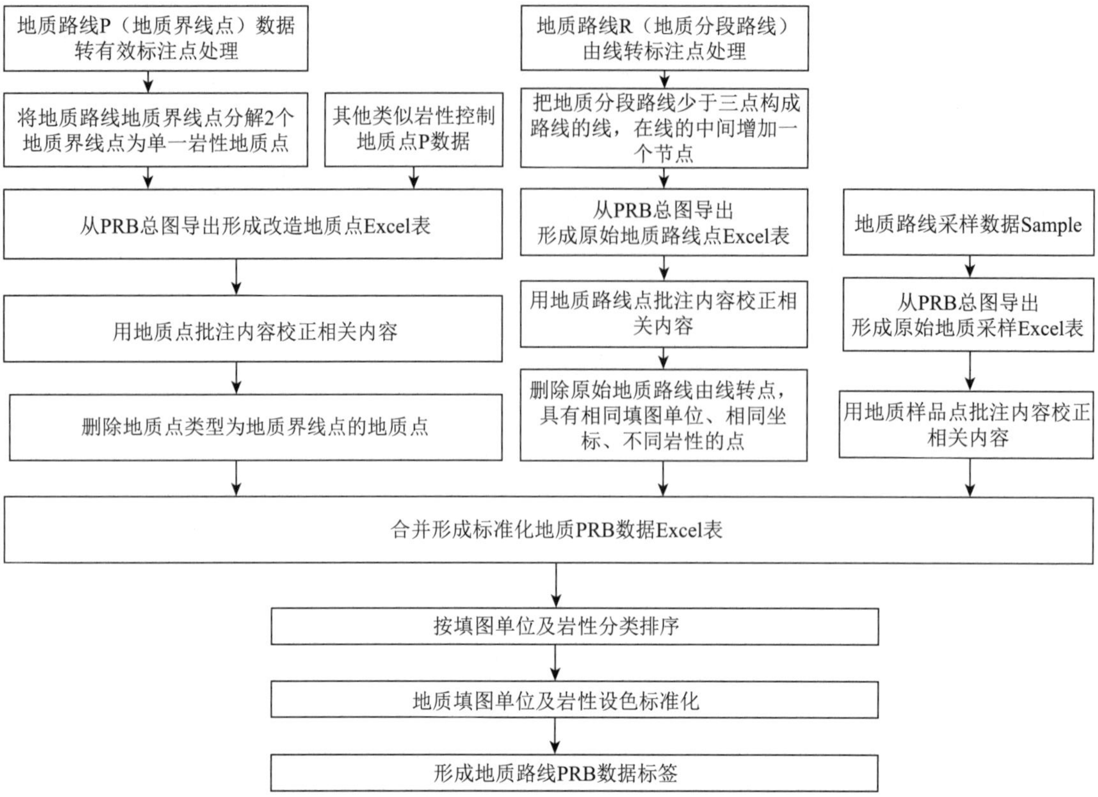

图 7.9　地质路线 PRB 数据标签数据处理与生成方法主要流程

连图的重要依据，在地质图填图中，这类地质点至少占全部地质点总数的 95%以上。

根据地质路线地质界线点 P 数据特点，如果要使这些数据可以充分利用，必须满足地质对象（如可按填图单位或填图单位的不同岩性分类）标注的要求，即每一位置只能有唯一的标志，不能出现一个位置为 A 又为 B（或 C）的情况，为此需要对地质界线点进行处理。为避免同一位置出现两个填图单位（即多义性），在制作标签时，需要通过地质员或软件依据地质定点的规则，把填图单位界线控制点分解两个（或多个）地质点，点性由界线点转为岩性点。即在填图单位界线控制点位置上，根据地质界线的方向，沿地质路线向各填图单位内各退回 *X*m 距离，增加类似岩性地质点的两个地质点，并用原地质点号的基础上采用-1，-2 区别，如图 7.10 箭头所示。

分解地质点一分为二退回距离的确定由填图精度确定。对于 1：5 万地质填图，根据地质定点的精度要求，野外调查工作中的地质观测点、线误差范围，一般不得大于 50 m。为此，分解地质界线点为单一地质填图单位点的距离如下公式计算：

$$X=D_{\min}$$

其中：X 为分解地质界线点为单一地质填图单位点的距离，m；$D_{\min}$ 为地质填图地质定点精度要求，m。

在分解地质界线点为单一地质填图单位点时，必须把相应的地质属性分别继承到对应的地质点上，最为重要的是填图单位名称、填图单位代号、填图单位点处岩性及分解后的位置。上述数据处理可以在数字填图系统中自动处理和实现。

其他类似的地质点也可参照此方法处理。如地质构造（断层点）。

通常在野外地质填图过程中，通过相邻路线的对比、薄片鉴定材料及综合分析，会对野外观察确定的填图单位或岩性进行修正，在填图中，专业人员称为批注。如果有批注内容，则在地质点批注内

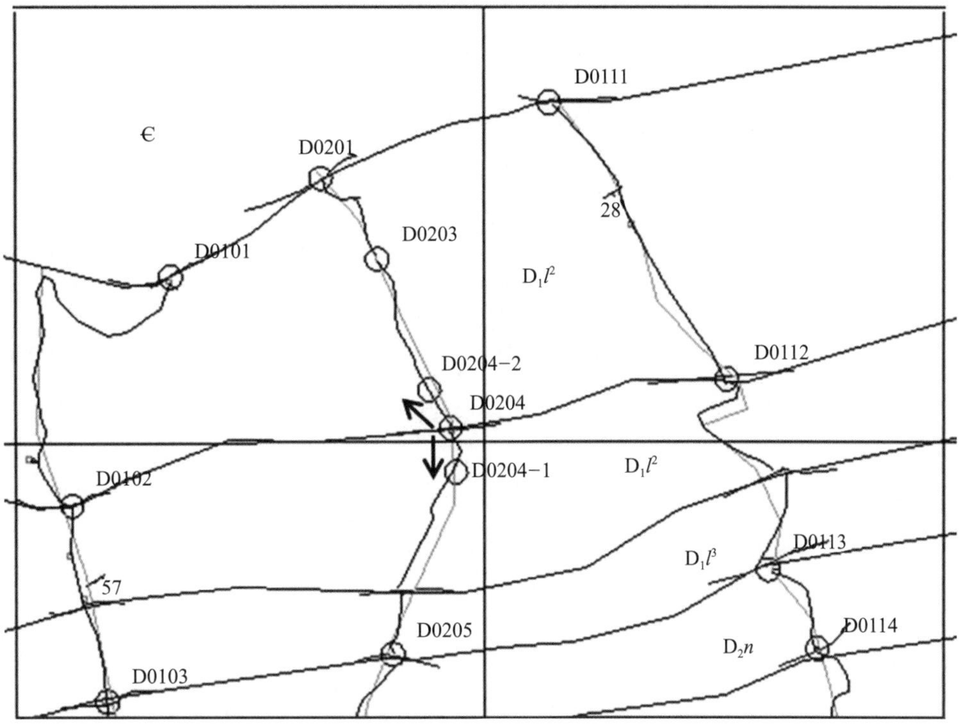

图 7. 10　地质界线点一分为二转为岩性点示意图

容的字段上会填上相应的内容，这时需要把批注的内容更新（替换）到相应批注对应的内容，如批注填图单位 1 替代填图单位 1，批注岩石名称 A 替代岩石名称 A 等。

而岩性控制点、断层点等具有唯一性特点的地质定点都可以可以直接使用。

7. 3. 2　地质路线 R（地质分段路线）数据标注

在地质填图中，从当前地质点到下一个地质点路线观察，可以分为 1 个至 n 个分段地质路线（见图 7. 2（a））。由于地质填图单位及岩性的标注是以地质点为基础的，所以，需要把地质路线分解为以点形式的有效标注点。处理方法如下：

根据每个分段地质路线具有相同属性的特点，可以按照以下规则进行采点：

地质路线采点间距 = n 倍地质填图定点精度要求的参数 + 欠或过采样控制距离。

n 倍地质填图定点精度要求的参数，首先要确定同比例尺填图地质定点的精度，如 1∶5 万地质填图地质定点的精度不超过 50 m，这时 50 m 是基数。n 倍主要是考虑采点二次建模变距离的要求，通常 n=2 即可。欠或过采样控制距离主要是解决各地质对象样本不均一性所采取的参数，通常是要加强过采样，该距离可以设为负值，一般可设定 1/2 到 1/3 的 n 倍地质填图定点精度要求的参数。如果要强化欠采样，可以设定为正值，一般可以设定为 1/2 到 1/3 的 n 倍地质填图定点精度要求的参数，或更大些。通常默认 105 m 即可。

把地质路线分解为以点形式的有效标注点。处理方法如下：

1）在野外手图上或 PRB 野外总图上，把地质分段路线少于三点构成路线的线，在线的中间增加一个节点，保证每个分段路线构成线的点数不少于 3 个。

2）在野外手图上或 PRB 野外总图上，利用 PRB 功能工具，把地质路线转为构成线的点。也可 GIS 软件直接提取线上的结点（node），同时把地质路线的属性继承给每个结点，并通过电子表输出，地质路线 R（地质分段路线）数据由线转为点后的数据结构和内容见图 7.11。其每一节点的属性仍为该分段路线的属性，通过复制继承。

序号	实际坐标X(m)	实际坐标Y(m)	长度	路线号	地质点号	分段路线编号	填图单位代号	岩石名称
805	324421.9808	4968144.468	16.694013	LK027	DK031	1	Qh1eol	亚砂土
806	323035.6809	4969477.202	14.071880	LK027	DK027	1	J3m	灰红色粗安质凝灰岩
807	323061.0019	4969360.134	14.071880	LK027	DK027	1	J3m	灰红色粗安质凝灰岩
808	323073.1256	4969229.085	14.071880	LK027	DK027	1	J3m	灰红色粗安质凝灰岩
809	323111.6896	4969136.372	14.071880	LK027	DK027	1	J3m	灰红色粗安质凝灰岩
810	323111.6896	4969136.372	8.060519	LK027	DK027	2	J3m	灰红色粗安岩
811	323142.1617	4969065.901	8.060519	LK027	DK027	2	J3m	灰红色粗安岩
812	323156.2589	4969042.112	8.060519	LK027	DK027	2	J3m	灰红色粗安岩
813	323207.5882	4968959.707	8.060519	LK027	DK027	2	J3m	灰红色粗安岩
814	323207.5882	4968959.707	14.063228	LK027	DK028	1	J3m	灰红色粗安质熔结晶屑凝灰岩
815	323302.4513	4968864.364	14.063228	LK027	DK028	1	J3m	灰红色粗安质熔结晶屑凝灰岩

图 7.11　地质路线 R（地质分段路线）数据由线转为点后的数据结构和内容

由图 7.11 可以看出，序号 806 至 813 是地质点 DK027 的 2 段分段路线，其中序号 806～809，为第一段分段路线。该线段有 4 个点构成，填图单位为 J_3m，岩性为灰红色粗安质凝灰岩。序号 810～813 为第 2 段分段路线 . 该线段有 4 个点构成，填图单位为 J_3m，岩性为灰红色粗安岩。

3）与地质点一样，通常在野外地质填图过程中，通过相邻路线的对比、薄片鉴定材料及综合分析，会对野外观察确定的填图单位或岩性进行修正，在填图中专业人员称为批注。如果有批注内容，则会在地质点批注内容的字段上会填上相应的内容，这时需要把批注的内容更新（替换）到相应批注对应的内容，如批注填图单位 1 替代填图单位 1，批注岩石名称 A 替代岩石名称 A 等。

4）按地质填图规则，分段路线一般在同一地质点同一填图单位内描述，但也可能出现同一地质点但不同填图单位的情况。因此在分段路线的两端（端结点）可能会有以下情况：填图单位界线、同一填图单位不同岩性的界线或相同的岩性。因为路线分段的原因是出现了与上一段分段路线不同的地质现象（在数字填图可以是填图单位界线，也可是同一填图单位的不同岩性）或出现了掩盖情况或已经走过很长一段距离，按规范要求分段描述沿路观察的现象。在这种情况下，同一位置（指相邻两条分段路线首尾相连的位置）出现两个填图单位或两种不同的岩性（即多义性）的情况，这时可以直接删除相同坐标不同岩性的地质路线点。如图 7.11 的序号 809、810 是第一分段路线和第二段分段路线的结点，是同一地质点号、同一填图单位两种岩性的分界点，这时需要删除，以保证每一点地质属性的唯一性。出现这种情况还可能是不同地质点号的分段路线首尾相接的情况。

7.3.3　地质路线采样数据由线转为有效标注点预处理

采样点的岩性通常都是唯一性，一般不会产生二义性，故这些点都可以直接作为标签，不需要再处理。采样点与地质点一样，在野外地质填图过程中，通过相邻路线的对比、薄片鉴定材料及综合分析，会对野外观察确定的填图单位或岩性进行修正。在地质采样记录中，同样含有采样的填图单位、岩性及相应的批注等字段。如果有批注内容，需要把批注的内容更新（替换）到相应对应字段的内容。标签的属性无误后，可直接从 PRB 总图导出，形成地质路线采样点 Excel 表。

7.4　地质路线 PRB 知识标签制作操作步骤与数据质量控制

地质路线 PRB 知识标签是地质路线深度学习预测地质图最为重要的知识库。数字填图系统会自动为 PRB 的制作先输出最为原始的地质点 P 数据、地质路线 R 数据（可按路线不同长度采点分别输出）、地质采样 S（标本、薄片、地球化学岩石样等）等 3 个文件，分别标准化后，将三个文件合并，然后从新填图单位到老填图单位排序，最后形成地质路线知识标签库（简称 PRB 知识标签库）。具体操作方法和步骤如下所述。

7.4.1　数字填图系统分别输出P、R、S电子表文件

7.4.1.1　最原始的P、R、S电子表文件格式与结构

（1）P.XLSX（地质点信息）

地质点信息表格式与结构见表7.2。

表7.2　地质点信息表格式与结构

表格名称	地质点（P）	表格说明	输出地质点的属性信息。如果是界线点，除原始点信息输出外，还会自动将其分为2~3个子点进行输出
数据项名称	数据项中文释义	数据项描述	
ID	地质点ID		
GEOPOINT	地质点号	例：D0001	
LONGITUDE	经度	格式DDDMMSS，由计算机自动填写	
LATITUDE	纬度	如：26°5′5″写为260505，由计算机自动填写	
ALTITUDE	高程	以m为单位	
XX	横坐标	以m为单位，计算机自动填写	
YY	纵坐标	以m为单位，计算机自动填写	
LOCATION	地理位置	对地质点位置进行说明，例：位于太平山30°100 m处	
OUTCROP	露头性质	例：人工好，天然差等	
TYPE	点性	例：界线点，岩性控制点，断层观测点等	
GEOMORPH	微地貌	例：山脚，水沟边，山顶等	
WEATHING	风化程度	例：中等风化，未风化等	
LITHO_ A	岩性A	点处岩性之一	
LITHO_ B	岩性B	点处岩性之二	
LITHO_ C	岩性C	点处岩性之三	
LITHO_ 1	岩性代码A	点处岩性代码之一	
LITHO_ 2	岩性代码B	点处岩性代码之二	
LITHO_ 3	岩性代码C	点处岩性代码之三	
STRAPHA	填图单位A	点处填图单位代号之一	
STRAPHB	填图单位B	点处填图单位代号之二	
STRAPHC	填图单位C	点处填图单位代号之三	
STRARAB	接触关系A/B	地层单位A与地层单位B的接触关系	
STRARBC	接触关系B/C	地层单位B与地层单位C的接触关系	
STRARAC	接触关系A/C	地层单位A与地层单位C的接触关系	
DESCRIBE	描述	非结构化野外地质描述内容，由文本文件替代	
GBCODE	国标码	暂不填	
DATE	日期	按GB/T 7408—2005要求填写，格式为YYYYMMDD	
MAPCODE	图幅编号	按GB/T 13989填写	
ORDER	顺序号	顺序号，由计算机自动填写	
LITHO_ A	岩性A（批注）	（批注）点处岩性之一	
LITHO_ B	岩性B（批注）	（批注）点处岩性之二	
LITHO_ C	岩性C（批注）	（批注）点处岩性之三	

续表

表格名称	地质点（P）	表格说明	输出地质点的属性信息。如果是界线点，除原始点信息输出外，还会自动将其分为 2~3 个子点进行输出
数据项名称	数据项中文释义	数据项描述	
LITHO_ 1	岩性代码 A（批注）	（批注）点处岩性代码之一	
LITHO_ 2	岩性代码 B（批注）	（批注）点处岩性代码之二	
LITHO_ 3	岩性代码 C（批注）	（批注）点处岩性代码之三	
STRAPHA	填图单位 A（批注）	（批注）点处填图单位代码之一	
STRAPHB	填图单位 B（批注）	（批注）点处填图单位代码之二	
STRAPHC	填图单位 C（批注）	（批注）点处填图单位代码之三	
STRARAB	接触关系 A/B（批注）	（批注）地层单位 A 与地层单位 B 的接触关系	
STRARBC	接触关系 B/C（批注）	（批注）地层单位 B 与地层单位 C 的接触关系	
STRARAC	接触关系 A/C（批注）	（批注）地层单位 A 与地层单位 C 的接触关系	
STRAPHA（批注优先）	地质点填图单位批注优先字段	如有填图单位批注，则优先使用批注	
LITHO（批注优先）	地质点岩性批注优先字段	如有岩性批注，则优先使用批注	
组合	填图单位与岩性组合输出字段	地质点填图单位+岩性	

（2）R. XLSX（分段路线信息）

该分段路线采样点的形成，是程序自动按 105 m 间隔采点，并添加了部分字段（匹配检查字段），并对与地质点逻辑关系不太对应的点做了标注，需要填图人员检查。分段路线信息表格式与结构见表 7.3。

表 7.3 分段路线信息表格式与结构

表格名称	分段地质路线间隔点	表格说明	在分段地质路线（R）中按照一定间隔取点并输出点位坐标与属性（包括相关地质点和界线的关键属性）
数据项名称	数据项中文释义	数据项描述	
序号		路线间隔点的顺序编号，1，…，n	
图面坐标 X		路线间隔点的图面横坐标	
图面坐标 Y		路线间隔点的图面纵坐标	
实际坐标 X（m）		路线间隔点的实际横坐标（单位：m）	
实际坐标 Y（m）		路线间隔点的实际纵坐标（单位：m）	
ID	分段路线 ID	Routing 图层中的分段路线 ID 号	
ROUTECODE	路线号	分段路线所属设计路线号，例 L0001	
GEOPOINT	地质点号	分段路线从属的地质点号，例 D0001	
R_ CODE	R 编号	分段路线顺序号，由 1，2，3，…，组成	
STRAPHA	填图单位	当前分段路线所属填图单位代号	
LITHO	岩石名称	当前分段路线主要岩性	
DATE	日期	按 GB/T 7408—2005 要求填写，格式为 YYYYMMDD	
DISTANCE	分段路线距离	当前分段路线线条长度。计算机自动计算填写	
SUM_ L	点间累计距离	分段路线累计长度。计算机自动计算填写	
DIRECTION	路线方向	野外分段路线的方向。计算机自动计算填写	
MAPCODE	图幅编号	按 GB/T 13989 填写	

续表

表格名称	分段地质路线间隔点	表格说明	在分段地质路线（R）中按照一定间隔取点并输出点位坐标与属性（包括相关地质点和界线的关键属性）
数据项名称	数据项中文释义	数据项描述	
ORDER	顺序号	顺序号，由计算机自动填写	
PGEOPOINT	原地质点号	引用前人资料的地质点号	
PSTRAPHA	填图单位（批注）	当前分段路线批注填图单位代号	
PLITHO	岩石名称（批注）	批注分段路线主要岩性名称	
CODE1	备用 1	内部使用	
CODE2	备用 2	内部使用	
STRAPHA（路线批注优先）	路线填图单位批注优先字段	如有填图单位批注，则优先使用批注	
LITHO（路线批注优先）	路线岩性批注优先字段	如有岩性批注，则优先使用批注	
组合	路线间隔点填图单位与岩性组合输出字段	地质点填图单位+岩性	
匹配检查	与相关地质点与地质界线的填图单位信息进行比对检查的字段	利用 PRB 数据模型的逻辑关系，检索到与当前 R 过程关联的地质点与地质界线，判断其填图单位是否与相关地质点或地质界线相匹配。与相关地质点填图单位都不匹配输出“ * ”，检索不到相关地质点输出“#”，检索不到相关地质界线输出“ $ ”。该字段可辅助地质人员检查路线数据质量	
地质点填图单位 A		关联地质点填图单位 A	
地质点岩性 A		关联地质点岩性 A	
地质点填图单位 B		关联地质点填图单位 B	
地质点岩性 B		关联地质点岩性 B	
地质点填图单位 C		关联地质点填图单位 C	
地质点岩性 C		关联地质点岩性 C	
地质点填图单位批注 A		关联地质点填图单位批注 A	
地质点岩性批注 A		关联地质点岩性批注 A	
地质点填图单位批注 B		关联地质点填图单位批注 B	
地质点岩性批注 B		关联地质点岩性批注 B	
地质点填图单位批注 C		关联地质点填图单位批注 C	
地质点岩性批注 C		关联地质点岩性批注 C	
对应界线编号		关联界线编号	
对应界线 R 编号		关联界线的 R 编号	
界线左地层		关联界线左地层	
界线右地层		关联界线右地层	
界线批注左地层		关联界线批注左地层	
界线批注右地层		关联界线批注右地层	

（3）S. XLSX（样品点信息）

样品点信息表格式与结构见表 7.4。

表 7.4　样品点信息表格式与结构

表格名称	样品点（S）	表格说明	输出样品点的属性信息
数据项名称	数据项中文释义	数据项描述	
ID	样品点 ID		
ROUTECODE	路线号	设计路线号，例 L0001	
GEOPOINT	地质点号	样品所属地质点号，例 D0001	
R_ CODE	R 编号	样品所属分段路线号，由 1，2，3，…组成	
CODE	野外编号	野外样品编号，例如：由地质点号+分段路线号+序号组成，D1001-1-1	
TYPE	样品类别	样品类别，按第 5 章要求填写	
XX	纵坐标	高斯坐标，以 m 为单位。计算机自动填写	
YY	横坐标	高斯坐标，以 m 为单位。计算机自动填写	
LONGITUDE	经度	以度为单位，计算机自动填写	
LATITUDE	纬度	以度为单位，计算机自动填写	
LOCATION	采集点位置	文字描述采样位置	
DEPTH	采样深度	采样深度，以 m 为单位	
WEIGHT	样品重量	采样样品重量，以 kg 为单位	
BEGS	袋数	采样袋数：以袋为单位	
BLOCKS	块数	采样块数：以块为单位	
SAMPLER	采样人	采样人姓名	
DATE	日期	按 GB/T 7408—2005 要求填写，格式为 YYYYMMDD	
GEOUNIT	填图单位	采样样品的载体，按样品所属填图单位填写	
NAME	野外定名	样品所属的岩石名称	
IDENTIFY	鉴定定名	镜下鉴定名称	
WORKUNIT	送样单位	送样的单位名称	
ANALYSE	分析要求	对送样的分析要求	
GBCODE	国标码	暂不填	
MAPCODE	图幅编号	按 GB/T 13989 填写	
ORDER	顺序号	顺序号，由计算机自动填写	
PCODE	原样品编号	原样品编号	
PNAME	室内定名或批注	室内综合定名或批注	
CODE1	备用 1	内部使用	
CODE2	备用 2	内部使用	
NAME（批注优先）	样品点填图单位批注优先字段	如有填图单位批注，则优先使用批注	
组合	填图单位与岩性组合输出字段	样品点填图单位+岩性	

7.4.1.2　P、R、S 电子表文件结构特点

由于 P、R、B 数据是由原始地质路线数据导出的，所以各个电子表（PRB）数据都是按原始数据结构顺序导出的。为了保证 PRB 数据质量，在 PRB 数据输出时，考虑了批注优先、分段路线与所属地质点逻辑关系以及填图单位代号的要求，最后按上述关系输出了填图单位岩性组合输出的标签。

地质点信息表增加的字段与内容见表 7.5。地质路线表增加的字段与内容见表 7.6。地质采样表增加的字段与内容见表 7.7。

表 7.5 地质点信息增加的字段与内容

STRAPHA（批注优先）	地质点填图单位批注优先字段	如有填图单位批注，则优先使用批注
LITHO（批注优先）	地质点岩性批注优先字段	如有岩性批注，则优先使用批注
组合	填图单位与岩性组合输出字段	地质点填图单位+岩性

表 7.6 地质路线表增加的字段与内容

STRAPHA（路线批注优先）	路线填图单位批注优先字段	如有填图单位批注，则优先使用批注
LITHO（路线批注优先）	路线岩性批注优先字段	如有岩性批注，则优先使用批注
组合	路线间隔点填图单位与岩性组合输出字段	地质点填图单位+岩性
匹配检查	与相关地质点与地质界线的填图单位信息进行比对检查的字段	利用 PRB 数据模型的逻辑关系，检索到与当前 R 过程关联的地质点与地质界线，判断其填图单位是否与相关地质点或地质界线相匹配。与相关地质点填图单位都不匹配输出“ * ”，检索不到相关地质点输出“#”，检索不到相关地质界线输出“ $ ”。该字段可辅助地质人员检查路线数据质量

表 7.7 地质采样表增加字段与内容

NAME（批注优先）	样品点填图单位批注优先字段	如有填图单位批注，则优先使用批注
组合	填图单位与岩性组合输出字段	样品点填图单位+岩性

7.4.2 检查 P、R、S 逻辑关系是否准确

7.4.2.1 P 数据检查

根据表 7.8 的字段检查批注信息是否优先用上及批注信息是否准确等。

表 7.8 地质点信息表字段检查批注信息内容

STRAPHA（批注优先）	地质点填图单位批注优先字段	如有填图单位批注，则优先使用批注
LITHO（批注优先）	地质点岩性批注优先字段	如有岩性批注，则优先使用批注
组合	填图单位与岩性组合输出字段	地质点填图单位+岩性

7.4.2.2 R 数据检查

R 数据是标签数据的主体，采样点数多，目前是按 105 m 自动采一个点，其属性会与隶属该地质点的属性进行逻辑检查。

按表 7.9 在逻辑检查中，如果在匹配检查字段发现有“ * ”、“#”、“ $ ”标注，表明该样本点的地质内容逻辑上有问题，需要检查，具体检查内容如下：

1）与相关地质点填图单位都不匹配用“ * ”表示。表明该分段路线的填图单位代号或岩性与隶属地质的填图单位代号或岩性不一致，需要检查处理。

2）找不到地质点，用“#”表示，没有相应的隶属地质点对应，需检查。如果有 B 在路线上定位分界点，则可能对。

3）找不到对应界线，用“ $ ”表示，没有相应的地质界线对应需检查。

表 7.9　地质路线 R 信息表的匹配检查字段信息

STRAPHA（路线批注优先）	路线填图单位批注优先字段	如有填图单位批注，则优先使用批注
LITHO（路线批注优先）	路线岩性批注优先字段	如有岩性批注，则优先使用批注
组合	路线间隔点填图单位与岩性组合输出字段	地质点填图单位+岩性
匹配检查	与相关地质点与地质界线的填图单位信息进行比对检查的字段	利用 PRB 数据模型的逻辑关系，检索到与当前 R 过程关联的地质点与地质界线，判断其填图单位是否与相关地质点或地质界线相匹配。与相关地质点填图单位都不匹配输出“ * ”，检索不到相关地质点输出“#”，检索不到相关地质界线输出“ $ ”。该字段可辅助地质人员检查路线数据质量

7.4.2.3　S 数据检查

根据表 7.10 的字段检查批注信息是否优先用上及批注信息是否准确等。

表 7.10　地质采样表的字段检查批注信息

NAME（批注优先）	样品点填图单位批注优先字段	如有填图单位批注，则优先使用批注
组合	填图单位与岩性组合输出字段	样品点填图单位+岩性

7.4.3　P、R、S 电子表分别标准化前 11 个字段

7.4.3.1　PRB 知识标签标准化字段及说明

PRB 知识标签前 11 标准化字段内容及顺序见表 7.11。

表 7.11　PRB 知识标签前 11 标准化字段内容及顺序表

标准字段名	标准字段名说明	字段增加方式
ID	原始 PRB 表中的 ID 号	原始保留
ROUTECODE	路线号	原始保留
GEOPOINT	地质点号	原始保留
采集方式	指样本的采集方式：有地质点、地质分段路线、地质剖面等采样	手动增加
TYPE	样本的具体采样类型：地质界线点、岩性控制点、断层点、构造点、分段路线号（与分段路线对应）、标本、薄片、岩石全分析样、烃源岩样、同位素年龄样、粒度（块度）分析样等	原始保留
XX	XX 坐标值	原始保留
YY	YY 坐标值	原始保留
原始填图单位+岩性组合标签	原始填图单位的代号+岩性名称	手动增加
整理后填图单位+岩性组合标签	填图单位的代号+岩性名称，与原始的不同，主要是有些岩性进行合并处理	手动增加
填图单位+岩性组合色标 RGB 值	如红色 RGB 值，255，0，0	手动增加
填图单位+岩性组合色标	用 RGB 值的颜色填充	手动增加

7.4.3.2　P、R、S 电子表分别按知识标签标准化字段进行处理

（1）P 电子表处理方法（表 7.12）

表 7.12　P 电子表处理方法步骤表

步骤	操作内容	说明
1	删除无用字段，只需处理前 12 个字段即可，删除 LONGITUDE、LATITUDE、ALTITUDE、LOCATION、OUTCROP、GEOMORPH、WEATHING。其他保留，不用删除，还可后续检查使用	
2	按标准字段顺序调整和增加相关字段。其中“原始填图单位+岩性组合标签”列，把本表的“组合”整列拷贝到本列，再改名。原来的列保留，以便检查	
3	在“采集方式”字段上，把本列全部赋值“地质点”	

（2）R 电子表处理方法（表 7.13）

表 7.13　R 电子表处理方法步骤表

步骤	操作内容	说明
1	删除无用字段，只需处理前 9 个字段即可，删除序号、图面坐标 X、图面坐标 Y、其他保留，不用删除，还可后续检查使用	
2	按标准字段顺序调整和增加相关字段。其中①“原始填图单位+岩性组合标签”列，把本表的“组合”整列拷贝到本列，再改名。原来的列保留，以便检查。②原来的“R_ CODE”改成“TYPE”列	
3	在“采集方式”字段上，把本列全部赋值“地质路线”	

（3）S 电子表处理方法（表 7.14）

表 7.14　样品 S 电子表处理方法步骤表

步骤	操作内容	说明
1	删除无用字段，只需处理前 10 个字段即可，删除 R_ CODE、LONGITUDE、LATITUDE。其他保留，不用删除，还可后续检查使用	
2	按标准字段顺序调整和增加相关字段。其中①“原始填图单位+岩性组合标签”列，把本表的“组合”整列拷贝到本列，再改名。原来的列保留，以便检查。②原来的“type”改成“采集方式”列。③原来的“CODE”改成“TYPE”	

7.4.4　从标准化后的 P、R、S 电子表合并成一个完整 PRB 知识标签库

自此，P、R、S 电子表前 11 个字段已全部标准化。通过复制的方法把 3 个表合成一个表。即形成了该图幅的完整 PRB 知识标签集合。

7.4.5　在完整 PRB 知识标签库中进行岩石地层单位和岩性标签分类

7.4.5.1　准备填图区地层表及设色标准

按图 7.12 模板进行地层表和色标制作。

注意：

1）记录顺序应从新地层到老地层顺序排列。

2）没有年代的侵入岩（如岩脉等）可以放在最前面。

1	ID	EATURE_TYP	GEOBODY_NAME	填充色	R	G	B	color	备注
20	19	P3x	二叠系乐平统宣威组	789	242	242	89		地层
21	20	Pe4	二叠系乐平统峨眉山玄武岩第四段	807	229	204	51		火山岩
22	21	Pe3	二叠系乐平统峨眉山玄武岩第三段	802	242	191	0		火山岩
23	22	Pe2	二叠系乐平统峨眉山玄武岩第二段	791	242	217	13		火山岩
24	23	Pe1	叠系阳新统-乐平统峨眉山玄武岩第一	790	242	229	50		火山岩
25	24	P2m	二叠系阳新统茅口组	796	242	229	76		地层
26	25	P2q	二叠系阳新统栖霞组	797	242	217	38		地层
27	26	P2l	二叠系阳新统梁山组	798	242	204	0		地层
28	27	CPm	石炭系上统-二叠系船山统马平组	841	229	242	242		地层
29	28	C2h	石炭系上统黄龙组	842	216	229	229		地层
30	29	C1d	石炭系下统大埔组	839	217	217	217		地层
31	30	C1s	石炭系下统上司组	840	204	204	204		地层
32	31	C1j	石炭系下统旧司组	843	204	217	217		地层
33	32	C1y	石炭系下统炎方组	844	191	204	204		地层
34	33	D3z	泥盆系上统宰格组	873	229	230	127		地层
35	34	D2q	泥盆系中统曲靖组	875	204	217	51		地层
36	35	D2hy	泥盆系中统红崖坡组	876	204	211	0		地层
37	36	D2st	泥盆系中统缩头山组	869	229	210	114		地层
38	37	Dqm	泥盆系下统-中统箐门组	881	242	178	25		地层
39	38	D1p	泥盆系下统坡脚组	882	229	178	0		地层
40	39	D1c	泥盆系下统翠峰山组	883	217	153	0		地层

图 7.12　地层表和色标制作电子表结构与内容

3）填图单位划分粒度由预测需求确定，可以到段或岩性段等，但应保持整体粒度划分的原则一致性。

4）只要有表示的地质对象都应该有相应的色标设置。

7.4.5.2　标签分类准备

在图 7.13 电子表选中“原始填图单位+岩性组合标签”列，按“排序和筛选”按钮，选降序排序。

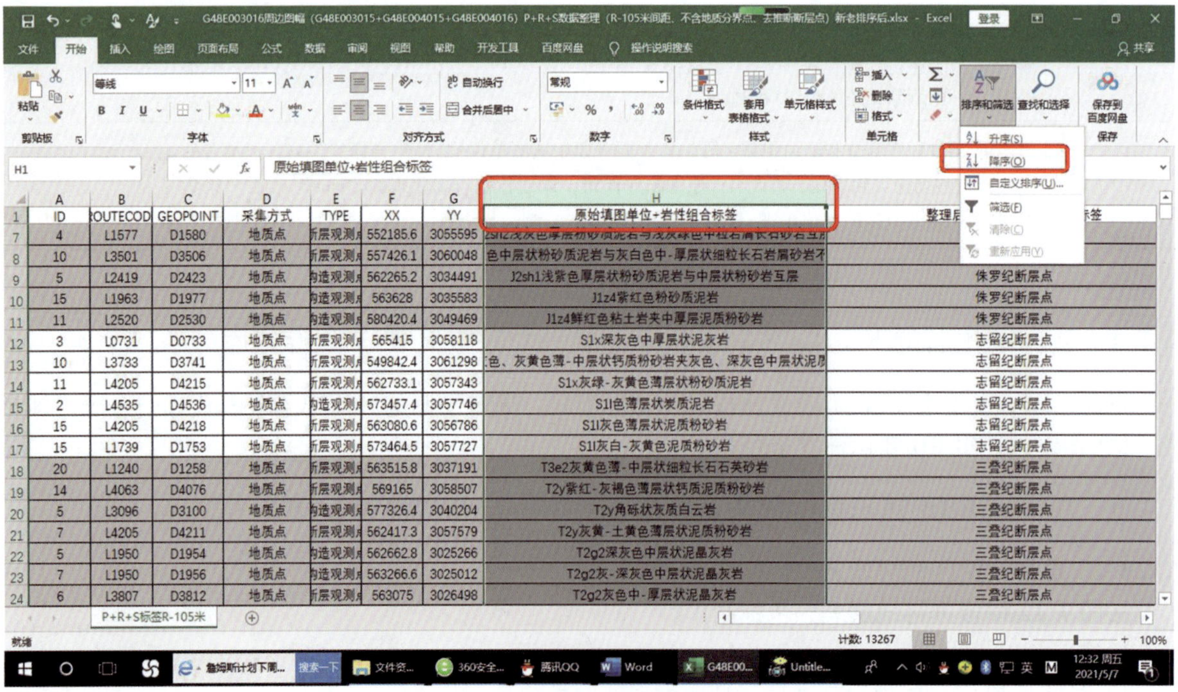

图 7.13　电子表中的“原始填图单位+岩性组合标签”列内容

7.4.5.3　标签分类

通过排序后，“原始填图单位+岩性组合标签”列的内容会按填图单位代号和岩性自动排序。对于标签分类来说，我们还需把大致相同的地质对象进行综合，如，有的填图单位+岩性的内容只是稍微不同，如颜色或表达有些区别，这时就需要综合合并，如下示例：

1）把“P2m1 灰色中厚层-块状微含泥质条带微晶灰岩”和“P2m1 浅灰到灰色中到块状微晶灰岩”合并为“P2m1 微晶灰岩”。

2）把“P2m1 灰色中层状粉晶灰岩”和“P2m1 浅灰-灰色中层状粉晶灰岩”合并为“P2m1 中层状粉晶灰岩”等。

最后的标签应该复制到或综合编辑后把最后的名称填到“整理后填图单位+岩性分类标签”列中，只要名字相同，可以重复复制，保证每一行都有名称。如图 7.14“整理后填图单位+岩性分类标签”列所示。

H	I
原始填图单位+岩性组合标签	整理后填图单位+岩性分类标签
P2m1灰色中层状粉晶灰岩	P2m1中层状粉晶灰岩
P2m1灰色中层状粉晶灰岩	P2m1中层状粉晶灰岩
P2m1浅灰-灰色中层状粉晶灰岩	P2m1中层状粉晶灰岩
P2m1浅灰-灰色中层状粉晶灰岩	P2m1中层状粉晶灰岩
P2m1浅灰-灰色中层状粉晶灰岩	P2m1中层状粉晶灰岩
P2m1浅灰-灰色中层状粉晶灰岩	P2m1中层状粉晶灰岩
P2m1灰色中厚层-块状微含泥质条带微晶灰岩	P2m1微晶灰岩
P2m1灰色中厚层-块状微含泥质条带微晶灰岩	P2m1微晶灰岩
P2m1浅灰到灰色中到块状微晶灰岩	P2m1微晶灰岩
P2m1灰黑色块状生物碎屑粗晶灰岩	P2m1生物碎屑灰岩
P2m1灰色厚层至块状生屑灰岩	P2m1生物碎屑灰岩
P2m1灰色厚层至块状生屑灰岩	P2m1生物碎屑灰岩
P2m1含生物碎屑灰岩	P2m1生物碎屑灰岩
P2m1灰-浅灰色含生物碎屑粉晶灰岩	P2m1生物碎屑灰岩
P2m1灰色中厚层状泥晶生屑灰岩	P2m1泥晶灰岩
P2m1灰色中厚层状泥晶生屑灰岩	P2m1泥晶灰岩
P2m1深灰色中层状泥晶灰岩	P2m1泥晶灰岩
P2m1灰白色中层状泥晶灰岩	P2m1泥晶灰岩

图 7.14　电子表“整理后填图单位+岩性分类标签”列内容

标签分类是一个非常重要的工作，是深度学习最重要的知识来源。因此需要认真和细致。避免出错。

分类时应注意以下几点：

1）样本标签是一组样本的集合，才能称为比较合格的样本标签，所以，每个标签应该至少有 3 个样本以上，才形成一个分类。如果不够可以和其他类似的标签合并。

2）如果是非常重要的分类，即地质上意义重大，即使一个样本也可形成一个分类，但应尽量避免过多的情况。

3）一个分类就是一个地质对象，所以你所关心的地质对象都可以作为标签，如填图单位+岩性、断层、蚀变、矿点、矿物等。

4）在“整理后填图单位+岩性分类标签”列中，每一个分类的对象应该保证名称一样（地质代号与汉字应该保持一致，符号的中西文模式、大小写也应该都一致），且在最前一个记录在 RGB 值列上填上 RGB 值。

5）填图对象划分的粒度尽量不要太粗，如果太粗会导致特征互相消融，导致预测的对象不具指导意义。

6）地质对象划分时尽量保证划分的粒度一致，不要有的划分很粗，有的划分很细，这样会出现数据长尾现象，即地质对象样本数量分布不均匀，有的样本数量几千个，有个数量几个（特别有地质意义的对象样本除外）。

7）不应把特征差别比较大的地质对象归并成一个类，如岩浆岩和火山碎屑岩，这样除了容易导致特征互相消融，还会使模型降低火山碎屑岩和岩浆岩的识别与预测。

7.4.5.4　填图单位及岩性色标及 RGB 值

全部分类完后，应在每个分类的起始行赋上 RGB 值，并在每个样本充填 RGB 的颜色。按图 7.15 给出每个填图对象的 RGB 颜色。

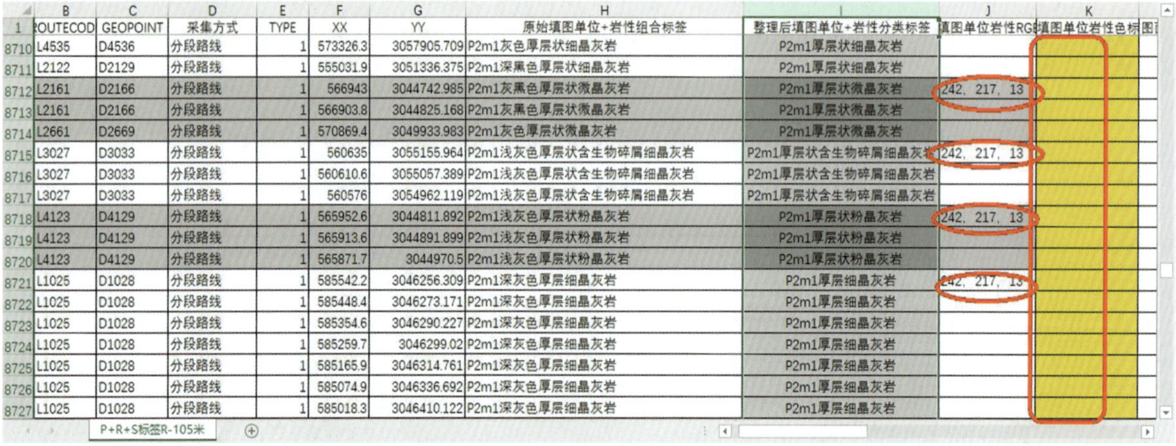

1	ROUTECOD	GEOPOINT	采集方式	TYPE	XX	YY	原始填图单位+岩性组合标签	整理后填图单位+岩性分类标签	填图单位岩性RGB	填图单位岩性色标
8710	L4535	D4536	分段路线	1	573326.3	3057905.709	P2m1灰色厚层状细晶灰岩	P2m1厚层状细晶灰岩		
8711	L2122	D2129	分段路线	1	555031.9	3051336.375	P2m1深黑色厚层状细晶灰岩	P2m1厚层状细晶灰岩		
8712	L2161	D2166	分段路线	1	566943	3044742.985	P2m1灰黑色厚层状微晶灰岩	P2m1厚层状微晶灰岩	242，217，13	
8713	L2161	D2166	分段路线	1	566903.8	3044825.168	P2m1灰黑色厚层状微晶灰岩	P2m1厚层状微晶灰岩		
8714	L2661	D2669	分段路线	1	570869.4	3049933.983	P2m1灰色厚层状微晶灰岩	P2m1厚层状微晶灰岩		
8715	L3027	D3033	分段路线	1	560635	3055155.964	P2m1浅灰色厚层状含生物碎屑细晶灰岩	P2m1厚层状含生物碎屑细晶灰岩	242，217，13	
8716	L3027	D3033	分段路线	1	560610.6	3055057.389	P2m1浅灰色厚层状含生物碎屑细晶灰岩	P2m1厚层状含生物碎屑细晶灰岩		
8717	L3027	D3033	分段路线	1	560576	3054962.119	P2m1浅灰色厚层状含生物碎屑细晶灰岩	P2m1厚层状含生物碎屑细晶灰岩		
8718	L4123	D4129	分段路线	1	565952.6	3044811.892	P2m1浅灰色厚层状粉晶灰岩	P2m1厚层状粉晶灰岩	242，217，13	
8719	L4123	D4129	分段路线	1	565913.6	3044891.899	P2m1浅灰色厚层状粉晶灰岩	P2m1厚层状粉晶灰岩		
8720	L4123	D4129	分段路线	1	565871.7	3044970.5	P2m1浅灰色厚层状粉晶灰岩	P2m1厚层状粉晶灰岩		
8721	L1025	D1028	分段路线	1	585542.2	3046256.309	P2m1深灰色厚层细晶灰岩	P2m1厚层细晶灰岩	242，217，13	
8722	L1025	D1028	分段路线	1	585448.4	3046273.171	P2m1深灰色厚层细晶灰岩	P2m1厚层细晶灰岩		
8723	L1025	D1028	分段路线	1	585354.6	3046290.227	P2m1深灰色厚层细晶灰岩	P2m1厚层细晶灰岩		
8724	L1025	D1028	分段路线	1	585259.7	3046299.02	P2m1深灰色厚层细晶灰岩	P2m1厚层细晶灰岩		
8725	L1025	D1028	分段路线	1	585165.9	3046314.761	P2m1深灰色厚层细晶灰岩	P2m1厚层细晶灰岩		
8726	L1025	D1028	分段路线	1	585074.9	3046336.692	P2m1深灰色厚层细晶灰岩	P2m1厚层细晶灰岩		
8727	L1025	D1028	分段路线	1	585018.3	3046410.122	P2m1深灰色厚层细晶灰岩	P2m1厚层细晶灰岩		

图 7.15　电子表中 RGB 列的内容

RGB 颜色采用电子表的自定义模板进行设计。如图 7.16 所示。

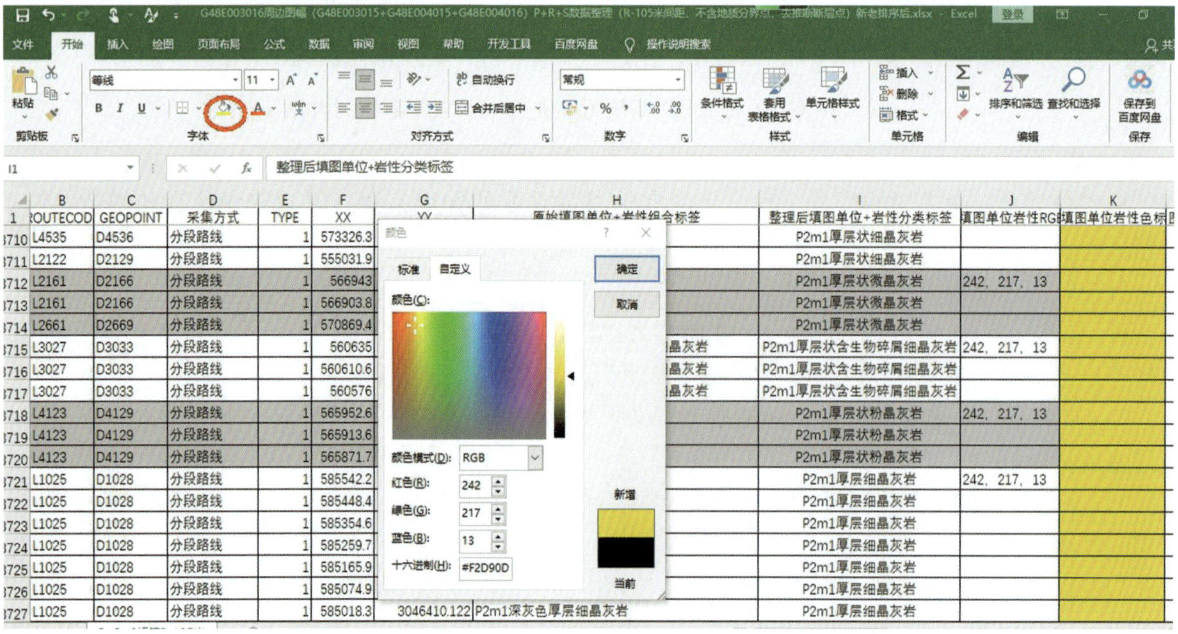

图 7.16　RGB 颜色采用电子表的自定义模板进行设计的操作方法

注意，只能每个分类行的起始行填写 RGB 值。其他相同的分类不必填写。

需要强调的是有特别意义的地质体，或需要关注的地质体应给出比较明显的色标，便于辨认空间分布特征。

7.4.6　形成最终完整 PRB 知识标签库

标签分类和设色好后，数据的整理工作基本完成。为了使预测图能够比较好地体现地质图上地质对象的新老关系，最后一步，即把电子表的标签顺序按地层表的先后顺序进行调整。这时就不能用排序功能，只能用手动进行操作。

一般来说，第四系排在最上面。其他按地质年代新老顺序排序。最后的排序如图 7.17、图 7.18 所示。

D	E	F	G	H	I	J	K
采集方式	TYPE	XX	YY	原始填图单位+岩性	整理后填图单位+岩性分类标签	按填图单位岩性RGB值	填图单位岩性色标
地质点	地质界线重复采样点	332560.1	4984285.3	Qp34eol黄褐色粘土	Qp34eol粘土层		
地质点	地质界线重复采样点	324929.3	4952845.5	Qp34eol灰黑色亚粘	QP34eol亚粘土	255,255,127	
地质点	地质界线重复采样点	334157.8	4949903	Qp34eol灰黑色亚粘	QP34eol亚粘土		
分段路线	2	333511.8	4950381.6	Qp34eol灰黑色亚粘	QP34eol亚粘土		
地质点	地质界线重复采样点	323974.1	4975250.1	Qp34eol灰褐色亚粘	QP34eol亚粘土		
分段路线	1	318325.8	4967575.3	Qp34eol亚粘土亚砂	QP34eol亚粘土		
地质点	地质界线重复采样点	318560.8	4967658.1	QP34eol亚粘土	QP34eol亚粘土		
地质点	地质界线重复采样点	327778.2	4955724	Qp34eol灰褐色含砾	QP34eol亚粘土		
地质点	地质界线重复采样点	333739.8	4984908.9	Qp34eol黄褐色亚粘	QP34eol亚粘土		
地质点	地质界线重复采样点	332994.9	4984674.8	Qp34eol黄褐色亚粘	QP34eol亚粘土		
地质点	地质界线重复采样点	324619.5	4977349.6	Qp34eol黄褐色亚粘	QP34eol亚粘土		
分段路线	1	333351.9	4984864.4	Qp34eol黄褐色亚粘	QP34eol亚粘土		
地质点	地质界线重复采样点	327017.1	4956851.1	Qp34eol黄褐色含砾	QP34eol亚粘土		
地质点	地质界线重复采样点	323503.4	4951912.3	Qp34eol黑色亚粘土	QP34eol亚粘土		
分段路线	3	323551.1	4951564	Qp34eol黑色亚粘土	QP34eol亚粘土		
地质点	地质界线重复采样点	317463.8	4967827.2	QP34eol洪冲亚粘上	QP34eol亚粘土		
地质点	地质界线重复采样点	326724.4	4974612.8	Qp34eol亚砂土	Qp34eol亚砂土	255,255,127	
地质点	地质界线重复采样点	318051.3	4967738.8	QP34eol亚砂土	Qp34eol亚砂土		
地质点	地质界线重复采样点	318510.6	4966237	QP34eol亚砂土	Qp34eol亚砂土		
地质点	地质界线重复采样点	318875.1	4965686.1	QP34eol亚砂土	Qp34eol亚砂土		
地质点	地质界线重复采样点	500000	10002138	Qp34eol亚砂土	Qp34eol亚砂土		
地质点	地质界线重复采样点	500000	10002138	Qp34eol亚砂土	Qp34eol亚砂土		

图 7.17　PRB 知识标签表完整结构与内容

D	E	F	G	H	I	J	K
采集方式	TYPE	XX	YY	原始填图单位+岩性	整理后填图单位+岩性分类标签	按填图单位岩性RGB值	填图单位岩性色标
2	HS	307109.9	4964545.7	J2w砾岩	J2w砾岩		
2	B	308634.3	4963683	J2w砾岩	J2w砾岩		
2	b	307090.1	4964527	J2w砾岩	J2w砾岩		
1	,b薄片	309631.4	4963906.5	J2w砾岩	J2w砾岩		
0	B标本	309201	4963005.1	J2w砾岩	J2w砾岩		
地质点	地质界线重复采样点	307039.8	4964371.5	J2w灰色砾岩	J2w砾岩		
地质点	地质界线重复采样点	308801.1	4962979.9	J2w灰色砾岩	J2w砾岩		
地质点	地质界线重复采样点	309794.8	4963192.8	J2w灰色砾岩	J2w砾岩		
分段路线	1	307076.9	4964505.4	J2w灰色砾岩	J2w砾岩		
分段路线	1	308779.9	4963345.5	J2w灰色砾岩	J2w砾岩		
分段路线	1	309769.3	4963226.2	J2w灰色砾岩	J2w砾岩		
地质点	地质界线重复采样点	307199	4964530.2	J2w灰白色砾岩	J2w砾岩		
地质点	岩性控制点	308641.9	4963521.3	J2w灰白色砾岩	J2w砾岩		
分段路线	2	308690	4963618.6	J2w灰白色砾岩	J2w砾岩		
地质点	地质界线重复采样点	309114.4	4963903.5	J2w灰白色含砾粗砂	J2w含砾粗砂岩	178,242,242	
分段路线	1	309513.4	4963888.5	J2w灰白色含砾粗砂	J2w含砾粗砂岩		
分段路线	2	309886.6	4963681	J2w灰白色含砾粗砂	J2w含砾粗砂岩		
分段路线	1	309120.3	4963490	J2w灰白色粗砂岩,	J2w含砾粗砂岩		
地质点	岩性控制点	309921.2	4963757.1	J2wb灰白色含砾粗砂	J2w含砾粗砂岩		
地质点	地质界线重复采样点	301904.4	4952405.5	J1h黄绿色砂岩	J1h粉砂岩	153,242,242	
分段路线	2	301754.4	4952537.4	J1h黄绿色砂岩	J1h粉砂岩		
地质点	地质界线重复采样点	310022.6	4963043.5	J1h青灰色粉砂岩	J1h粉砂岩		
地质点	地质界线重复采样点	309794.8	4963192.8	J1h青灰色粉砂岩	J1h粉砂岩		

图 7.18　PRB 知识标签表完整结构与内容（续）

第 8 章　半监督地质路线高可信伪标签生成方法

8.1　半监督地质路线高可信计算标签生成方法流程

地质路线填图对象标签就是把野外路线记录内容标签化（Sperotto et al.，2009）。标签化的过程就是把各条填图路线中的各地质点、点和点间界线及分段路线，把所观测到的相同类的内容，形成一个对象的知识标签类（Markauskaite et al.，2008），便于机器学习。一个好的深度学习模型，一般需要足够大的训练数据集（Russakovsky et al.，2015；Krizhevsky et al.，2017）才能学到特征空间层次结构而且泛化能力强。而小样本训练数据会使得目前最好的深度学习方法也几乎无能为力，极有可能陷入过度拟合或者泛化能力不强的问题，从而导致深层神经网络的性能下降，无法有效地预测类的分布。地质路线填图对象知识标签数据属于小样本训练数据比较极端的一种。通常，一幅 1∶5 万地质填图的地质点数一般在 800~1200 个左右，加上标本和其他样本（如薄片、岩石化学样）通常不会超过 2000 个。一幅图约 400 km^2，按本书建议空间 5 m 分辨率同化技术，可以达到 1700 万点以上。用不到 0.01%的标签样本数据建模，对建模精度和可靠性影响不言而喻。

地质路线以线为特征是少样本的根本原因。从线向点再向面的转化是样本数据增强最优的方法之一。本研究创建了半监督（Van Engelen & Hoos，2020）地质路线高可信伪标签生成方法，有效形成了地质路线真标签到高可信标计算伪标签样本集。如果采用数字填图系统（Li et al.，2015），地质路线高可信伪标签可以用程序自动完成。地质路线高可信伪标签生成方法的流程见图 8.1，详细的做法如下所述。

8.2　地质路线真标签做法

8.2.1　地质路线真标签做法（GRTL）

本专著第 7 章地质路线填图对象知识标签构建方法所获得的样本，都是地质路线上的原始点，因此也都是地质路线真标签。为方便描述，本节采用图 8.2 重复简要描述真标签的在空间上的示意。地质路线由地质点、采样点和 1 到多个分段路线组成（图 8.2），它是野外真实的记录，所以称真标签（GRTL）。如图 8.2 中的 D3（岩性点）、B（标本）和 b（薄片）。

分段路线的 GRTL 真标签需要离散点化处理获得：每个分段路线至少在中点取一个样本（图 8.2 中小红点）。

地质界线控制点，会出现同一位置上填图单位为 A 又为 B 的情况，需要通过分段路线标签样本标注方法，间接引用地质界线点的属性，来消除同一位置多义性问题。地质界线点通常可以分解 2 个点，采样位置分别落在首尾分段路线的两侧（图 8.2 中 D2 两侧小黑点），距离不超过定点精度。所谓定点精度是依据不同比例尺地质填图定点精度要求。如，1∶5 万地质填图技术要求，图上各类地质点在地质手图上所标定的点位与实地位置误差一般不得大于 50 m，故可视为以定点为中心半径 50 m 范围内的点为同一地质体。

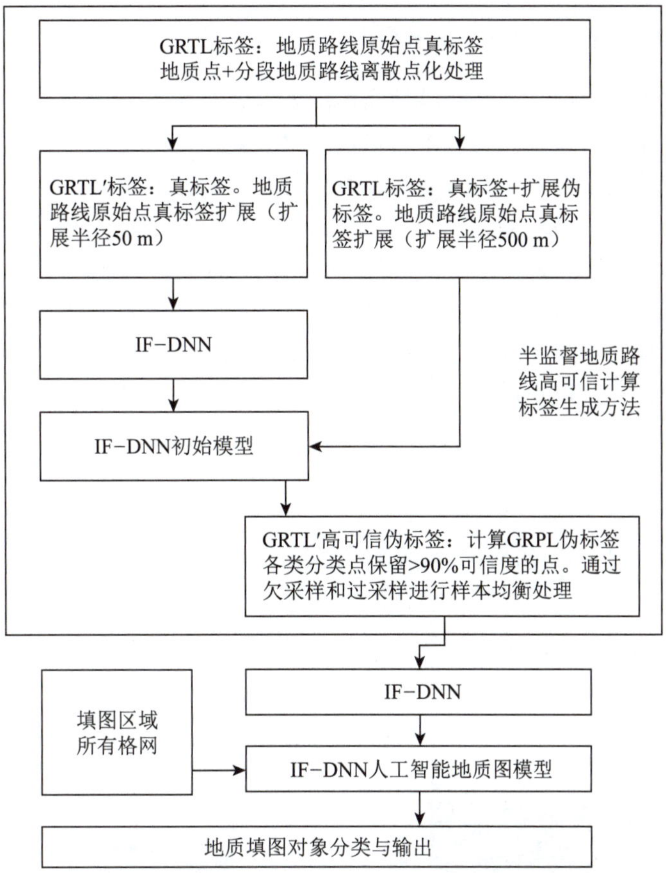

图 8.1　半监督地质路线高可信计算标签生成方法及建模流程

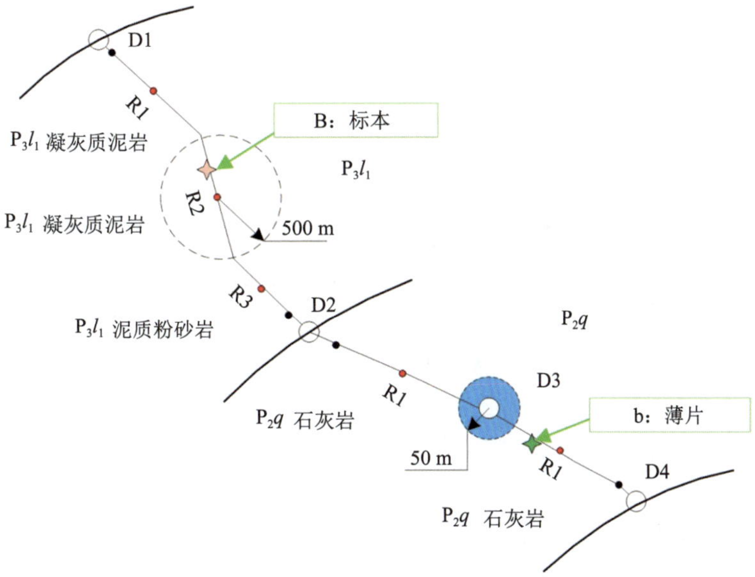

图 8.2　地质路线组成与 GRTL 和 GRTL′采样点示意图

原始点真标签样本的意义，就是在地质填图的精度要求内，保证标注样本的标签最大概率准确，减少出现二义性的标注，其效果偏重于预测准确性。

8.2.2 地质路线真标签扩展做法（GRTL′）

地质路线真标签扩展的目的，就是侧重地质体的宏观特征预测准确性。这样就需要使该类的有效样本，在精度保证的基础上，使标注的样本尽量达到最大化。

以填图定点精度值作为以 GRTL 真标签点为中心向外扩大的半径值（1∶5 万填图为 50 m），进行扩展采样。以图 8.2 中地质点 D3 岩性控制点为例，距离采样中心点半径范围内的点（图 8.2 中 D3 地质点和蓝色圆区域），我们称原始点采样扩充区域，由 GTRL 到 GTRL′。

原始真标签采样点扩充方法：以原始采样点为采样中心点，设置采样的采样半径值，距离采样中心点半径范围内的点都属于该类的采样点，我们称原始点采样扩充区域。然后在扩充区域的基础上，把采样扩充区域最右边的一列以及最上面的一行不作为采样图的一部分，以保证采样数的区域与半径平方的乘积对应：如下式：

$$S=(r\times r)\times(r\times r) \tag{8.1}$$

式中：S 为采样数的总和；r 为采样半径。

例如，图 8.3（a）为单个原始采样点的采样扩充区域图（半径 2），图 8.3（b）为该原始采样点从采样扩充区域内采样得到的采样图；白色区域代表原始采样点在采样扩充区域图以及采样图中位置。由图中可知单个原始采样点以采样半径为 2 进行采样扩充得到 16 个采样点，即（2×2）×（2×2）= 16。

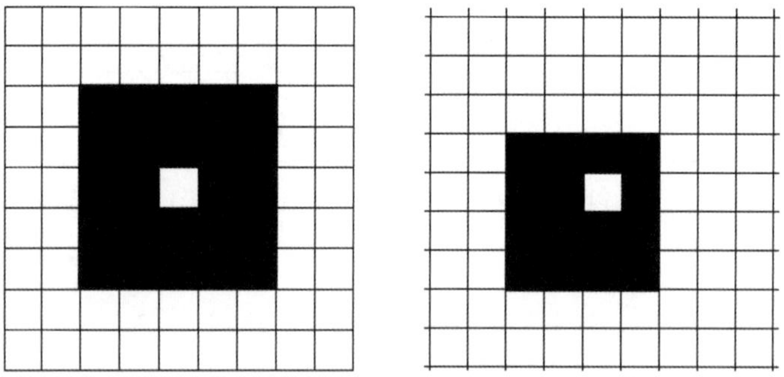

(a)　　(b)

图 8.3　单个原始采样点采样扩充区域图（a）（半径 2）及单个原始采样点采样图（b）（半径 2）

为了区分最原始采样点，我们把单个原始采样点采样图形成的点，称为次原始采样点。

若采样范围内有采样点所在位置已超过证据数据处理范围，则舍弃该采样点。扩充后的采样点均为初次建模的训练采样点。

下面以单个原始采样点扩充步骤对此采样点扩充方法进行具体说明：

1）以原始采样点坐标作为采样的中心点，设置采样的采样半径值为 R，通过原始采样点及采样半径得到扩充后的采样区域。假设原始采样点坐标为（X，Y），采样区域左下角采样点坐标为（$X-R$，$Y-R$），采样区域右上角采样点坐标为（$X+R$，$Y+R$）（图 8.4，黑色中心点处表示单个原始采样点，矩形区域为该原始采样点按照设置的采样半径值扩充后的采样区域）。

2）为了确保采样区域不会超出证据数据的处理范围，H 代表该处理范围的高度值，W 代表该处理范围的宽度值，则采样区域内采样点横坐标 X 必须在［0，H］之间，纵坐标 Y 必须在［0，W］之间。根据这一限制条件对采样区域做进一步的调整，使用 min 和 max 函数得到最终采样区域的左下角采样点坐标（X_1，Y_1）以及右上角采样点坐标（X_2，Y_2）。X_1、Y_1、X_2 及 Y_2 计算公式如下：

$$X_1=\max(0,\ X-R)$$

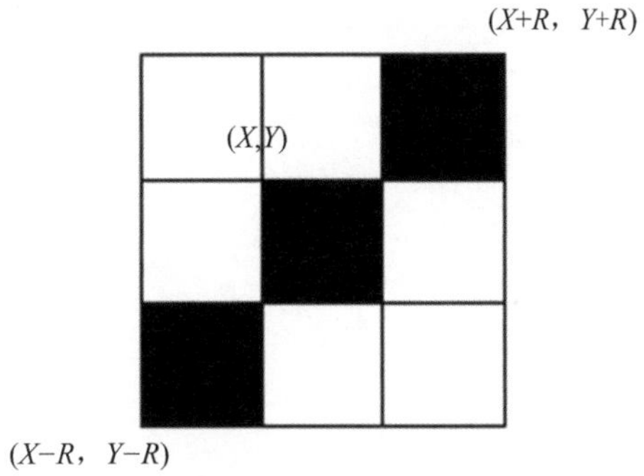

图 8.4　单个原始采样点采样扩充区域示例图

$$Y_1 = \max\ (0,\ Y-R)$$
$$X_2 = \min\ (X+R,\ H)$$
$$Y_2 = \min\ (Y+R,\ W)$$

3）通过采样区域左下角采样点坐标以及右上角采样点坐标，得到该原始采样点扩充后的所有采样点坐标。该采样区域内采样点横坐标在［X_1，X_2）之间，采样点纵坐标在［Y_1，Y_2）之间，由于是栅格数据，因此采样点坐标值均为整数。如图 8.5，黑色部分为单个原始采样点进行半径为 5 的采样点扩充的可视化结果示意图。

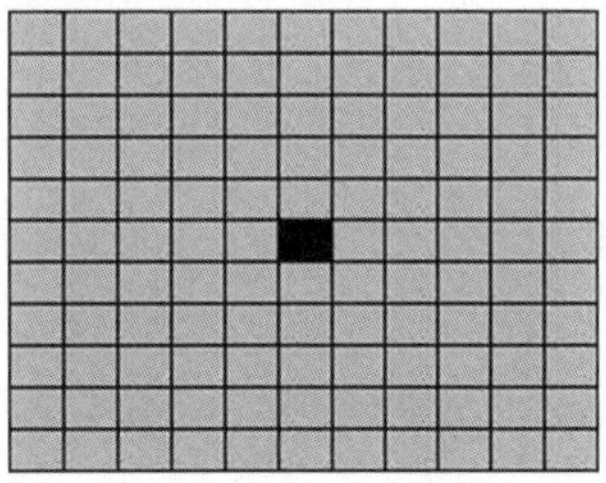

图 8.5　单个原始采样点扩充搭到次原始点可视化图（半径 5）

经过地质路线真标签扩展采样，使地质路线真标签的数量大幅度的提高。增加的标签数量见表 8.1。地质路线真标签扩展后的效果图见图 8.6。

表 8.1　部分填图单元 GRTL、GRTL′样本数量表

填图单位及岩性	GRTL 数量	GRTL′数量
Qp_3^{alp} 晚更新世洪冲积砂砾石层	54	21600
Qp_2^{gl} 中更新世冰碛砂砾石层	40	16000
Qh^{alp} 全新世洪冲积	245	97740
石炭纪断层构造控制点	18	6900
$\beta\mu$ 辉绿岩脉	21	8400
q 石英脉	12	4800
El 砂砾岩	1	400
$\xi\gamma J_1$ 正长花岗岩	74	29600
$\delta o T_3$ 石英闪长岩	17	6800
$\pi\eta\gamma P_1$ 肉红色斑状二长花岗岩	215	86000

续表

填图单位及岩性	GRTL 数量	GRTL′数量
$\gamma\delta P_1$ 花岗闪长岩	181	72300
Cdg 石英岩屑砂岩	3	1200
C_2d 微晶灰岩夹砾屑灰岩	18	6680
C_1s 泥灰岩夹钙质板岩	62	22580
C_1dg 板岩夹细砂岩	28	5922
$\pi\xi\gamma D_2$ 斑状正长花岗岩	243	97200
OST_2 板岩	3	1040
$\pi\gamma\delta O_3$ 斑状花岗闪长岩	182	72800
$\gamma\delta O_3$ 似斑状花岗闪长岩	28	11200
Pt_1b 黑云斜长片麻岩	127	50800

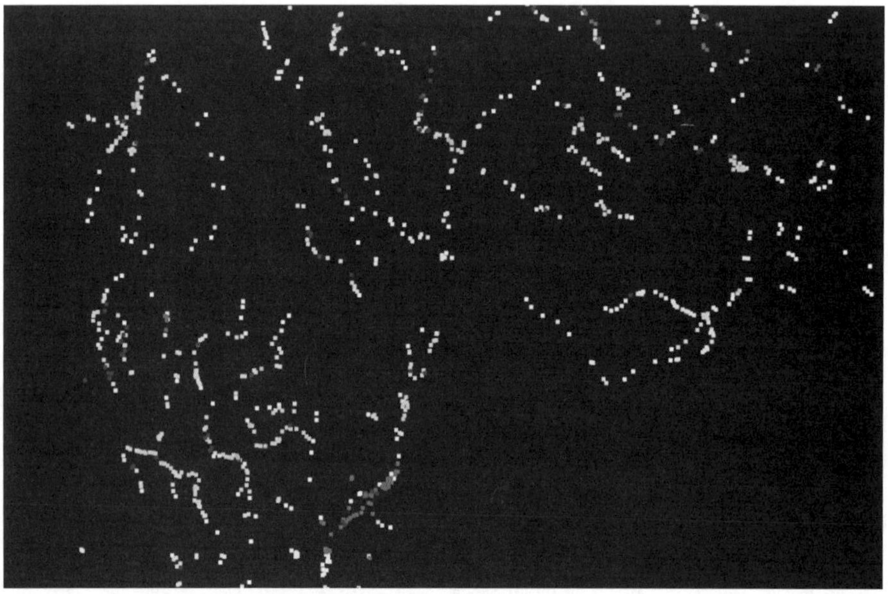

图 8.6　地质路线真标签扩展后的效果分布图（点放大 10 倍）

地质路线真标签扩展（GPTL′）形成后，就可以通过 IF-DNN 建模，形成初始模型，为地质路线高可信标签生成做准备（见图 8.1 中的 IF-DNN 初始模型方块）。

8.3　地质路线伪标签做法（GRPL）

地质路线真标签扩展采样把单个最原始的地质采样点以尽可能最可靠的方式变成了次原始采样点群。由于半径大小的限制，还是不能获取足够量的训练样本，这时需要根据地质路线和地质图的特点与半监督建模的方法思路，再次进行采样。以便最大获取每个岩石地层单位及岩性的样本标签。

根据地质填图精度的要求："有效路线平均间距一般控制在 500~600 m。地质路线上的点距，一般不作严格规定（500 m 左右），但所通过的地质界线，重要接触关系，重要地质构造，或重要地质现象等必须要有地质观测点控制，对该类观测控制点要求记录务必详实，测量数据参数准确齐全，并附有必要的照片和素描图，以及必要的实物标本"。所以地质路线伪标签的采样半径可以控制在

500 m，就可以把地质体控制在同一条地质路线相邻区域内，不会跨路线而采到其他路线上的样本。其他比例尺的填图可以参照此参数选取方法。

设置 GRPL 的采样半径值后，可以使用与 GRTL′相同的采样点扩充方法对 GRTL′中标签数据进行 GRPL 的采样点扩充。为更好地说明扩充方法，我们采用半径为 2 作为实例对方法进行说明，实际上 GRPL 半径的取值远远大于此。图 8.7 是对 GRTL′标签数据的原始采样点进行半径为 2 的采样点扩充后可视化结果，黑色区域为采样区，白色为次原始的采样点。我们把形成各类标签数据 GRPL 采样扩充后的初始采样点也称最后建模训练采样点。

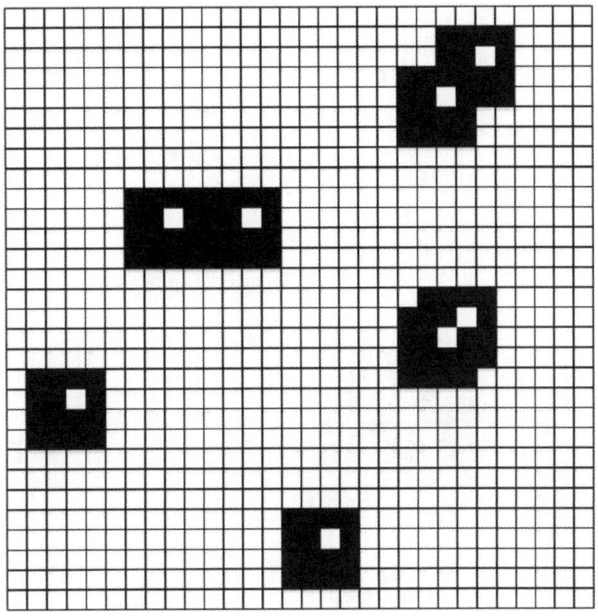

图 8.7 采样图（半径 2，局部图）

8.4 地质路线高可信伪标签做法（GRPL′）

8.4.1 通过半监督，形成有效 GRPL 标签

由于 GRPL 的采样半径设置明显大于 GRTL′采样半径，易导致不同类别标签数据采样区域重复和分类交叉（多义性问题），为保证采样区域内采样点标签正确，需要利用 GRTL′初次建模得到的模型对本次扩充后的采样点进行分类预测，预测时按标签顺序依次对每类标签数据的采样点进行预测，预测正确的留下作为该类标签，形成 GRPL 有效伪标签。预测错误的舍弃。

通过 GRTL′建立的初始模型，对 GRPL 样本进行预判，即通过半监督建模的方法，把大量无标签的样本变成了有标签的样本，最终使建模的样本数量大大增加了。

形成的 GPRL 伪标签，不会存在类交叉或多义性情况，即不会存在一个样本既属于 A 又属于 B 的情况。图 8.8（a）中左图为两个原始（或次原始）采样点以采样半径为 5 进行采样得到的采样图，图中白色区域为两个原始采样点采样的重叠区域，黑色区域和灰色区域区分别为两个原始采样点的采样图；图 8.8（b）为两个原始采样点的训练采样点图，使用初始模型对采样图中的采样点进行预测，预测正确的留下作为高可信的 GRPL′标签，从图 8.8（b）可以看出，两个原始或次原始采样点的训练采样点图不会再存在重复区域。

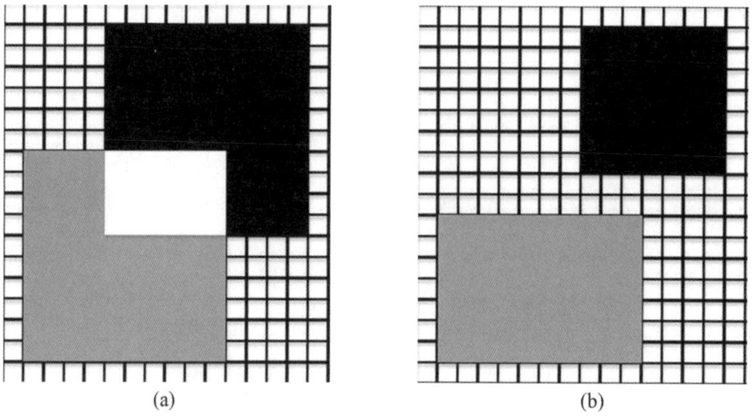

图 8.8　原始（次原始）采样点采样图（a）及原始（次原始）采样点训练采样点图（b）（半径 5，示例图）

为了更好地从整体性的视角说明图 8.8 的内容，用图 8.9（a）和图 8.9（b）对局部区域多个原始或次原始采样点如何从扩充区域确定到采样区域进行了说明。

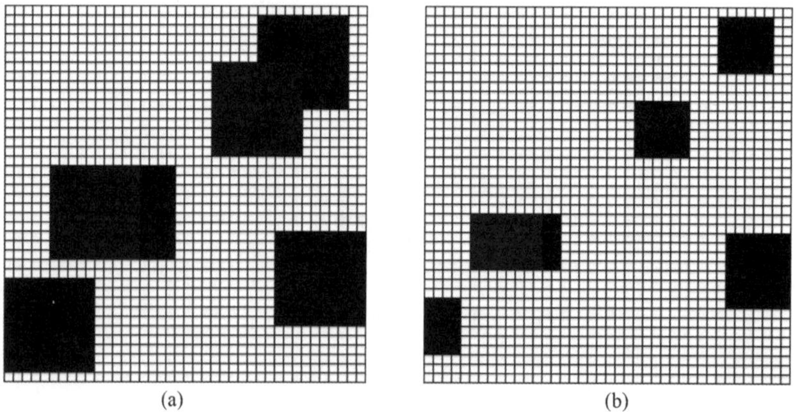

图 8.9　原始点采样图扩充区（a）及对应扩充区的最后训练采样点图（b）（半径 5，局部图）

8.4.2　对有效 GRPL 标签进行过滤

GRPL 伪标签形成后，代入初始模型进行预判，形成有效的 GRPL。为保证每一个标签具有比较高的可靠性，需对代入初始模型进行预判的点进行筛选。筛选的原则是保证每一个点属于每一个类的概率应尽量的高，使概率较低的点对分类建模的影响降到最低。

本研究经过试验对比，发现对分类的点保留>90%可信度的点，作为最后训练的模型标签样本数据，具有最优的效果。具体方法如下：首先计算各类地质体的总样本数并进行从小到大的排序，并计算前 90%的地质体的样本点总数 S，设置前 90%地质体的平均样本点数 N_1 作为过采样的阈值，选择排序过后第 P 位的地质体类别的样本点数作为欠采样的阈值 N_2。

$$N_1 = S/P \tag{8.2}$$

式中：$P=\lfloor Class\_num \times 90\% \rfloor$，$Class\_num$ 代表参与训练的地质体类别数。

8.4.3　通过欠采样和过采样，进行样本均衡处理，形成 GRPL′高可信伪标签

根据阈值对各类地质体在不同训练图幅下的样本点进行过采样或欠采样，以单类地质体采样过程

为例对采样过程进行说明：

1）若类 C 的样本点数小于 N_1，则进行重复采样至 N_1；

2）若类 C 筛选后的样本点数介于 N_1 与 N_2 之间，保留所有样本点；

3）若类 C 筛选后的样本点数大于 N_2，则根据初始模型得到的该点属于该类的概率值进行排序，取前 N_2 个采样点。

这种通过监督与半监督结合的方法，标签样本数量大幅度增加。图 8.10 展示了从 GRTL′到 GRPL′标签扩展后的空间分布情况。表 8.2 给出了本书示例Ⅱ真标签到高可信伪标签数量对比以及获得对应的高精度类召回率。

(a)　　(b)

图 8.10　PRB 地质路线标签少数据增强结果图

（a）次原始点（GRTL′）采样点扩充采样样本分布；（b）GRPL′高可信伪标签样本分布

本研究提出的基于半监督方法的高可信伪标签生成可使样本的数据从原来的数量增加到 30000 倍以上。基本消除地质路线少样本对建模带来的问题，把少标签、长尾现象和样本极不均匀给建模的影响减小到最低。同时增强了地质对象的宏观特征获取的能力。

表 8.2　本书示例Ⅱ真标签到高可信伪标签数量对比以及获得对应的高精度类召回率

填图单位及岩性	GRTL	GRTL′	GRPL	GRPL′	类平均召回率
Qh^{alp} 全新世洪冲积	157	62540	5974110	2628833	98.22%
Qh^{alp} 冲积砂砾石堆积	42	16800	1680000	1069223	96.88%
Qp_3^{alp} 晚更新世洪冲积	155	62000	6093748	2628833	95.80%
Qp_3^{alp} 松散砂砾石	327	130260	12233568	2628833	96.29%
Qp_3^{alp} 砂砾石层	25	10000	1000000	553050	96.78%
Qp_2^{gl} 中更新世冰碛	426	170380	16259493	2628833	98.62%
Qp_2^{gl} 冰川堆积砂砾石层	118	47200	4675728	2513677	88.30%
η 细晶岩脉	1	400	40000	553050	99.92%
$\gamma\iota$ 花岗细晶岩脉	2	800	80000	553050	100.00%
$\beta\mu$ 辉绿岩脉（灰绿色）	23	9200	830200	553050	95.39%
$\xi\gamma J_1$ 正长花岗岩（肉红色+中细粒）	15	6000	600000	553050	98.59%

续表

填图单位及岩性	GRTL	GRTL′	GRPL	GRPL′	类平均召回率
$\xi\gamma J_1$ 正长花岗岩（肉红色+中粒）	7	2800	280000	553050	99.81%
$\xi\gamma J_1$ 正长花岗岩（肉红色+中粗粒）	12	4800	400078	553050	83.88%
$\xi\gamma J_1$ 正长花岗岩（浅肉红+粗粒）	15	6000	600000	553050	99.92%
$\delta o T_3$ 石英闪长岩（灰色+细粒）	4	1600	160000	553050	99.75%
$\gamma\delta P_1$ 花岗闪长岩（浅灰色-白色+中粒）	4	1600	160000	553050	99.99%
$\gamma\delta P_1$ 花岗闪长岩（灰白色+中细粒+弱片麻状）	6	2400	240000	553050	99.93%
$\gamma\delta P_1$ 花岗闪长岩（灰白色+中细粒）	105	41900	3796410	2628833	95.02%
$\gamma\delta P_1$ 花岗闪长岩（灰白色+细粒）	7	2800	280000	553050	99.51%
$\gamma\delta P_1$ 花岗闪长岩（灰白色+粗粒）	16	6400	640000	553050	93.24%
$\gamma\delta P_1$ 花岗闪长岩（灰白-浅肉红色+细粒）	3	1200	120000	553050	100.00%
$\eta\gamma P_1$ 二长花岗岩（肉红色+中细粒）	7	2800	280000	553050	99.88%
$\eta\gamma P_1$ 二长花岗岩（肉红色）	8	3200	320000	553050	99.74%
$\eta\gamma P_1$ 二长花岗岩（浅肉红色+中细粒）	110	44000	4308060	2628833	91.29%
$\eta\gamma P_1$ 二长花岗岩（浅肉红色+不等粒）	15	6000	600000	553050	98.28%
$\eta\gamma P_1$ 二长花岗岩（灰绿色+中细粒）	19	7600	760000	587390	97.13%
$\eta\gamma P_1$ 二长花岗岩（灰白色-浅肉红色+中细粒）	53	21200	2120000	1512678	98.92%
$\eta\gamma P_1$ 二长花岗岩（灰白色+中细粒+弱片麻状）	31	12400	1240000	786932	99.24%
$\eta\gamma P_1$ 二长花岗岩（灰白色+中细粒）	3	1200	120000	553050	100.00%
$\eta\gamma P_1$ 二长花岗岩（黄褐色、灰棕色+中细粒）	14	5600	560000	553050	94.57%
$\pi\eta\gamma P_1$ 斑状二长花岗岩（肉红色-浅肉红色+粗粒）	2	800	80000	553050	99.87%
$\pi\eta\gamma P_1$ 斑状二长花岗岩（肉红色）	96	38400	3840000	2414523	99.20%
$\pi\eta\gamma P_1$ 斑状二长花岗岩（浅肉红色+中粒）	137	54800	5199866	2628833	83.99%
$\pi\eta\gamma P_1$ 斑状二长花岗岩（浅肉红色+中粗粒）	34	13600	1360000	753183	98.25%
$\pi\eta\gamma P_1$ 斑状二长花岗岩（浅肉红色+弱糜棱岩化）	16	6400	640000	553050	96.65%
$\pi\eta\gamma P_1$ 斑状二长花岗岩（浅肉红色+粗粒）	16	6400	640000	553050	98.72%
$\pi\eta\gamma P_1$ 斑状二长花岗岩（浅肉红色）	307	122800	12238708	2628833	97.26%
$\pi\eta\gamma P_1$ 斑状二长花岗岩（灰绿色）	13	5200	520000	553050	99.79%
$\pi\eta\gamma P_1$ 斑状二长花岗岩（灰-灰黑色）	39	15600	1560000	1046547	99.67%
$\pi\eta\gamma P_1$ 斑状二长花岗岩（灰-灰白色）	67	26800	2680000	1906270	99.54%
$\pi\eta\gamma P_1$ 斑状二长花岗岩（灰白色-浅肉红色+中粒）	9	3600	287336	553050	92.94%
$\pi\eta\gamma P_1$ 斑状二长花岗岩（灰白色-浅肉红色）	23	9200	826282	646247	99.89%
$\pi\eta\gamma P_1$ 斑状二长花岗岩（灰白色+中细粒）	28	11200	1120000	774449	98.98%
$\pi\eta\gamma P_1$ 斑状二长花岗岩（灰白色+中粒）	48	19200	1920000	1585530	99.53%
$\pi\eta\gamma P_1$ 斑状二长花岗岩（灰白色、浅肉红色）	60	24000	2400000	1595030	99.85%
$\pi\eta\gamma P_1$ 斑状二长花岗岩（灰白色）	36	12800	1280000	607599	93.63%
$\pi\eta\gamma P_1$ 斑状二长花岗岩（灰白-浅肉红色+中粒）	4	1600	160000	553050	99.77%

续表

填图单位及岩性	GRTL	GRTL′	GRPL	GRPL′	类平均召回率
$\pi\eta\gamma P_1$ 斑状二长花岗岩（灰白-浅肉红色+中粗粒）	210	84000	8400000	2628833	99.55%
$\pi\eta\gamma P_1$ 斑状二长花岗岩（灰白-浅肉红色）	58	23200	2320000	1314096	97.56%
$\pi\eta\gamma P_1$ 斑状二长花岗岩	52	20800	1941612	1043228	96.75%
C_2d 微晶灰岩夹砾屑灰岩（青灰色、粉红色）	9	3600	310938	553050	82.63%
C_2d 微晶灰岩夹砾屑灰岩（浅玫瑰红色+块层）	42	16800	1588520	1000161	86.64%
C_2d 微晶灰岩夹砾屑灰岩（灰色）	32	12280	1198000	553050	94.30%
C_2d 微晶灰岩（灰色）	13	5200	504400	553050	96.34%
C_2d 生物碎屑灰岩（灰-浅红色+厚-巨厚层）	22	8800	869896	553050	79.52%
C_2d 生物碎屑灰岩（灰黑色）	4	1600	160000	553050	98.09%
C_2d 生物碎屑灰岩（灰白色）	3	1200	120000	553050	99.87%
C_2d 结晶灰岩（灰白色）	4	1600	120334	553050	84.98%
C_2d 灰岩（灰色）	6	2400	240000	553050	97.80%
C_2d 灰岩（灰白色+巨厚层状）	7	2800	280000	553050	97.73%
C_2d 含生物碎屑亮晶灰岩（灰黑色+中薄层）	6	2400	240000	553050	91.85%
C_1s 长石岩屑砂岩夹砾岩（灰色+中厚层状）	28	8954	785114	553050	84.43%
C_1s 泥质灰岩夹钙质板岩（灰黑色+薄层）	44	17600	1721644	1321847	92.41%
C_1s 泥灰岩夹钙质板岩（灰色+薄层）	31	9840	976242	581105	88.88%
C_1s 含生物碎屑灰岩（灰黑色+厚层）	29	11440	1040660	743310	89.18%
C_1s 板岩（浅灰色）夹长石石英砂岩（浅灰绿色+中厚层）	29	9210	630976	553050	87.69%
C_1dg 微晶灰岩（灰白色）	4	1600	152400	553050	99.55%
C_1dg 石英岩屑砂岩夹粉砂质板岩（灰绿色+中厚层）	32	12800	1241490	743770	88.82%
C_1dg 砂屑灰岩（深灰色+中厚层）	28	11200	1120000	729086	98.62%
C_1dg 泥晶灰岩夹板岩及砂岩（青灰色）	7	2800	242600	553050	100.00%
C_1dg 泥晶灰岩夹板岩及砂岩（灰色）	63	25040	2269278	1664861	86.90%
C_1dg 砾屑灰岩夹灰黑色生物碎屑灰岩（灰黑色）	28	11200	1120000	586153	98.10%
C_1dg 含生物碎屑亮晶灰岩（灰黑色+中薄层）	17	6800	680000	553050	95.59%
C_1dg 粉砂质板岩夹细砂岩（深灰色+中厚层）	30	6742	729752	553050	79.20%
C_1dg 粉晶灰岩（青灰色、粉红色）	7	2700	219600	553050	99.29%
$\pi\xi\gamma D_2$ 斑状正长花岗岩（肉红色+中细粒）	79	31600	3160000	2037557	97.52%
$\pi\xi\gamma D_2$ 斑状正长花岗岩（肉红色+中粗粒）	145	58000	5800000	2628833	96.72%
$\pi\xi\gamma D_2$ 斑状正长花岗岩（肉红色+细粒）	15	6000	600000	553050	95.16%
$\pi\xi\gamma D_2$ 斑状正长花岗岩（肉红色+粗粒）	33	13200	1320000	962705	99.59%
$\pi\xi\gamma D_2$ 斑状正长花岗岩（肉红色）	417	164000	15981938	2628833	95.40%
$\pi\xi\gamma D_2$ 斑状正长花岗岩（浅肉红色+中细粒）	5	2000	200000	553050	98.92%
$\pi\xi\gamma D_2$ 斑状正长花岗岩（浅肉红色+中粒）	4	1600	160000	553050	99.89%
$\pi\xi\gamma D_2$ 斑状正长花岗岩（浅肉红色）	26	9600	960000	553050	99.89%

续表

填图单位及岩性	GRTL	GRTL′	GRPL	GRPL′	类平均召回率
$\pi\xi\gamma D_2$ 斑状正长花岗岩（浅红紫色）	10	4000	400000	553050	98.53%
$\pi\xi\gamma D_2$ 斑状正长花岗岩（浅褐红色）	16	6400	640000	553050	99.43%
$\pi\xi\gamma D_2$ 斑状正长花岗岩	9	3600	360000	553050	100.00%
OST_2 玄武岩（灰绿色+蚀变）	9	3600	360000	553050	98.69%
OST_2 玄武岩（灰绿色+块层）	3	1200	120000	553050	99.33%
OST_2 玄武岩（灰绿色）夹板岩（灰绿色+薄层）	13	5200	498768	553050	75.29%
OST_2 玄武岩（灰绿色）	25	9680	760962	553050	76.21%
OST_2 安山质玄武岩（灰绿色+块状）	2	800	80000	553050	97.92%
$\pi\gamma\delta O_3$ 斑状花岗闪长岩（深灰绿色+中细粒）	19	7600	760000	553050	98.04%
$\pi\gamma\delta O_3$ 斑状花岗闪长岩（浅灰色）	43	17200	1720000	1182333	99.74%
$\pi\gamma\delta O_3$ 斑状花岗闪长岩（浅灰白色+中粗粒）	20	8000	800000	553050	98.48%
$\pi\gamma\delta O_3$ 斑状花岗闪长岩（浅灰白色+粗粒）	72	28800	2861200	1956525	98.33%
$\pi\gamma\delta O_3$ 斑状花岗闪长岩（灰色+中细粒）	23	9200	920000	583593	99.75%
$\pi\gamma\delta O_3$ 斑状花岗闪长岩（灰色+中粗粒）	4	1600	160000	553050	100.00%
$\pi\gamma\delta O_3$ 斑状花岗闪长岩（灰色+糜棱岩化）	8	2800	280000	553050	99.99%
$\pi\gamma\delta O_3$ 斑状花岗闪长岩（灰色）	134	53600	5207286	2628833	85.11%
$\pi\gamma\delta O_3$ 斑状花岗闪长岩（灰黑色）	12	4800	480000	553050	99.27%
$\pi\gamma\delta O_3$ 斑状花岗闪长岩（灰白色+细粒）	17	6800	680000	553050	96.78%
$\pi\gamma\delta O_3$ 斑状花岗闪长岩（灰白色+弱糜棱岩化）	17	6800	680000	553050	99.47%
$\pi\gamma\delta O_3$ 斑状花岗闪长岩（灰白色+粗粒）	9	3600	360000	553050	99.80%
$\pi\gamma\delta O_3$ 斑状花岗闪长岩（灰白色）	228	90000	9000000	2628833	96.63%
$\gamma\delta O_3$ 花岗闪长岩（糜棱岩化）	23	9200	920000	553050	99.32%
$\gamma\delta O_3$ 花岗闪长岩（灰色+中细粒+糜棱岩化）	69	27600	2760000	1999025	97.69%
$\gamma\delta O_3$ 花岗闪长岩（灰色+中细粒）	45	18000	1800000	911256	95.14%
$\gamma\delta O_3$ 花岗闪长岩（灰色+中粒）	30	12000	1199667	650211	93.03%
$\gamma\delta O_3$ 花岗闪长岩（灰色+中粗粒）	93	37200	3554296	1720557	73.74%
$\gamma\delta O_3$ 花岗闪长岩（灰色+片理化）	64	25600	2560000	1189011	99.04%
$\gamma\delta O_3$ 花岗闪长岩（灰-灰绿色+中细粒）	7	2800	280000	553050	98.93%
$\gamma\delta O_3$ 花岗闪长岩（灰-灰黑色+中粗粒）	36	14400	1405200	1024774	94.96%
$\gamma\delta O_3$ 花岗闪长岩（灰白色+粗粒）	36	14400	1440000	553050	81.54%
Ar_3Pt_1b 斜长片麻岩（浅灰白色）	9	3600	360000	553050	99.97%
Ar_3Pt_1b 绿泥石英片岩（灰色）夹黑云母斜长片麻岩（灰白色）	29	11600	1160000	678007	98.41%
Ar_3Pt_1b 黑云斜长片麻岩（浅灰色）	24	9600	960000	553050	95.38%
Ar_3Pt_1b 黑云斜长片麻岩（灰色）	46	18400	1840000	959571	93.64%
Ar_3Pt_1b 黑云斜长片麻岩（灰白色）	12	4800	480000	553050	99.06%
Ar_3Pt_1b 黑云斜长角闪片岩（灰黑色）	17	6800	553350	553050	87.59%

8.5　真标签和伪标签扩展半径不同对模型精度影响的比较

本研究通过正在开展的本书示例Ⅱ三幅 1∶5 万联测的地质填图同步实验中，对真标签和伪标签扩展半径不同采样和建模的方法进行了对比研究，在实际应用中，取得了非常明显的效果。证明了该方法可以有效最大化地学习地质人员如何在地质路线上确定填图单位及岩性的知识，在预测不同填图单位的沉积岩层、火成岩体、变质岩、地质构造和相关等各种地质体在不同空间的分布、形态等方面，给出更优地质图预测模型。表 8.3 是 GRTL′与 GRPL′不同扩展半径采样方法的结果比较。

表 8.3　GRTL′与 GRPL′不同扩展半径采样方法的结果比较

方法＼对比内容	填图对象个数	原始样本数	扩充半径后样本数	训练点数占总预测点数的百分比	准确率	类平均召回率
GRTL′（50 m）	162	1970	787460	1.80%	88.49%	84.64%
GRTL′（100 m）	162	1970	3146760	7.20%	78.14%	76.31%
GRPL′（50 m+500 m）	162	1970	24744327	56.50%	96.39%	91.95%

备注：该对比内容是在三幅 1∶5 万图幅（面积约 1200 km^2）地质填图实测实验基础上获得的。

1）GRPL′半监督扩展的采样方法，充分兼顾了 1∶5 万地质填图精度两个重要参数，有效兼顾了地质体的宏观特征的表达及地质体预测的准确性。1∶5 万地质填图精度两个重要参数的要求：“野外调查工作中的地质观测点、线误差范围，一般不得大于 50 m。有效路线平均间距一般控制在 500~600 m。地质路线上的点距，一般不作严格规定（500 m 左右）”。以地质点的误差范围作为第一次采样距离的控制参数，确保了地质点（包括采样点即地质路线的点）本身的标签具可靠性；以地质路线上的点距作为第二次采样的距离控制参数，在第一次建模召回率的控制下，可以有效获取地质体空间展布上的样本，为第二次建模不仅提供了可靠的样本，而且以数万倍的数量级大大增加了训练样本的数量。这种把有监督和半监督的方法结合在一起，不但大大地降低了工作量，提高了效率，使地质填图中，在有限的样本情况下，也可最大化地获取一定面上样本，进而使地质图预测和地质填图的工作基本保持同步，为地质填图的研究精度、深度提供了实时支持，为改变传统地质填图工作流程奠定了基础。

2）GRPL′二次采样方法与 GRTL′一次采样方法相比，有效的训练样本增加了数万倍。根据 1∶5 万区域地质填图地质定点精度要求，一个点的精度有效范围在 50 m 内，如果直接把有效点精度范围内的值作为取值半径，那么，一个点也就可以扩至 400 个点左右，占总预测点的百分比不到 2%，由于缺少最基本的样本支持，会导致预测模型的可靠性不足。即使把采样距离增加的一倍 100 m，虽然样本可以从每个原始点增加到 1600 个点，占总预测点的百分比可增加到 7%左右，由于取样超出了每个点精度允许的范围，最后不但会导致训练样品点召回率的下降，也会严重影响建模的精度。如原始采样点扩展到 100 m 采样点，其样本召回率从 84.64%下降到 76.31%，准确率也从 88.49%下降到 78.14%。而采用 GRPL′二次采样方法，可以从每个原始点增加到 12560 个点，训练的样本占总预测点的百分比可增加到 56%左右，大大增加了训练样本的数量，同时也使样本的召回率从 85%提升到了 92%左右，准确率也从 88.49%增加到 96.39%。如，实验图幅的 Qp_3^{glf} 冰水沉积物，受野外露头限制，仅在野外观察到一个点。通常采样方法，只有一个点的分类都会舍弃，因为样本太少不足以形成有效的训练样本。但是这个填图单位的岩性在地质上具有重要的意义，反映了当时的沉积环境，对研究当时的环境气候具有重要意义，如果舍去该样本，等于地质图上缺失了一个重要的分类预测。采用了本方法进行采样，通过该一个样品使得有效样本增加到 12477 个，通过预测给出了这个分类的空间分布，经地质人员验证，评价预测地质图上该地质对象有沿着沟谷零星展布的趋势，与实际情况吻合。

3）GRPL′二次采样方法不仅使建模的精度大幅度提高，而且从整体输出结果更能体现不同填图单位的关系：①从表 8.3 看出，如果只采用 GRTL′距采样方法建模，随着采样距离的加大，建模的精度就随之下降。如定距半径从 50 m 到 100 m，精度（召回率）从 84.64%下降到 76.31%，约下降 10 个百分点。而 GRPL′二次采样方法建模使建模精度（召回率）可以达到 91.95%，提升约 8 个百分点。其预测精度达到了很好效果，完全可以指导野外人员填图和发现新的地质问题。②把单一的填图单位的识别与分类提升到地质图预测的水平。通过 GRTL′一次采样解决填图单位识别分类的可靠性，通过二次采样不仅达到了自动对地质路线上确认的地质填图单位或岩性进行最大化标注，为根据标注对多尺度、多数据类型、多专业数据进行训练数据的最大化采集提供了条件，为最优揭露了面上不同填图单位客观的相互关系提供了样本保障。正如野外地质人员在实验中，对预测地质图给出了以下评价：根据预测图从宏观来看已经比较接近一名野外技术人员进行实际填绘的地质图。证明 GRPL′二次采样的方法可有效兼顾地质体的宏观特征的表达及地质体预测的准确性。

第 9 章　AI 地质图建模结果与评价

9.1　试点图幅建模定量评价结果

5 个试点图幅的总体建模定量评价主要指标（总体建模精度和总体类平均召回率）见表 9.1，每个试点图幅类平均召回率均在 90%以上。证明了 IF-DNN 模型可以适合不同地质分区的 AI 地质图成图。为了更清楚地了解 5 个试点图幅分类标签样本分布及对应的召回率情况，图 9.1 给出了 5 个试点图幅每个类标签样本数、每个图幅标签样本数的频数分布和每个类标签样本召回率分布情况。从图 9.1 可以看出地质填图具有分类数量多、小样本及样本不均衡、长尾分布等明显的特点。很多类只有 2~3 个标签样本，但经过 IF-DNN 建模，都有很高的召回率，最大化降低了小样本及样本不均衡等问题的影响。5 个试点图幅的高召回率，表明了 IF-DNN 模型还具有很好的泛化能力。

表 9.1　各研究区（试点图幅）建模定量评价主要指标结果表

图幅代号 （模型代号）	填图对象个数	原始标签个数	模型精度	类平均召回率	地质分区	涉及的数据集编号 （编号含义见第 4 章表 4.3）
G48E002009（示例Ⅰ）	445	5657	> 95%	95.58%	云贵沉积岩	2，3，4，6，7，9，10，12
L51E019004、L51E020003 L51E020004（示例Ⅱ）	351	6488	> 97%	92%	大兴安岭火山岩带	2，3，4，6，7，12，14
H50E010009（示例Ⅲ）	166	11451	> 97%	92.4%	大别山变质岩区	2，3，4，6，7，9，10，12
I47F005021、I47F005022 I47F006022（示例Ⅳ）	402	10521	> 94%	90.2%	青藏造山带	2，3，5，7，9，11，12，14
J46E016006（示例Ⅴ）	58	5501	>90%	91.2%	青藏造山带	2，3，6，7，8，9，10，11，12，14

9.2　一致性定性评价

一致性定性评价主要是对构造格架和填图对象空间分布形态方面的综合评价。沉积岩区、火山岩区、变质岩区、造山带填图的实测地质图与人工智能地质图，在构造格架和填图对象空间分布形态方面的一致性和准确性对比见图 9.2。

图 9.2（a）为 1∶5 万火烧坝幅实测地质图。测区位于云贵高原与四川盆地的结合部，地势西高东低，属于典型的山地构造地形。地层出露古生界—第四系，主要包括古生界、中新生界各系。古生界主要为陆表浅海相，间有部分陆缘海陆交互相或陆相碳酸盐岩；中二叠世末—晚二叠世发生了大规模碱性玄武岩浆喷发；中生代为陆内盆地发展阶段，为海陆过渡相碎屑岩-浅海碳酸盐岩-海陆交替相含煤碎屑岩，晚三叠世以后多为陆相碎屑沉积。褶皱主要为北东向和近南北向，以北东向为主要构造线方向，共发育 6 个背向斜。断层以北东向断层最为发育，次为北西向，共发育 3 组断裂。图 9.2（b）是人工智能地质图。与实测图比较，可以明显反映图幅内地层分布、构造格架及形态的

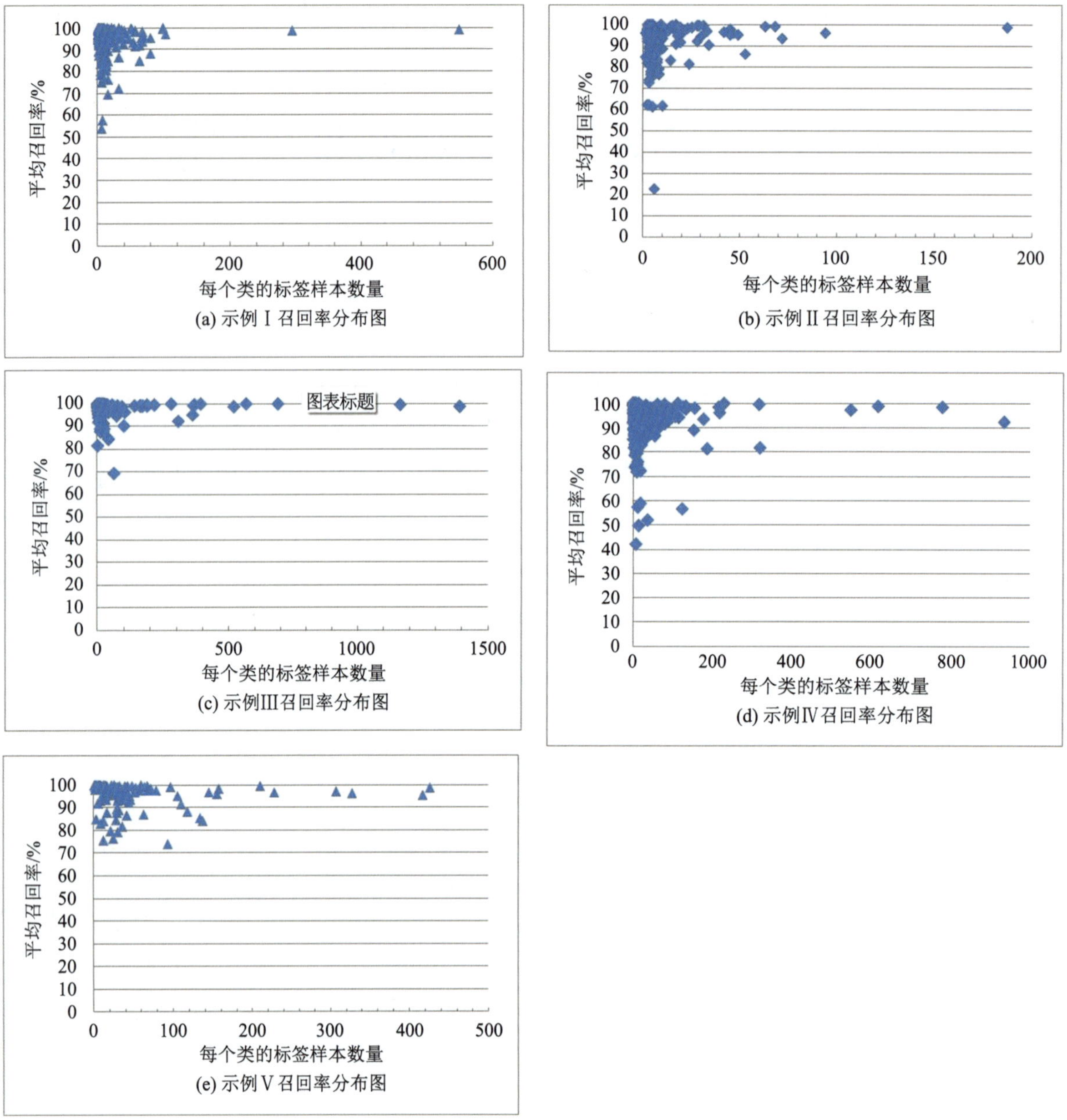

图 9.1　各研究区召回率分布图

一致性。可以较准确地圈定不同岩石、岩石组合等地质体边界。对两侧岩性差异较大的断层，也有较好的识别。例如：图幅内，条带状或大面积分布的峨眉山玄武岩，曲靖组砂岩、页岩与灰岩组合和红崖坡组页岩、白云岩、砂岩组合，甚至栖霞组灰岩建造和茅口组灰岩建造，其分布、构造形态在成图模型中反映都较准确。

图 9.2（c）是实测的 1∶5 万巨里河等 3 幅联测的地质图。测区大地构造位置位于天山-兴蒙造山系东段。索伦-林西缝合带（白银宝力道（查干乌拉）俯冲增生杂岩高压蓝片岩变质杂岩）在测区北侧通过，是古亚洲洋最终闭合的位置，该带的南侧为林西残余盆地（Ⅱ-2-3），北侧为锡林浩特-乌兰浩特岩浆弧。中生界属蒙古-鄂霍次克洋东南缘、大陆外缘弧的陆相弧后盆地区，位于大兴安岭火山岩带，东临松辽裂谷盆地。新生界属滨西太平洋、欧亚板块东侧陆缘带内带，陆内垂直运动强烈。测区受晚古生代和中生代构造叠加控制，以中生代盆-隆构造为特征，主构造线走向呈北西西向

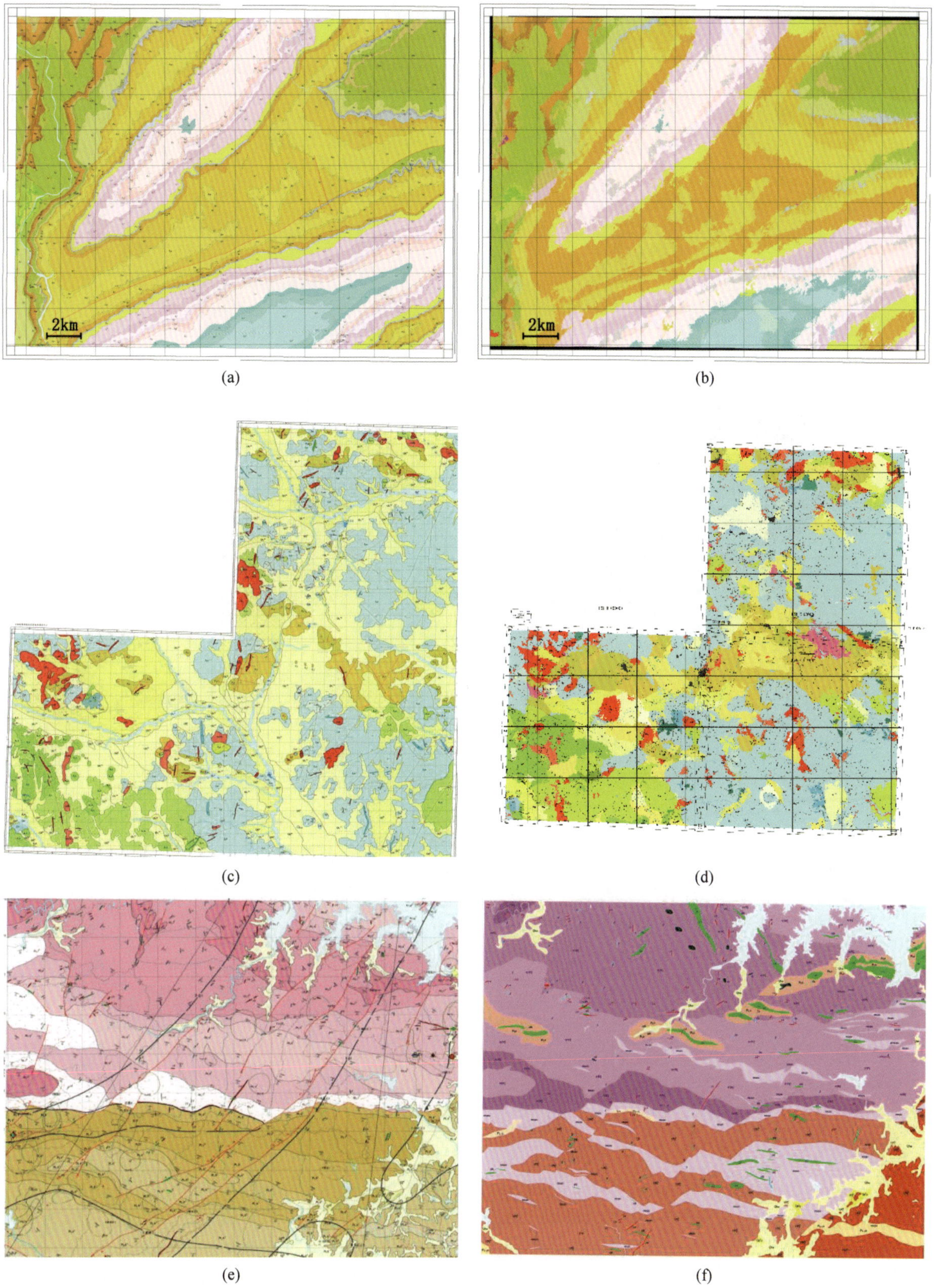

图 9.2　沉积岩区、火山岩区、变质岩区、造山带填图的实测地质图与人工智能地质图对比

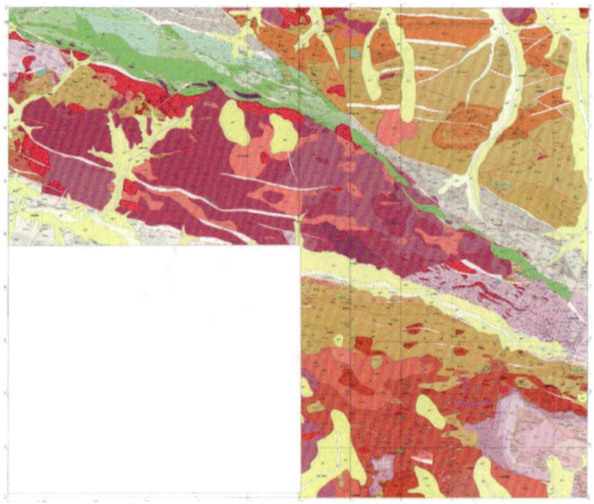

(g)

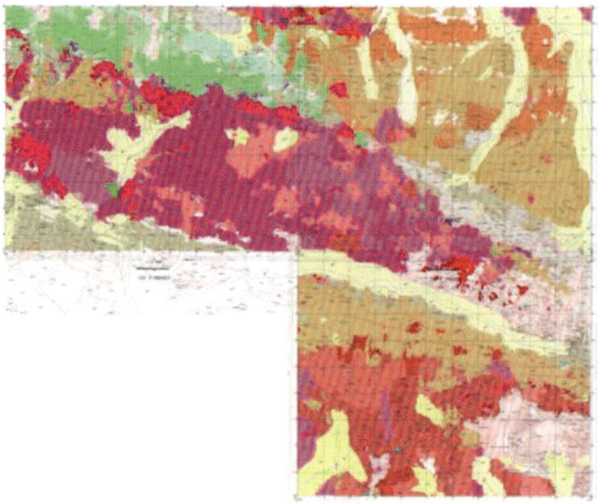

(h)

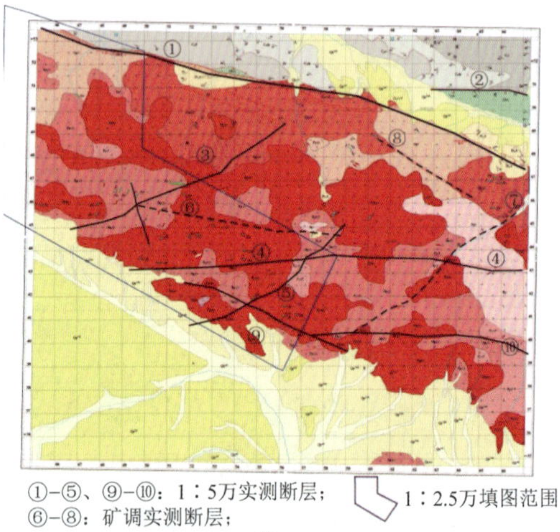

(i)

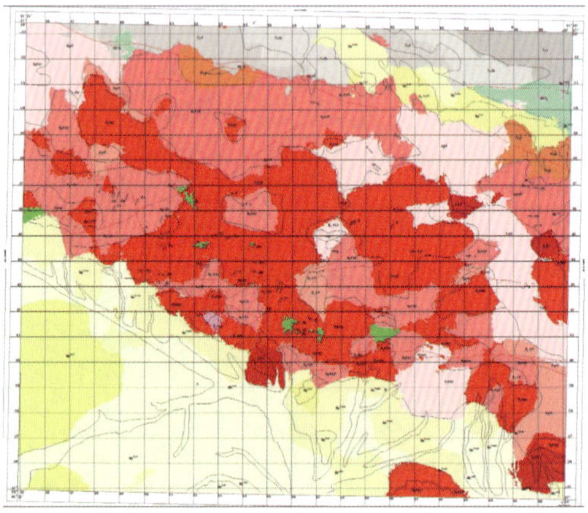

(j)

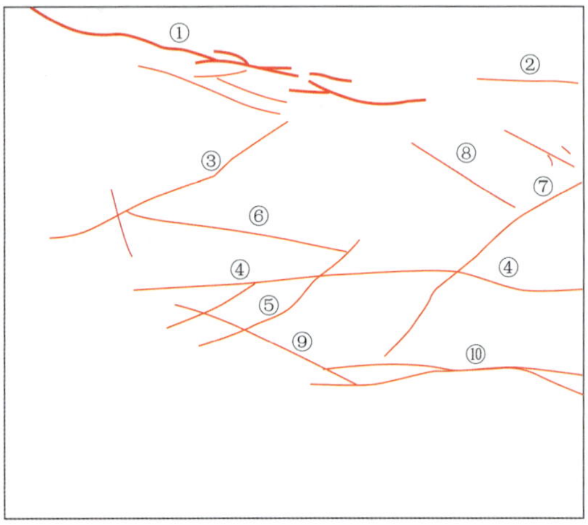

(k)

图 9.2 沉积岩区、火山岩区、变质岩区、造山带填图的实测地质图与人工智能地质图对比（续）

（a）位于云川接壤沉积岩区的 1∶5 万（G48E002009）火烧坝幅实测地质图；（b）对应（a）的人工智能地质图；（c）位于大兴安岭火山岩带 1∶5 万（L51E019004、L51E020003、L51E020004）奈玛拉吉、巨里河及荷叶哈达三幅图幅实测地质图；（d）对应（c）的人工智能地质图；（e）位于大别山变质岩区 1∶5 万（H50E010009）枫香驿幅实测地质图；（f）对应（e）的人工智能地质图；（g）位于青藏造山带青海省都兰县昂日塔地区的 1∶2.5 万（I47F005021、I47F005022、I47F006022）实测地质图；（h）对应（g）的人工智能地质图；（i）青藏造山带的青海双石峡 1∶5 万土房子幅（J46E016006）实测地质图；（j）对应（i）的人工智能地质图；（k）1∶5 万土房子幅（J46E016006）实测地质图中的断裂构造和北东向，由北向南呈现出不完整的“三隆两盆”的构造格局。中二叠统哲斯组和上二叠统林西组两套广泛分布的晚古生代地层为整个工作区古生代隆起的表层和中生代火山盆地的底层，在盆地内部也会随浅成侵入岩或次火山岩一同抬升剥露至地表。两个中生代盆地区为东西长，南北短的短轴状，两个盆地中心连线呈近北北东向，盆地主要填充：下侏罗统—中侏罗统含煤系陆相沉积地层、上侏罗统—下白垩统陆相火山岩地层。盆地内部的火山-碎屑沉积边界受到北东—北北东向构造控制，其可能与测区东侧的松辽盆地西缘断裂活动相关。图9.2（d）是基于地质路线深度学习的火烧坝地质图成图模型。与图9.2（c）比较，在填图单位厘定、地质体展布形态等方面与阶段性实测地质草图对比具有较好的一致性，尤其是有地质路线控制的区域。预测地质图中晚古生代地层、中生代火山岩地层、侵入岩的总体展布特征与实测地质图一致性较好，能够反映调查区受晚古生代和中生代构造叠加控制的特征，即中生代盆-隆构造为主体，主构造线走向呈北西西向和北东向，由北向南呈现出不完整的“三隆两盆”的构造格局。因为综合利用了SAR遥感、地面高磁等具有深部揭露作用的多种数据，为区调工作提供了更为丰富的深部信息，更好地反映了浅覆盖之下侵入体的空间展布规律。

图9.2（e）是实测的1∶5万枫香驿幅地质图，测区位于大别造山带东段，横跨大别山造山带和扬子陆块两个大地构造单元结合部位，出露大别山造山带核部的中深变质岩地层，属于南秦岭-大别山地层区。枫香驿幅中部太湖-方咀韧性剪切带横穿而过，将图幅内变质地层分为北部的大别岩群和南部的宿松岩群。大别岩群桥岭岩组和宿松岩群虎踏石岩组主体应为变质变形侵入体，宿松岩群柳坪岩组仍以变质地层为主体。桥岭岩组（$Pt_1q.$）岩性主要为黑云斜长片麻岩、白云斜长片麻岩、二云斜长片麻岩，局部含有较多的榴辉岩等变质铁镁质岩岩块。柳坪岩组（$Pt_{2-3}l.$）岩性主要为白云石英片岩、黑云斜长片麻岩夹透镜状大理岩。图9.2（f）是枫香驿幅地质草图成图模型。与图9.2（e）比较，成图模型的地质格架和填图单位空间分布形态基本与实测地质图一致。如：大别岩群桥岭岩组（$Pt_1q.$）、石井村片麻状花岗闪长岩（$\gamma\delta Pt_1$）、片麻状花岗岩（γPt_3fx）、白云石英片岩（msqsc）与实测图基本一致。需要说明的是图9.2（f）中部分填图单位地质人员在PRB标签标注时进行了重新厘定。

图9.2（g）是1∶2.5万实测地质图，测区位于青藏造山带青海省都兰县昂日塔地区。该图幅大地构造位置处于东昆仑造山带东段，区内划分出秦祁昆造山系和康西瓦-修沟-磨子潭地壳对接带两个一级构造单元，东昆仑造山带和昆南俯冲增生杂岩带2个二级构造单元。出露的岩石地层单位由老到新依次为古元古界金水口岩群、下泥盆统契盖苏组、下石炭统哈拉郭勒组、上石炭统—下二叠统浩特洛哇组、下三叠统洪水川组，下—中三叠统闹仓坚沟组、中三叠统希里可特组以及第四纪地层。此外，区内还划分出寒武纪—奥陶纪长石山蛇绿混杂岩及石炭纪—晚二叠世康德龙蛇绿混杂岩2个非正式地层填图单位。图9.2（h）为人工智能地质图，图中各类地质体整体呈北西-南东向展布，与区域构造线方向一致。元古宙地层、中生代地层、中生代火山岩地层以及加里东期—印支期中酸性侵入岩的总体展布特征与实测地质图一致性较好。对调查区断裂构造反应较好，显示出区内主构造线方向为北西西向，次为北东向。因综合利用了1∶5万地面高精度磁测和1∶2.5万等具有深部揭露作用的数据，在达理吉格塘地区第四系覆盖强烈地段，能够更好地反映浅覆盖之下地质体及其空间展布特征，为填图工作提供了更为丰富的深部信息。

由预测地质图［图9.2（j）］与实测地质体［图9.2（k）］对比可知：预测地质图中识别的断裂构造为北西向主断裂构造①，次级断裂②、③、④、⑤、⑥、⑦、⑧、⑨、⑩较对应，表明预测地质图［图9.2（j）］对于主断裂、重要次级断裂预测精度较高。古元古界白沙河岩组（$Pt_1b.$）预测地质体［图9.2（j）］与实测地质体［图9.2（i）］对比可知：预测地质图中白沙河岩组的范围与实测范围基本一致，对应性较好，且预测地质图对深部白沙河组进行了揭露，预测规模大于实测范围，后期应进行实地验证。奥陶系—志留系滩间山群玄武岩组（OST_2）预测地质体［图9.2（j）］与实测地质体［图9.2（i）］对比可知：预测的滩间山群玄武岩组范围稍大于实测滩间山群玄武岩组范围，可能是预测地质图对深部滩间山群玄武岩进行揭露，但对图幅中西部规模较小的滩间山群未能有效识别出（有预测出），可能是地质标签中相关信息较少所致。晚奥陶世斑状花岗闪长岩（$\pi\gamma\delta O_3$）预测地质体［图 9.2（j）］与实测地质体［图 9.2（i）］对比可知：预测的晚奥陶世斑状花岗闪长岩范围稍小于 1∶5 万实测晚奥陶世斑状花岗闪长岩，整体来看二者范围基本相同；与实测 1∶2.5 万晚奥陶世斑状花岗闪长岩对比，预测地质体范围基本一致。中泥盆世斑状正长花岗岩（$\pi\xi\gamma D_2$）预测地质体与实测地质体对比可知：预测斑状正长花岗岩与 1∶5 万实测对比，二者地质体分布范围基本一致，但在图幅东侧新预测出一套中泥盆世斑状正长花岗岩，经地形图、遥感图检查该区地势陡峭，人员无法到达，故建模预测地质图有效解决了该类问题。早二叠世斑状二长花岗岩（$\pi\eta\gamma P_1$）预测地质体与实测地质体对比可知：预测斑状正长花岗岩与 1∶5 万实测对比，二者对应性较好。此外，在图幅东南侧靠近图幅，预测地质图中新识别出一套规模较小的斑状二长花岗岩，可能是由于预测地质图将其揭露所致。晚更新世洪冲积（Qp_3^{alp}）、中更新世冰碛（Qp_2^{gl}）预测地质体与实测地质体对比可知：预测晚更新世洪冲积范围与实测地质体基本一致，对应性较好；预测中更新世冰碛范围与实测地质体基本一致，但在图幅东北角新识别出一套规模较大的中更新世冰碛（砂砾石层），可能是预测地质图具有遥感多数据源解译所致，后期应进行实地验证。

9.3 准确性、可解释性、新颖性综合评价

本节将选择位于大兴安岭火山岩带 1∶5 万（L51E019004，L51E020003，L51E020004）奈玛拉吉、巨里河及荷叶哈达三幅图幅 AI 地质图和位于云川接壤沉积岩区的 1∶50000（G48E002009）火烧坝幅 AI 地质图，按定性评价指标准确性、完整性、可解释性、新颖性重点进行分析评价。

试验区是正在开展的 1∶5 万区域地质调查的巨里河等 3 个图幅，测区位于大兴安岭火山岩带，大地构造位置位于天山-兴蒙造山系东段。中生代属蒙古-鄂霍次克洋东南缘、大陆外缘弧的陆相弧后盆地区，位于大兴安岭火山岩带，东临松辽裂谷盆地。图 9.3 是对地质填图对象识别程度、精度与能力的野外验证和综合评价对比图，主要的评价内容如下。

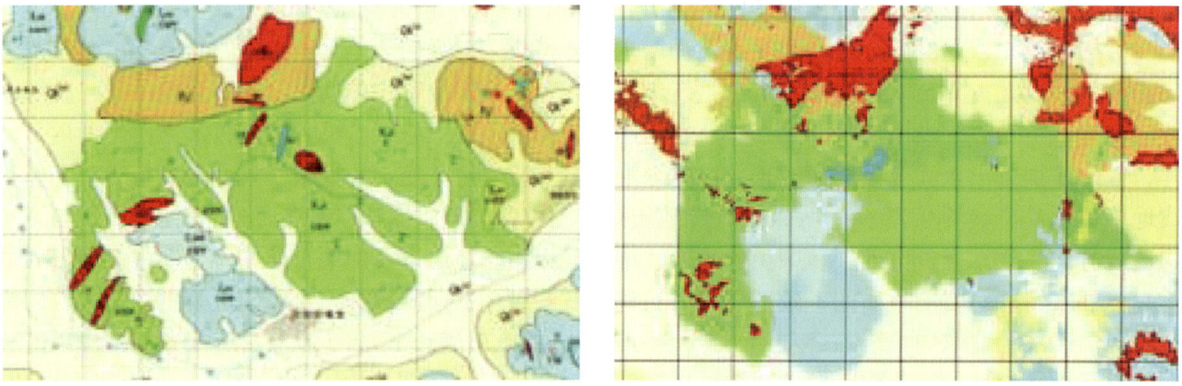

(a)　　(b)

图 9.3　填图单位识别与实测地质图一致性评价

（a）实测 K_1b、J_3mn 和 J_3m 火山岩填图单位分布图；（b）对应（a）的基于地质路线深度学习的火山岩填图单位识别分布图

9.3.1 准确性、可解释性综合评价

（1）填图单位识别与实测地质图一致性评价

图 9.3（b）是采用地质路线覆盖度 46%建立的成图模型。与实测草图 9.3（a）比较，下白垩统白音高老组（K_1b）、上侏罗统玛尼吐组（J_3mn）和上侏罗统满克头鄂博组（J_3m）出露及形态基本

一致。深度学习地质图成图模型由于 SAR 数据的引入，对第四系进行了一定深度的揭露。通过实测验证，火山岩的展布形态与实测图对应最好，东南角还识别出了与环形构造相关的半环形潜火山岩；中北部侵入岩体面积大于实测图，但与深部磁测的局部正异常值对应较好，可能暗示侵入体目前埋深不大；东北角的侵入体为第四系覆盖下的隐伏揭露，与所截图外的侵入体有较好的对应关系，同时也对应了深部的磁测正异常值。

（2）火山机构识别程度与准确度评价

A. 达拉罕火山喷发中心

图 9.4（a）为达拉罕火山喷发中心实测地质图，图 9.4（b）是基于地质路线深度学习建模的地质草图模型，图 9.4（c）是遥感图像解释的结果。从图 9.4（b）地质草图模型特征可以看出：闪长玢岩、石英二长斑岩、二长斑岩、石英岩、正长斑岩岩脉呈环状围绕火山喷发中心，中心周围为震碎角砾岩（图深绿色部分），火山机构、线性构造得以充分展示，且与图 9.4（a）实测地质图位置一致。成图模型对火山机构、线性构造等地质要素具有明显的识别能力。

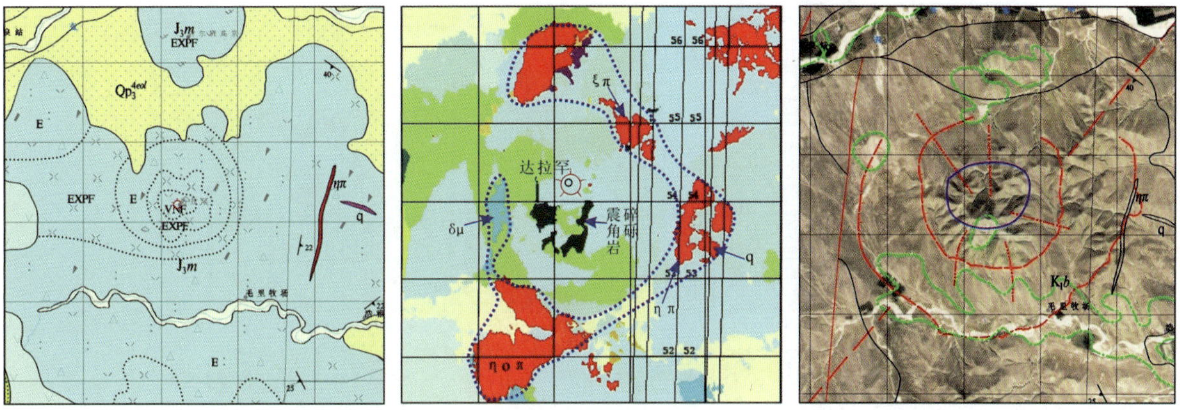

(a)　(b)　(c)

图 9.4　达拉罕火山喷发中心识别结果对比

（a）达拉罕火山喷发中心实测地质图；（b）对应（a）的基于地质路线深度学习的达拉罕火山喷发中心识别及地质草图成图模型；（c）对应（a）的达拉罕火山喷发中心遥感图像解释的结果

B. 奈玛拉吉、玛拉嘎、先锋、荷叶哈达、那仁嘎查火山喷发中心

地质填图工作阶段，在地质填图中填绘出乌布洞阿日嘎查、奈玛拉吉、玛拉嘎、先锋、豁牙山 5 处火山喷发中心。通过 AI 地质图建模，形成的 AI 地质图显示，确定的该 5 处火山喷发中心中均有均明显显示岩脉呈半环状或环状环绕火山岩的组合形态，能正确地识别出火山喷发中心［见图 9.5（a），（b），（c）］。

（3）地质界线形态与实际接触关系识别能力评价

图 9.6（a）中显示出了早白垩世石英二长斑岩侵入 J_3m 流纹岩。实际填图中在扎鲁特旗北部鹿场地区可见早白垩世石英二长斑岩（$\eta o\pi K_1$）侵入满克头鄂博组流纹岩［图 9.6（b）］，与识别结果的接触关系一致。

图 9.7（a）为 AI 地质图，准确地反映了 $\gamma\pi K_1$ 花岗斑岩岩株中残留的林西组（P_3l）的关系，与野外实拍［图 9.7（b）］完全对应。

（4）浅覆盖地区揭露预测评价

本次主要基于纯遥感+DEM 预测的第四系与本轮预测地质图进行对比，圈定浅覆盖地区揭露的地质体。如图 9.8 中蓝色边界为本次预测揭露的地质体，主要分布于巨里河幅的哲北农场牧场、后河村、喜安村，荷叶哈达幅先锋、豁牙山，奈玛拉吉幅哈里协那、查干宝力高。整体揭露的地质体多为

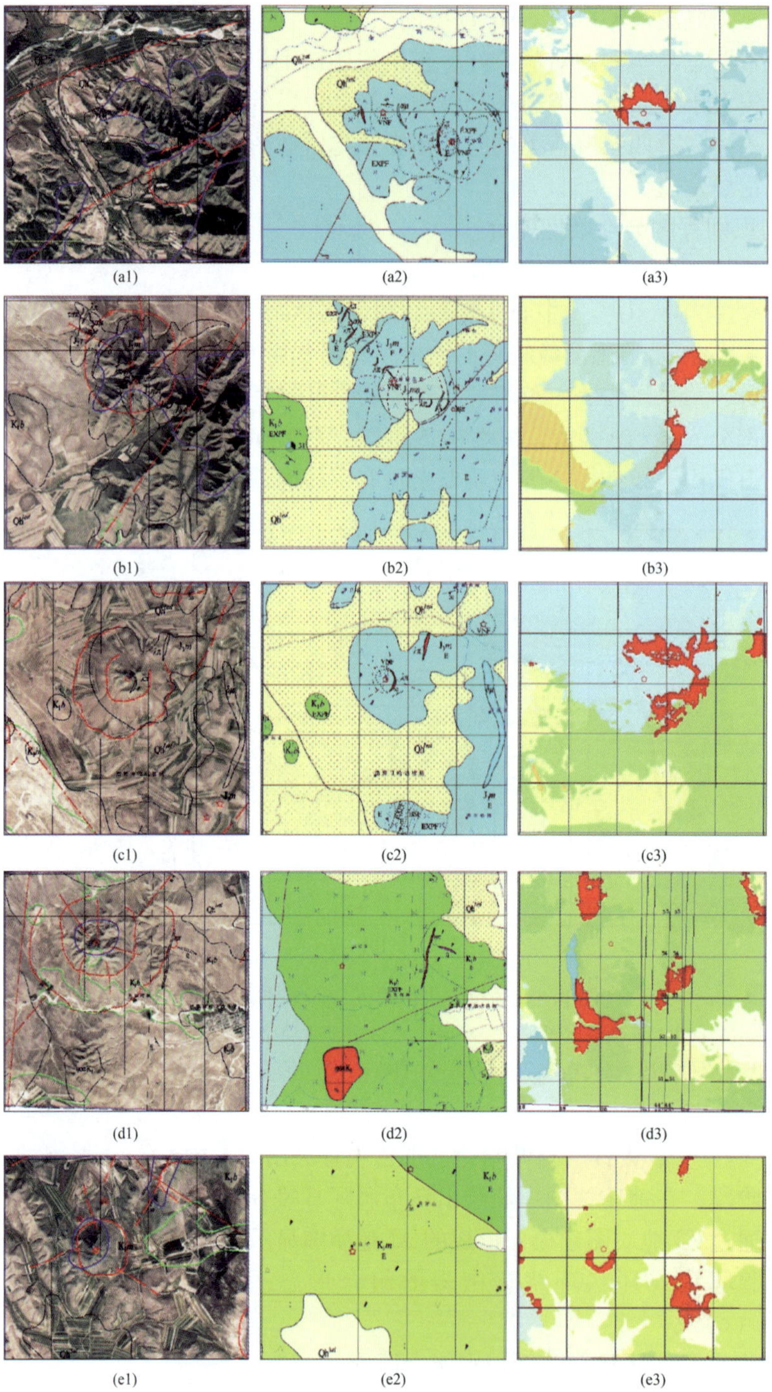

图 9.5　火山喷发中心预测与验证对比

(a) 奈玛拉吉火山喷发中心 ((a1) 为对应 (a2) 的达拉罕火山喷发中心遥感图像解释的结果；(a2) 为达拉罕火山喷发中心实测地质图；(a3) 为对应 (a2) 的达拉罕火山喷发中心实 AI 地质图)；(b) 玛拉嘎火山喷发中心 ((b1) 为对应 (b2) 的玛拉嘎火山喷发中心遥感图像解释的结果；(b2) 为玛拉嘎火山喷发中心实测地质图；(b3) 为对应 (b2) 的玛拉嘎火山喷发中心实 AI 地质图)；(c) 先锋火山喷发中心 ((c1) 为对应 (c2) 的先锋火山喷发中心遥感图像解释的结果；(c2) 为先锋火山喷发中心实测地质图；(c3) 为对应 (c2) 的先锋火山喷发中心实 AI 地质图)；(d) 荷叶哈达火山喷发中心 ((d1) 为对应 (d2) 的荷叶哈达火山喷发中心遥感图像解释的结果；(d2) 为荷叶哈达火山喷发中心实测地质图；(d3) 为对应 (d2) 的荷叶哈达火山喷发中心实 AI 地质图)；(e) 那仁嘎查火山喷发中心 ((e1) 为对应 (e2) 的那仁嘎查火山喷发中心遥感图像解释的结果；(e2) 为那仁嘎查火山喷发中心实测地质图；(e3) 为对应 (e2) 的那仁嘎查火山喷发中心实 AI 地质图)

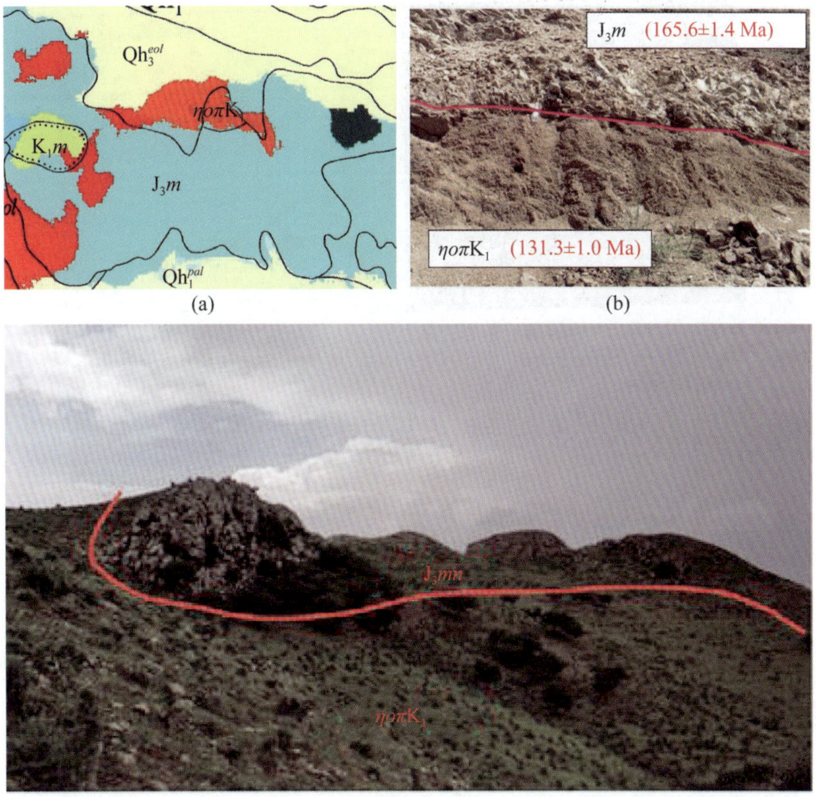

图 9.6　地质界线形态与实际接触关系识别能力评价

（a）基于地质路线深度学习填图单位识别分布图，识别早白垩世石英二长斑岩侵入 J_3m 流纹岩；（b）对应（a）的识别结果，野外验证在扎鲁特旗北部鹿场地区可见早白垩世石英二长斑岩（$\eta o\pi K_1$）侵入满克头鄂博组流纹岩，与识别的接触关系一致；（c）野外实拍石英二长斑岩（$\eta o\pi K_1$）中残留的玛尼吐组（J_3mn）火山穹丘照片

图 9.7　$\gamma\pi K_1$ 花岗斑岩岩株中残留的林西组（P_3l）砂板岩

（a）AI 地质图预测 $\gamma\pi K_1$ 花岗斑岩岩株中残留的林西组（P_3l）；（b）野外实拍与（a）完全对应

基岩区地质体的范围延伸或扩大，由于地质填图多反映的是地表地质体，因而当对潜伏地质体进行揭露时，展现的是地表出露地质体的延伸符合地质规律。其中哲北农场牧场一带所揭露的范围最大，这与该地区覆盖层为较薄的碎石层有一定关系，但仍需对该地区的地表地貌特征及第四系覆盖层的厚度范围进一步调查，以解释该地区为何出现大范围揭露的地质体。

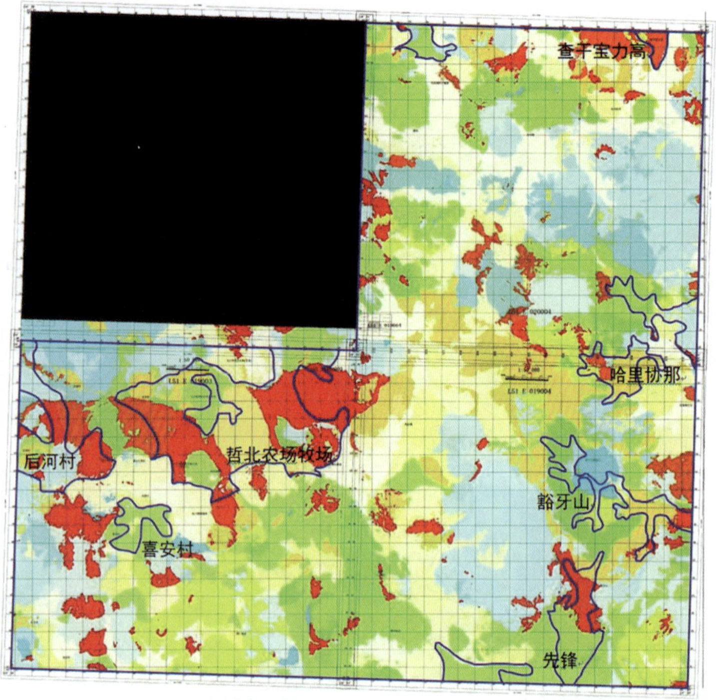

图 9.8　浅覆盖区地质体揭露圈定
（蓝色曲线圈定范围）

（5）一定深度预测评价

基于对预测结果所处的第四系厚度，SAR 数据所能识别的地质体厚度具有一定能力。

本次通过实地调查 SAR 数据的穿透能力，发现图 9.9（a）中 a 处野外实地调查其第四系覆盖厚度基本大于 5 m，预测地质图在该处则预测为第四系，在图 9.9（a）中 b 处野外实地调查和其第四系覆盖厚度基本小于 5 m，而在预测地质图中该处则预测为底部的基岩，即上侏罗统满克头鄂博组火山岩。因此 SAR 数据的加入展现了所预测的地质图具有浅覆盖地区揭露预测地质体的能力，本次调查认为基本覆盖厚度小于 5 m 则 SAR 数据可穿透覆盖区进行潜伏地质体的预测。

奈玛拉吉区调项目组主要在巨里河幅的乌日根塔拉农场、哲北农场牧场、联合镇、喜安村、巨日合镇、赛汉塔拉嘎查、哈日朝鲁嘎查，通过询问民用井、煤矿矿井、砖厂钻井揭露的第四系厚度，并分析勘探剖面资料，表明这些地方的第四系厚度为 20~30 m。将其厚度标定至预测地质图，显示均预测为第四系，仅在赛罕塔拉处揭露出火山岩地层，因此，基本判断 SAR 数据的穿透能力应小于 20 m，而赛罕塔拉处需对该处进行野外地貌环境进行考察，是否地貌环境增强了 SAR 数据的穿透能力。

综上所述，覆盖层小于 5 m 时 SAR 数据可穿透覆盖层进行潜伏地质体的预测，当覆盖深度超过 20 m 时，SAR 数据基本不能穿透覆盖层进行潜伏地质体的预测。

9.3.2　新颖性综合评价

（1）填图单位识别能力评价（新颖性，避免遗漏）

图 9.10（b）中 a 点在原地质草图图 9.10（a）中为下白垩统白音高老组（K_1b）流纹质晶屑凝灰岩，现地质成图模型识别该处为早白垩世侵入岩。通过实地路线调查验证认为该处应为早白垩世花岗岩；图 9.10（b）中 b 点在原人工编制地质草图图 9.10（a）中为下白垩统白音高老组流纹质角砾凝灰岩及流纹岩，现地质成图模型识别该处为上二叠统林西组沉积岩，通过实地路线调查验证认为该处应为上二叠统林西组沉积岩。

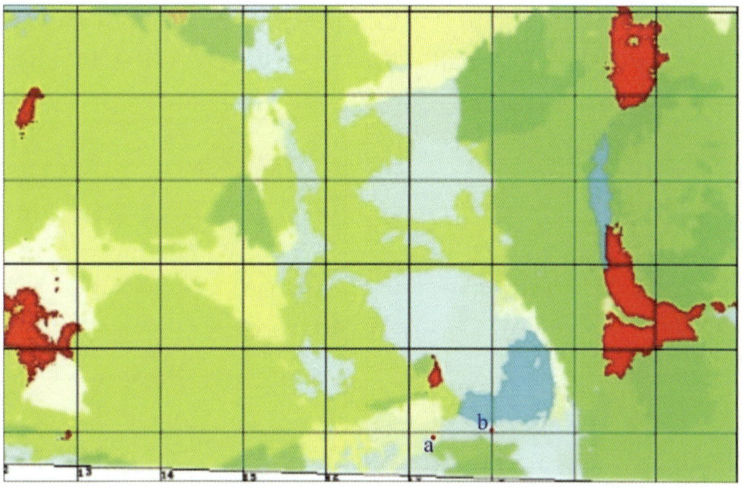

(a)

(b)

(c)

图 9.9　SAR 数据穿透能力实地验证

（a）野外调查点 a，b 位置点分布图；（b）a 处第四系地貌特征（厚度>5 m）；（c）b 处第四系地貌特征（厚度<5 m）

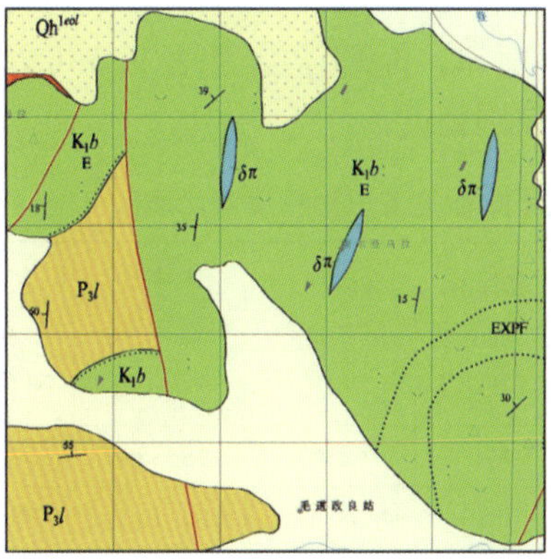

(a)

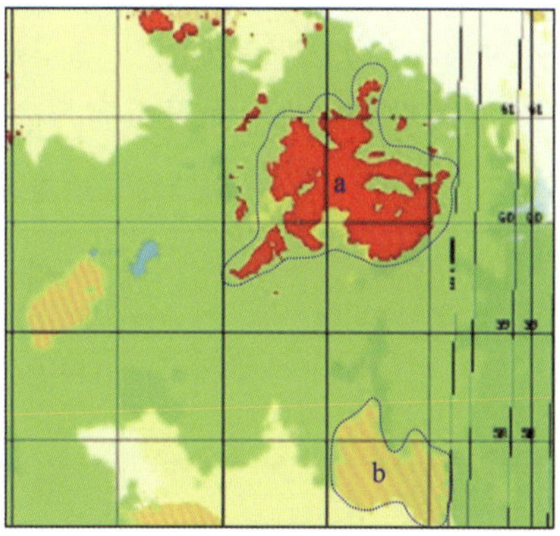

(b)

图 9.10　填图单位识别能力评价（新颖性，避免遗漏）

（a）原实测地质图在该区域确定由下白垩统白音高老组（K_1b）流纹质晶屑凝灰岩组成；

（b）对应（a）的基于地质路线深度学习的填图单位识别，识别该区域有早白垩世侵入岩出露

（2）填图单位识别能力评价（新颖性，避免误判）

图 9.11（a）是人工编制地质草图，图中由梅勒图组（K_1m）中基性火山岩和白音高老组（K_1b）

酸性火山岩组成。根据后来的路线及剖面调查，已发现地质草图成图模型中识别的梅勒图组（K_1m）中基性火山岩而不是编制草图中的白音高老组（K_1b）酸性火山岩（图 9.11（b））。

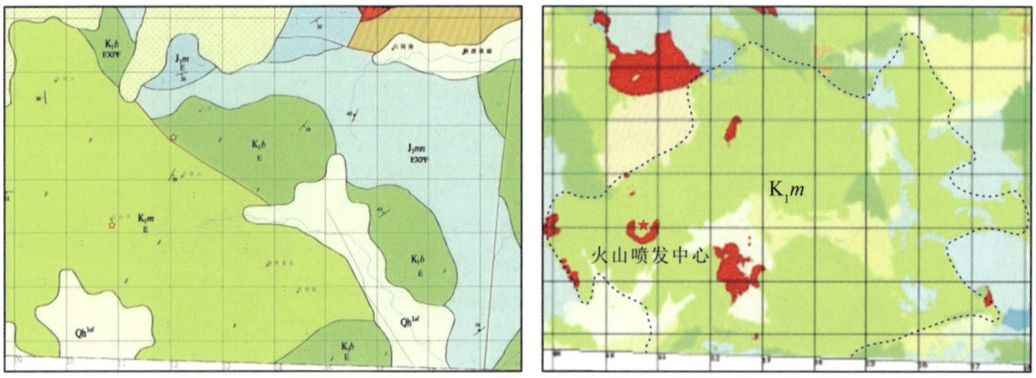

(a) (b)

图 9.11　填图单位识别能力评价（新颖性，避免误判）

（a）原人工编制地质草图认为该位置由梅勒图组（K_1m）中基性火山岩和白音高老组（K_1b）酸性火山岩组成；（b）对应（a）基于地质路线深度学习的填图单位识别分布图，识别原人工编制草图中的白音高老组（K_1b）酸性火山岩应为梅勒图组（K_1m）中基性火山岩，后经由野外证实识别正确

9.4　完整性评价

完整性是评估人工智能地质图在多大程度上捕捉到填图区域的所有相关地质信息和特征的指标。如果所有填图单位、构造（断层、断层带）、矿化点（或蚀变）是否能够识别，那么完整性就比较完美，也从另一个侧面说明了 AI 模型是高精度的模型。

下面用研究区 1 火烧坝幅为例说明完整性。火烧坝幅野外路线共有 445 个填图对象，包括断层点、填图单位的岩性。通过 IF-DNN 建模，对 445 个对象进行了学习与识别。表 9.2 给出了火烧坝幅 445 个填图对象的原始标签个数（GRTL），真标签扩展个数（GRTL′）和高可信伪标签个数（GRPL′）以及各填图对象的类平均召回率、类平均精度和评价 F1 值。从表 9.2 可以看出，对 445 个填图对象，不但进行了完整的识别，而且具有很高的识别精度。

表 9.2　火烧坝幅 445 个填图对象原始标签与识别精度对比表

序号	填图对象标签名称	原始标签个数（GRTL）	真标签扩展个数（GRTL′）	高可信伪标签个数（GRPL′）	类平均召回率（AVG_{Recall}）	类平均精度（$AVG_{precision}$）	平均 F1 值（AVG_{F1}）
1	志留纪断层点	2	800	63557	98.35%	59.53%	74.17%
2	泥盆纪断层点	10	3880	63557	84.12%	84.33%	84.22%
3	二叠纪断层点	16	6400	63557	69.48%	94.28%	80.00%
4	J_3s 粉砂岩	14	5600	225505	97.17%	97.89%	97.53%
5	J_2sx^2 中粒砂岩夹粉砂岩	15	6000	332999	99.70%	97.87%	98.78%
6	J_2sx^2 长石岩屑砂岩	8	3200	78767	90.17%	94.87%	92.46%
7	J_2sx^2 细砂岩夹钙质粉砂岩	6	2400	114618	99.58%	97.35%	98.45%
8	J_2sx^2 细砂岩	22	8800	332999	97.52%	99.00%	98.25%
9	J_2sx^2 细粒石英砂岩	5	2000	63557	95.18%	98.75%	96.93%

续表

序号	填图对象标签名称	原始标签个数（GRTL）	真标签扩展个数（GRTL′）	高可信伪标签个数（GRPL′）	类平均召回率（AVG_{Recall}）	类平均精度（$AVG_{precision}$）	平均 F1 值（AVG_{F1}）
10	J_2sx^2 砂岩，粉砂岩	6	2400	120589	99.80%	96.47%	98.11%
11	J_2sx^2 砂岩	10	4000	157515	93.78%	99.40%	96.51%
12	J_2sx^2 钙质粉砂岩夹泥岩	13	5200	181175	98.95%	93.71%	96.26%
13	J_2sx^2 粉砂岩	4	1600	63557	92.41%	96.55%	94.44%
14	J_2sx^1 岩屑长石砂岩	4	1600	63557	99.30%	80.31%	88.80%
15	J_2sx^1 细砂岩夹中粒砂岩	4	1600	63557	98.22%	98.75%	98.49%
16	J_2sx^1 细砂岩夹钙质粉砂岩	13	5200	135938	95.39%	98.75%	97.04%
17	J_2sx^1 细砂岩	12	4800	175492	99.23%	96.06%	97.62%
18	J_2sx^1 细粒长石砂岩	5	2000	84953	98.89%	98.37%	98.63%
19	J_2sx^1 泥质粉砂岩夹细砂岩	18	7200	332999	98.88%	99.99%	99.43%
20	J_2sx^1 钙质粉砂岩	4	1600	63557	99.58%	97.36%	98.46%
21	J_2sx^1 粉砂岩夹细砂岩	27	10800	332999	92.97%	99.19%	95.98%
22	J_2sx^1 粉砂岩	10	4000	111669	94.82%	96.81%	95.80%
23	J_1z 砂岩	5	2000	63557	94.72%	96.01%	95.36%
24	J_1z 泥质粉砂岩夹细砂岩	3	1200	63557	95.72%	92.52%	94.09%
25	J_1z 泥质粉砂岩夹泥岩	3	1200	63557	98.08%	94.82%	96.42%
26	J_1z 泥质粉砂岩	11	4400	154030	91.71%	97.08%	94.32%
27	J_1z 泥岩夹细砂岩	3	1200	63557	99.80%	97.11%	98.44%
28	J_1z 泥岩	3	800	63557	99.60%	96.82%	98.19%
29	J_1z 粉砂质泥岩	3	1200	63557	97.30%	97.48%	97.39%
30	J_1z 粉砂岩夹泥岩	6	2400	69981	97.60%	94.49%	96.02%
31	J_1z 粉砂岩	11	4400	131779	96.62%	95.13%	95.87%
32	T_3x 中粒岩屑长石砂岩	5	2000	63557	96.97%	95.29%	96.12%
33	T_3x 中粒砂岩夹泥质粉砂岩	18	7200	241915	93.29%	96.15%	94.70%
34	T_3x 中粒砂岩夹泥岩	3	1200	63557	99.86%	94.18%	96.93%
35	T_3x 中粒砂岩	28	11200	327829	95.38%	94.58%	94.98%
36	T_3x 中-厚层状岩屑长石中砂岩	7	2800	63557	92.02%	83.25%	87.42%
37	T_3x 中厚层状岩屑长石岩屑	9	3600	132829	97.57%	97.75%	97.66%
38	T_3x 中厚层状岩屑长石细砂岩	10	4000	97967	91.41%	93.68%	92.53%
39	T_3x 中层状岩屑长石砂岩	8	3200	119428	98.68%	89.96%	94.12%
40	T_3x 长石岩屑砂岩	17	6800	176238	94.35%	98.72%	96.49%
41	T_3x 长石砂岩	8	3200	94909	96.37%	97.71%	97.03%
42	T_3x 页岩	2	800	63557	94.80%	93.58%	94.18%
43	T_3x 岩屑长石细砂岩	16	6400	204342	84.81%	75.26%	79.75%
44	T_3x 岩屑长石砂岩偶夹页岩	8	3200	113960	96.12%	98.03%	97.06%
45	T_3x 岩屑长石砂岩夹粉砂岩	7	2800	74588	99.65%	95.92%	97.75%
46	T_3x 岩屑长石砂岩	39	15600	332999	97.68%	96.48%	97.08%

续表

序号	填图对象标签名称	原始标签个数（GRTL）	真标签扩展个数（GRTL′）	高可信伪标签个数（GRPL′）	类平均召回率（AVG_{Recall}）	类平均精度（$AVG_{precision}$）	平均 F1 值（AVG_{F1}）
47	T_3x 细砂岩夹泥岩	3	1200	63557	99. 50%	97. 43%	98. 45%
48	T_3x 细砂岩	14	5600	277426	98. 94%	98. 48%	98. 71%
49	T_3x 砂岩夹泥岩	6	2400	63557	94. 54%	92. 24%	93. 38%
50	T_3x 砂岩、页岩	10	4000	63557	77. 15%	76. 79%	76. 97%
51	T_3x 砂岩、含砾砂岩	6	2400	63557	87. 79%	90. 96%	89. 35%
52	T_3x 砂岩	20	8000	271898	96. 52%	97. 75%	97. 13%
53	T_3x 泥质粉砂岩	4	1600	63557	95. 89%	96. 70%	96. 29%
54	T_3x 泥岩夹砂岩	9	3600	136122	97. 55%	99. 19%	98. 36%
55	T_3x 黄灰色粗砂岩	12	4800	116324	98. 27%	95. 36%	96. 79%
56	T_3x 黄灰绿色粗砂岩	10	4000	169137	96. 58%	98. 45%	97. 51%
57	T_3x 厚层状粗砂岩	8	3200	141573	94. 73%	97. 45%	96. 07%
58	T_3x 厚层-块状-细中粒岩屑长石砂岩	10	4000	247628	98. 00%	99. 51%	98. 75%
59	T_3x 粉砂质泥岩夹砂岩	6	2400	66505	97. 38%	98. 12%	97. 75%
60	T_3x 粉砂岩	9	3600	93206	98. 24%	96. 38%	97. 30%
61	T_3x 粗砂岩夹泥质粉砂岩	6	2400	72382	97. 00%	93. 41%	95. 17%
62	T_3x 粗砂岩夹泥岩	14	5600	208804	96. 76%	94. 99%	95. 87%
63	T_3x 粗砂岩夹薄层状泥质粉砂岩	4	1600	63557	95. 74%	98. 06%	96. 88%
64	T_3x 粗砂岩、泥质粉砂岩、炭质页岩	8	3200	96271	87. 86%	97. 00%	92. 20%
65	T_3x 粗砂岩、泥质粉砂岩	6	2400	63557	96. 77%	87. 28%	91. 78%
66	T_3x 粗砂岩、泥岩	5	2000	63557	92. 95%	94. 57%	93. 75%
67	T_3x 粗砂岩	32	12800	332999	71. 87%	77. 28%	74. 48%
68	T_3x 粗粒长石岩屑砂岩	4	1600	63557	99. 15%	98. 86%	99. 01%
69	T_3x 粗粒砂岩	14	5600	149156	96. 17%	87. 76%	91. 77%
70	T_2g^2 中薄层状泥质白云岩	3	1200	63557	89. 17%	99. 03%	93. 84%
71	T_2g^2 砂岩	4	1600	63557	98. 77%	97. 09%	97. 92%
72	T_2g^2 泥质条带灰岩	11	4400	96446	94. 76%	99. 28%	96. 97%
73	T_2g^2 泥质灰岩	7	2800	63557	90. 14%	87. 47%	88. 79%
74	T_2g^2 泥质粉砂岩	3	1200	63557	94. 27%	97. 80%	96. 00%
75	T_2g^2 泥岩夹灰岩	12	4800	66292	90. 90%	97. 42%	94. 05%
76	T_2g^2 泥晶灰岩	8	3200	63557	85. 21%	86. 92%	86. 06%
77	T_2g^2 灰岩夹砂岩	4	1600	63557	99. 79%	95. 20%	97. 44%
78	T_2g^2 灰岩夹泥岩	4	1600	63557	98. 41%	88. 23%	93. 05%
79	T_2g^2 灰岩	39	15600	332999	92. 39%	96. 32%	94. 31%
80	T_2g^2 粉砂岩夹灰岩	13	5200	101030	83. 46%	86. 94%	85. 16%
81	T_2g^2 粗晶灰岩与砂岩互层	3	1200	63557	94. 14%	98. 54%	96. 29%
82	T_2g^2 白云岩	10	4000	63557	91. 06%	93. 24%	92. 14%
83	T_2g^1 中层状粉砂岩	3	1200	63557	96. 43%	96. 74%	96. 59%

续表

序号	填图对象标签名称	原始标签个数（GRTL）	真标签扩展个数（GRTL'）	高可信伪标签个数（GRPL'）	类平均召回率（AVG_{Recall}）	类平均精度（$AVG_{precision}$）	平均 F1 值（AVG_{F1}）
84	T_2g^1 中薄层状泥质白云岩与中厚层状粉砂岩互层	3	1200	63557	95.26%	94.92%	95.09%
85	T_2g^1 长石岩屑砂岩	12	4800	64398	83.52%	96.82%	89.68%
86	T_2g^1 岩屑砂岩	4	1600	63557	98.87%	93.15%	95.92%
87	T_2g^1 细砂岩夹泥岩	7	2800	63557	92.54%	96.59%	94.52%
88	T_2g^1 细砂岩夹灰岩	3	1200	63557	99.13%	95.76%	97.42%
89	T_2g^1 细砂岩、泥岩、泥质灰岩	6	2400	63557	95.05%	98.62%	96.80%
90	T_2g^1 碎屑岩夹灰岩	2	800	63557	99.15%	95.79%	97.44%
91	T_2g^1 砂岩夹泥岩	2	800	63557	99.56%	98.67%	99.11%
92	T_2g^1 砂岩夹灰岩	4	1600	63557	96.00%	97.00%	96.50%
93	T_2g^1 砂岩	18	7200	191137	97.82%	95.64%	96.71%
94	T_2g^1 泥岩夹灰岩	2	800	63557	99.80%	98.75%	99.27%
95	T_2g^1 泥岩、细砂岩	4	1600	63557	96.56%	94.43%	95.48%
96	T_2g^1 泥岩	7	2800	63557	87.25%	93.76%	90.39%
97	T_2g^1 灰岩	3	1200	63557	96.85%	90.84%	93.75%
98	T_2g^1 厚层状白云岩夹、粉砂岩、泥岩	13	5200	115841	98.34%	97.68%	98.01%
99	T_2g^1 粉砂岩夹泥岩	4	1600	63557	97.09%	89.15%	92.95%
100	T_2g^1 粉砂岩	4	1600	63557	96.70%	89.63%	93.03%
101	T_2g^1 白云岩夹泥岩	6	2400	63557	97.47%	93.71%	95.55%
102	T_1j 中-厚层状泥质粉晶灰岩	3	1200	63557	99.43%	91.69%	95.40%
103	T_1j 中厚层状泥灰岩	2	800	63557	99.69%	99.71%	99.70%
104	T_1j 中层状细晶灰岩	3	1200	63557	99.95%	97.59%	98.76%
105	T_1j 中层状粉晶灰岩	3	1200	63557	97.36%	98.90%	98.12%
106	T_1j 中薄层状泥质白云岩夹薄层状生物碎屑灰岩	2	800	63557	97.10%	98.10%	97.60%
107	T_1j 砂岩	8	3200	63557	90.40%	93.32%	91.84%
108	T_1j 泥质灰岩夹泥岩	3	1200	63557	97.32%	97.93%	97.62%
109	T_1j 泥质灰岩夹钙质泥岩	3	1200	63557	99.95%	98.21%	99.07%
110	T_1j 泥质灰岩、泥岩	8	3200	84778	96.38%	95.77%	96.07%
111	T_1j 泥质灰岩、钙质泥岩	16	6400	332999	99.68%	99.14%	99.41%
112	T_1j 泥质灰岩	103	41200	332999	96.79%	96.22%	96.50%
113	T_1j 泥岩夹灰岩	9	3600	92041	97.86%	95.62%	96.73%
114	T_1j 泥岩	10	4000	136000	98.80%	98.69%	98.74%
115	T_1j 绿豆岩	2	800	63557	99.82%	98.56%	99.18%
116	T_1j 灰岩夹泥岩	5	2000	63557	98.83%	96.83%	97.82%
117	T_1j 灰岩，泥质灰岩	5	2000	63557	95.31%	98.54%	96.90%
118	T_1j 灰岩，泥岩，粉砂岩	4	1600	63557	97.57%	97.21%	97.39%
119	T_1j 灰岩	38	15200	332999	95.07%	92.52%	93.78%

续表

序号	填图对象标签名称	原始标签个数(GRTL)	真标签扩展个数(GRTL′)	高可信伪标签个数(GRPL′)	类平均召回率(AVG_{Recall})	类平均精度($AVG_{precision}$)	平均F1值(AVG_{F1})
120	T_1j 厚层状细砂岩	7	2800	64681	97.07%	98.67%	97.86%
121	T_1j 粉砂质泥岩	3	1200	63557	94.60%	99.34%	96.91%
122	T_1j 粉砂岩与泥岩互层	3	1200	63557	97.53%	97.97%	97.75%
123	T_1j 粉砂岩	5	2000	63557	89.63%	88.38%	89.01%
124	T_1j 薄层状泥质灰岩	8	3200	78384	93.12%	99.44%	96.18%
125	T_1f^2 中-厚层状长石岩屑砂岩夹中层状泥质粉砂岩	6	2400	66576	97.77%	96.91%	97.34%
126	T_1f^2 中薄层状泥岩与中厚层状岩屑细砂岩互层	22	8800	162428	97.07%	93.43%	95.22%
127	T_1f^2 中薄层状泥岩夹中厚层状岩屑细砂岩	10	4000	63557	97.83%	92.76%	95.23%
128	T_1f^2 黏土岩	9	3600	63557	94.59%	95.46%	95.02%
129	T_1f^2 岩屑长石砂岩	5	2000	63557	95.72%	93.19%	94.44%
130	T_1f^2 细砂岩偶夹泥岩	3	1200	63557	99.47%	99.47%	99.47%
131	T_1f^2 细砂岩夹泥质粉砂岩	26	10400	182350	97.26%	95.26%	96.25%
132	T_1f^2 细砂岩夹泥岩	54	21600	332999	93.38%	96.99%	95.15%
133	T_1f^2 细砂岩夹粉砂岩	5	2000	63557	92.69%	95.31%	93.98%
134	T_1f^2 细砂岩、泥质粉砂岩	20	8000	185006	97.41%	96.56%	96.98%
135	T_1f^2 细砂岩、泥岩	10	4000	107696	95.97%	97.12%	96.54%
136	T_1f^2 细砂岩、粉砂岩	10	4000	126481	95.35%	99.85%	97.55%
137	T_1f^2 细砂岩	57	22800	332999	91.40%	95.56%	93.43%
138	T_1f^2 细粉砂岩	5	2000	63557	94.75%	97.28%	96.00%
139	T_1f^2 泥质粉砂岩与灰岩互层	24	9600	332999	99.26%	99.10%	99.18%
140	T_1f^2 泥质粉砂岩夹泥岩	26	10400	332999	99.37%	99.51%	99.44%
141	T_1f^2 泥质粉砂岩、细砂岩	11	4400	178491	99.06%	98.10%	98.58%
142	T_1f^2 泥质粉砂岩、泥岩、细砂岩	3	1200	63557	91.99%	94.06%	93.01%
143	T_1f^2 泥质粉砂岩	16	6400	116141	93.84%	92.28%	93.05%
144	T_1f^2 泥岩与粉砂岩互层	6	2400	63557	98.60%	97.03%	97.81%
145	T_1f^2 厚层状长石岩屑砂岩夹薄-中层状泥质粉砂岩	3	1200	63557	94.80%	89.27%	91.95%
146	T_1f^2 厚层状细砂岩夹泥岩	6	2400	63557	98.03%	93.48%	95.70%
147	T_1f^2 厚层状细砂岩	26	10400	332999	96.10%	98.78%	97.42%
148	T_1f^2 厚层状粉砂岩	9	3600	93596	98.50%	96.40%	97.44%
149	T_1f^2 含砾粗砂岩	6	2400	96674	99.38%	96.15%	97.74%
150	T_1f^2 粉砂质泥岩，泥质粉砂岩	8	3200	85599	98.21%	96.42%	97.31%
151	T_1f^2 粉砂质泥岩	7	2800	63557	97.91%	93.23%	95.51%
152	T_1f^2 粉砂岩与泥岩互层	3	1200	63557	97.39%	95.27%	96.32%
153	T_1f^2 粉砂岩夹泥岩	7	2800	66958	88.64%	92.74%	90.65%
154	T_1f^2 粉砂岩、泥岩	5	2000	63557	97.52%	93.81%	95.63%

续表

序号	填图对象标签名称	原始标签个数（GRTL）	真标签扩展个数（GRTL′）	高可信伪标签个数（GRPL′）	类平均召回率（AVG_{Recall}）	类平均精度（$AVG_{precision}$）	平均F1值（AVG_{F1}）
155	T_1f^2 鲕粒灰岩	2	800	63557	98.97%	94.04%	96.44%
156	T_1f^2 薄层状泥质粉砂岩	4	1600	63557	98.63%	98.83%	98.73%
157	T_1f^2 薄层状泥岩与中厚层状粉砂岩互层	11	4400	184191	95.34%	97.40%	96.36%
158	T_1f^2 薄层状泥岩夹粉砂岩	5	2000	63557	94.81%	95.80%	95.30%
159	T_1f^1 中厚层状岩屑细砂岩夹中薄层状泥岩	6	2400	69851	89.75%	96.64%	93.07%
160	T_1f^1 中厚层状岩屑细砂岩	3	1200	63557	97.40%	95.75%	96.56%
161	T_1f^1 中厚层细砂岩	12	4800	91052	84.84%	95.16%	89.70%
162	T_1f^1 长石岩屑砂岩	14	5600	97871	80.45%	98.21%	88.45%
163	T_1f^1 细砂岩偶夹泥岩	3	1200	63557	95.14%	96.59%	95.86%
164	T_1f^1 细砂岩夹泥岩	10	4000	120996	99.10%	96.07%	97.56%
165	T_1f^1 细砂岩、泥质粉砂岩	6	2400	63557	99.43%	94.78%	97.05%
166	T_1f^1 细砂岩、泥岩	4	1600	63557	95.16%	98.75%	96.92%
167	T_1f^1 细砂岩、粉砂岩	7	2800	63557	93.45%	94.14%	93.79%
168	T_1f^1 细砂岩	68	27200	332999	98.09%	96.68%	97.38%
169	T_1f^1 砂岩夹泥质粉砂岩	4	1600	63557	97.74%	91.82%	94.69%
170	T_1f^1 砂岩	19	7600	306756	96.40%	98.94%	97.65%
171	T_1f^1 泥质粉砂岩夹细砂岩	16	6400	63557	97.02%	86.55%	91.49%
172	T_1f^1 泥质粉砂岩夹泥岩	4	1600	63557	94.83%	97.84%	96.31%
173	T_1f^1 泥质粉砂岩、细砂岩	22	8800	117356	95.10%	92.73%	93.90%
174	T_1f^1 泥质粉砂岩	17	6800	136762	95.41%	95.76%	95.58%
175	T_1f^1 泥岩与粉砂岩互层	4	1600	63557	99.93%	98.75%	99.34%
176	T_1f^1 泥岩夹泥质粉砂岩	4	1600	63557	96.64%	88.41%	92.34%
177	T_1f^1 泥岩	7	2800	122319	99.52%	99.93%	99.73%
178	T_1f^1 厚层状粉砂岩夹薄层状泥岩泥岩	9	3600	63557	93.26%	87.76%	90.43%
179	T_1f^1 厚层岩屑长石细砂岩	7	2800	63557	98.87%	89.92%	94.18%
180	T_1f^1 粉砂岩夹细砂岩	3	1200	63557	98.04%	98.80%	98.42%
181	T_1f^1 粉砂岩夹砂岩	12	4800	196790	98.86%	98.88%	98.87%
182	T_1f^1 粉砂岩	13	5200	98642	90.74%	96.94%	93.73%
183	T_1f^1 细粒长石岩屑砂岩	3	1200	63557	98.14%	98.32%	98.23%
184	P_3x 中-厚层状粉砂岩	4	1600	63557	96.17%	96.61%	96.39%
185	P_3x 中薄层状粉砂岩	5	2000	63557	97.15%	87.35%	91.99%
186	P_3x 中薄层粉砂岩	6	2400	65261	97.97%	97.93%	97.95%
187	P_3x 细砂岩与粉砂质泥岩互层	13	5200	115078	98.87%	99.40%	99.13%
188	P_3x 细砂岩夹泥岩	5	2000	63557	98.07%	95.49%	96.76%
189	P_3x 细砂岩、泥岩	5	2000	63557	99.13%	98.90%	99.02%
190	P_3x 细砂岩，泥质砂岩	6	2400	86637	99.90%	99.49%	99.69%
191	P_3x 细砂岩	14	5600	135061	97.18%	98.06%	97.62%

续表

序号	填图对象标签名称	原始标签个数（GRTL）	真标签扩展个数（GRTL′）	高可信伪标签个数（GRPL′）	类平均召回率（AVG_{Recall}）	类平均精度（$AVG_{precision}$）	平均 F1 值（AVG_{F1}）
192	P_3x 炭质泥岩	2	800	63557	99. 88%	96. 21%	98. 01%
193	P_3x 碎屑岩	5	2000	63557	98. 20%	90. 80%	94. 35%
194	P_3x 石英砂岩夹粉砂岩	3	1200	63557	95. 30%	99. 23%	97. 22%
195	P_3x 砂岩夹泥岩	9	3600	169398	99. 27%	99. 21%	99. 24%
196	P_3x 凝灰质泥岩	5	2000	63557	96. 93%	99. 02%	97. 96%
197	P_3x 凝灰岩	3	1200	63557	99. 00%	94. 39%	96. 64%
198	P_3x 泥质粉砂岩夹泥岩	18	7200	332999	99. 00%	99. 45%	99. 22%
199	P_3x 泥质粉砂岩、岩屑砂岩、页岩、黏土岩	7	2800	63557	91. 76%	97. 35%	94. 47%
200	P_3x 泥质粉砂岩	5	2000	63557	93. 24%	96. 06%	94. 63%
201	P_3x 泥岩夹细砂岩	7	2800	100077	98. 71%	98. 38%	98. 55%
202	P_3x 泥岩夹砂岩	33	13200	332999	99. 04%	99. 32%	99. 18%
203	P_3x 泥岩夹泥质粉砂岩	5	2000	63557	99. 72%	97. 88%	98. 79%
204	P_3x 泥岩夹铝土岩	3	1200	63557	95. 24%	96. 34%	95. 79%
205	P_3x 泥岩夹粉砂岩	2	800	63557	100. 00%	98. 52%	99. 26%
206	P_3x 泥岩、细砂岩	3	1200	63557	98. 14%	94. 42%	96. 25%
207	P_3x 泥岩、砂岩、煤线	3	1200	63557	87. 31%	97. 79%	92. 25%
208	P_3x 泥岩、泥质粉砂岩	2	800	63557	95. 59%	95. 91%	95. 75%
209	P_3x 泥岩、粉砂岩	3	1200	63557	97. 10%	96. 07%	96. 58%
210	P_3x 泥岩，页岩	10	4000	122124	99. 38%	99. 61%	99. 49%
211	P_3x 泥岩	64	25600	332999	91. 75%	94. 85%	93. 27%
212	P_3x 粉砂质泥岩	6	2400	72186	95. 72%	96. 72%	96. 22%
213	P_3x 粉砂岩夹泥岩	8	3200	63557	94. 79%	94. 40%	94. 60%
214	P_3x 粉砂岩、细砂岩、炭质泥岩	2	800	63557	99. 80%	98. 32%	99. 05%
215	P_3x 粉砂岩、泥岩、细砂岩、炭质页岩	4	1600	63557	99. 89%	92. 79%	96. 21%
216	P_3x 粉砂岩	3	1200	63557	95. 93%	98. 72%	97. 30%
217	P_3x 薄-中层状粉砂质泥岩	5	2000	63557	98. 75%	97. 11%	97. 92%
218	P_3x 薄-中层泥岩	6	2400	63557	97. 69%	91. 45%	94. 47%
219	P_3x 薄层状粉砂质泥岩	4	1600	63557	99. 72%	93. 62%	96. 58%
220	Pe 致密状玄武岩、杏仁状玄武岩	3	1200	63557	100. 00%	100. 00%	100. 00%
221	Pe 致密状玄武岩	57	22800	332999	98. 13%	99. 49%	98. 81%
222	Pe 青灰色致密状玄武岩	9	3600	63557	99. 82%	99. 41%	99. 61%
223	Pe 致密块状玄武岩、凝灰岩	4	1600	63557	99. 00%	99. 79%	99. 39%
224	Pe 致密块状玄武岩	8	3200	63557	97. 67%	98. 29%	97. 98%
225	Pe 玄武质集块岩	23	9200	267683	98. 46%	94. 35%	96. 36%
226	Pe 玄武岩夹杏仁状玄武岩	7	2800	191443	99. 37%	99. 59%	99. 48%
227	Pe 玄武岩夹凝灰岩	18	7200	290309	99. 53%	97. 03%	98. 26%
228	Pe 玄武岩，凝灰岩	3	1200	63557	99. 50%	91. 18%	95. 16%

续表

序号	填图对象标签名称	原始标签个数（GRTL）	真标签扩展个数（GRTL′）	高可信伪标签个数（GRPL′）	类平均召回率（AVG_{Recall}）	类平均精度（$AVG_{precision}$）	平均F1值（AVG_{F1}）
229	Pe玄武岩	548	219080	332999	99.29%	99.79%	99.54%
230	Pe杏仁状玄武岩	51	20400	332999	99.52%	98.17%	98.84%
231	Pe斜斑玄武岩、杏仁状玄武岩	3	1200	63557	100.00%	99.91%	99.96%
232	Pe无斑玄武岩夹斜斑玄武岩	8	3200	63557	99.46%	97.64%	98.54%
233	Pe无斑玄武岩夹斑状玄武岩	11	4400	63557	95.43%	98.93%	97.15%
234	Pe青灰色致密块状玄武岩	7	2800	63557	97.36%	97.21%	97.28%
235	Pe强风化玄武岩	8	3200	102145	99.98%	99.96%	99.97%
236	Pe破碎带	4	1600	63557	97.38%	90.48%	93.80%
237	Pe凝灰岩	31	12400	332999	97.34%	99.35%	98.33%
238	Pe块状玄武岩偶夹杏仁状玄武岩	5	2000	63557	94.71%	95.54%	95.13%
239	Pe块状玄武岩偶夹斑状玄武岩	8	3200	98407	99.30%	99.71%	99.50%
240	Pe块状玄武岩夹杏仁状玄武岩	12	4800	203481	99.06%	99.56%	99.31%
241	Pe块状玄武岩夹斑状玄武岩	8	3200	69026	99.95%	97.17%	98.54%
242	Pe块状玄武岩	31	12400	332999	97.49%	97.96%	97.72%
243	Pe集块岩	7	2800	144675	99.75%	97.68%	98.70%
244	Pe灰黑色致密块状玄武岩	21	8400	300043	99.78%	97.70%	98.73%
245	Pe含杏仁玄武岩	5	2000	63557	94.17%	98.22%	96.15%
246	Pe含斑状玄武岩	6	2400	63557	99.35%	96.77%	98.04%
247	Pe多斜斑玄武岩	2	800	63557	99.96%	98.40%	99.17%
248	Pe斑状玄武岩	4	1600	63557	94.70%	99.37%	96.98%
249	P_2m 中厚层状泥晶白云质灰岩	11	4400	105358	99.86%	99.72%	99.79%
250	P_2m 中-厚层泥晶灰岩	32	12800	332999	99.97%	99.99%	99.98%
251	P_2m 玄武岩	3	1200	63557	92.64%	98.93%	95.68%
252	P_2m 细晶灰岩	3	1200	63557	99.55%	96.01%	97.75%
253	P_2m 微晶灰岩	40	16000	332999	98.28%	99.86%	99.06%
254	P_2m 生物碎屑灰岩	20	8000	299417	97.24%	97.54%	97.39%
255	P_2m 深灰色灰岩	11	4400	63557	86.99%	95.07%	90.85%
256	P_2m 浅灰色泥晶灰岩	8	3200	196098	99.33%	99.04%	99.19%
257	P_2m 浅灰色灰岩	99	39600	332999	99.98%	99.59%	99.79%
258	P_2m 泥晶灰岩夹生物碎屑灰岩	5	2000	63557	98.83%	97.92%	98.37%
259	P_2m 泥晶灰岩，燧石	7	2800	105556	99.33%	99.48%	99.41%
260	P_2m 泥晶灰岩	68	27200	332999	93.77%	99.71%	96.65%
261	P_2m 亮晶灰岩	2	800	63557	99.75%	92.42%	95.95%
262	P_2m 块状细晶灰岩	5	2000	63557	99.99%	96.33%	98.13%
263	P_2m 灰岩夹生物碎屑灰岩	12	4800	215841	99.48%	99.30%	99.39%
264	P_2m 灰岩	294	117600	332999	98.60%	98.37%	98.49%
265	P_2m 灰黑色泥晶灰岩	3	1200	63557	100.00%	98.73%	99.36%

续表

序号	填图对象标签名称	原始标签个数（GRTL）	真标签扩展个数（GRTL′）	高可信伪标签个数（GRPL′）	类平均召回率（AVG_{Recall}）	类平均精度（$AVG_{precision}$）	平均 F1 值（AVG_{F1}）
266	P_2m 厚层状细晶灰岩	5	2000	63557	97. 18%	94. 88%	96. 02%
267	P_2m 厚层-块状白云质灰岩	6	2400	64148	99. 19%	99. 84%	99. 52%
268	P_2m 含生物碎屑灰岩	7	2800	63557	98. 76%	98. 86%	98. 81%
269	P_2m 粉晶灰岩	6	2400	63557	99. 92%	97. 23%	98. 55%
270	P_2m 白云质灰岩	20	8000	104267	99. 30%	99. 54%	99. 42%
271	P_2q 细晶灰岩	9	3600	122654	97. 15%	98. 98%	98. 06%
272	P_2q 微晶灰岩	4	1600	63557	99. 01%	96. 46%	97. 72%
273	P_2q 生物碎屑灰岩	3	1200	63557	99. 55%	87. 84%	93. 33%
274	P_2q 深灰色灰岩	41	16400	332999	98. 88%	98. 75%	98. 82%
275	P_2q 泥质灰岩	6	2400	111284	99. 74%	96. 95%	98. 32%
276	P_2q 泥晶灰岩、细晶灰岩	5	2000	63557	87. 06%	93. 47%	90. 15%
277	P_2q 泥晶灰岩	36	14400	332999	99. 22%	98. 71%	98. 96%
278	P_2q 块状粗晶灰岩	9	3600	63557	99. 31%	94. 11%	96. 64%
279	P_2q 灰岩夹生物碎屑灰岩	3	1200	63557	98. 07%	97. 61%	97. 84%
280	P_2q 灰岩	98	39200	332999	99. 35%	98. 25%	98. 80%
281	P_2q 厚层状细晶灰岩	6	2400	63557	99. 79%	99. 81%	99. 80%
282	P_2q 厚层-块状泥晶灰岩	18	7200	332999	99. 32%	98. 50%	98. 91%
283	P_2l 石英砂岩	3	1200	63557	98. 84%	86. 01%	91. 98%
284	P_2l 砂岩	3	1200	63557	99. 52%	94. 65%	97. 03%
285	P_2l 泥岩夹砂岩	28	11200	183555	90. 90%	93. 37%	92. 12%
286	P_2l 泥岩、细砂岩、炭质泥岩	2	800	63557	95. 86%	98. 26%	97. 04%
287	P_2l 泥岩、石英砂岩、煤线	6	2400	63557	79. 98%	97. 27%	87. 78%
288	P_2l 泥岩	16	6400	96759	76. 43%	96. 49%	85. 29%
289	P_2l 薄层状泥岩	4	1600	63557	97. 98%	98. 24%	98. 11%
290	C_2h 灰岩	3	1200	63557	92. 73%	96. 48%	94. 57%
291	C_1d 白云质灰岩	2	800	63557	97. 09%	93. 28%	95. 15%
292	C_1s 灰岩	3	1200	63557	98. 47%	93. 20%	95. 76%
293	C_1j 炭质泥岩	7	2800	63557	74. 77%	90. 93%	82. 07%
294	C_1j 泥岩夹炭质泥岩	4	1600	63557	97. 00%	92. 09%	94. 49%
295	C_1j 泥岩夹砂岩	5	2000	63557	92. 76%	94. 95%	93. 84%
296	C_1j 泥岩夹煤线	5	2000	63557	94. 03%	89. 81%	91. 87%
297	C_1j 泥岩夹劣质煤线	4	1600	63557	94. 25%	98. 70%	96. 43%
298	C_1j 泥岩夹灰质白云岩	3	1200	63557	96. 01%	97. 88%	96. 94%
299	C_1j 泥岩	16	6400	96540	89. 18%	92. 20%	90. 67%
300	C_1j 晶洞白云岩	3	1200	63557	93. 85%	99. 16%	96. 43%
301	C_1y 灰岩	5	2000	63557	91. 72%	90. 15%	90. 93%
302	D_3z 中厚层状细晶白云岩	7	2800	130714	88. 40%	94. 91%	91. 54%

续表

序号	填图对象标签名称	原始标签个数（GRTL）	真标签扩展个数（GRTL′）	高可信伪标签个数（GRPL′）	类平均召回率（AVG_{Recall}）	类平均精度（$AVG_{precision}$）	平均F1值（AVG_{F1}）
303	D_3z 中层状细晶白云岩	7	2800	63557	85.47%	92.48%	88.84%
304	D_3z 细晶白云岩	3	1200	63557	99.27%	98.61%	98.94%
305	D_3z 砂岩、泥岩	5	2000	63557	93.57%	91.58%	92.56%
306	D_3z 泥晶灰岩、粗晶白云岩	4	1600	63557	94.94%	92.01%	93.45%
307	D_3z 晶洞白云岩	21	8400	250786	96.75%	95.46%	96.10%
308	D_3z 灰岩夹泥岩	6	2400	63557	95.57%	93.74%	94.64%
309	D_3z 灰岩	20	8000	289698	97.74%	96.16%	96.94%
310	D_3z 厚层状白云质灰岩	66	25840	332999	95.19%	98.99%	97.05%
311	D_3z 厚层状白云岩	7	2800	63557	96.61%	95.39%	96.00%
312	D_3z 粉晶白云岩、泥晶灰岩	7	2800	64374	95.70%	88.28%	91.84%
313	D_3z 白云质灰岩	15	6000	189187	93.98%	95.66%	94.81%
314	D_3z 白云岩夹泥岩	5	2000	63557	98.94%	97.17%	98.05%
315	D_3z 白云岩夹灰质白云岩	8	3200	63557	98.92%	91.08%	94.84%
316	D_3z 白云岩	69	27600	332999	96.11%	91.64%	93.82%
317	D_2q 页岩夹砂岩	4	1600	63557	99.78%	98.02%	98.89%
318	D_2q 细砂岩、页岩	7	2800	63557	94.39%	98.93%	96.60%
319	D_2q 细砂岩、泥岩	2	800	63557	94.82%	92.81%	93.81%
320	D_2q 细晶灰岩	3	1200	63557	97.14%	91.14%	94.05%
321	D_2q 细晶白云质灰岩，泥晶灰岩	5	2000	63557	92.89%	82.54%	87.41%
322	D_2q 砂岩夹页岩	2	800	63557	99.13%	95.64%	97.35%
323	D_2q 砂岩夹泥岩	2	800	63557	99.87%	97.10%	98.47%
324	D_2q 砂岩	3	1200	63557	89.12%	93.26%	91.15%
325	D_2q 泥质灰岩	6	2400	63557	89.49%	96.84%	93.02%
326	D_2q 泥岩夹砂岩	5	2000	63557	99.35%	96.10%	97.70%
327	D_2q 泥岩夹泥质灰岩	5	2000	79779	98.91%	98.89%	98.90%
328	D_2q 泥岩夹灰岩	18	7200	286487	96.60%	98.34%	97.46%
329	D_2q 灰质白云岩	2	800	63557	98.89%	97.39%	98.13%
330	D_2q 灰岩夹泥岩	7	2800	63557	94.00%	94.73%	94.36%
331	D_2q 灰岩	37	14800	332999	97.59%	99.32%	98.45%
332	D_2q 钙质泥岩夹砂岩	5	2000	63557	99.49%	88.00%	93.39%
333	D_2q 粉砂岩	4	1600	63557	94.91%	98.47%	96.66%
334	D_2q 薄层状钙质页岩	6	2400	63557	94.37%	85.61%	89.78%
335	D_2hy 细砂岩	13	5200	332999	92.40%	99.91%	96.01%
336	D_2hy 细晶白云岩	5	2000	63557	83.47%	98.45%	90.34%
337	D_2hy 石英砂岩夹粉砂岩	5	2000	63557	98.37%	86.64%	92.14%
338	D_2hy 石英砂岩	10	4000	63557	86.94%	87.36%	87.15%
339	D_2hy 砂岩、泥岩	4	1600	63557	95.79%	95.84%	95.82%

续表

序号	填图对象标签名称	原始标签个数（GRTL）	真标签扩展个数（GRTL′）	高可信伪标签个数（GRPL′）	类平均召回率（AVG_{Recall}）	类平均精度（$AVG_{\text{precision}}$）	平均 F1 值（AVG_{F1}）
340	D_2hy 砂岩	12	4800	174088	98.82%	94.69%	96.71%
341	D_2hy 泥质页岩	2	800	63557	99.14%	87.79%	93.12%
342	D_2hy 泥质条纹灰岩	2	800	63557	99.27%	91.19%	95.06%
343	D_2hy 泥质粉砂岩夹白云岩	6	2400	63557	93.34%	98.95%	96.06%
344	D_2hy 泥质粉砂岩、细砂岩	3	1200	63557	97.94%	90.52%	94.08%
345	D_2hy 泥质粉砂岩、白云岩、泥岩	5	2000	63557	98.47%	95.12%	96.77%
346	D_2hy 泥质（条带）灰岩、页岩	3	1200	63557	92.06%	97.68%	94.79%
347	D_2hy 泥页岩	3	400	63557	99.96%	97.71%	98.82%
348	D_2hy 泥岩夹石英砂岩	25	10000	332999	99.21%	99.34%	99.28%
349	D_2hy 泥岩夹砂岩	23	8800	303035	98.13%	89.77%	93.76%
350	D_2hy 泥岩夹泥质粉砂岩	13	5200	332999	98.97%	98.12%	98.54%
351	D_2hy 泥岩夹粉砂岩	3	800	63557	93.17%	96.69%	94.90%
352	D_2hy 泥岩夹白云岩	3	1200	63557	99.46%	98.89%	99.18%
353	D_2hy 泥岩、细砂岩、石英砂岩、粉砂岩	3	1200	63557	99.82%	95.42%	97.57%
354	D_2hy 泥岩、细砂岩	13	5200	174380	97.11%	98.04%	97.57%
355	D_2hy 泥岩、砂岩	5	2000	66029	97.14%	96.73%	96.94%
356	D_2hy 泥岩、泥质粉砂岩、粉砂岩、细砂岩	5	2000	63557	96.74%	95.81%	96.27%
357	D_2hy 泥岩、粉砂岩、砂岩	3	1200	63557	98.95%	97.93%	98.44%
358	D_2hy 泥岩、粉砂岩	7	2800	63557	85.15%	99.01%	91.56%
359	D_2hy 泥岩	47	18020	332999	95.01%	95.23%	95.12%
360	D_2hy 粉砂质泥岩	9	3600	63557	89.56%	83.33%	86.34%
361	D_2hy 粉砂岩	7	1200	63557	99.70%	91.86%	95.62%
362	D_2hy 薄层状粉砂质泥岩	10	4000	63557	85.49%	91.78%	88.53%
363	D_2hy 白云质灰岩	2	800	63557	94.37%	95.33%	94.85%
364	D_2hy 白云岩夹泥岩	4	400	63557	100.00%	97.96%	98.97%
365	D_2hy 白云岩、泥岩	9	3600	63557	92.06%	95.78%	93.88%
366	D_2hy 白云岩	8	1560	63557	97.01%	92.09%	94.48%
367	D_2st 细粒石英砂岩	6	2400	63557	95.18%	89.90%	92.46%
368	D_2st 石英砂岩、泥岩	21	8400	267672	96.94%	98.69%	97.80%
369	D_2st 石英砂岩	79	29120	332999	87.93%	98.45%	92.89%
370	D_2st 砂岩	3	1200	63557	98.62%	93.63%	96.06%
371	D_2st 厚层状石英细砂岩	6	2400	63557	95.03%	96.92%	95.96%
372	D_2st 厚层-块状细粒石英砂岩	3	1200	63557	99.59%	97.13%	98.34%
373	Dqm 砂岩	7	2800	63557	94.14%	92.91%	93.52%
374	Dqm 泥质粉砂岩	25	2000	63557	97.43%	98.22%	97.82%
375	Dqm 泥岩夹砂岩	10	4000	80137	94.75%	96.09%	95.42%
376	Dqm 泥岩夹灰岩	25	10000	208554	96.15%	95.45%	95.80%

续表

序号	填图对象标签名称	原始标签个数（GRTL）	真标签扩展个数（GRTL′）	高可信伪标签个数（GRPL′）	类平均召回率（AVG_{Recall}）	类平均精度（$AVG_{precision}$）	平均F1值（AVG_{F1}）
377	D*qm* 泥岩夹粉砂岩	9	3600	63557	89. 45%	95. 46%	92. 36%
378	D*qm* 泥岩、泥质条带灰岩	5	2000	63557	98. 16%	97. 69%	97. 92%
379	D*qm* 泥岩、泥质粉砂岩	3	1200	63557	92. 57%	97. 39%	94. 92%
380	D*qm* 泥岩、粉砂岩、粉砂质泥岩	2	800	63557	99. 54%	97. 38%	98. 45%
381	D*qm* 泥岩	80	31180	332999	95. 37%	93. 33%	94. 34%
382	D*qm* 灰岩	4	1600	63557	96. 70%	92. 94%	94. 78%
383	D*qm* 灰绿色泥岩	10	4000	64291	90. 41%	97. 46%	93. 80%
384	D*qm* 粉砂质泥岩夹粉砂岩	15	4800	160134	99. 91%	89. 32%	94. 31%
385	D*qm* 薄层状泥质粉砂岩	3	1200	63557	98. 72%	97. 17%	97. 94%
386	D*qm* 薄层状泥岩	4	1600	63557	94. 07%	98. 49%	96. 23%
387	D*qm* 薄层状粉砂质泥岩	5	2000	63557	95. 88%	99. 00%	97. 41%
388	D_1p 泥质粉砂岩夹灰岩	4	1600	63557	92. 81%	97. 54%	95. 12%
389	D_1p 泥岩	3	1200	63557	93. 47%	99. 14%	96. 22%
390	D_1p 泥晶灰岩夹泥岩	3	1200	63557	97. 59%	97. 59%	97. 59%
391	D_1p 灰岩夹泥岩	13	5200	99125	82. 12%	96. 94%	88. 92%
392	D_1p 灰岩	30	12000	190244	95. 45%	83. 92%	89. 32%
393	D_1p 薄层状页岩夹薄层状白云岩	4	1600	63557	99. 41%	91. 45%	95. 26%
394	D_1c 细粒石英砂岩夹粉砂岩	8	1720	63557	57. 74%	99. 89%	73. 18%
395	D_1c 石英砂岩夹泥岩	12	4800	63557	82. 19%	96. 82%	88. 91%
396	D_1c 石英砂岩夹粉砂岩	3	1200	63557	94. 28%	92. 97%	93. 62%
397	D_1c 石英砂岩、泥岩	11	4400	63916	90. 23%	96. 24%	93. 14%
398	D_1c 石英砂岩	33	13200	195593	86. 23%	94. 85%	90. 34%
399	D_1c 砂岩夹泥岩	8	3200	80487	94. 24%	97. 78%	95. 98%
400	D_1c 砂岩	2	800	63557	97. 06%	94. 74%	95. 89%
401	D_1c 泥质粉砂岩	5	2000	63557	98. 57%	86. 40%	92. 08%
402	D_1c 泥岩夹石英粉砂岩	3	1200	63557	97. 15%	95. 91%	96. 52%
403	D_1c 灰岩	2	800	63557	96. 42%	96. 55%	96. 49%
404	D_1c 厚层状石英细砂岩	5	2000	63557	99. 20%	89. 51%	94. 10%
405	D_1c 含泥质石英砂岩夹石英细砂岩	5	2000	63557	98. 50%	94. 02%	96. 21%
406	S_1c 中厚层状泥质白云岩	8	3200	63557	92. 18%	95. 59%	93. 86%
407	S1c 中-厚层状泥岩	6	2400	63557	100. 00%	98. 96%	99. 48%
408	S_1c 泥质粉砂岩	50	20000	332999	99. 56%	98. 75%	99. 15%
409	S_1c 泥页岩夹泥页岩	8	3200	63557	97. 99%	90. 52%	94. 11%
410	S_1c 泥岩夹砂岩	6	2400	63557	94. 94%	99. 17%	97. 00%
411	S_1c 泥岩、泥质混砂岩	3	1200	63557	94. 56%	91. 80%	93. 16%
412	S_1c 泥岩、粉砂质泥岩	11	4400	148632	98. 42%	97. 21%	97. 81%
413	S_1c 泥岩	9	3600	63557	89. 35%	85. 20%	87. 22%

续表

序号	填图对象标签名称	原始标签个数(GRTL)	真标签扩展个数(GRTL′)	高可信伪标签个数(GRPL′)	类平均召回率(AVG_{Recall})	类平均精度($AVG_{precision}$)	平均F1值(AVG_{F1})
414	S_1c 粉砂质页岩夹薄层粉砂岩	5	2000	63557	92.72%	97.16%	94.88%
415	S_1c 粉砂质泥页岩	6	2400	115245	97.23%	93.27%	95.21%
416	S_1c 粉砂岩、泥岩	7	2800	69736	98.93%	93.72%	96.25%
417	S_1c 粉砂岩	4	1600	63557	99.69%	99.16%	99.42%
418	S_1c 薄中层状泥质粉砂岩	5	2000	63557	94.32%	94.51%	94.42%
419	S_1d 中-厚层钙质粉砂岩夹泥页岩	5	2000	63557	99.53%	85.77%	92.14%
420	S_1d 中层状含钙质泥质粉砂岩	5	2000	63557	78.27%	95.01%	85.83%
421	S_1d 中层状钙质粉砂岩夹薄层状泥质粉砂岩	15	6000	239945	98.37%	94.63%	96.47%
422	S_1d 长石砂岩	13	5200	97553	82.64%	98.16%	89.73%
423	S_1d 泥质条带灰岩	6	2400	63557	100.00%	96.30%	98.12%
424	S_1d 泥质灰岩夹薄-中层状钙质泥岩	5	2000	64278	97.42%	99.98%	98.68%
425	S_1d 泥质灰岩、泥质条带灰岩	3	1200	63557	95.06%	96.43%	95.74%
426	S_1d 泥质灰岩、钙质泥岩	5	2000	63557	91.06%	92.18%	91.62%
427	S_1d 泥质灰岩	57	22800	332999	98.69%	99.71%	99.20%
428	S_1d 泥岩	7	2800	83361	53.71%	96.84%	69.10%
429	S_1d 泥晶灰岩、瘤状灰岩	12	4800	223405	98.52%	98.97%	98.74%
430	S_1d 泥晶灰岩	10	4000	167182	98.48%	96.74%	97.60%
431	S_1d 瘤状灰岩	14	5600	205451	97.07%	90.37%	93.60%
432	S_1d 灰岩、钙质泥岩	3	1200	63557	96.81%	97.78%	97.29%
433	S_1d 灰岩	13	5100	135380	86.85%	94.43%	90.48%
434	S_1d 灰泥岩，泥质条带灰岩	3	1200	63557	95.94%	95.39%	95.66%
435	S_1d 厚层状钙质粉砂岩	15	6000	332999	93.60%	99.39%	96.40%
436	S_1d 钙质泥岩、泥质灰岩	12	4800	174499	92.71%	97.26%	94.93%
437	S_1d 钙质泥岩，粉砂岩	5	2000	63557	99.85%	94.01%	96.84%
438	S_1d 钙质泥岩	64	25600	332999	84.77%	75.08%	79.63%
439	S_1s 泥质粉砂岩	8	3200	75057	83.26%	94.89%	88.70%
440	S_1s 泥岩	2	800	63557	99.76%	96.70%	98.21%
441	S_1s 粉砂岩夹泥岩	5	2000	63557	92.62%	96.49%	94.51%
442	S_1h 石英砂岩、泥岩	7	2800	63557	89.28%	97.27%	93.10%
443	S_1h 石英砂岩	4	1600	63557	97.90%	90.41%	94.01%
444	S_1h 灰岩	4	1600	63557	98.64%	97.17%	97.90%
445	S_1x 泥岩、粉砂岩	7	2800	115831	97.45%	99.48%	98.45%

9.5 野外路线验证评价

野外路线验证评价除了与兴安岭火山岩带 1∶50000（L51E019004，L51E020003，L51E020004）

奈玛拉吉、巨里河及荷叶哈达三幅图幅同步开展研究外，作者还选取了位于云、贵、川三省结合部的乌蒙山沉积岩区的1∶50000（G48E002009）火烧坝幅对AI地质图进行了验证，主要内容包括填图单位及地质界线的准确性、预测图的地层展布形态是否吻合，符合V字形法则、向斜转折端位置是否准确等内容的验证。

图9.12是8个验证点（D03未在图内）在图幅的空间分布情况，8个点的验证描述如下：

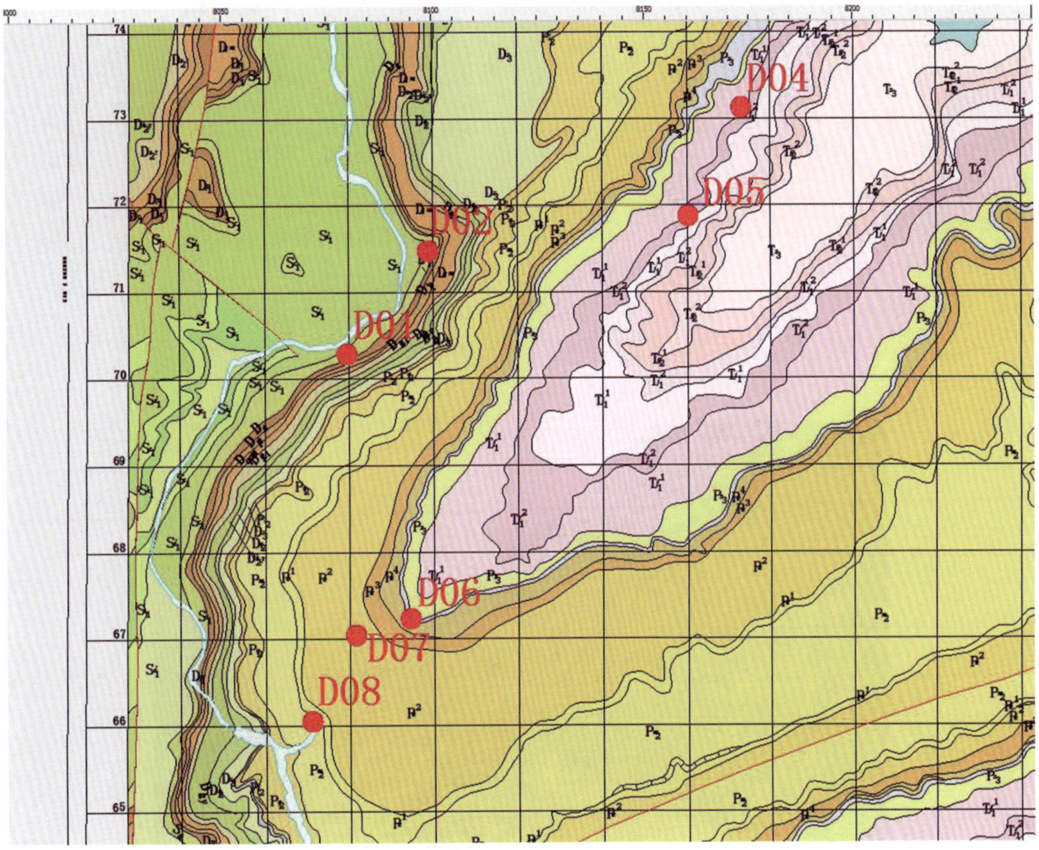

图9.12　火烧坝幅野外验证路线空间位置图

（1）D01点

D01点处底部为灰黑色泥岩，为 S_1 地层。向上为浅灰色砂岩、灰色灰岩，为 D_1 地层。向山上，可见紫红色粉砂-泥质岩石坡积转石，可能为该点预测为 T_1 地层的原因。点东北方向存在北东向断层，可能为该处出现 T_1 地层的原因。或者与本图幅的标签存在较多错误有关。D01点位置在预测图和实测图的位置对比图见图9.13。D01点的野外位置实景见图9.14。

（2）D02点

D02点处为灰色泥岩（D_{1-2}），含海相动物化石（弓石燕，螺类等），预测准确。D02点位置在预测图和实测图的位置对比图见图9.13。图9.15为D02点位置的野外实景图。图9.16为D02点灰色泥岩（D_{1-2}）含海相动物化石（弓石燕，螺类等）实物照片。

（3）D03点

D03点处为向斜中的断续部位，为中-薄层状紫色泥岩-粉砂岩，T_1 地层。产状130°∠70°，较为稳定，倾角较大，与预测图的地层展布形态吻合，符合V字形法则。D03点在预测图与实测图具体位置对比图见图9.17。图9.18为D03点位置的野外实景图，显示出中-薄层状紫色泥岩-粉砂岩（T_1 地层）陡立产状。

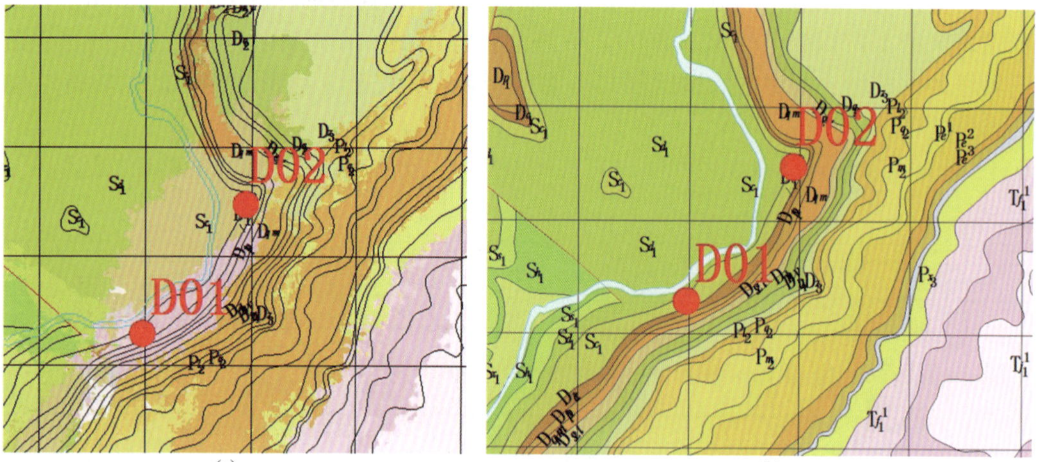

(a) (b)

图 9.13 D01、D02 点在预测图和实测图具体位置对比图

（a）D01、D02 点在预测图上的具体位置；（b）D01、D02 点在实测测图上的具体位置

图 9.14 D01 点位置的野外实景图

图 9.15 D02 点位置的野外实景图

图 9.16　D02 点处的灰色泥岩（D_{1-2}）含海相动物化石（弓石燕，螺类等）

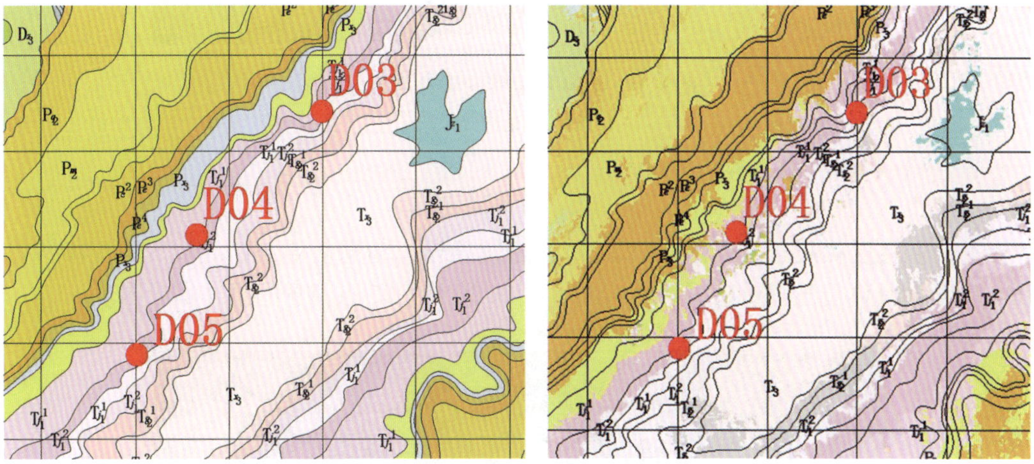

(a)　　　　　　　　　　　　　　　(b)

图 9.17　D03、D04、D05 点在预测图与实测图具体位置对比图

（a）D03、D04、D05 在预测图具体位置；（b）D03、D04、D05 在实测图的具体位置

图 9.18　D03 点处中-薄层状紫色泥岩-粉砂岩（T_1 地层）陡立产状

（4）D04 点

D04 点处为松散砾石混杂堆积，磨圆差，棱角状，砾石成分主要为玄武岩、陆源碎屑岩。

该处为预测 T_1 地层的断续部位，预测准确。D04 点在预测图与实测图具体位置对比图见图 9.17。图 9.19 为 D04 点位置的野外实景图。

图 9.19　D04 点位置的野外实景图

（红线为构造破碎带）

（5）D05 点

D05 点处为灰色层状灰岩，产状 130°∠70°，延续稳定，为向斜褶皱西北翼，预测准确。D05 点在预测图与实测图具体位置图对比图见图 9.17。图 9.20 为 D05 点位置的野外实景图。

图 9.20　D05 点位置的野外实景图

（6）D06 点

D06 点处可见松散砾石堆积，砾石成分为 T_1 紫红色粉砂岩并含较大的上部崩积岩块，岩性为 T_1 紫红色粉砂岩，该点应为 T_1 地层。该点位于褶皱转折端，构造发育，岩石破碎，预测准确。D06 点在预测图与实测图具体位置图对比图见图 9.21。图 9.22 为 D06 点位置的野外实景图。

（7）D07 点

D07 点处为峨眉山玄武岩，表面具有沿节理、裂隙滑脱形成的擦痕线理，反映出位于紧闭向斜转折端的受构造改造发生脆性断裂的特征，预测准确。D07 点在预测图与实测图具体位置图对比图见图 9.21。图 9.23 为 D07 点位置的野外实景图。

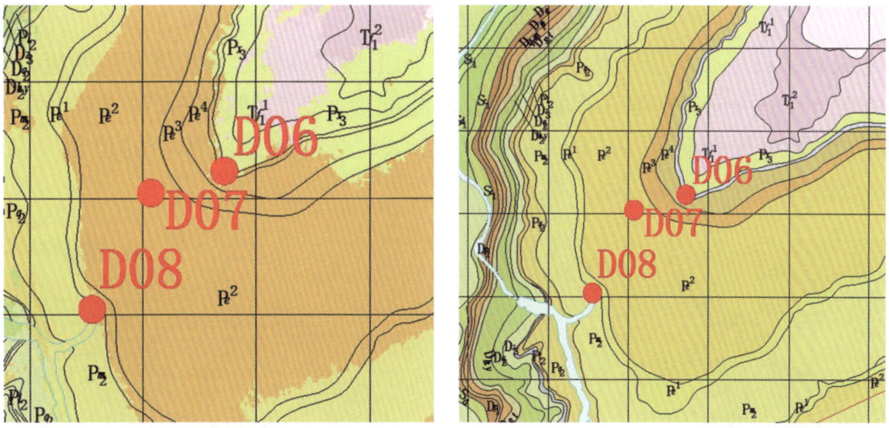

(a)　　　　　　　　　　(b)

图 9.21　D06、D07、D08 在预测图与实测图具体位置图对比图

（a）D06、D07、D08 点在预测图具体位置；（b）D06、D07、D08 点在实测图的具体位置

图 9.22　D06 点位置的野外实景图

图 9.23　为 D07 点位置的野外实景图

（8）D08 点

D08 点处为灰岩采石场，岩层产状为 90°∠70°，向上逐渐变缓。应为转折端附近。遥测南方山顶地层产状为 315°∠60°，为向斜褶皱东南翼，界线预测准确，褶皱转折端预测准确。D08 点在预测图与实测图具体位置图对比图见图 9.21。图 9.24 为 D08 点在遥感图像中的位置（灰岩采石场）。图 9.25 为 D08 点野外（在灰岩采石场）实景照片。

图 9.24　D08 点在遥感图像中的位置（灰岩采石场）

图 9.25　D08 点野外（在灰岩采石场）实景

第 10 章　IF-DNN AI 地质图关键技术问题讨论

10.1　地质路线高可信伪标签对提高模型精度有明显效果

以研究区 1 为例，填图单位 445 个，原始标签样本 5657 个。原始标签（GRTL 真标签）个数仅占预测单元比例的 0.03%。通过地质路线真标签扩展（GRTL′）技术方法，从而可使标签样本占预测单元的比例增加到 10.04%左右。在此基础上，与半监督方法结合，形成高可信伪标签，使模型的召回率从 83.39%提升到 95.58%。GRTL、GRTL′真标签和 GRPL、GRPL′伪标签对训练样本数量和召回率的影响见表 10.1。从表 10.1 和图 10.1（a）可以看出，GRPL′召回率不但比 GRTL 召回率高出了 1.5%，其输出的 AI 地质图更接近实测地质图（图 9.2（a）和图 10.1（a））。而采用 GRTL 不扩展标签样本建立的 AI 地质图模型（图 10.1（b）），明显出现地质界线具有明显的“盐和胡椒”噪声，还发现部分地质填图对象没有预测出的情况。

表 10.1　GRTL、GRTL′、GRPL′标签数量与建模召回率对比

	真标签点数	过欠采样后总点数	占总点数/%（总点数 18174156）	平均召回率	模型
GRTL	5657		0.031%	94.07%	GRTL 模型
GRTL′	1825104		10.04%	83.39%	GRTL′模型
GRPL′		51203393		95.58%	GRPL′模型

(a)　　(b)

图 10.1　标签处理方法对 IF-DNN 模型的影响

（a）GRPL′扩展标签样本模型；（b）为不扩展标签样本模型

10.2　IF-DNN 人工智能地质图模型优于 RF 人工智能地质图模型

对研究区 1 和 5 进行了 IF-DNN 与 RF 方法比较，RF 参数采用决策树个数 100，自动选取特征

数量，比较结果见表 10.2。两个试点图幅的 IF-DNN 模型精度比 RF 的精度高出 15%以上，证明 IF-DNN 模型明显优于 RF 模型。图 10.2 也可以看出，地质体的分布形态，IF-DNN 模型优于 RF 模型。

表 10.2 IF-DNN 与 RF 方法比较

图幅名称	算法	类平均召回率（AVG_{Recall}）	类平均精度（$AVG_{precision}$）	F1 值（AVG_{F1}）
示例 5	RF	77.09%	87.31%	79.24%
	IF-DNN	95.75%	96.64%	95.67%
示例 1	RF	72.69%	77.99%	73.72%
	IF-DNN	95.58%	95.49%	95.43%

(a) (b) (c)

图 10.2 火烧坝幅实测地质图、IF-DNN 模型和 RF 模型比较
（a）火烧坝幅实测地质图；（b）IF-DNN 模型；（c）RF 模型

10.3 多个共享特征的表示（融合层）的建模精度优于单个共享特征的表示（融合层）

对示例 I，开展了 IF-DNN 单个和多个共享特征的表示（融合层）实验（以下简称单个和多个融合层）。试验结果见表 10.3。虽然两种方法总平均召回率基本相同，但对 445 个填图单位（类）的召回率分析，可以看出多个融合层充分利用模态的互补性要更优。主要表现几个方面：

1）多个融合层出现低召回率的数量少。在 445 个分类中，召回率低于 90%类，多个融合层（10.6%）要比单个融合层（13.3%）少 2.7%。多个融合层没有出现召回率低于 50%的类。

2）多个融合层对少样本标签也有很好的学习效果。在地质路线填图对象（类）标签中，一个类只有 2~3 个样本的标签情况还是比较普遍的，如分布比较小的岩性或特殊的岩性、断层点、蚀变、矿化等。因此建模对这类填图对象的识别能力就显得特别重要。试验结果表明，多个融合层对只有 2 个样本标签可以全部以高召回率识别，而单个融合层达不到这种效果。而在召回率低于 90%的类中，填图对象（类）标签数量小于等于 3 个样本所占比例，多个融合层（0.67%）要比单个融合层（2%）少 1.33%。

3）表 10.3 说明了多个融合层可以很好地区分和识别岩性接近的类。如上三叠统须家河组 T_3x 有 38 种岩性（类），召回率大于 90%占 92.1%（35/38），而单个融合层召回率大于 90%只占 73.7%（28/38）。

表 10.3 单个与多个共享特征的表示或融合层的建模精度比较

对比内容	多个共享特征的表示（融合层）	单个共享特征的表示（融合层）
填图对象（类）总平均召回率（共 445 类）	95.60%	95.40%
填图对象（类）召回率低于 90%比例	10.60%	13.30%
填图单位（类）标签只有 2 个样本训练的效果	全部以高召回率识别	只有部分可以以高召回率识别
在召回率低于 90%的类中，填图对象（类）标签数量小于等于 3 个样本所占比例	0.67%	2%
召回率低于 50%的类	无	有
三叠系上统须家河组（T3X）38 种岩性（classes）识别能力	召回率大于 90%占 92.1%（35/38）	召回率大于 90%占 73.7%（28/38）

10.4 IF-DNN 模型中，不采用 CNN，AI 地质图成图效果更好

如果遥感数据采用 CNN 提取特征，虽然精确率有很好表现，但出现明显的“盐和胡椒”噪声。本研究研究区Ⅱ，在 IF-DNN 模型中，对遥感数据进行了 CNN 特征提取，卷积层数采用 3 层，卷积核大小 3×3（256，128，64），输出的结果见图 10.3。10.3（a）是 CNN 模型输出的结果，10.3（b）是 IF-DNN 模型输出的结果，二者对比，图 10.3（a）具有明显的“盐和胡椒”噪声，而 10.3（b）具有清晰的地质边界和相邻关系。

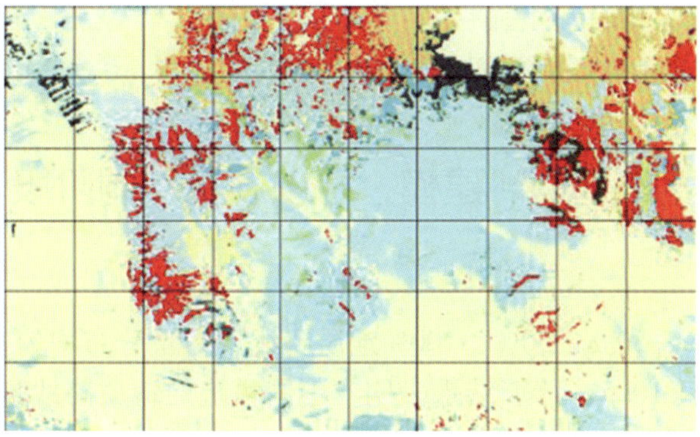

(a)

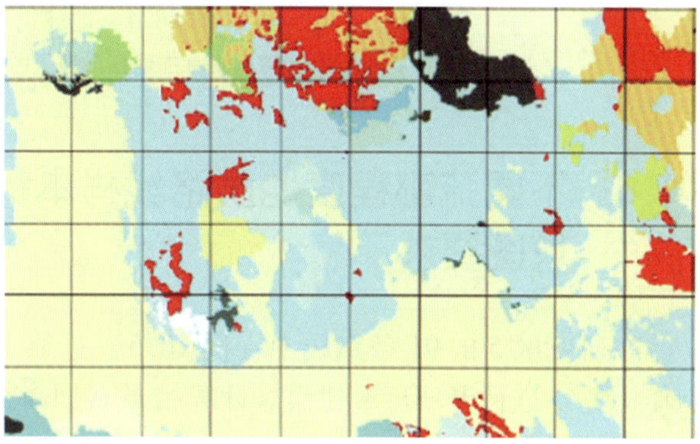

(b)

图 10.3 CNN 与 IF-DNN 输出结果比较

（a）CNN 模型输出的结果；（b）IF-DNN 模型输出的结果

10.5 地球物理数据集参加建模有益于提高召回率

Brandmeier M 和 Chen Y（2019）发现添加地球物理数据集将精确度降低到 60%，分析可能是由于空间分辨率的数量级差异所造成。本书针对这一问题进行了研究。

本书对示例 5，在遥感、地球化学和 DEM 数据基础上，增加了 1∶50000 地磁、磁源重力异常等地球物理调查数据，研究了地球物理数据对建模精度的影响。首先对地球物理数据处理采用不同参数（艾勒金斯第一、二、三公式，罗森巴赫第二，三公式，哈克公式，频谱域，空间域算法进行不同异常水平方向一、二阶导数计算）进行数据处理，计算跨度采用 2 点点距，形成约 55 种数据集。然后

采用 IF-DNN 模型，进行了采用和不采用地球物理数据建模试验。试验结果表明（表 10.4）如果不用地球物理数据集，不但导致召回率降低，而且下伏地质体的揭露的能力会弱些（图 10.4）。

表 10.4 地球物理数据对建模精度的影响分析表

试验内容	类平均召回率（AVG_{Recall}）	整体召回率（$Overall_{Recall}$）	类平均精度（$AVG_{precision}$）	F1 值（AVG_{F1}）
IF-DNN	95.75%	96.64%	95.67%	95.55%
地球物理数据不参加计算	94.35%	95.67%	94.71%	94.40%

(a) (b)

图 10.4 地球物理数据参加建模比较

（a）地球物理数据未参加建模的地质图；（b）地球物理数据参加建模的 AI 地质图

10.6 不同疏密程度地质路线样本标签 IF-DNN 建模，可以满足不同阶段填图要求

在研究区 5 的 91 条路线中（图 10.5）选取 10%，30%，50%，100%地质路线（尽量分布均匀）制作标签，进行 IF-DNN 建模。计算结果召回率见表 10.5。计算结果表明，不同稀疏的地质路线进行建模的召回率，都高于 95%以上，填图对象的空间分布及格架与实测地质图高度一致，表明 IF-DNN 模型具有很好鲁棒性（图 10.6）。在实际应用中，可以利用踏勘阶段的少量主干路线进行建模，对后续的地质路线部署，对提高填图效率具有很好的技术支撑。

表 10.5 不同地质路线数量对召回率的影响

标签采样方式	类平均召回率（AVG_{Recall}）	整体召回率（$Overall_{Recall}$）	类平均精度（$AVG_{precision}$）	F1 值（AVG_{F1}）
10%标签	97.97%	98.02%	97.96%	97.96%
30%标签	97.07%	97.09%	96.35%	96.66%
50%标签	96.59%	96.38%	95.75%	96.12%
100%标签	95.56%	95.24%	94.53%	94.99%

本研究为了能够对获得的 4 种预测地质图进行客观评价，我们选择断裂构造、沉积地层、火山岩地层、中酸性花岗岩以及第四系地层共 5 个较为典型的大类地质体进行系统评价。图 10.7 给出了主断裂和次级断裂分布与编号。表 10.6 给出了不同疏密程度地质路线识别能力比较。

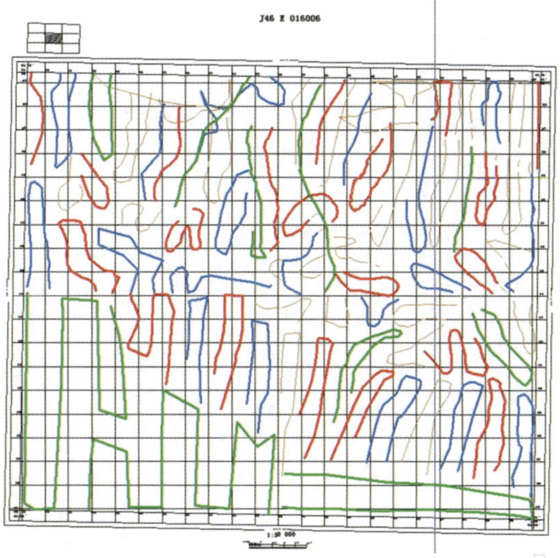

图10.5　10%、30%、50%、100%地质路线分布图

（粗绿线部分为10%标签；粗绿线+粗蓝色线为30%标签；粗绿线+粗蓝色+粗红色为50%标签；粗绿线+粗蓝色+粗红色+细棕色线为100%标签）

(a)　(b)　(c)　(d)

图10.6　不同疏密程度地质路线样本标签IF-DNN建模生成的AI地质图

（a）10%地质路线标签；（b）30%地质路线标签；（c）50%地质路线标签；（b）100%地质路线标签

表10.6　不同疏密程度地质路线识别能力比较表

标签采样方式	原始填图单位或地质对象数量	识别地质体数量	识别线性构造类别比例	识别的断裂编号（与图10.7对应）
10%标签	35	35	30%	预测地质图中识别的断裂构造为北西向主断裂构造①，次级断裂⑥、⑦较对应
30%标签	49	49	50%	预测地质图中识别的断裂构造为北西向主断裂构造①，次级断裂②、⑦、⑨、⑩较对应
50%标签	61	61	80%	预测地质图中识别的断裂构造为北西向主断裂构造①，次级断裂②、③、⑤、⑥、⑦、⑨、⑩较对应
100%标签	68	68	100%	预测地质图中识别的断裂构造为北西向主断裂构造①，次级断裂②、③、④、⑤、⑥、⑦、⑧、⑨、⑩较对应

1∶5万土房子幅实测地质图显示（图10.7），该地区断裂构造较为发育，主体构造线方向为北西向（①号断裂），其次为近东西向（④号断裂）和北东向（③、⑤号断裂）。①号断裂（黑山断

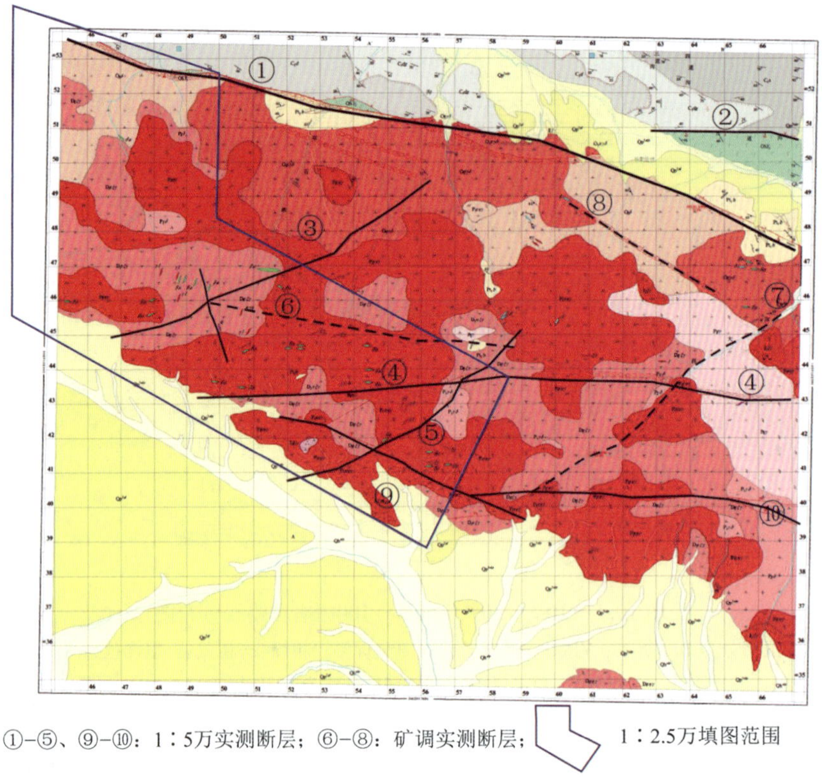

图 10.7　1∶5 万土房子幅实测地质图与主断裂和次级断裂分布与编号示意图

裂）作为本区主干断裂，是三级构造单元的分界断裂，同时控制着区内主要地质体的空间展布。

区内地质体具有明显的分带分区展布特征，且整体以北西向展布，与区域构造线方向一致。以黑山断裂（图 10.7 中①号断裂）为界，图区北侧出露奥陶系祁漫塔格群、石炭系大干沟组、石拐子组、缔敖苏组，局部山前和低洼处发育中更新世冰碛和晚更新世洪冲积；图区中部以出露大规模的花岗岩基为特征，依据时代细分为晚奥陶世花岗闪长岩+斑状花岗闪长岩、早泥盆世斑状二长花岗岩、中泥盆世斑状正长花岗岩、早二叠世花岗闪长岩+二长花岗岩+斑状二长花岗岩、晚三叠世石英闪长岩以及早侏罗世正长花岗岩，局部有古元古界白沙河岩组呈形态各异、规模不等的基底残留体分布于岩基边部。图区南部阿达滩及山前地势较高地区发育大面积第四系，包括中更新世冰碛、晚更新世洪冲积及全新世洪冲积，局部基岩出露地段为早泥盆世斑状二长花岗岩。

在地质体识别方面，从 100%地质路线形成的 AI 地质图来看，古元古界白沙河岩组（Pt_1b）预测地质体与实测地质体对比可知：预测地质图中白沙河岩组的范围与实测范围基本一致，对应性较好，且预测地质图对深部白沙河组进行了揭露，预测规模大于实测范围，后期应进行实地验证。奥陶系—志留系滩间山群玄武岩组（OST_2）预测地质体与实测地质体对比可知：预测的滩间山群玄武岩组范围稍大于实测滩间山群玄武岩组范围，可能是预测地质图对深部滩间山群玄武岩进行了揭露。

晚奥陶世斑状花岗闪长岩（$\pi\gamma\delta O_3$）预测地质体与实测地质体对比可知：预测的晚奥陶世斑状花岗闪长岩范围稍小于 1∶5 万实测晚奥陶世斑状花岗闪长岩，相较 10%、30%、50%地质路线细标签预测范围更接近于实测的晚奥陶世斑状花岗闪长岩范围，整体来看二者范围基本相同；与实测 1∶2.5 万晚奥陶世斑状花岗闪长岩对比，预测地质体范围基本一致。

中泥盆世斑状正长花岗岩（$\pi\xi\gamma D_2$）预测地质体与实测地质体对比可知：预测斑状正长花岗岩与 1∶5 万实测对比，二者地质体分布范围基本一致，但在图幅东侧新预测出一套中泥盆世斑状正长花岗岩，经地形图、遥感图检查该区地势陡峭，人员无法到达，故建模预测地质图有效解决了该类问题。

早二叠世斑状二长花岗岩（$\pi\eta\gamma P_1$）预测地质体与实测地质体对比可知：预测斑状正长花岗岩与 1∶5 万实测对比，二者对应性较好，相较 100%地质路线粗标签预测范围更接近于实测的早二叠世斑状二长花岗岩范围，此外，在图幅东南侧靠近图幅，预测地质图中新识别出一套规模较小的斑状二长花岗岩，可能是由于预测地质图将其揭露所致。

晚更新世洪冲积（Qp_3^{alp}）、中更新世冰碛（Qp_2^{gl}）预测地质体与实测地质体对比可知：预测晚更新世洪冲积范围与实测地质体基本一致，对应性较好；预测中更新世冰碛范围与实测地质体基本一致，但在图幅东北角新识别出一套规模较大的中更新世冰碛（砂砾石层），可能是预测地质图具有遥感多数据源解译所致，后期应进行实地验证。

综上所述，总体来看，地质路线标签越多，预测地质图与实测地质图中的地质体对应性越好。此外，标签细分类可以依据矿物粒度、糜棱岩化等特征细分，可将地质体特征更精确地进行刻画。因此，100%地质路线建模预测地质图与实测地质图中的地质体对应性最好，提供的地质信息最准确、最丰富。

10.7 地质路线标签分类粒度对 AI 地质图精度的影响

第 7 章讨论了“地质路线填图对象知识标签的分类粒度”的问题，并给出了 PRB 知识标签的分类粒度的三个维度：一是指根据填图比例尺精度，在地质路线上对所观察地质对象分类的详细程度；二是指地质对象在空间分布的大小；三是指组成一个类的样本数量多少。在具体分类时，为了考虑各类样本的均衡性，尽量避免类之间的数量差别太大，导致两级风化，这种现象称为数据“长尾”现象，对建模精度的影响和泛化能力影响还是比较大的。通常做法就是把样本数量较多的类，依据粒度、颜色、蚀变、结构等特征再分成更细的类，有利于提高建模的精度。

依据上述原则，本节选用研究区 5 作为示例。对同一组野外记录的 PRB 数据，给出了研究区 5 地质路线填图对象标签粗分类方案表（表 10.7）和细方案（表 10.8）。

从表 10.7 和表 10.8 可以看出，二者的区别如下：

1）断层构造控制点考虑了地质时代，如石炭纪的断层的标签：断层构造控制点（C）。

2）Qp_3^{alp} 晚更新世洪冲积，又细分出了砂砾石层、松散砂砾石层。

3）Qp_2^{gl} 中更新世冰碛，又细分出了冰碛砂砾石层、砂砾石层。

4）$\pi\eta\gamma P_1$ 斑状二长花岗岩，按颜色又细分了灰白和肉红、灰白色、灰绿色、肉红色斑状二长花岗岩。

5）$\eta\gamma P_1$ 二长花岗岩，按粒度又细分出了中粒二长花岗岩：$\eta\gamma P_1$ 二长花岗岩（中粒）。

6）$\gamma\delta P_1$ 花岗闪长岩，按结构又细分类似斑状二长花岗岩，如：$\gamma\delta P_1$ 花岗闪长岩（似斑状）。

7）$\pi\xi\gamma D_2$ 斑状正长花岗岩，按成分又分出了钾长花岗岩、正长花岗岩。

8）$\pi\gamma\delta O_3$ 斑状花岗闪长岩，按颜色和构造影响又分出了 $\pi\gamma\delta O_3$ 斑状花岗闪长岩（黑色）、$\pi\gamma\delta O_3$ 斑状花岗闪长岩（糜棱岩化）。

9）$\gamma\delta O_3$ 花岗闪长岩，按颜色、构造影响、成分、结构、粒度又分出了 $\gamma\delta O_3$ 花岗闪长岩（糜棱岩化）、$\gamma\delta O_3$ 花岗闪长岩（石英）、$\gamma\delta O_3$ 花岗闪长岩（似斑状）、$\gamma\delta O_3$ 花岗闪长岩（似斑状）。

表 10.7 研究区 5 地质路线填图对象标签粗分类方案

填图单位	RGB 色标	填图单位	RGB 色标
Qp_3^{alp} 晚更新世洪冲积	255，255，178	C_1s 细砾岩夹薄层细砂岩	217，217，204
Qp_2^{gl} 中更新世冰碛	255，255，127	C_1s 生物碎屑灰岩	217，217，204

续表

填图单位	RGB 色标	填图单位	RGB 色标
Qh^{alp} 全新世洪冲积	255，255，217	C_1s 砂岩夹砾岩	217，217，204
断层构造控制点	0，0，0	C_1s 凝灰岩	217，217，204
$\gamma\iota$ 花岗细晶岩脉	255，0，0	C_1s 泥灰岩夹钙质板岩	217，217，204
$\beta\mu$ 辉绿岩脉	0，255，0	C_1s 板岩夹砂岩	217，217，204
q 石英脉	255，0，255	C_1dg 岩屑石英杂砂岩	229，229，216
El 砂砾岩	255，255，204	C_1dg 细砾岩	229，229，216
$\xi\gamma J_1$ 正长花岗岩	228，12，17	C_1dg 泥晶灰岩夹板岩及砂岩	229，229，216
$\delta o T_3$ 石英闪长岩	255，178，255	C_1dg 粒屑灰岩夹生物碎屑灰岩	229，229，216
$\pi\eta\gamma P_1$ 斑状二长花岗岩	244，51，8	C_1dg 含生物碎屑灰岩	229，229，216
$\eta\gamma P_1$ 二长花岗岩	253，232，232	C_1dg 粉晶灰岩	229，229，216
$\gamma\delta P_1$ 花岗闪长岩	250，180，159	C_1dg 板岩夹细砂岩	229，229，216
Cdg 石英杂砂岩	229，229，216	$\pi\xi\gamma D_2$ 斑状正长花岗岩	252，154，154
Cdg 石英岩屑砂岩	229，229，216	OST_2 玄武岩	153，255，178
Cdg 石英细砂岩	229，229，216	OST_2 生物碎屑结晶灰岩	153，255，178
Cdg 石英砂岩	229，229，216	OST_2 绢云石英片岩夹千枚岩	153，255，178
Cdg 砂岩	229，229，216	OST_2 板岩	153，255，178
C_2d 微晶灰岩夹砾屑灰岩	217，217，204	$\gamma\delta O_3$ 斑状花岗闪长岩	255，147，147
C_2d 微晶灰岩	217，217，204	$\gamma\delta O_3$ 花岗闪长岩	255，231，229
C_2d 生物碎屑灰岩	217，217，204	Pt_1b 斜长角闪岩	249，155，63
C_2d 亮晶灰岩夹生物碎屑灰岩	217，217，204	Pt_1b 片岩	249，155，63
C_2d 灰岩	217，217，204	Pt_1b 黑云斜长片麻岩	249，155，63
C_1s 长石杂砂岩	217，217，204		

表 10.8　研究区 5 地质路线填图对象细标签分类方案

填图单位	RGB 色标	填图单位	RGB 色标
Qp_3^{alp} 晚更新世洪冲积	255，255，178	C_2d 灰岩	217，217，204
Qp_3^{alp} 晚更新世洪冲积（砂砾石层）	255，255，178	C_1s 长石杂砂岩	217，217，204
Qp_3^{alp} 晚更新世洪冲积（松散砂砾石层）	255，255，178	C_1s 细砾岩夹薄层细砂岩	217，217，204
Qp_2^{gl} 中更新世冰碛	255，255，127	C_1s 生物碎屑灰岩	217，217，204
Qp_2^{gl} 中更新世冰碛（冰碛砂砾石层）	255，255，127	C_1s 砂岩夹砾岩	217，217，204
Qp_2^{gl} 中更新世冰碛（砂砾石层）	255，255，127	C_1s 凝灰岩	217，217，204
Qh^{alp} 全新世洪冲积	255，255，217	C_1s 泥灰岩夹钙质板岩	217，217，204
断层构造控制点（C）	0，0，0	C_1s 板岩夹砂岩	217，217，204
断层构造控制点（D）	0，0，0	C_1dg 岩屑石英杂砂岩	229，229，216
断层构造控制点（J）	0，0，0	C_1dg 细砾岩	229，229，216
断层构造控制点（O）	0，0，0	C_1dg 泥晶灰岩夹板岩及砂岩	229，229，216
断层构造控制点（P）	0，0，0	C_1dg 粒屑灰岩夹生物碎屑灰岩	229，229，216
断层构造控制点（Pt1）	0，0，0	C_1dg 含生物碎屑灰岩	229，229，216

续表

填图单位	RGB 色标	填图单位	RGB 色标
γι 花岗细晶岩脉	255, 0, 0	C_1dg 粉晶灰岩	229, 229, 216
βμ 辉绿岩脉	0, 255, 0	C_1dg 板岩夹细砂岩	229, 229, 216
q 石英脉	255, 0, 255	$\pi\xi\gamma D_2$ 斑状正长花岗岩	252, 154, 154
El 砂砾岩	255, 255, 204	$\pi\xi\gamma D_2$ 斑状正长花岗岩（钾长花岗岩）	252, 154, 154
$\xi\gamma J_1$ 正长花岗岩	228, 12, 17	$\pi\xi\gamma D_2$ 斑状正长花岗岩（正长花岗岩）	252, 154, 154
$\delta o T_3$ 石英闪长岩	255, 178, 255	OST_2 玄武岩	153, 255, 178
$\pi\eta\gamma P_1$ 斑状二长花岗岩	244, 51, 8	OST_2 生物碎屑结晶灰岩	153, 255, 178
$\pi\eta\gamma P_1$ 斑状二长花岗岩（灰白和肉红）	244, 51, 8	OST_2 绢云石英片岩夹千枚岩	153, 255, 178
$\pi\eta\gamma P_1$ 斑状二长花岗岩（灰白色）	244, 51, 8	OST_2 角砾岩	153, 255, 178
$\pi\eta\gamma P_1$ 斑状二长花岗岩（灰绿色）	244, 51, 8	OST_2 板岩	153, 255, 178
$\pi\eta\gamma P_1$ 斑状二长花岗岩（肉红色）	244, 51, 8	$\gamma\delta O_3$ 斑状花岗闪长岩	255, 147, 147
$\eta\gamma P_1$ 二长花岗岩	253, 232, 232	$\gamma\delta O_3$ 斑状花岗闪长岩（黑色）	255, 147, 147
$\eta\gamma P_1$ 二长花岗岩（中粒）	253, 232, 232	$\gamma\delta O_3$ 斑状花岗闪长岩（糜棱岩化）	255, 147, 147
$\gamma\delta P_1$ 花岗闪长岩	250, 180, 159	$\gamma\delta O_3$ 花岗闪长岩	255, 231, 229
$\gamma\delta P_1$ 花岗闪长岩（似斑状）	250, 180, 159	$\gamma\delta O_3$ 花岗闪长岩（糜棱岩化）	255, 231, 229
Cdg 石英砂岩	229, 229, 216	$\gamma\delta O_3$ 花岗闪长岩（石英）	255, 231, 229
Cdg 石英岩屑砂岩	229, 229, 216	$\gamma\delta O_3$ 花岗闪长岩（似斑状）	255, 231, 229
C_2d 微晶灰岩夹砾屑灰岩	217, 217, 204	$\gamma\delta O_3$ 花岗闪长岩（中粗粒）	255, 231, 229
C_2d 微晶灰岩	217, 217, 204	Pt_1b 斜长角闪岩	249, 155, 63
C_2d 生物碎屑灰岩	217, 217, 204	Pt_1b 片岩	249, 155, 63
C_2d 亮晶灰岩夹生物碎屑灰岩	217, 217, 204	Pt_1b 黑云斜长片麻岩	249, 155, 63

根据上面给出的粗细标签，分别进行 IF-DNN 建模，分别得到各自标签的 AI 地质图模型（图 10.8）。然后进行综合评价对比。由于标签细分类主要是在原分组基础上，依据粒度、颜色、蚀

(a) (b)

图 10.8 地质路线标签分类粒度对 AI 地质图精度的影响

（a）采用粗标签形成的 AI 地质图；（b）采用细标签形成的 AI 地质图

变、结构等特征进行细分，而实测地质图中未按上述原则进行细分，只是依据“岩性+时代”进行填图单位的划分，因此细分类中各类地质体的预测图与实测地质图进行评价、比较时，我们应按照岩性进行评价，即将不同颜色、不同粒度的同一种岩性放在一起评价。

我们选择断裂构造、沉积地层、火山岩地层、中酸性花岗岩以及第四系共6个较为典型的大类地质体进行系统评价：古元古界白沙河岩组（Pt_1b）、奥陶系—志留系滩间山群玄武岩（OST_2）、晚奥陶世斑状花岗闪长岩（$\pi\gamma\delta O_3$），早二叠世斑状二长花岗岩（$\pi\eta\gamma P_1$）、晚更新世洪冲积（Qp_3^{alp}）、中更新世冰碛（Qp_2^{gl}）等6个出露面积较大的地质体与实测地质图进行比较。

表10.9给出了上述地质路线标签分类粗和细的粒度对AI地质图的精度、构造精度的影响对比表。表10.10地质路线标签粗细粒度分类对AI地质图6个较为典型大类地质体识别的对比评价。

从整体看，粗细分类的标签通过IF-DNN建模都能达到比较好的建模效果，但标签细分类预测地质图较标签粗分类预测地质图在地质体局部出露范围、地质体精度方面与实测地质图对比更加精准。

表10.9　地质路线标签分类粒度对AI地质图的精度、构造精度的影响对比表

标签粒度	原始填图单位或地质对象数量	识别地质体数量	识别线性构造类别比例	类平均召回率	识别的断裂编号（与图10.7对应）
10%细标签	35	35	30%	97.3%	预测地质图中识别的断裂构造为北西向主断裂构造①，次级断裂⑥、⑦较对应
10%粗标签	21	21	30%	96.9%	预测地质图中识别的断裂构造为北西向主断裂构造①，次级断裂③、⑦较对应
30%细标签	49	49	50%	91.27%	预测地质图中识别的断裂构造为北西向主断裂构造①，次级断裂②、⑦、⑨、⑩较对应
30%粗标签	31	31	50%	94.47%	预测地质图中识别的断裂构造为北西向主断裂构造①，次级断裂③、⑥、⑦、⑩较对应
50%细标签	61	61	80%	92.60%	预测地质图中识别的断裂构造为北西向主断裂构造①，次级断裂②、③、⑤、⑥、⑦、⑨、⑩较对应
50%粗标签	38	38	80%	92.29%	预测地质图中识别的断裂构造为北西向主断裂构造①，次级断裂②、③、⑤、⑥、⑦、⑨、⑩较对应
100%细标签	68	68	10%	90.35%	预测地质图中识别的断裂构造为北西向主断裂构造①，次级断裂②、③、④、⑤、⑥、⑦、⑧、⑨、⑩较对应，表明细分类100%地质路线建模对于主断裂、重要次级断裂预测精度较高
100%粗标签	47	47	80%	90.43%	预测地质图中识别的断裂构造为北西向主断裂构造①，次级断裂③、④、⑤、⑥、⑦、⑨、⑩较对应

表10.10　地质路线标签粗细粒度分类对AI地质图6个较为典型大类地质体识别的对比评价

填图单位	填图对象粗粒度分类	填图对象细粒度分类
Pt_1b. OST_2	古元古界白沙河岩组（Pt_1b.）预测地质体与实测地质体对比可知：预测地质图中白沙河岩组的范围与实测范围基本一致，对应性较好，且预测地质图对深部白沙河组进行了揭露，预测规模大于实测范围。奥陶系—志留系滩间山群玄武岩组（OST_2）预测地质体与实测地质体对比可知：预测的滩间山群玄武岩组范围类似于实测滩间山群玄武岩组范围	古元古界白沙河岩组（Pt_1b.）预测地质体与实测地质体对比可知：预测地质图中白沙河岩组的范围与实测范围基本一致，对应性较好，且预测地质图对深部白沙河组进行了揭露，预测规模大于实测范围。奥陶系—志留系滩间山群玄武岩组（OST_2）预测地质体与实测地质体对比可知：预测的滩间山群玄武岩组范围稍大于实测滩间山群玄武岩组范围

续表

填图单位	填图对象粗粒度分类	填图对象细粒度分类
$\pi\gamma\delta O_3$	晚奥陶世斑状花岗闪长岩（$\pi\gamma\delta O_3$）预测地质体与实测地质体对比可知：预测的晚奥陶世斑状花岗闪长岩范围稍小于 1∶5 万实测晚奥陶世斑状花岗闪长岩，接近于实测的晚奥陶世斑状花岗闪长岩范围，可能由于粗标签将部分信息合并，致使建模未能精确预测；与实测 1∶2.5 万晚奥陶世斑状花岗闪长岩对比，预测地质体范围基本一致	晚奥陶世斑状花岗闪长岩（$\pi\gamma\delta O_3$）预测地质体与实测地质体对比可知：预测的晚奥陶世斑状花岗闪长岩范围稍小于 1∶5 万实测晚奥陶世斑状花岗闪长岩，接近于实测的晚奥陶世斑状花岗闪长岩范围，整体来看二者范围基本相同；与实测 1∶2.5 万晚奥陶世斑状花岗闪长岩对比，预测地质体范围基本一致
$\pi\xi\gamma D_2$	中泥盆世斑状正长花岗岩（$\pi\xi\gamma D_2$）预测地质体与实测地质体对比可知：预测斑状正长花岗岩与 1∶5 万实测对比，二者地质体分布范围基本一致，但在图幅东侧新预测出一套中泥盆世斑状正长花岗岩，经地形图、遥感图检查该区地势陡峭，人员无法到达，故建模预测地质图有效解决了该类问题	中泥盆世斑状正长花岗岩（$\pi\xi\gamma D_2$）预测地质体与实测地质体对比可知：预测斑状正长花岗岩与 1∶5 万实测对比，二者地质体分布范围基本一致，但在图幅东侧新预测出一套中泥盆世斑状正长花岗岩，经地形图、遥感图检查该区地势陡峭，人员无法到达，故建模预测地质图有效解决了该类问题
$\pi\eta\gamma P_1$	早二叠世斑状二长花岗岩（$\pi\eta\gamma P_1$）预测地质体与实测地质体对比可知：预测斑状正长花岗岩与 1∶5 万实测对比，二者对应性较好，接近于实测的早二叠世斑状二长花岗岩范围，此外，在图幅东南侧靠近图幅，预测地质图中新识别出一套规模较小的斑状二长花岗岩，可能是由于预测地质图将其揭露所致	早二叠世斑状二长花岗岩（$\pi\eta\gamma P_1$）预测地质体与实测地质体对比可知：预测斑状正长花岗岩与 1∶5 万实测对比，二者对应性较好，相较 100% 地质路线粗标签预测范围更接近于实测的早二叠世斑状二长花岗岩范围，此外，在图幅东南侧靠近图幅，预测地质图中新识别出一套规模较小的斑状二长花岗岩，可能是由于预测地质图将其揭露所致
Qp_3^{alp} Qp_2^{gl}	晚更新世洪冲积（Qp_3^{alp}）、中更新世洪冲积（Qp_2^{gl}）预测地质体与实测地质体对比可知：预测范围与实测地质体基本一致，对应性较好，且在图幅东北角新预测出 3 处中更新世冰碛物范围，可能是遥感图像解译所致	晚更新世洪冲积（Qp_3^{alp}）、中更新世冰碛（Qp_2^{gl}）预测地质体与实测地质体对比可知：预测晚更新世洪冲积范围与实测地质体基本一致，对应性较好；预测中更新世冰碛范围与实测地质体基本一致，但在图幅东北角新识别出一套规模较大的中更新世冰碛（砂砾石层），可能是预测地质图具有遥感多数据源解译所致

10.8 SAR 数据对揭露第四系的影响

本研究针对研究区 2，通过 SAR 数据的加入，对第四系揭露影响情况进行了对比试验。图 10.9 给出了三组数据分别建模的结果。第一组数据由 DEM、LANDSET、高一和资三遥感数据组成，为纯光学数据［图 10.9（a）］。第二组由 DEM、LANDSET 和地球化学数据组成［图 10.9（b）］。第三组由 SAR、DEM、LANDSET、地球化学和地球物理数据组成［图 10.9（c）］。图 10.9（d）为实测地质图第四系（黄色）出露的范围。结果显示，SAR 数据的加入，对第四系的揭露具有一定的影响，第四系出露的范围明显比没有 SAR 数据的加入建模出露的面积要小些。同时图 10.9（b）、（c）的结果表明，与图 10.9（a）相比，加入地质专业数据后，通过 IF-DNN 建模，对地质体的识别能力提高很多，不会出现明显的“盐和胡椒”噪声。

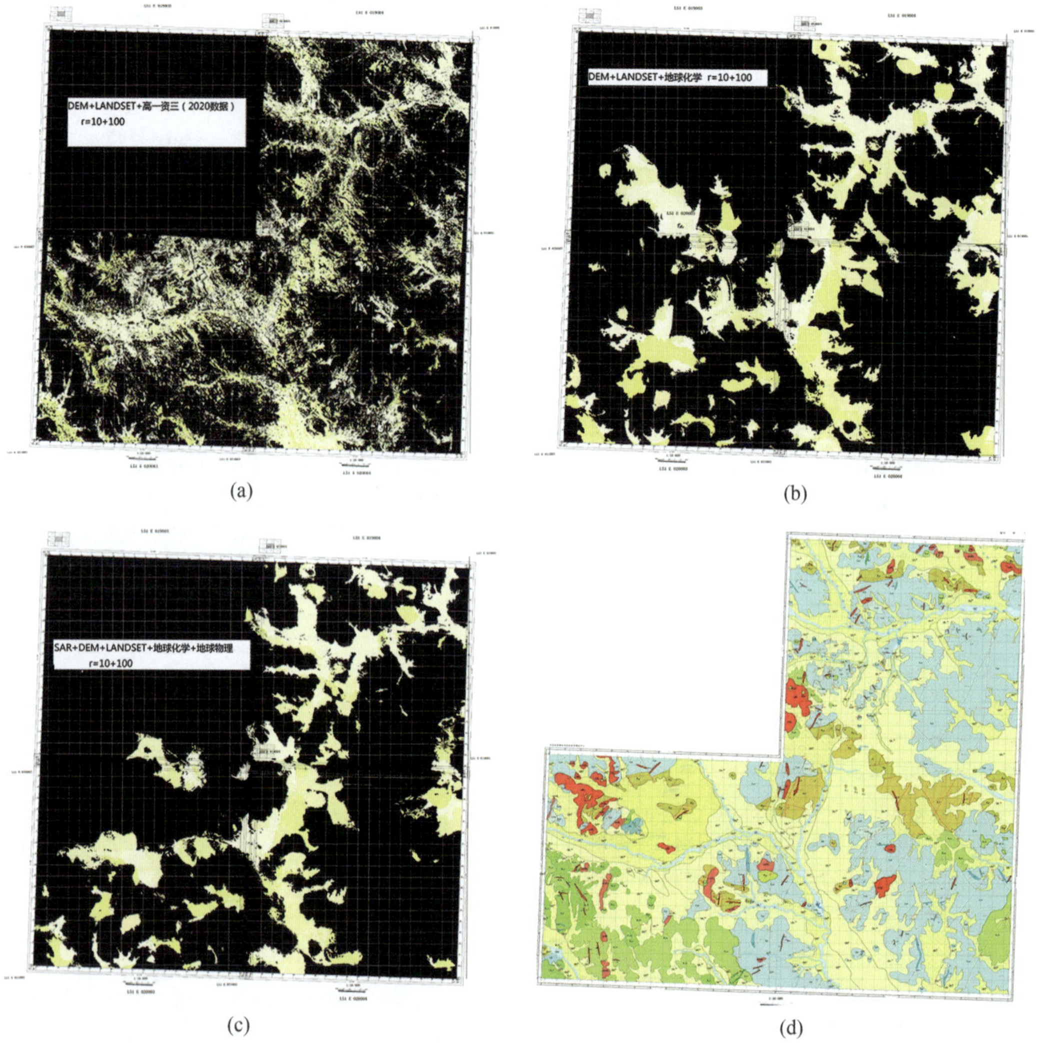

图 10.9　SAR 数据对揭露第四系的影响对比图

（a）采用 DEM、LANDSET、高一和资三遥感数据对第四系的建模；（b）采用 DEM、LANDSET 和地球化学数据对第四系的建模；（c）采用 SAR、DEM、LANDSET、地球化学和地球物理数据对第四系的建模；（d）实测地质图第四系（黄色）出露的范围

10.9　不同模态数据转化为高维特征表达的全连接层层数优化确定

全连接层的层数的选择是提高建模精度的一个重要指标。增加层数会导致运算时间增加，效率变低以及过拟合，层数不足会导致特征信息提取不足进而影响模型精度以及召回率。对于按填图单位及岩性预测地质图来说，一个项目通常在 2~4 幅联测的规模，填图单位及岩性分类树基本在 100~200 个之间。预测通过不同全连接层个数计算比较，三个全连接层的优势，对不同模态数据转化为高维特征表达提取和提高模型精度以及召回率是明显的。表 10.11 是在相同样本数据条件下采用不同全连接层层数对模型精度影响的对比表。

从表 10.11 中可以发现 3 个模型结构在相同的训练集采样点上进行训练得到的初始模型在原始采样点及训练集采样点上准确率与平均召回率值差距还是比较明显的。由于初始模型的准确率会对二次建模的训练采样点有一定程度的影响，若初始模型准确度过低，则会导致二次采样的训练采样点及其标签可信度就会较低。从表 10.11 中可以看出，采用 2 层全连接神经网络对基础数据及遥感数据进行特征提取是不足的，对训练集的拟合程度不够，导致模型存在欠拟合的现象。采用 3 层全连接神经网络对基础数据及遥感数据进行特征提取明显得到大幅度提高，原始采样点在初始模型的准确度和平均召回率都提高 15%以上。虽然最后模型的训练集准确率都在 95%以上，但采用 3 层全连接神经网络的召回率比 2 层全连接神经网络的召回率提高了 8%以上。而 4 层全连接神经网络的召回率比 3 层全连接神经网络的召回率提高了不到 1%。表明在基础数据及遥感数据单独提取特征的单分支中增加全连接层的层数并不会明显增加相应的准确率及平均召回率值。故在基于 PRB 数据深度学习地质图预测模型中，考虑计算资源，采用 3 层全连接神经网络对基础数据及遥感数据进行特征提取是合适的选择。

表 10.11　在相同样本数据条件下采用不同全连接层层数建模对模型精度影响的对比表

	填图对象/个	GRTL	GRTL′初始模型准确率/%	GRTL′初始模型平均召回率/%	GRPL′IF-DNN 模型准确率/%	GRPL′IF-DNN 模型平均召回率/%	训练时间/h
2 层	162	1970	76.80	73.00	95.01	83.20	15.5
3 层	162	1970	92.49	89.49	96.39	91.95	22.5
4 层	162	1970	87.87	84.56	96.70	92.39	23.5

10.10　消融对比实验结果

以研究区 2 为例开展消融实验对比，将卷积神经网络模型、深度神经网络模型与提出的多模态特征融合模型进行消融实验对比，具体的模型和数据使用情况如表 10.12 所示。其中，深度神经网络模型和卷积神经网络模型是单独使用地物地化数据或者遥感影像数据，多模态特征融合模型同时使用地物地化数据和遥感影像数据。

三种模型的实验结果如表 10.12 所示，从实验结果可以发现，使用多模态特征融合之后，模型性能与仅用 DNN 模型或者 CNN 模型的结果对比，ACC 提升了 14.08%、2.79%，F1 值提升了 14.42%、2.69%。结果表明，地物地化数据特征和遥感数据特征之间有一定的互补关系，在两者进行特征融合后可以提供更多的地质信息，有助于区分不同地质体，更为精准的识别地质体类型，使得模型的性能得到进一步的提升。

表 10.12　三种模型的实验结果

模型名称	地物地化数据	遥感影像数据	ACC	F1 值
深度神经网络	√	×	82.13%	81.79%
卷积神经网络	×	√	93.42%	93.52%
IF-DNN	√	√	96.21%	96.21%

10.11　模型需进一步研究与改进的问题

本书提出的方法是基于有标签的深度学习方法，因此在很少地质路线的情况下，地质路线穿过研究区的填图单位应尽量地多。即填图初期阶段应有一定的数量的主干地质路线或踏勘地质路线支持，预测的填图单位才会比较有完整性。如果条件达不到情况下，就需要无标签（零路线）与少路线结合的方法来解决此问题。另外，线性构造（如断层）出现在同一地质对象内的情况下，其识别和效果就不够好。上述问题正在进一步试验与方法完善。

第 11 章　内蒙古 1∶5 万奈玛拉吉、巨里河、荷叶哈达幅区域地质调查——深度学习地质填图技术应用与评价（火山岩区）

11.1　研究区概况

内蒙古 1∶5 万奈玛拉吉（L51E019004）、巨里河（L51E020003）、荷叶哈达（L51E020004）幅区域地质调查（工作任务编码：DD20190039-03，任务书编号：〔2020〕01-03）所属二级项目：松辽盆地西缘扎赉特-巴林左旗区域地质调查（二级项目编码：DD20190039），2019—2021 年由中国地质调查局沈阳地质调查中心负责实施。工作任务负责人为唐振、施璐。该研究的特点是填图工作与 IF-DNN 建模同步开展。

11.1.1　基本地理概况

11.1.1.1　区位条件

工作区位于内蒙古自治区通辽市西北部，东北接兴安盟科尔沁右翼中旗，南邻扎鲁特旗政府所在地鲁北镇，向西南毗邻赤峰市阿鲁科尔沁旗，向西北可达煤炭基地霍林郭勒市及乌拉盖草原景区。区位优势明显，公路交通便捷，是蒙东地区和东北工业基地对接的纽带，距北京市 920 km，距沈阳市 450 km，距长春市 490 kg，距大连港 790 km，距锦州港 530 km，均有高等级公路与之连接。

11.1.1.2　地形、地貌条件

工作区地处大兴安岭中南段与科尔沁草原结合部位，地形地貌整体从西北部中山山地逐渐向东南过渡到低山丘陵，地形多样，主要有低山丘陵和山地草原。受草原植被、沙地等浅覆盖影响，多见断续出露的规模较小、岩石较为破碎的浅表露头，而少见可连续观测或产状出露明显的较大规模露头，即野外调查中一般对岩性的控制较好，而对接触关系、构造要素等控制相对较差或不准确，本区是一个非常适合应用深度学习地质填图技术以提高填图质量的地区。

11.1.1.3　气候条件

工作区属中纬度温带大陆性季风气候，四季分明，光照充足，太阳辐射较强，日照时间较长。春季干旱多大风，夏季温热，雨热同期，适于作物生长发育；秋季短暂而霜期较早，冬季漫长而寒冷。一般无霜期为 120～140 天，终霜晚，初霜早，霜冻是影响和制约农业生产的重大自然灾害。年平均气温为 7℃左右，1 月平均气温-12.1℃，极端最低气温-29.5℃（1980 年）；7 月平均气温 24.1℃，极端最高气温 43.7℃（2007 年）。最低月均气温-15.4℃（1985 年 1 月），最高月均气温 27.3℃（2000 年 7 月）。0℃以上天数大于 170 天（一般为 4 月下旬至 10 月上旬）。年平均降水量 362.1 mm，年平均降水日约 60 天，最多可达 80 天（1985 年），最少 49 天（1995 年）。极端年最大降水量 642.2 mm（1993 年），极端年最少降雨量 210.7 mm（2000 年）。降水集中在每年 6～8 月，7 月最多。

11.1.2　预研究资料收集与认识

工作区最早的地质工作可追溯到 20 世纪 20 年代初，主要在扎鲁特旗巨日合一带进行煤田普查工作。大规模的地质工作始于 1949 年中华人民共和国成立后，于 20 世纪 50—70 年代完成正规的 1∶100 万和 1∶20 万区调工作，80 年代后，评价区部分地区完成了 1∶5 万区调、矿调及矿产普查评价工作。1∶5 万~1∶20 万比例尺的航磁工作部分覆盖评价区。1∶100 万区域重力覆盖全区，1∶20 万区域重力大部分地区仍为空白区。20 世纪 90 年代地矿部第一、第二综合物探大队完成 1∶20 万化探工作。2010 年以来，陆续开展了覆盖全区的 1∶25 万区调修测和 1∶5 万矿产地质调查工作。

11.1.2.1　区域地质调查

1）1959—1963 年完成了覆盖项目区的 1∶100 万区域地质调查，首次建立了较系统的以“统”为单位的地层层序，初步总结了岩石、大地构造特征，基本奠定了开展各项地质工作的基础。但限于工作精度要求，各类地质体控制程度极低。

2）1973—1978 年，1∶20 万区域地质调查覆盖全区，较系统地收集了地层、古生物、构造、岩浆岩及矿产资料，是本次工作的主要参考资料。

3）2010—2012 年，1∶25 万区域地质调查修测覆盖全区，系统地收集和整理了地层、古生物、构造、岩浆岩及矿产资料，是本次工作的主要参考资料。

4）该区周边 1∶5 万区域地质调查主要集中在 2016—2018 年，已完成的区调图幅较为系统地对地层进行了划分，并对火山活动及火山机构进行了初步研究，划分了区内中生代岩浆岩成因系列，提出各系列与内生金属矿产的关系，总结了找矿标志，进行了成矿预测，扩大了找矿思路，并提出了一大批找矿靶区和成矿远景区。上述成果的取得，对本次调查工作具有参考价值。

11.1.2.2　区域地球物理及地球化学测量、遥感测量

1）1962 年地质部航空物探大队 903 队在扎鲁特旗北部进行了 1∶20 万区域航磁测量工作，提交了《大兴安岭南部地区航空物探结果报告》。

2）1973 年国家计委地质总局航空物探大队 905 队开展了 1∶5 万航磁测量，（在 1∶20 万哈德营子幅范围内）发现多处磁异常。

3）1983—1987 年地矿部第二综合物探大队开展了 1∶20 万哈德营子幅区域重力测量，编制了《1∶20 万哈德营子幅区域重力图及其说明书》。

4）1975 年原国家地质总局航空物探大队 905 队进行了 1∶5 万的航空磁力和放射性测量工作，并编写了《吉林省白城西部地区航空磁力和放射性测量成果报告》，采用目视导航和老式的 402 综合测量仪进行工作，磁测精度为 18.4 nT，磁测资料的再利用受到限制。

5）1991 年地矿部第二综合物探大队开展了 1∶20 万哈德营子幅水系沉积物地球化学测量，编制了《1∶20 万哈德营子幅地球化学图说明书》。

6）20 世纪 90 年代末，原地矿部陕西第二物探大队等单位在该地区完成的扎鲁特旗幅、哈大营子幅等图幅的 1∶20 万水系沉积物测量。提供了基础性的地球化学资料，对该地区的找矿工作的部署具有重要的意义。

7）区域地球物理工作程度：1∶5 万~1∶20 万比例尺的航磁部分覆盖工作区。1∶100 万区域重力覆盖全区，编写了文字报告并绘制了航磁异常图和等值线图。1∶20 万区域重力大部分地区仍为空白区。传统物探方法多，新方法、新技术少。如电法主要使用直流电法，交流电法以及电磁法应用较少，地面磁法及高精度磁力仪应用少。

8）区域地球化学工作程度：20 世纪 90 年代由地矿部第一、第二综合物探大队完成。在测区圈定了多处化探综合异常，具有重要找矿线索，2009—2010 年内蒙古地质调查院在内蒙古西乌旗-霍林

郭勒地区铜多金属矿远景调查时进行了 1∶5 万化探测量工作，并对重点区域进行 1∶1 万及 1∶5000 化探测量工作，圈出多个异常区，是本次调查评价最重要的依据。

9）区域遥感地质调查工作程度低。没有开展过正规的遥感地质调查工作，在区域地质调查和矿产勘查工作中，零星作过一些遥感地质调查工作，没有系统的遥感地质调查工作报告。2009 年由内蒙古自治区地质调查院实施的内蒙古西乌旗-霍林郭勒地区铜多金属矿远景调查工作中对本区进行了初步遥感解译。

11.1.2.3 矿产、能源地质勘查工作

1）1945 年日本池田早稻、森田义人在扎鲁特旗巨力黑进行过煤炭普查。

2）1956 年东北地质局在扎鲁特旗巨力黑进行了 1∶5 万路线地质调查，提交了《内蒙古哲里木盟扎鲁特旗巨力黑煤田路线踏勘简报》。

3）1957 年东北煤田第一勘探局在扎鲁特旗巨力黑进行 1∶10 万踏勘地质调查，提交了《哲盟扎旗巨力黑踏勘地质报告》。

4）1961—1963 年内蒙古哲里木盟地质队在哲盟扎旗联合村煤矿及其外围进行了矿区勘探及煤矿普查工作，提交了《内蒙哲盟扎旗联合村煤矿 1961 年储量计算说明书》及《联合村煤矿地质普查报告》。

5）1963 年内蒙古地质局哲里木盟地质队在扎鲁特旗巨力黑进行了 1∶5000 煤矿地质普查，提交了《内蒙哲盟扎旗巨力黑煤矿地质工作简报》。

6）1956—1977 年，东北地质局、内蒙古煤炭工业管理局等单位先后在该地区开展了以找煤为主的矿产勘查和基础地质调查工作。

7）20 世纪 60 年代初至 70 年代，在赤峰北部地区和乌兰浩特以南地区开展了铜、铅、锌、银、锡多金属普查和详查（内蒙古地质局第三地质队、109 地质队、115 地质队，辽宁省地质局第二地质队，吉林省地质局第八地质队等）。

8）1977 年哲盟地质大队二分队在扎鲁特旗进行了以铁、磷为主的普查找矿工作。

9）1985 年华北地质勘探公司五一九大队，开展了物化探测量，编制了《内蒙古扎鲁特旗鲁根浑迪东测区、老道沟测区及巴林左旗牧场测区物化探测量报告》。

10）1988 年内蒙古地矿局 115 地质队开展了地质普查，编制了《内蒙古自治区扎鲁特旗老道沟多金属矿区地质普查报告》。

11）1990 年内蒙古地矿局 115 地质队开展了化探普查，编制了《内蒙古自治区扎鲁特旗巨日合地区土壤测量报告》。

12）2004 年天津华北地质勘查总院开展了地质普查，编制了《内蒙古扎鲁特旗北部多金属矿普查报告》。

13）2005 年开始的内蒙古自治区 1∶5 万矿调及部分商业性矿调在本区共完成 40 余幅，圈出了一大批找矿靶区，对本区的成矿规律进行了初步的总结。

14）2009—2010 年内蒙古自治区地质调查院完成的内蒙古西乌旗-霍林郭勒地区铜多金属矿远景调查工作，开展了覆盖全区的 1∶5 万土壤测量工作、1∶5 万高精度磁法测量，并在部分评价区开展了大比例尺的地质、土壤、激电测量工作，发现多处矿（化）点及蚀变带，在此基础上对评价区找矿标志进行了总结，划分了成矿预测区，并圈出了一大批找矿靶区，上述成果的取得，对本次调查工作的开展具有重要的参考价值。

15）2012—2014 年内蒙古自治区地质调查院开展了 1∶5 万矿产远景调查，编制了《内蒙古扎鲁特旗巨日合地区矿产地质调查成果报告》。其工作范围包括本次工作区的乌兰花幅 L51E018004、奈玛拉吉幅 L51E019003、达巴艾勒幅 L51E019004、巨里河幅 L51E020003 范围。其工作成果对本次调查工作的开展具有重要的参考价值。

16）2015 年吉林省地质调查院开展了内蒙古东部扎鲁特旗地区 1：5 万矿产远景调查工作，其范围包括本次工作区的荷叶哈达幅（L51E020004）。其工作成果对本次调查工作的开展具有重要的参考价值。

17）沈阳地调中心承担的“松辽外围中新生代盆地群油气地质综合调查”项目完成了三条北西向非震物探剖面、1500 鲁 D1 钻探、1306 鲁 D2 钻探等油气地质勘查工作。

11.1.3　深度学习地质填图技术应用情况

1）2019 年 12 月，确定以松辽盆地西缘扎赉特-巴林左旗区域地质调查二级项目下设的内蒙古 1：5 万奈玛拉吉、巨里河、荷叶哈达三个图幅为智能区域地质调查合作试点图幅，开展岩石地层识别试验工作。

2）2019 年 12 月—2020 年 4 月，收集试点图幅周边图幅相关资料，进行资料整理和数据预处理，岩石地层单位识别和区分的数据准备；4 月 23 日，开展智能区域地质调查相关的岩石地层识别试验的交流研讨，确定下一步具体要求、分工以及关键时间节点。

3）2020 年 4—6 月，修改完善图幅 PRB 库，进行样本数据修改，在开展野外地质调查工作前形成预研究地质图。

4）2020 年 6—10 月，野外调查并验证，及时反馈预测地质图评价结果，并在持续的野外地质调查中形成不同阶段的预测地质图，实时做出评价，优化预测参数；9 月 17—22 日，在内蒙古扎鲁特旗地区开展了智能填图野外对比验证与交流研讨。

5）2020 年 11—12 月，梳理总结年度成果，进一步完善图幅 PRB 库，修改样本数据，形成最新的预测地质图，将地质图预测融入地质调查整个过程，累计进行预测地质图评价及参数讨论近 10 次。

6）完成的主要工作量主要包括实测地质路线 126 条，实测剖面 7 条（21 km），P+R+S 样本数据 4000 组，核对标签数约 160 个。

11.2　调查区基础地质特征（简要描述）

11.2.1　地层

测区古生代地层分属两个地层分区：西北部分属阿尔泰-兴蒙地层大区，兴安地层区，西乌旗-黑河地层分区的西乌旗-突泉小区；东南部分属额尔齐斯-西拉木伦地层大区，西拉木伦地层区的林西-扎鲁特小区，两者以锡林浩特-好老鹿场-牦牛海俯冲增生杂岩带为界，据《大兴安岭地质志》（2019）。中生代—新生代地层属东北地层大区大兴安岭地层区的大兴安岭地层分区。

工作区地层目前共划分 11 个岩石地层单位和 9 个成因类型填图单位，其中 11 个岩石地层单位由老至新包括：中二叠统哲斯组（P_2z）、上二叠统林西组（P_3l）、下侏罗统红旗组（J_1h）、中侏罗统万宝组（J_2w）、中侏罗统塔木兰沟组（J_2t）、上侏罗统满克头鄂博组（J_3m）、上侏罗统玛尼吐组（J_3mn）、下白垩统白音高老组（K_1b）、下白垩统梅勒图组（K_1m）、中更新统赤峰黄土（Qp_2^2c）、上更新统乌尔吉组（Qp_3^2w）；第四系更新统及全新统共划分 9 个成因类型填图单位（表 11.1）。

（1）中二叠统哲斯组（P_2z）

哲斯组主要断续出露于工作区中段及北部，主要受控于褶皱及断裂构造，其主体应该是广泛分布于林西组之下并被中生代火山岩所压盖。主要岩性为碎屑岩夹生物灰岩。哲斯组属浅海—滨海相沉积，其岩性为粉砂质板岩（图 11.1）夹生物碎屑灰岩（图 11.2）的组合。

表 11.1 测区综合地层划分表

年代地层			岩石地层/成因地层		岩性描述及化石组合	测年值/测试方法
界	系	统	组（成因）	代号		
新生界	第四系	全新统	河流冲积物	Qh_3^{al}	主要由冲洪积粗砂、砾石组成，多呈圆、次圆状、局部含少量亚砂土及淤泥，成分复杂，分选性差	
			半固定风成砂	Qh_3^{eol}	密集的半固定砂丘和砂坑，多由细砂、粉砂、砂土组成	
			冲洪积物	Qh_3^{alp}	分布在山前沟口，组成洪积扇堆积物，主要由巨砾、中粗砾组成，磨圆度差，成分复杂，分选性差	
			坡洪积物	Qh_3^{pld}	主要分布在山间河谷两侧斜坡地带或丘陵的周边，由巨砾、中粗砾组成，多呈次圆状、次棱角状、含少量亚砂土及淤泥，成分复杂，分选性差	
			湖沼堆积物	Qh_2^{aln}	主要分布在低洼地带，顶部由黑色、灰黑色淤泥、砂土组成，底部由灰色、灰绿色中细砂及少量砂砾石组成	
			一级阶地	Qh_1^{pal}	现代河谷两侧，呈不连续分布的倾斜台地，与现代河床呈明显高差陡坎，上覆植被发育，主要由杂色砂砾石层、含砾砂层、砂土层组成，砾石呈次棱角状-次圆状，分选较好，局部可见二元结构，层状构造发育，可见斜层理	
		更新统	固定风成砂	Qp_3^{3eol}	台地，山间、山鞍部覆盖物，地表为倾斜或起伏台地，上覆植被较发育，质地均匀，主要由灰黄色粉砂土和细砂，可见风成层理，夹多层砂质古土壤	13. 5±1. 1 ka~11. 6±0. 7 ka OSL
			冰水堆积物	Qp_3^{3glf}	由冰水砂砾层和冰水亚黏土层组成。冰水砂砾中分选性差，砾石大小不一，多呈棱角、次棱角状，多见冰川作用形成的压碎石，偶见冰川条痕石、马鞍石；冰水亚黏土层中可见较多浅褐色古土壤夹层，条带状分布	
			乌尔吉组	Qp_3^2w	主要由亚黏土、亚砂土组成，柱状节理发育，中下部含有形态各异的灰白色钙质结核，局部含棱角状砾石	48. 4±5. 5 ka~33. 8±3. 8 ka OSL
			湖积物	Qp_3^{1l}	分布在乌尔吉组之下，地表未见出露，青灰色粉砂质泥、土黄色砂层，未见底，平行层理发育	60. 1±5. 0 ka OSL
			赤峰黄土	Qp_2^2c	砖红色、浅棕红色黏土、亚黏土互层，局部夹褐色古土壤层，底部含较多钙质结核，局部含棱角状砾石	66. 8±6. 3 ka OSL
中生界	白垩系	下统	梅勒图组	K_1m	灰黑色杏仁状辉石（玄武）安山岩、安山质火山碎屑岩及灰紫色粗安岩、粗安质火山碎屑岩	133. 1±1. 7 Ma~122. 7±1. 2 Ma LA-ICP-MS
			白音高老组	K_1b	灰白、浅黄色石泡（球粒）流纹岩、流纹质熔结凝灰岩、流纹质角砾岩屑晶凝灰岩、凝灰质砂岩、沉凝灰岩	133. 34±0. 79 Ma~131. 3±1. 3 Ma LA-ICP-MS
	侏罗系	上统	玛尼吐组	J_3mn	灰绿、青灰色（角闪）安山岩、安山质火山碎屑岩夹灰黑色凝灰质长石岩屑砂岩	159. 8±1. 3 Ma~152. 8±3. 1 Ma LA-ICP-MS
			满克头鄂博组	J_3m	浅黄色、浅灰紫色流纹（英安）岩、石泡流纹岩、流纹（英安）质火山碎屑岩、灰黄色凝灰质砂岩、沉凝灰岩	159. 0±0. 8 Ma~150. 9±1. 7 Ma LA-ICP-MS

续表

年代地层			岩石地层/成因地层		岩性描述及化石组合	测年值 测试方法
界	系	统	组（成因）	代号		
中生界	侏罗系		塔木兰沟组	J_2t	灰绿色玄武安山岩、角闪安山岩、深绿、青灰色安山质角砾熔岩、安山质熔结凝灰岩、灰黄绿色安山质凝灰角砾岩、灰绿色安山质（含集块）凝灰角砾岩	
		中统	万宝组	J_2w	灰褐色厚层状复成分砾岩、青灰色厚层状含砾粗粒岩屑砂岩及灰绿色粗粒岩屑砂岩、灰紫色细粒长石砂岩夹灰绿色纹层状玻屑凝灰岩，局部发育煤线	160.7±1.1 Ma LA-ICP-MS
		下统	红旗组	J_1h	深灰色-灰黑色粉砂岩、砂岩、粗砂岩等组成的煤系地层。产植物化石：*Cladophlebis* sp.，*Podozamites lanceolatus* 等	
古生界	二叠系	上统	林西组	P_3l	黄绿色-青绿色中-细粒凝灰质岩屑砂岩、灰黑色泥岩、青绿色-深灰色粉砂质板岩、泥质板岩，泥岩中见植物化石碎片，局部可见含砂岩透镜体的泥质板岩和凝灰岩层	252.2±2.7 Ma~248.3±2.0 Ma LA-ICP-MS
		中统	哲斯组	P_2z	黄绿色粗中粒泥质岩屑砂岩、中细粒钙质岩屑砂岩、灰绿色钙质细砂粉砂岩、灰色凝灰质岩屑砂岩、粉砂质板岩，局部夹生物碎屑灰岩，多已发生糜棱岩化动力变质	265.4±2.7 Ma~258.6±1.3 Ma LA-ICP-MS

图 11.1　哲斯组粉砂质板岩

图 11.2　哲斯组灰岩中的腕足类化石

本套地层具有生烃和作为油气储层的潜力。

（2）上二叠统林西组（P_3l）

上二叠统林西组为工作区出露最为广泛的晚古生代地层，主要沿中生代火山沉积盆地外围的环状短轴隆起（规模约 50 km×20 km）展布，但更大面积主体则同哲斯组一样被压盖于中生代火山岩之下。

区内林西组岩石组合特征：下部层位为中细粒钙质岩屑砂岩夹粗中粒岩屑砂岩、细砂粉砂岩；上部层位为泥岩、粉砂质泥岩（板岩）夹中细粒砂岩，泥岩中见植物化石。上下层位由于沉积环境发生变化而呈渐变过渡的整合接触关系，以出现含砂岩透镜体的泥质板岩（图 11.3）为界线标志层，以粗碎屑（中、细粒砂质）为主的沉积逐渐转换为以细碎屑（泥质、粉砂质）为主。

该组具有良好的生烃（炭质泥页岩）和作为油气储层（砂岩）的潜力，不足在于其形成后存在较长一段的沉积缺失，可能由于缺少盖层而造成油气丢失，但其致密的泥页岩层可成为哲斯组油气层的良好盖层。

（3）下侏罗统红旗组（J_1h）

在工作区内主要分布于西南部的联合屯及巨里河周边。据钻孔资料（内蒙古地质局哲盟地质队，1962）可以划分出上、中、下三部分，下部含煤段、中部杂色岩段和上部含煤段。巨里河幅西部的联合屯下侏罗统红旗组炭质泥岩中发现大量茨康类、薄果穗、银杏等植物化石，地层时代置于早侏罗世。

红旗组为一套含煤岩系，下部为灰白色砾岩夹薄层砂岩；上部为砂岩、粉砂岩、泥岩及数层煤层。下部为砂砾岩、砂岩，上部为灰、灰黑色砂岩、粉砂岩夹煤线，含 *Coniopteris-Phoenicopsis* 植物群早期组合，与突泉万宝盆地红旗组的层位相当，只是前者地层厚度小、煤层很薄。

（4）中侏罗统万宝组（J_2w）

万宝组主要分布于扎鲁特旗联合村周边，地表出露较差，岩层总体呈北东向断续展布。万宝组分布于山麓边缘、总体表现为向南东弯曲的弧形，构成中侏罗世陆相断陷盆地的外部边缘。被上侏罗满克头鄂博组酸性火山岩不整合覆盖。

万宝组为内陆河流相—湖沼相的碎屑岩夹火山岩沉积。岩性组合为灰褐色厚层状复成分砾岩（图 11.4）、青灰色厚层状含砾粗粒岩屑砂岩及灰绿色粗粒岩屑砂岩、角岩化细粒长石砂岩夹灰绿色纹层状玻屑凝灰岩。

图 11.3　林西组底部发育的含砂岩透镜体的泥质板岩

图 11.4　尖山南万宝组复成分砾岩露头

展布特征及接触关系推测：由于下侏罗统红旗组（J_1h）和中侏罗统万宝组（J_2w）两套是在北东向断陷盆地的基础上形成的，所以其在区内展布经常呈现北西背靠古生代地层（早—中侏罗世隆起）的特征，形成时可能同时存在断陷活动和沉积的过程，故两套地层可能与古生代地层呈沉积接触关系或断层接触关系。在北东向的古断陷形成同时或之后，应该是地势较低且具有北西向河流的部位最易在山前形成冲积扇，即最大可能形成红旗组和万宝组北东向展布的含煤沉积建造，同时在山间河道中形成了北西向展布，但不含煤线的河流相沉积建造，这种成因也在一定程度上制约了两组地层不可能像哲斯组和林西组一样在区域上广泛且连续分布。断陷构造活动的强弱则决定了两组沉积岩石组合的差别。

根据以上推测过程，可以看出此时地貌总体形态已经由晚古生代的东南高、西北低转换为相反的西北高而东南低，并且整个区内三叠纪地层的缺失或极少分布，也可能是这次构造体制转换所引起。

（5）上侏罗统满克头鄂博组（J_3m）

上侏罗统满克头鄂博组火山岩在测区内分布范围最广，其空间展布受晚侏罗世火山机构控制，岩层多围绕火山喷发中心呈环状、半环状展布，火山堆积物形态多样，地貌上多形成地形切割强烈的中高山系。直接覆盖于上古生界之上；其上与上侏罗统玛尼吐组整合接触或被下白垩统梅勒图组不整合覆盖。

满克头鄂博组为一套陆相酸性火山岩建造，岩性主要为浅黄色斜长流纹（英安）岩、石泡流纹岩、流纹质集块角砾岩、流纹英安质（角砾）岩屑晶屑凝灰岩、流纹质熔结凝灰岩、灰白色流纹质（玻屑）火山灰凝灰岩、灰黄色凝灰质（含砾）砂岩、沉凝灰（角砾）岩。

（6）上侏罗统玛尼吐组（J_3mn）

上侏罗统玛尼吐组主要出露于测区西北，地貌上多形成中高山系，局部形成平缓山丘。多整合于上侏罗统满克头鄂博组之上，或直接覆盖于上古生界之上；其上与下白垩统白音高老组呈角度不整合接触。

玛尼吐组为一套陆相中性夹酸性火山岩建造，岩性组合为灰绿、青灰色（角闪）安山岩、粗安岩、安山质角砾岩屑晶屑熔结凝灰岩、安山质角砾集块岩、灰黑色安山质角砾晶屑岩屑凝灰岩夹灰黑色凝灰质长石岩屑砂岩、灰绿色英安岩及灰紫色-深灰色英安质角砾熔岩。

（7）下白垩统白音高老组（K_1b）

下白垩统白音高老组火山岩主要分布在巨里河达坂，在查干宝力奉嘎查和义合碑猪场等地零星出露，地貌上多形成中高山系，角度不整合于上侏罗统玛尼吐组之上，其上被下白垩统梅勒图组不整合覆盖。为一套陆相酸性火山岩建造，岩石组合为灰白、浅黄色流纹岩、流纹质熔结凝灰岩、流纹质角砾岩屑晶屑凝灰岩等。

（8）下白垩统梅勒图组（K_1m）

下白垩统梅勒图组火山岩主要分布在巨里河幅尖山子和荷叶哈达幅鸽子山牧业队、义合碑羊铺等地，在奈玛拉吉幅仅零星出露，呈帽状平缓分布于山顶。其多不整合于下白垩统白音高老组酸性火山岩之上或上侏罗统满克头鄂博组之上。岩层产状较平缓，倾角一般在10°~25°之间，局部近水平产出。主要为一套陆相中基性火山岩夹中酸性火山岩建造，岩性组合为灰黑色杏仁状辉石（玄武）安山岩、安山质集块角砾岩、安山质岩屑晶屑凝灰熔岩、褐深灰、灰色英安岩，英安质角砾熔岩、英安质熔结凝灰岩及英安质角砾岩屑晶屑凝灰岩。

（9）中更新统赤峰黄土（Qp_2^2c）

赤峰黄土分布较少，岩性以灰褐色、土黄色、砖红色色亚黏土、含砾石黏土为主，砾石颜色多为灰紫色-红褐色，成分较杂，分选及磨圆不好，可见多层砖红色古土壤薄层。远视棕红色古土壤红黄相间，显示粗层理构造，底部常见钙质网纹和结核，结核体一般2~5 cm，实心姜状。上部被乌尔吉组不整合覆盖，局部被上更新统湖积物不整合覆盖。

（10）上更新统湖积物（Qp_3^{1l}）

上更新统湖积物主要分布在乌尔吉组之下，暂时地表未有出露，主要由青灰色粉砂质泥和土黄色砂层组成，平行层理发育，覆盖在赤峰黄土之上，上部被乌尔吉组不整合覆盖。

（11）上更新统乌尔吉组（Qp_3^2w）

本组是出露面积相对较大的一个填图单元，主要分布于山前坡地广大区域，形成黄土平台及深切黄土冲沟，岩性为黄褐色亚砂土（区域上称乌尔吉组），该层厚度一般为1~2 m，含钙质结核，发育柱状节理，控制厚度2~30 m，主要为一套风积亚砂土（图11.5，图11.6）。

（12）上更新统冰水堆积物（Qp_3^{3glf}）

该套沉积物在测区主要出露在巨里河幅乌日根塔拉农场一带。主要由冰水砂砾层和冰水亚黏土层组成，冰水砂砾中分选性差，砾石大小不一，多呈棱角、次棱角状，多见冰川作用形成的压碎石、马鞍石等；红褐色冰水亚黏土层中可见钙质结核，黏土含量较高层位可作为制砖的非金属矿产。南部邻区确定形成时代为中—晚更新世，并在该沉积层北部见古冰斗、角峰等古冰川遗迹。

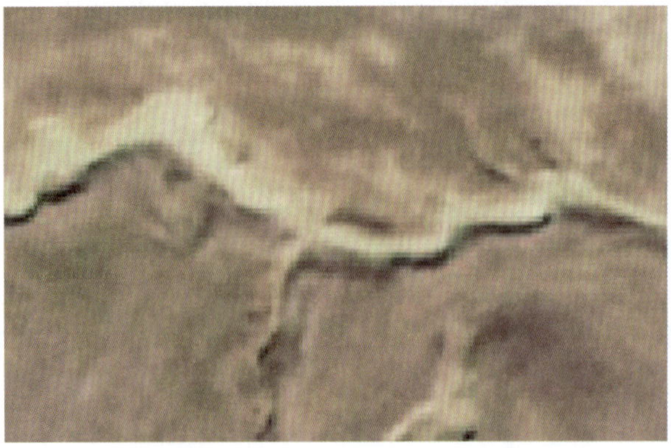

图 11.5　乌尔吉组风成黄土遥感图像

图 11.6　乌尔吉组风成黄土野外照片

（13）上更新统固定风成砂（Qp_3^{3eol}）

主要由粉砂土和细砂等组成。地貌上呈平缓起伏的草原形态，为松散、移动的细砂、粉砂土。固定沙丘形成时间相对较早，土层较厚，已形成干旱草原地貌，但植被较为稀疏，植被生态环境脆弱，容易被破坏（图 11.7，图 11.8）。

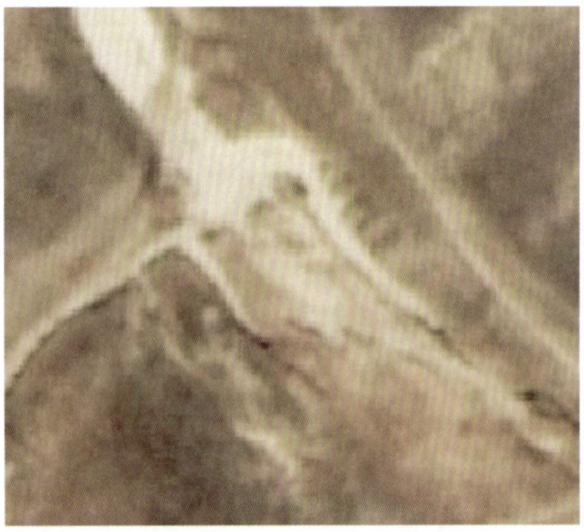

图 11.7　固定风成砂堆积物遥感图像

图 11.8　固定风成砂堆积物野外照片

（14）下全新统一级阶地（Qh_1^{pal}）

主要分布在现代河谷两侧，呈不连续分布的倾斜台地，与现代河床呈明显高差陡坎，河拔 4～8 m，上覆植被发育，主要由杂色砂砾石层、含砾砂层、砂土层组成，砾石呈次棱角状—次圆状，分选较好，局部可见二元结构，层状构造发育，可见斜层理。

（15）中全新统湖沼堆积物（Qh_2^{aln}）

仅见于巨里河幅中部偏北东的低洼地带，位于两条宽广沟谷的山前交汇处，应该是在下、中全新统（洪）冲积的基础上形成的，主要发育于固定砂丘及其间的平洼地。沉积物主要为灰褐色细砂、粉砂及淤泥。

（16）上全新统坡洪积（Qh_3^{pld}）

分布在山间河谷两侧斜坡地带或丘陵的周边，构成坡积裙地貌，由巨砾、中粗砾组成，多呈次圆状、次棱角状，含少量亚砂土及淤泥，成分复杂，分选性差，内含砾石或砂砾石透镜体，结构较松散，控制厚度 1.5 m。

（17）上全新统冲洪积（Qh_3^{alp}）

分布在山前沟口，组成洪积扇堆积物。一般颗粒较粗，除砂、砾外，还有巨大的砾石，分选性差，大小混杂。因为洪流搬运距离不长，碎屑磨圆度不好，多呈次棱角状。层理面不清，局部具二元结构，下部以分选性差的砂砾石为主，上部以黏质砂土和砂质黏土为主。

（18）上全新统半固定风成砂堆积物（Qh_3^{eol}）

半固定风成砂堆积物多由细砂、粉砂、砂土组成，局部混少量粗砂。极松散，粒径多小于 0.2 mm。成分以石英为主，次为长石及岩屑。砂砾的分选和磨圆较好。具有半固定砂丘，风蚀坑等风蚀地貌。测区受北西向季风影响，半固定砂丘多呈北西向蛇状分布，植被稀疏，以低矮灌木为主，主要为沙柳，沿灌木底部，砂土流动性较大（图 11.9，图 11.10）。

图 11.9　半固定风成砂堆积遥感图像

图 11.10　半固定风成砂堆积野外照片

（19）上全新统河流冲积物（Qh_3^{al}）

仅限于现代河床和低河漫滩，沉积物主要为砂砾石。地貌上表现为宽缓的河床平地，宽大于 50 m。本区分布于巨里河河床。由砂碎石、亚砂土及淤泥物质组成。砂碎石成分复杂，多为附近基岩成分，包括砂岩、板岩、细砂岩、灰岩、花岗岩等，大小不等，混杂堆积，粒径 0.5～5.5 cm 之间居多，亚砂土细粒，与淤泥物质一起充填其间。

11.2.2　侵入岩

测区侵入岩分布较少，根据侵入岩的岩石组合、空间分布以及同相关地质体的接触关系，填图单位采用“岩性+年代”方法命名，把测区内的侵入岩划分为白垩纪 4 个侵入岩填图单位（表 11.2），地质特征简介如下。

（1）早白垩世正长花岗岩（$\xi\gamma K_1$）

该岩体呈岩株状产出，主要分布于测区北部和西南部，多呈浅成高位侵入体产出于中生代破火山附近，侵入上侏罗统满克头鄂博组、下白垩统白音高老组、梅勒图组中。本次工作在测区奈玛拉吉幅鹿场南部获得石英二长斑岩的锆石 U-Pb 年龄为 131.3±1.0 Ma，时代为早白垩世，侵入到满克头鄂博组流纹岩。

早白垩世石英二长岩 K_2O+Na_2O 含量较高，为 8.56%～10.28%，里特曼指数 σ 为 3.74～5.12，属碱性岩石，在 TAS 图解中，样品全部落在碱性系列和亚碱性系列分界线之上，属碱性系列岩石，岩性为石英二长岩，具有准铝质岩石特征。

微量元素特征：早白垩世石英二长岩相对富集大离子亲石元素（如 Ba、LREE）和 Th、U、Zr、Hf，亏损高场强元素（如 Nb、P、Ti）。岩石的稀土元素总量（ΣREE）介于 144.86～

197.10 μg/g 之间，轻重稀土元素比值（LREE/HREE）为 9.24~14.68，轻重稀土分馏系数（La/Yb)$_N$ 介于 8.12~18.45 之间，δEu 值为 0.67~1.02。在球粒陨石标准化的稀土元素配分曲线上具有轻稀土富集的右倾特征，相对富集轻稀土元素、亏损重稀土元素，分馏程度较强。岩石样品具有轻微的 Eu 负异常。

表 11.2　测区侵入岩填图单位划分时序表

时代	填图单位	代号	岩性	接触关系	同位素年龄/Ma
早白垩世	花岗斑岩	$\gamma\pi K_1$	花岗斑岩	侵入 P_2z、P_3l、J_3m、K_1b、$\eta o\pi K_1$	127.1±1.5（锆石 U-Pb） 128.6±1.3（锆石 U-Pb） 127.6±0.9（锆石 U-Pb） 131.9±0.9（锆石 U-Pb）
	石英二长斑岩	$\eta o\pi K_1$	石英二长斑岩	侵入 P_2z、P_3l、J_1h、J_2w、J_3m、J_3mn、K_1b	127.7±1.4（锆石 U-Pb）
	闪长玢岩	$\delta\mu K_1$	闪长玢岩	侵入 J_3m	131.3±1.0（锆石 U-Pb）
	正长花岗岩	$\xi\gamma K_1$	中细粒正长花岗岩	侵入 J_3m	

（2）早白垩世闪长玢岩（$\delta\mu K_1$）

微量元素特征：早白垩世石英二长岩相对富集大离子亲石元素（如 Ba、LREE）和 Th、U、Zr、Hf 元素，亏损高场强元素（如 Nb、P、Ti）。岩石的稀土元素总量（ΣREE）介于 144.86~197.10 μg/g 之间，轻重稀土元素比值（LREE/HREE）为 9.24~14.68，轻重稀土分馏系数（La/Yb)$_N$ 介于 8.12~18.45 之间，δEu 值为 0.67~1.02。在球粒陨石标准化的稀土元素配分曲线上具有轻稀土富集的右倾特征，相对富集轻稀土元素、亏损重稀土元素，分馏程度较强。岩石样品具有轻微的 Eu 负异常。

（3）早白垩世石英二长斑岩（$\eta o\pi K_1$）

该岩体呈岩株状产出，主要分布于测区北部和西南部，多呈浅成高位侵入体产出于中生代破火山附近，侵入上侏罗统满克头鄂博组、下白垩统白音高老组、梅勒图组中。本次工作在测区奈玛拉吉幅鹿场南部获得石英二长斑岩的锆石 U-Pb 年龄为 131.3±1.0 Ma，时代为早白垩世，侵入到满克头鄂博组流纹岩。

早白垩世石英二长岩 K_2O+Na_2O 含量较高，为 8.56%~10.28%，里特曼指数 σ 为 3.74~5.12，属碱性岩石，在 TAS 图解中，样品全部落在碱性系列和亚碱性系列分界线之上，属碱性系列岩石，岩性为石英二长岩，具有准铝质岩石特征。

微量元素特征：早白垩世石英二长岩相对富集大离子亲石元素（如 Ba、LREE）和 Th、U、Zr、Hf，亏损高场强元素（如 Nb、P、Ti）。岩石的稀土元素总量（ΣREE）介于 144.86~197.10 μg/g 之间，轻重稀土元素比值（LREE/HREE）为 9.24~14.68，轻重稀土分馏系数（La/Yb)$_N$ 介于 8.12~18.45 之间，δEu 值为 0.67~1.02。在球粒陨石标准化的稀土元素配分曲线上具有轻稀土富集的右倾特征，相对富集轻稀土元素、亏损重稀土元素，分馏程度较强。岩石样品具有轻微的 Eu 负异常。

（4）早白垩世花岗斑岩（$\gamma\pi K_1$）

早白垩世花岗斑岩分布零星，多呈岩株产出，多与中生代火山岩相伴产出，总体呈北北东或北东向展布，由多个侵入体组成。该岩体侵入地质体为上二叠统林西组、上侏罗统满克头鄂博组酸性火山碎屑岩以及下白垩统白音高老组凝灰岩。

岩石化学特征显示为过铝质、高钾钙碱性系列花岗岩，稀土元素总量较低，为 118.94 μg/g，

LREE/HREE 为 3.19，$(La/Yb)_N$ 为 1.41，轻重稀土分馏不明显，轻稀土富集；δEu 值为 0.2，具明显负铕异常。重稀土元素 Y 及 Yb 含量分别为 33 μg/g 和 4.29 μg/g，反映源区残留相中含石榴子石。稀土配分型式表现为轻稀土向右倾、重稀土向左倾的曲线，曲线斜率一般，Eu 处呈 V 字形深谷。微量元素洋中脊花岗岩标准化曲线具有贫 Ba、Sm，富 Rb、Th、Y 的特点。高场强元素相对于大离子亲石元素亏损，具有 Ba、Nb、Sm 的负异常和 Rb、Th 的正异常。

（5）脉岩

测区内脉岩较为发育，遍布全区。这些脉岩受新华夏系压性结构面控制为主，呈透镜状、雁行式排列，其次还有受东西向、北西向构造结构面控制。脉岩主要类型有石英岩、二长斑岩和闪长斑岩等。

各时代地质体中脉岩在种类、数量上有明显的差别。二叠纪地层中以酸性岩为主，晚侏罗世地层中以酸性岩为主，中酸性岩次之。晚侏罗世时期形成的花岗岩类岩体中主要见酸性岩和花岗细晶岩。

脉岩产出的形态多见直线状或折线“之”字形，同时也见雁行排列及平行排列成群出现。它们分别充填于破碎带、追踪张裂隙、岩体和地层接触界线附近的构造薄弱部位，或不同地层单元之间的断裂中。岩体中石英脉、花岗细晶岩脉多产于节理裂隙中。

岩脉的延伸长度一般在几十米到数百米，短的仅几米。脉岩与围岩由于岩性差别较大，易于区别，又因侵入时二者的温差影响，接触界线截然，属突变接触。多数情况下，围岩具有较强的蚀变（如绿泥石化、硅化及褐铁矿化）及破碎、片理化现象。

11.2.3　火山岩

测区位于大兴安岭火山岩带东南部，中生代火山作用强烈，火山岩分布广泛。中生代陆相火山活动强烈，形成了颇具特色的陆相火山岩建造。从空间上看，中生代火山岩受北东向断裂构造控制，呈条带状展布。

11.2.3.1　火山岩地质特征

（1）上侏罗统满克头鄂博组火山岩

上侏罗统满克头鄂博组火山岩在测区内分布范围最广，为一套陆相酸性火山岩建造，岩性主要为浅黄色斜长流纹（英安）岩、石泡流纹岩、流纹质集块角砾岩、流纹英安质（角砾）岩屑晶屑凝灰岩、流纹质熔结凝灰岩、灰白色流纹质（玻屑）火山灰凝灰岩、灰黄色凝灰质（含砾）砂岩、沉凝灰（角砾）岩。

满克头鄂博组火山岩里特曼指数 σ 为 1.78～3.26，属钙碱性岩石，在 TAS 图解中，满克头鄂博组火山岩落在流纹岩范围内，具有过铝质岩石特征。

微量元素特征：满克头鄂博组火山岩相对富集大离子亲石元素（如 Rb、LREE）和 Th、U、Zr、Hf，亏损高场强元素（如 Nb、P、Ti）和 Ba、Sr。岩石的稀土元素总量（ΣREE）介于 78.79～169.35 μg/g 之间，轻重稀土元素比值（LREE/HREE）为 4.57～6.15，轻重稀土分馏系数 $(La/Yb)_N$ 介于 2.62～5.11 之间，δEu 值为 0.57～0.79。在球粒陨石标准化的稀土元素配分曲线上具有轻稀土富集的右倾特征，相对富集轻稀土元素、亏损重稀土元素，分馏程度较强。岩石样品具有中等程度的 Eu 负异常。

（2）上侏罗统玛尼吐组火山岩

上侏罗统玛尼吐组火山岩主要分布在测区西南部的新改良站一带，并在巴彦绍尔龙、吉布图嘎查等地零星出露，岩石组合为灰绿、青灰色（角闪）安山岩、粗安岩、安山质角砾岩屑晶屑熔结凝灰岩、安山质角砾集块岩，灰黑色安山质角砾晶屑岩屑凝灰岩夹灰黑色凝灰质长石岩屑砂岩，灰绿色英安岩、灰紫色-深灰色英安质角砾熔岩。

岩石化学特征显示该期火山岩相对富铝、富钠，属钙碱性岩石系列。在标准矿物成分上，样品出现石英标准矿物分子，不出现或出现少量刚玉分子。稀土元素标准化型式图上为一左陡右缓的 V 字形折线，且大体平行，轻稀土富集，重稀土亏损，总体上为负铕异常。微量元素原始地幔标准化蛛网图上看，火山岩样品具有右倾的分布形式，不相容元素相对富集；富集大离子亲石元素 Rb、Ba、Th、K 和 LREE，亏损 Ta、Nb、Ti、P 等高场强元素。基性相容组分 Cr、Co、Ni 含量和 $Mg^{\#}$值较低。

（3）下白垩统白音高老组火山岩

下白垩统白音高老组火山岩主要分布在吉布图嘎查、鹿场、毛都、巨日合镇等地，岩石组合为灰白、浅黄色碱性石泡（球粒）流纹岩、流纹质熔结凝灰岩、流纹质角砾岩屑晶屑凝灰岩。

白音高老组火山岩里特曼指数 σ 为 1.41～3.50，属钙碱性岩石，在 TAS 图解中，白音高老组火山岩落在粗面英安岩和流纹岩范围内，具有过铝质岩石特征。

微量元素特征：白音高老组火山岩相对富集大离子亲石元素（如 Rb、LREE）和 Th、U、Zr、Hf，亏损高场强元素（如 Nb、P、Ti）和 Ba、Sr。岩石的稀土元素总量（ΣREE）介于 99.79～213.88 μg/g 之间，轻重稀土元素比值（LREE/HREE）为 5.49～10.60，轻重稀土分馏系数 $(La/Yb)_N$ 介于 5.23～12.70 之间，δEu 值为 0.29～0.51。在球粒陨石标准化的稀土元素配分曲线上具有轻稀土富集的右倾特征，相对富集轻稀土元素、亏损重稀土元素，分馏程度较强。岩石样品具有中等程度的 Eu 负异常。

（4）下白垩统梅勒图组火山岩

下白垩统梅勒图组火山岩主要分布在巨里河幅尖山子和荷叶哈达幅鸽子山牧业队、义合碑羊铺等地，在奈玛拉吉幅仅零星出露，岩石组合为灰黑色杏仁状辉石（玄武）安山岩、安山质集块角砾岩、安山质岩屑晶屑凝灰熔岩等。

梅勒图组玄武安山岩里特曼指数 σ 为 1.57～2.63，属钙碱性岩石，MgO 含量较高，为 4.00%～12.46%，$Mg^{\#}$值高达 0.50～0.72，与原始岩浆 $Mg^{\#}$值相近，在 TAS 图解中，梅勒图组火山岩落在玄武岩-玄武安山岩范围内，具有钙碱性系列岩石特征。

微量元素特征：梅勒图组火山岩相对富集大离子亲石元素（如 Rb、Ba、Sr、U、LREE），亏损高场强元素（如 Nb、Ti）和 Th。岩石的稀土元素总量（ΣREE）较低，介于 36.95～47.95 μg/g 之间，轻重稀土元素比值（LREE/HREE）为 2.67～3.05，轻重稀土分馏系数 $(La/Yb)_N$ 介于 1.74～2.17 之间，δEu 值为 0.86～1.03。在球粒陨石标准化的稀土元素配分曲线上具有轻稀土富集的右倾特征，相对富集轻稀土元素、亏损重稀土元素。岩石样品具有轻微的 Eu、Gd 负异常。

11.2.3.2 火山构造

测区中生代火山岩属于环太平洋巨型火山活动带（Ⅰ级），大兴安岭火山岩带（Ⅱ级），属乌丹-扎鲁特旗火山喷发带（Ⅲ级）。

依据《1∶5 万火山岩区区域地质调查方法指南》，火山构造研究采用火山地层-岩相-岩石-构造一体化研究方法，根据区域火山岩的时空分布、岩性及岩相特征、区域断裂、基底岩系的展布特征，以野外地质调查（剖面、路线）为基础，同时充分利用物探、遥感解译资料，建立了测区火山构造基本格架，研究了火山活动规律。在前人所划分的Ⅰ、Ⅱ、Ⅲ级火山构造的基础上（表 11.3），重点划分了Ⅳ、Ⅴ和Ⅵ级火山构造单元。

Ⅲ级火山构造主要受区域深大断裂的控制，常呈带状展布。根据测区火山岩的分布特征，火山活动的特点，基底出露情况以及控制基底和地层分布的构造等地质依据，将测区的Ⅲ级火山构造单元划分为 2 个Ⅳ级火山构造单元，包括都兰乌拉-阿巴格哈达火山喷发盆地（Ⅳ1）和巨里河-豁牙山火山喷发盆地（Ⅳ2），恢复 7 个火山机构、13 个火山喷发中心和 1 个火山通道（表 11.4）。

表 11.3 火山构造级别及类型划分一览表

火山构造级别	火山构造类型
Ⅰ	环太平洋火山活动带
Ⅱ	大兴安岭中生代火山岩带
Ⅲ	火山喷发带
Ⅳ	火山喷发盆地
Ⅴ	火山机构（层状、穹状、破火山、火山群）
Ⅵ	火山口、火山通道、火山喷发中心、寄生火山、引爆角砾岩筒

（据潘清霏等，1987）

表 11.4 测区中生代火山构造级别及类型划分一览表

Ⅰ级	Ⅱ级	Ⅲ级	Ⅳ级		Ⅴ级		Ⅵ级
环太平洋巨型火山活动带	大兴安岭中生代火山岩带	乌丹-扎鲁特旗火山喷发带	Ⅳ1	都兰乌拉-阿巴格哈达火山喷发盆地	Ⅴ1	金彦哈达-乌兰嘎查火山机构	阿巴格哈达714高地火山喷发中心（J_3m） 阿巴格哈达646高地西南火山喷发中心（J_3m） 阿其644高地火山喷发中心（J_3m） 哈尔和硕552高地火山喷发中心（J_3m） 木盖绍荣660高地火山喷发中心（J_3mn）
					Ⅴ2	长梁山火山机构	长梁山600高地火山喷发中心（K_1m） 都兰乌拉火山喷发中心（K_1b）
			Ⅳ2	巨里河-豁牙山火山喷发盆地	Ⅴ3	巴彦少尔龙火山机构	巴彦少尔龙738高地火山喷发中心（J_3mn）
					Ⅴ4	豁牙山火山机构	豁牙山744高地火山喷发中心（J_3m） 沙里尔图西517高地火山喷发中心（J_3m）
					Ⅴ5	红石砬子山火山机构	巨里黑达坂675高地火山喷发中心（K_1b）
					Ⅴ6	猛高山火山机构	猛高山709高地火山通道（K_1m） 大黑山679高地火山喷发中心（K_1m）
					Ⅴ7	达拉罕火山机构	达拉罕高地火山喷发中心（J_3m）

11.2.4 变质岩

工作区所在区域在晚古生代晚石炭世—中二叠世发生了较强烈的近北东东走向的俯冲增生作用，使晚石炭世—中二叠世地层产生强烈构造变形变质作用，区内发育的晚石炭世—中二叠世地层岩石发生了构造变质；晚二叠世以来，华力西构造运动对扎鲁特地区的影响逐渐减弱，林西组受构造运动的影响主要表现为褶皱变形，岩石的变质作用主要为局部动力变质作用和接触变质作用；中—晚三叠世，研究区总体处于挤压隆升的造山环境；此后，伴随着构造-岩浆事件的影响，主要表现为动力变质作用和接触交代变质作用。接触变质、接触交代变质作用仅发生于侵入岩、次火山岩及古火山喷发中心附近，分布局限。总体来说，变质岩在区内出露面积较少，无区域变质作用。

11.2.4.1 动力变质岩

测区动力变质作用发育，北部晚石炭世—中二叠世地层发育韧脆性变形，呈近北东东或南东东向带状分布，普遍片理化作用，局部形成糜棱岩化、千糜岩化变质岩，断续展布，共同构成了巴什图扎拉格-奈玛拉吉俯冲增生杂岩。中生代地层以脆性断裂构造为主，均呈规模较大的带状分布。脆性构造岩广泛发育于断层及构造破碎带中，并与区域成矿关系密切。

11.2.4.2 热接触变质岩

测区热接触变质岩较为发育，岩石类型多，分布范围较广。接触变质岩主要分布于侵入体与围岩接触带附近。

区内热接触变质岩按照原岩成分即重结晶程度分为黑云母（石榴子石、红柱石、堇青石或矽线石）炭质粉砂质（斑点）板岩、含炭质红柱石二云母角岩、红柱石白云母长英质角岩等。

11.2.5 构造

11.2.5.1 测区大地构造环境

测区大地构造位置位于天山-兴蒙造山带（Ⅰ）东段与华北北缘造山带（Ⅲ）之间的索伦-西拉木伦对接带（Ⅱ）、西拉木伦结合带（Ⅱ-1）、林西-扎鲁特残余盆地（Ⅱ-1-4）内，介于白音昆地-乌兰达坝俯冲增生杂岩带（Ⅱ-1-3）与巴林左旗-天山镇岛弧带（Ⅱ-1-5）之间（图 11.11）（潘桂堂等，2015）。中生代时属蒙古-鄂霍茨克洋东南缘、大陆外缘弧的陆相弧后盆地区，为大兴安岭火山岩带北段，东临松辽裂谷盆地。新生代时属滨西太平洋、欧亚板块东侧陆缘带内带，陆内垂直运动强烈。综上，测区经历了古亚洲洋构造域、蒙古-鄂霍次克洋构造域、滨西太平洋构造域叠加转换，促使本区的地质发展历史漫长，地质构造复杂，沉积作用、岩浆作用及变质变形作用十分发育。

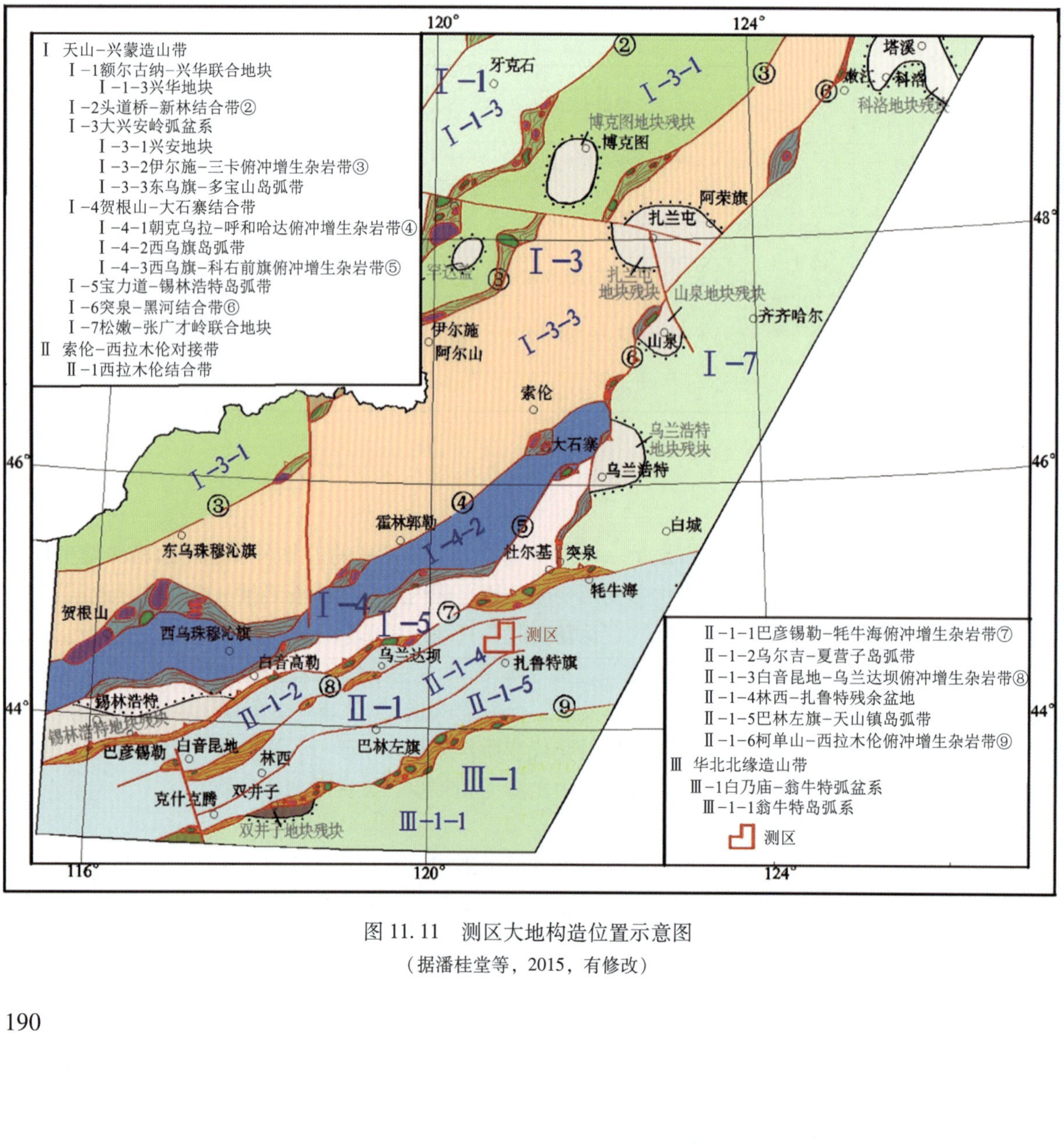

图 11.11 测区大地构造位置示意图

（据潘桂堂等，2015，有修改）

11.2.5.2　测区主体构造格架

测区受晚古生代和中生代构造叠加控制，以中生代近东西向盆-隆构造叠加东西向、北东向、北西向和南北向脆性、韧脆性断裂构造为主体构造形迹特征，由北向南呈现出不完整的两隆（IV_1^1、IV_1^2）两盆（IV_2^1、IV_2^2）的构造格局（图 11.12）。

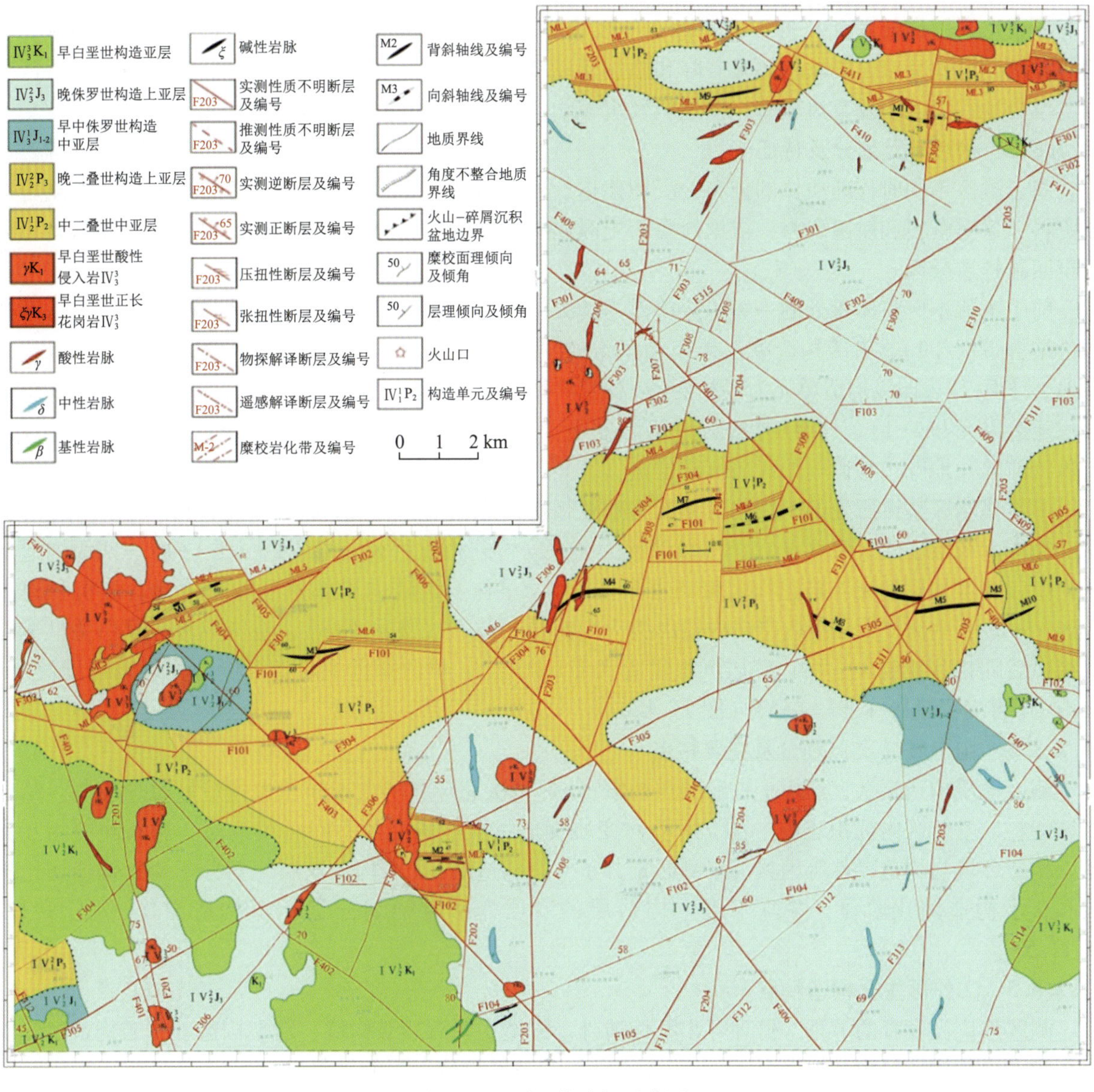

图 11.12　测区构造纲要草图

中二叠统哲斯组和上二叠统林西组两套广泛分布的晚古生代地层为整个工作区古生代隆起的表层和中生代火山盆地的底层，受多次构造运动影响，虽然水平位移不大，但经历了多期垂向上的明显升降，褶皱十分发育，除隆起处出露外，在盆地内部也会随浅成侵入岩或次火山岩一同抬升剥露至地表。隆起带上局部被晚侏罗世—早白垩世侵入岩侵蚀，由于抬升剥蚀作用较强。北部隆起在区内展布明显，而南部隆起仅在工作区西南角略有出露，大部分出露于图幅以南。

两个盆地区为东西长，南北短的短轴状，两个盆地中心连线呈近北北东向，长 50~60 km；宽 20~30 km，延伸至图外。盆地主要填充了早侏罗世—早白垩世晚期陆相火山-碎屑沉积，局部层位含煤，化石较为发育，基于测区 1：20 万区域地质调查资料和现阶段邻区的 1：5 万区域地质资料，其大体由下侏罗统红旗组、中侏罗统万宝组、中侏罗统塔木兰沟组、上侏罗统满克头鄂博组、上侏罗统玛尼吐组、下白垩统白音高老组、下白垩统梅勒图组等组成。盆地内部的火山-碎屑沉积边界受到北东—北北东向构造控制，其可能与测区东侧的松辽盆地西缘断裂（嫩江-八里罕断裂）活动相关。

区内新构造运动较为强烈，地势起伏较大，水系发育，由北向南发育奈玛拉吉河、腾林河和巨里河等 3 条水系，局部发育 U 形谷、仞脊、角峰等冰川地貌，区内沟谷以北西向和北北东向为主，大型沟谷两侧阶地发育，断块的差异升降和断裂活动较为强烈。区内的大型山间盆地区及宽缓沟谷区发育高位台地，大面积发育风成砂，该地貌及沉积物应是科尔沁沙地的组成部分。

11.2.5.3 构造单元划分及特征

基于测区不同时代地质体的分布、沉积建造、岩浆活动、变质作用、构造变形等特征，并结合区域资料、遥感资料和航磁资料，依据地质历史时期构造域的演化特征，晚古生代和中生代本区均可划分至四级构造分区。

前中生代本区整体所处的一级构造单元为的天山-兴蒙造山带（Ⅰ），二级构造单元为索伦-西拉木伦结合带（Ⅰ1），三级构造单元为好老鹿场-牦牛海蛇绿混杂岩带（Ⅰ1-1）和林西-扎鲁特残留盆地（Ⅰ1-2），四级构造单元为锡林浩特-乌兰浩特岩浆弧中段晚石炭世—早二叠世弧前火山-碎屑沉积建造（Ⅰ1-1-1）、林西-扎鲁特残留海盆中二叠世浅海相碎屑-碳酸盐沉积建造（Ⅰ1-2-1）、扎鲁特前陆盆地晚二叠世陆相碎屑沉积建造（Ⅰ1-2-2）。

中生代本区整体所处的一级构造单元为欧亚板块（东侧陆缘带）（Ⅱ），二级构造单元为蒙古-鄂霍茨克洋南缘活动陆缘带（Ⅱ1），三级单元为大兴安岭陆相弧后火山岩岩带（Ⅱ1-1），四级构造单元为晚三叠世加厚地壳塌陷花岗岩带（Ⅱ1-1-1）、早侏罗世陆内局部伸展断陷盆地含煤沉积建造（Ⅱ1-1-2）、中侏罗世陆缘内带陆内造山类火山磨拉石建造（Ⅱ1-1-3）、晚侏罗世—早白垩世早期陆缘弧后陆相盆地侵入-火山-碎屑沉积建造（Ⅱ1-1-4）、早白垩世中晚期加厚地壳塌陷伸展侵入-火山-碎屑沉积建造（Ⅱ1-1-5）（图 11.12）。

11.2.5.4 构造层（次）划分及主要特点

测区地质构造复杂，经历了古亚洲洋、蒙古-鄂霍次克洋和滨太平洋三大构造域叠加控制。结合区域资料，基于区内沉积建造、岩浆活动和变质变形特征的研究及不同时代地层、岩石间的相互关系、构造环境与构造事件等因素，将测区划分了 4 个构造层、9 个构造亚层，划分了 4 大构造演化阶段和 9 小构造演化阶段，并基于每个构造层的变质变形特征划分了 4 个构造层次（图 11.12；表 11.5）。

11.2.5.5 工作区主要构造特点

测区除广泛发育的节理、劈理等小型构造外，构造主要有褶皱构造、断裂构造。褶皱构造主要发育在晚古生代构造层中，共发育 13 条较大的背斜、向斜构造，褶皱轴线总体呈北东东或近东西向展布为主，受后期断裂活动改造，个别褶皱轴线发生了较大的扭转，有的呈北东或北西走向（图 11.12；表 11.6）；而脆性断裂构造主要发育在中生代构造层中，一些区域性大的断裂构造大多具有多期活动的特征。按构造线的方向可分为东西向、北东向、北北东向、近南北向及北西向，其中，早期为东西向及伴生的南北向构造，多与褶皱构造伴生，多发于在古生代构造层中，并被北西向、北东向断裂构造切割，由于后期构造的干扰破坏，构造连续性不好，在局部地段发生扭转；晚期为北北东向、北东向及北西向构造，测区北东和北西向构造相伴而生，构造极为发育，是本区构造格架的主体；近南北向构造多为北东和北西向构造的伴生构造；次级近南北向构造为北东和北西向构造的派生构造。通过 2019 年地质调查、遥感解译及物探解译工作，在测区发现 38 条主要断裂（图 11.12；表 11.7）。

表 11.5 构造层及构造层次划分简表

<table>
<tr><th rowspan="2">界</th><th colspan="2">物质组成（含工作区周边）</th><th rowspan="2" colspan="2">构造层</th><th rowspan="2">构造层次</th><th rowspan="2" colspan="2">区域演化阶段</th></tr>
<tr><th>地层</th><th>侵入岩</th></tr>
<tr><td>新生界</td><td>第四系（Qh_3^{al}、Qh_3^{eol}、Qh_3^{alp}、Qh_3^{pld}、Qh_2^{aln}、Qh_1^{pal}、Qp_3^{4eol}、Qp_3^{3glf}、Qp_3^2w、Qp_3^{1l}、Qp_2^2c）</td><td></td><td>喜马拉雅期构造层</td><td>上亚层</td><td>表层次</td><td>断块差异隆升阶段</td><td>滨太平洋活动阶段</td></tr>
<tr><td rowspan="8">中生界</td><td>梅勒图组（K_1m）</td><td>花岗斑岩、石英二长斑岩、正长斑岩、碱长花岗岩（K_1^2）</td><td rowspan="5">燕山期构造层</td><td>上亚层</td><td rowspan="8">表浅层次</td><td>后造山加厚地壳塌陷伸展火山-碎屑盆地演化阶段</td><td rowspan="5">蒙古-鄂霍次克洋活动阶段</td></tr>
<tr><td>白音高老组（K_1b）</td><td>二长花岗岩、花岗闪长岩、石英闪长岩、闪长岩（K_1^1）</td><td rowspan="3">中亚层</td><td rowspan="3">陆缘弧后陆相火山-碎屑盆地演化阶段</td></tr>
<tr><td>玛尼吐组（J_3mn）</td><td rowspan="2">二长花岗岩、花岗闪长岩（J_3）</td></tr>
<tr><td>满克头鄂博组（J_3m）</td></tr>
<tr><td></td><td>正长花岗岩、闪长岩（J_2）</td><td rowspan="2">下亚层</td><td rowspan="2">陆缘弧内带陆内造山演化阶段</td></tr>
<tr><td>万宝组（J_2w）</td><td></td><td></td></tr>
<tr><td>红旗组（J_1h）</td><td></td><td rowspan="2">印支期构造层</td><td>上亚层</td><td>非造山陆内局部伸展断陷盆地演化阶段</td><td rowspan="2">转换阶段（叠加控制阶段）</td></tr>
<tr><td></td><td>二长花岗岩、花岗闪长岩、石英闪长岩（T_{2-3}）*</td><td>下亚层</td><td>后造山加厚地壳塌陷演化阶段</td></tr>
<tr><td rowspan="5">上古生界</td><td>林西组（P_3l）</td><td>白云母二长花岗岩（P_3-T_1）*</td><td rowspan="5">华力西期构造层</td><td>上亚层</td><td rowspan="2">浅层次</td><td>同造山前陆盆地演化阶段</td><td rowspan="5">古亚洲洋活动阶段</td></tr>
<tr><td>哲斯组（P_2z）</td><td></td><td>中亚层</td><td>同造山残留海演化阶段</td></tr>
<tr><td>俯冲增生杂岩（?）</td><td>TTG及相关岛弧花岗岩（P_{1-2}）*</td><td rowspan="3">下亚层</td><td rowspan="3">中浅层</td><td rowspan="3">洋弧俯冲，洋消亡，弧增生造山阶段</td></tr>
<tr><td>大石寨组（P_2d）（?）</td><td>超镁铁质-镁铁质岩（作为俯冲增生杂岩岩块）*</td></tr>
<tr><td>寿山沟组（P_1s）（?）</td><td>超镁铁质-镁铁质岩（作为俯冲增生杂岩岩块）*</td></tr>
</table>

注：标*为周边地区存在，工作区内可能会发现的地质体。

表 11.6 工作区主要褶皱特征统计表

编号	褶皱名称	序列	枢纽产状	褶皱特征（卷入地层、两翼产状）	轴面劈理	长度/m	长宽比	与岩浆活动及成矿关系	备注
①	联合屯背斜		北东近水平	P_2z，西翼340°∠55°，东翼130°∠63°	劈理发育	7000	3.5∶1	近核部发育24号铅锌矿点，西北翼多被花岗斑岩熔蚀	
②	乌日根塔拉农场向斜		东西近水平	P_2z，北翼210°∠60°；南翼350°∠60°		7000	4∶1		

续表

编号	褶皱名称	序列	枢纽产状	褶皱特征（卷入地层、两翼产状）	轴面劈理	长度/m	长宽比	与岩浆活动及成矿关系	备注
③	水泥厂背斜		东西近水平	P_2z，北翼 345°∠60°；南翼 193°∠50°		8000	4∶1	核部附近发育石灰岩	
④	马拉嘎复背斜		近东西摆动近水平	P_3l，北翼 355°∠40°		4000	2∶1	核部附近发育 30 号金矿化点	
⑤	查干楚鲁背斜		近东西摆动近水平	P_3l，北翼 10°∠40°；南翼 210°∠30°		9000	4.5∶1		
⑥	查干诺尔向斜		南西仰起	P_3l，两翼 40°对倾		3000	2∶1		
⑦	查干诺尔背斜		北东倾伏	P_3l，北翼 347°∠72°；南翼 175°∠47°		3000	3∶1		
⑧	马拉嘎地铺向斜		南东仰起	P_3l，北东翼 200°∠35°		5000	2∶1		
⑨	乌不仁阿日嘎查背斜		北东近水平	P_2z，北西翼 340°∠41°				核部发育 $\nu\beta$ 脉岩，被 J_3m 英安岩覆盖	
⑩	查干楚鲁向斜		近东西，向西仰起	P_3l，北翼 160°∠70°；南翼 340°∠70°		3000	2∶1		
⑪	奈玛拉吉向斜		近东西东端仰起	P_3l，P_2z，北翼 160°∠39°；南翼 5°∠25°；		8000	4∶1	核部被石英二长斑岩、花岗细晶岩脉、花岗斑岩脉充填，发育 15、16、17 号矿点	

11.2.6 矿产资源

工作区位于大兴安岭中南段成矿带内，该成矿带是内蒙古重要的铅锌银铜钼等多金属及稀有金属成矿带之一。在成矿带内已发现白音诺尔铅锌矿、浩布高铜矿、团结铅锌矿、下伙房铅锌矿、白音乌拉银多金属矿、石长温都尔铅锌银矿、布敦花铜矿、孟恩陶力盖铅锌银矿、闹牛山铜铅锌矿、突泉县小西沟铜矿、突泉县九顶山铜金矿、扎鲁特旗香山铜多金属矿、莲花山铜铅锌矿、长春岭铅锌矿等 10 多处大、中、小型矿床以及多处矿点和矿化点，构成了区域上重要的铅、锌、银、铜、钼等多金属矿产资源基地。

区内矿产资源丰富，各类矿（床）点较多（29 个）。目前已发现的黑色金属矿产有铁矿；有色及贵金属矿产有铜、铅锌、钼多金属、银、金等；非金属矿产有石灰岩、石墨、白云母、黏土矿等。

（1）铁矿

铁矿有乌力根塔拉铁矿、联合屯铁矿 2 个矿点，矿体赋存于上侏罗统满克头鄂博组。

（2）铜矿

铜矿有查嘎拉吉铜矿、联合屯铜矿等 3 个矿（化）点，主要为热液成因，多产于地层与岩体接触部或内外接触带附近。区内铜矿点多处于勘查评价阶段，目前少有开发利用。

（3）铅矿

铅矿有联合屯铅矿、乌日根塔拉铅矿、尼玛拉吉嘎查铅矿 3 个矿（化）点，主要为热液成因，铅矿体多产于地层与岩体接触处或内外接触带附近。

表 11.7　工作区主要断裂构造统计表

编号	断裂名称	走向	断面倾向、倾角	展布方向及主要特征	断裂规模/m		结构面特征	性质	与岩浆活动及成矿关系	备注及实测控制点线号
					长	宽				
F101		东西	多北倾	逆冲大断层，多被后期南北向、北东向、北西向断层错断，沿东西向斜列展布，局部地段发生扭转	40000	5~6	韧脆性	逆冲压扭性	控制古生界林西组及中生代火山岩分布	实测，LJ013~DJ014；TK010；TK011；TO008
F102		东西，250°	多北倾	多被后期南北向、北东向、北西向断层错断，沿东西向斜列展布，局部地段发生扭转	30000	2	韧脆性	压（扭）性	控制区内古生界林西组分布，后期活化，局部切穿中生代火山岩	实测，KJ009~KJ014；LL020~DL021
F103		东西	346°∠60°	多被后期南北向、北东向、北西向断层错断	大于20000	6	脆性	正断层	控制 14 号矿点分布，控制中生代地层、中生代火山岩分布	实测，KJ009~KJ014
F104		东西	345°∠60°	多被后期南北向、北东向、北西向断层错断，局部向北东偏转	大于20000	5	脆性	逆冲压（扭）性	切穿中生代火山岩	实测；LL009~DL012；LL517~DL519
F201		近南北		追踪略呈弧形展布，继承性活动，局部呈张扭性	断续延长大于20000	2000	脆性	张（扭）性	控制了区西部早白垩世近南北向花岗斑岩、石英二长斑岩体及脉岩分布，与岩体内外接触带的热液成矿关系密切，相关矿点有 21、23、24 号	实测
F202		近南北		追踪展布，继承性活动，局部呈张扭性	断续延长大于20000		脆性	张（扭）性	控制了区中西部早白垩世近南北向花岗闪长岩、石英二长斑岩体及南北向闪长玢岩脉岩的分布，切割了古生代地层和侏罗纪火山岩，与断裂附近热液型矿点成因关系密切，相关矿点有 29 号	实测及推测
F203		近南北，350°	89°∠80°	追踪展布，略呈弧形，南部向西偏转	断续延长大于40000	50	脆性	张扭性，左行走滑	控制 9、11、12 号矿点分布，改造和轻微错动古生代地层、中生代火山岩，控制晚期近南北向、北北东脉岩分布	实测及物探解译，LI501~DI508，KJ011，LK201~DK202；TK010~TK012；LO530~DO531

续表

编号	断裂名称	走向	断面倾向、倾角	展布方向及主要特征	断裂规模/m		结构面特征	性质	与岩浆活动及成矿关系	备注及实测控制点线号
					长	宽				
F204		近南北		追踪展布	断续延长大于40000		脆性	张扭性，局部为正断层	控制了区中东部早白垩世花岗斑岩、石英二长斑岩体及近南北向二长斑岩脉岩的分布，切割了古生代地层和侏罗纪火山岩，与东西向断裂联合控制了白垩纪火山口分布，与断裂附近热液型矿点成因关系密切，相关矿点有13、14、31 号	实测及物探解译；LL014～DL014；LL014～DL017
F205		近南北		追展布	断续延长大于40000	30	脆性	张（扭）性	切割了古生代地层和侏罗纪火山岩，控制近南北向闪长玢岩脉岩的分布	物探解译及实测；LF518～DF518
F206		近南北			大于2000		脆性	张（扭）性断层	局部切穿中生代火山岩	实测，LJ201～DJ0204
F207		近南北			大于2000	20	脆性	张性断层	切割白垩系白音高老组，控制梅勒图组火山口及火山岩分布	实测
F301		北东		北东向展布，被北西向断层错断	大于20000			压扭性断层（推测）		遥感解译
F302		北东		北东向展布，被北西向断层错断	大于50000			压扭性断层（推测）		推测，遥感解译
F303		北北东	70°∠60°	断续延伸，北北东向展布，被北东向断层错断	大于50000		脆性	左行压扭性，张扭性	控制 12 号矿点分布，错动改造古生代地层，控制中生代火山岩、晚期花岗斑岩株、北东向脉岩分布	实测；LI301～DI303，LJ301～DJ30；LT539～DT539；TS015
F304		北东		断续延伸，北东向展布。被南北向断层错断	大于40000	10		压扭性断层（推测）	错动改造古生代地层，控制中生代火山岩、晚期花岗斑岩株、北东向脉岩分布	实测及遥感解译；LJ001～DJ005；LT539～DT540
F305		北东	320°∠50°	断续延伸，北东向展布。被北西向断层错断	大于50000	20		压扭性断层（推测）	控制 31、35 号矿点分布，错动改造古生代地层，控制中生代火山岩、晚期花岗斑岩株、北东向脉岩分布	实测及遥感解译；LT539～DT541；LO530～DO532

续表

编号	断裂名称	走向	断面倾向、倾角	展布方向及主要特征	断裂规模/m		结构面特征	性质	与岩浆活动及成矿关系	备注及实测控制点线号
					长	宽				
F306		北东		断续延伸，北东向展布	大于40000			压扭性断层（推测）		物探解译
F307		北北东		断续延伸，北北东向展布	大于10000		脆性	压扭性断层		实测
F308		北北东	120°∠78°；330°∠58°	断续延伸，北北东向展布	大于30000	15~30	脆性	压扭性断层	对古生代地层错动改造、控制中生代火山岩、晚期花岗斑岩株、北东向脉岩分布	实测；KJ009~KJ013，LJ540~DJ545、DJ547；LL001~DL004；LL517~DL517
F309		北北东	275°∠67°	断续延伸，北北东向弧形展布	大于20000		脆性	张性正断层	局部切穿古生代地层和中生代火山岩	实测；LC523~DT527，LJ013~DJ014
F310		北北东	140°∠55°	断续延伸，北北东向展布	大于40000	20~30	脆性	正断层	切穿古生代地层和中生代火山岩，断层上盘与33号矿点分布有关	实测；LL517~DL518
F311		北北东	320°∠60°	北北东向展布	大于30000	15	脆性	逆冲	切穿古生代地层和中生代火山岩；断层上盘与32号矿点分布有关	实测及物探解译；LL517~DL520、DL521
F312		北北东，230°		北北东向展布	大于10000	3		性质不明		实测、推测及物探解译；LL033~DL034
F313		北北东	310°∠69°	北北东向展布	大于30000		韧脆性	压扭性	切穿中生代火山岩；与断层上盘37号矿点分布有关	物探解译及实测LF518~DF518
F314		北北东	125°∠75°	北北东向展布	大于10000	30	脆性	压扭性	切穿中生代火山岩	遥感解译及实测；LF518~DF519
F315		北东		北东向展布	大于2000	3	脆性	张扭性	局部切穿中生代火山岩	实测；LJ020~DJ022
F401		北西		北西向展布	大于10000		脆性	张性		实测
F402		北西		北西向展布	大于20000		脆性	张扭性		实测

续表

编号	断裂名称	走向	断面倾向、倾角	展布方向及主要特征	断裂规模/m		结构面特征	性质	与岩浆活动及成矿关系	备注及实测控制点线号
					长	宽				
F403		北西		北西向展布	大于 10000			性质不明		遥感解译
F404		北西		北西向展布	大于 5000		脆性	张性		实测
F405		北西		北西向展布	大于 5000		脆性	张性		实测
F406		北西，325°	245°∠50°	北西向展布	大于 30000	80	脆性，破碎带	左行压扭性	控制第四系大河谷分布	遥感解译及实测；LL517~DL522；LO530~DO530
F407		北西		北西向展布	大于 40000			性质不明		遥感解译；DE304
F408		北西，305°		断续延长，北西向展布	大于 40000	10	脆性	左行压（扭）性	控制 37 号矿点分布，切割古生代地层，控制并改造 J_3m 火山岩分布	实测及推测；LI501~DI503，LJ020~DJ024
F409		北西		延长北西向展布	大于 30000			性质不明		遥感解译
F410		北西		北西向展布	大于 5000			性质不明		遥感解译
F411		北西		北西向展布	大于 10000			性质不明		遥感解译
F412		北西		北西向展布	大于 2000	10	破碎带		控矿，矿点 20	实测；KT020~KT020

（4）锌矿

锌矿主要有乌日根塔拉锌矿、乌日根塔拉农场锌矿3个矿点，矿体赋存于上侏罗统满克头鄂博组，热液成因。

（5）铅锌矿

有伊和布拉格铅锌矿、毛西盖嘎查铅锌矿、马拉嘎铅锌矿等7个矿点，热液成因为主，矿体多产于地层与岩体接触处或内外接触带附近。

（6）铜银矿

仅巨日合铜银矿1处矿点，编号20，检查点号KT020，化学样品KT020HX2-3（化验结果尚未报出），围岩为灰白色流纹质岩屑凝灰熔岩。沿北西315°走向可见宽度10 m破碎带，破碎带中岩石表面风化后成褐黄色，岩石强烈褐铁矿化，局部蜂窝状，并见有高岭土化，与围岩接触界线不清。围岩为黄绿色多斑状安山岩。矿点处破碎带产状：250°∠45°。区内地表众多蚀变带已进行了探槽揭露，1∶5万乌兰花幅矿调对该区进行了评价工作，发现多条矿化体。如Ⅱ号银矿体地表拣块样分析，Ag品位仅为9.18 g/t，未达到工业指标要求，但探槽揭露矿体假厚度5.00 m，Ag平均品位346.6 g/t，因此，不排除其他蚀变带浅层有富矿体的存在。2013年对Ⅴ、Ⅶ矿体进行深部验证，仅见到矿化层，未见到与之对应的工业矿体，根据激电测深资料，Ⅴ、Ⅶ矿体在深部均具有延伸性，但产状较陡，推测并未见到与地表对应的矿体。

（7）多金属矿

巴格贝多金属矿、哈布盖特查干宝力皋铜矿多金属矿、呼和根达坂铜铅锌钼多金属矿等4个矿点，热液成因，矿体产于岩体与地层接触部附近。

（8）金矿

测区有两处金矿化点，其一为马拉嘎金矿点，编号30，现无矿权，为旧有矿点，其二为奈玛拉吉金矿化点，编号102，为本次工作新发现。

（9）银矿

仅有马拉嘎银矿点1处，编号32，现无矿权设置，位于荷叶哈达幅内，该矿点出露的岩石主要为灰白色流纹岩，硅化、褐铁矿化蚀变发育，局部可见高岭土化，表面见有黄铁矿化及长石风化流失孔，该矿点见已回填旧探槽，探槽方向263°，长20 m；岩石中硅化、褐铁矿化蚀变呈带状，延195°方向展布，并发育密集张扭性节理，沿节理带还发育石英细脉，细脉中见有石英晶簇发育，该蚀变带宽20 m，取化学样KO032HX1并做了分析（Ag 112 g/t，Pb 0.004%，Zn 0.006%）。

（10）石灰岩

仅有乌日根塔拉石灰岩矿点1处，编号38，现无矿权设置，位于巨里河幅内。据1∶20万哈德营子矿调资料，在中二叠统哲斯组粉砂岩中夹6层灰岩透镜体，单层厚0.5~5 m，长几十至几百米，可做水泥原料及炼铁溶剂，已被地方利用生产400号水泥，现已停采。

11.2.7 能源资源

目前已发现的能源矿产有煤炭、烃源岩。

（1）煤炭

有联合屯兴北煤矿、联合屯吉源煤矿、联合屯矿区兴旺煤矿3个矿床，煤层产于下侏罗统红旗组。

（2）烃源岩

产于巨里河幅内的上二叠统林西组暗色泥岩中，2013年中国地质调查局沈阳地质调查中心测试研究结果表明，林西组泥岩有机质丰度中等—较好，属于中等烃源岩；有机质类型均为Ⅲ型；有机质最大热解温度 T_{max} 在363~581℃之间，镜质组反射率（R_o）分布在1.38%~2.8%之间，均值为

2.01%，二者表明林西组泥岩处于高成熟到过成熟阶段，表明林西组泥岩为较好烃源岩，具有一定的生气潜力。

11.3 应用与评价

11.3.1 深度学习地质填图技术应用

本次示范应用以“填图单元-岩性”为单元，以内蒙古 1∶5 万奈玛拉吉、巨里河及荷叶哈达 3 幅图的填图区为应用调查区，基于 1∶20 万地球化学、高磁、遥感高三 SAR 数据、数字高程模型（DEM）、遥感 Landsat8、地质点（P）、样品（S）、路线（R）等数据（像元大小为 5 m），采用全连接混合输入模型（二次采样三层全连接）开展地质图预测应用。

工作中共开展了 10 种不同方案的参数试验，在 P+S（地质点+样品点，下同）或 P+R+S（地质点+路线+样品点，下同）资料的覆盖度均为 45%和 83%的情况下，通过对比评价认为采用多次建模和按 1∶5 万技术规范有关参数作为采样距离的全连接参数模型有效兼顾了地质体的宏观特征、相邻关系的表达及地质体分类的准确性，预测效果较好。

11.3.2 深度学习预测图与实测图对比评价

11.3.2.1 对比评价用图

1）预测图版本：地质图预测（P+R+S 83%覆盖度）（图 11.13）。

2）实测图版本：内蒙古 1∶5 万奈玛拉吉等三幅地质草图（2020 年 11 月 25 日）（图 11.14）。

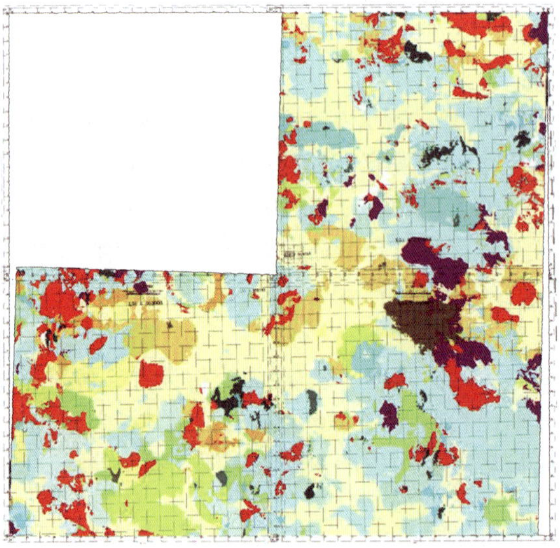

图 11.13 AI 地质图（83%路线标签）

11.3.2.2 预测图地质体空间展布与区域构造对比评价

目前总体构造反映程度与准确度评价主要围绕两个方面，一是Ⅳ级火山构造的反映程度及展布方向的准确度，二是基于构造角砾岩的图面突出显示反映断层的展布的准确度：

研究区火山构造方向主体是北东—北北东方向，预测地质图可明显划分为两个火山喷发盆地：Ⅳ-①火山喷发盆地，对盆地主构造方向进行判别，显示为北北东方向；Ⅳ-②火山喷发盆地，对盆地主构造方向进行判别，显示为北东方向。

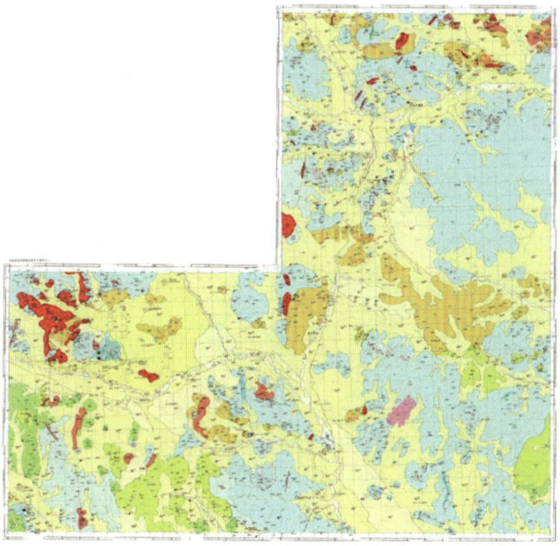

图 11.14　实测地质图

图 11.15 中晚古生代地层、中生代火山岩地层、侵入岩的总体展布特征与实测地质图一致性较好，能够反映调查区受晚古生代和中生代构造叠加控制的特征，即中生代盆-隆构造为主体，主构造线走向呈北西西向和北东向，由北向南呈现出不完整的“三隆两盆”的构造格局。因为综合利用了 SAR 遥感、地面高磁等具有深部揭露作用的多种数据，为区调工作提供了更为丰富的深部信息，更好地反映了浅覆盖之下侵入体的空间展布规律。

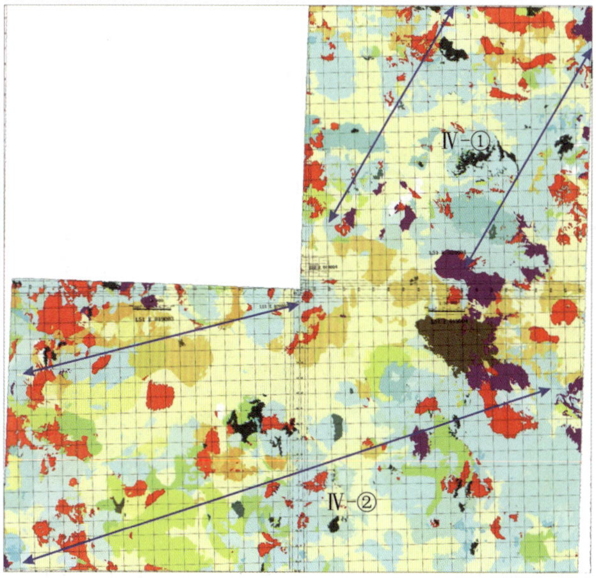

图 11.15　预测地质图火山构造主方向判别图

11.3.2.3　预测准确的地质体评价

本轮预测的地质图基本与目前人工填绘出的地质图中地质体的分类及地质体的形态均展现较好的一致性，尤其是加入地质点及样品点数据的 6 个 1∶2.5 万图幅。图 11.16（b）中虚线范围内原地质资料显示该处为下白垩统白音高老组流纹质岩屑凝灰岩和上侏罗统玛尼吐组安山岩，后经过地质调查，确定该处主要应为下白垩统梅勒图组中性火山碎屑岩［图 11.16（a）］（锆石 U-Pb 测年结果为 122.7±1.2 Ma 至 131.1±1.9 Ma），因而判断该处为确定的下白垩统。将该处地质调查的地质点及样品数据加入地质图计算预测，预测的地质图在该处为下白垩统梅勒图组，且预测形态与目前地质填图相一致。

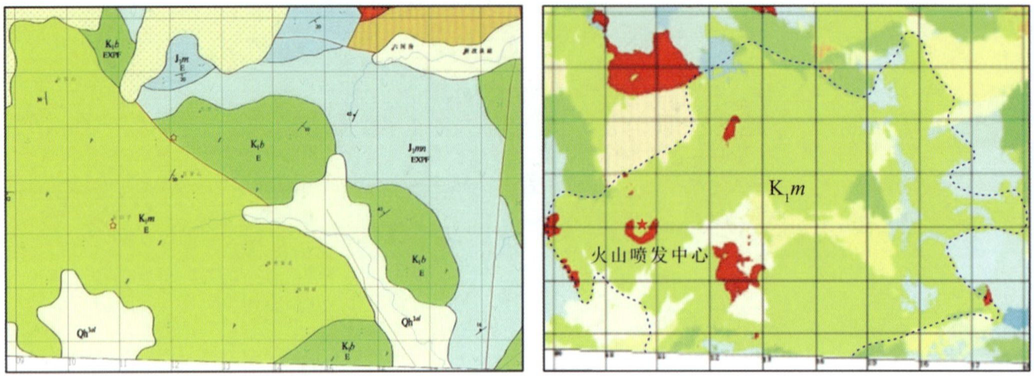

(a) (b)

图 11.16　预测的早白垩世梅勒图组形态与目前地质填图相一致

（a）实地调查前地质图；（b）预测地质图

11.3.2.4　预测新的准确的地质体评价分析

未加入地质点及样品点数据的图幅也展现出较强的预测能力，如图 11.17（b）中 A 处原地质资料［图 11.17（a）］在该处为下白垩统白音高老组流纹质晶屑凝灰岩，现地质图预测该处为早白垩世侵入岩，通过目前的实地路线调查验证认为该处应为早白垩世花岗岩；如图 11.17（b）中 B 处原地质资料［图 11.17（a）］在该处为下白垩统白音高老组流纹质角砾凝灰岩及流纹岩，现地质图预测该处为上二叠统林西组沉积岩，通过目前的实地路线调查验证认为该处应为上二叠统林西组沉积岩。

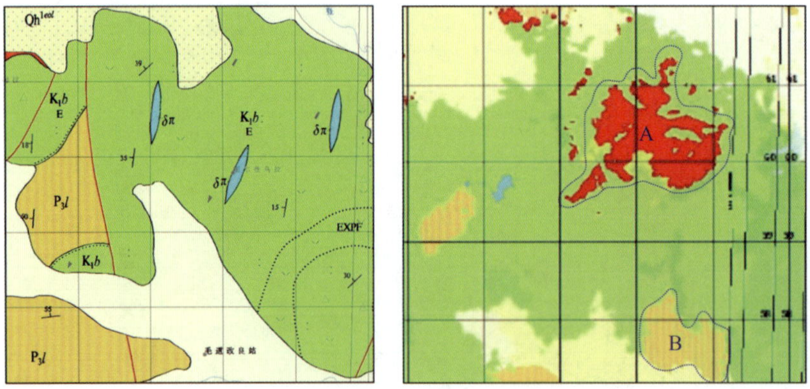

(a) (b)

图 11.17　预测地质图发现早白垩世侵入岩和二叠统林西组沉积岩

（a）实地调查前地质草图；（b）预测地质图

11.3.2.5　预测图地质界线形态与实际接触关系

以目前预测地质图（P+R+S 83%覆盖度）来看，地质界线形态最贴合实际的为第四系地层界线和侵入岩体界线；其次为中生代火山岩地层的喷发不整合界线，局部与古生代地层接触部位出现树枝状侵入形态，不排除为潜火山岩相的浅成侵入；相对晚古生代地层之间的界线形态较为不规律，与两侧地质体新老关系不明显，有待于野外的进一步验证与判断。图11.18为早白垩世石英二长斑岩侵入满克头鄂博组流纹岩，实测与预测完全一致。

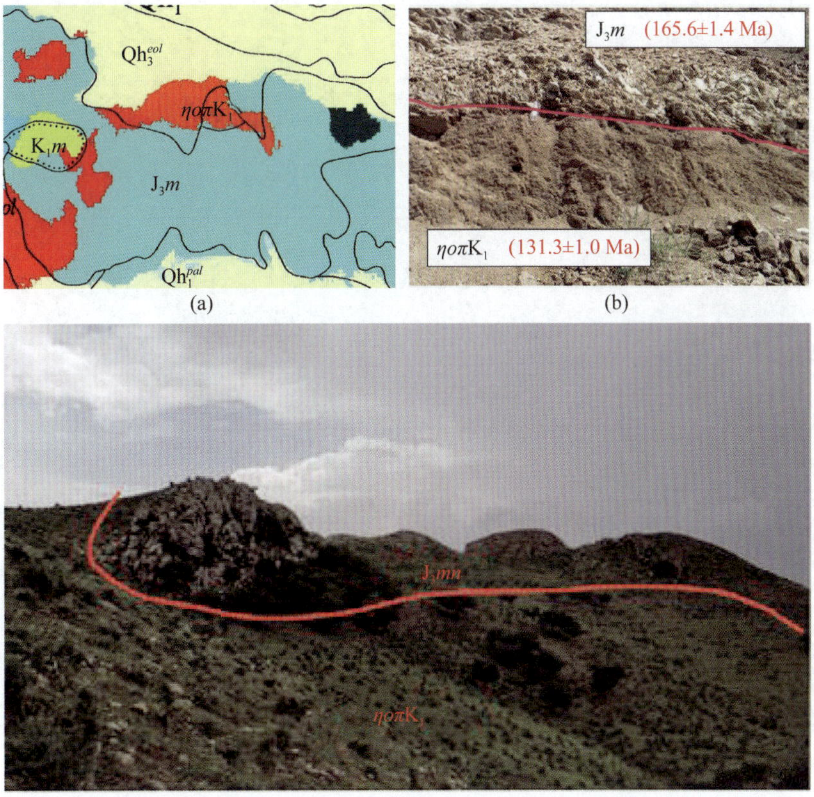

(c)

图11.18 早白垩世石英二长斑岩侵入满克头鄂博组流纹岩

（a）预测地质图；（b）鹿场地区早白垩世石英二长斑岩侵入满克头鄂博组流纹岩；（c）早白垩世石英二长斑岩中残留的玛尼吐组火山穹丘

11.3.2.6 预测图对火山机构、线性构造等地质要素的反映

基于“填图单位（地层）-岩性”为单元的地质图预测，目前对于Ⅴ级火山构造的判识标志主要为环形构造及火山中心的特殊岩性（火山集块角砾岩、火山角砾岩、潜火山岩等）的组合。

本次主要对实地调查的8个Ⅴ级火山机构进行验证。其中都兰乌拉、阿巴格哈达、巴罕、达拉罕、额尔登乌拉等5个火山喷发中心表现为正长斑岩、闪长玢岩、石英二长斑岩、花岗斑岩等岩脉呈环状或半环状环绕，中心为火山通道相的火山角砾岩、火山集块角砾岩等；海拉隔套火山喷发中心则表现为闪长玢岩脉环绕喷发中心。本次评价工作初步对8个Ⅴ级火山构造进行了验证，其中5个得到良好验证，1个具有火山喷发中心特征，1个因数据样本原因需进行调整，1个无法验证，因而整体以“填图单位（地层）-岩性”为单元的地质图预测对于具有环状构造且火山中心为代表火山通道的岩性的Ⅴ级火山构造，具有较好的预测能力。线性构造方面：主要根据构造角砾岩的分布位置对遥感及物探解译断层进行比较，标定对断裂具有验证作用的构造角砾岩位置（图11.19），总共可验证10条断裂，相对断裂数量来说目前验证的断裂相对较少，但也取决于断裂是否发育构造角砾岩，因而构造角砾岩对断裂的识别应作为断裂识别的一部分，对于无构造角砾岩发育的断裂，其识别需进一步探索。同时，目前构造角砾岩仅为面上点状表示，后续如何形成线状的断裂需进一步的样本调整和优化。

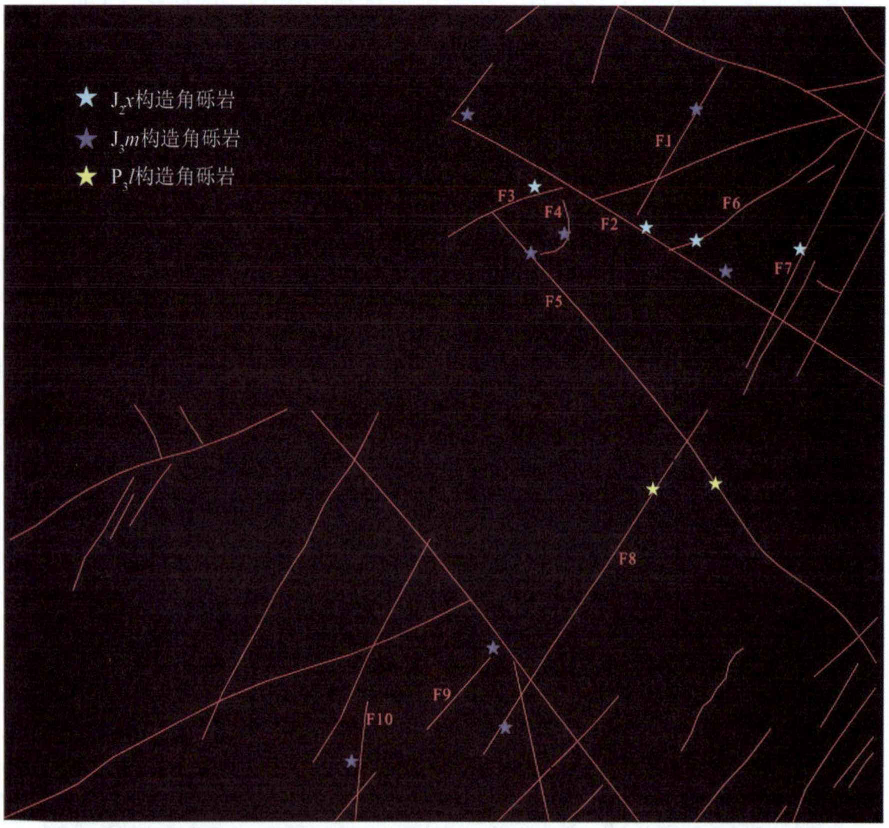

图 11.19 预测构造角砾岩及蚀变与遥感及物探综合解译断裂分布对比图

11.3.2.7 火山机构预测评价

目前仍在地质填图工作阶段，在地质填图中填绘出乌布洞阿日嘎查、奈玛拉吉、玛拉嘎、先锋、豁牙山 5 处火山喷发中心，推测在荷叶哈达、那仁嘎查、巨力黑达坂 3 处应存在火山喷发中心。

（1）预测图对火山机构、线性构造等地质要素的反映

图 11.20（b）预测图中通过预测出的二长斑岩、闪长玢岩脉等呈环状围绕火山喷发中心从而预测出环状火山机构且与遥感解译火山机构［图 11.20（c）］较为一致。由于实测中相关脉岩地表出露较小，未在 1∶5 万图幅中表示［图 11.20（a）］，仅以环状断裂表示。

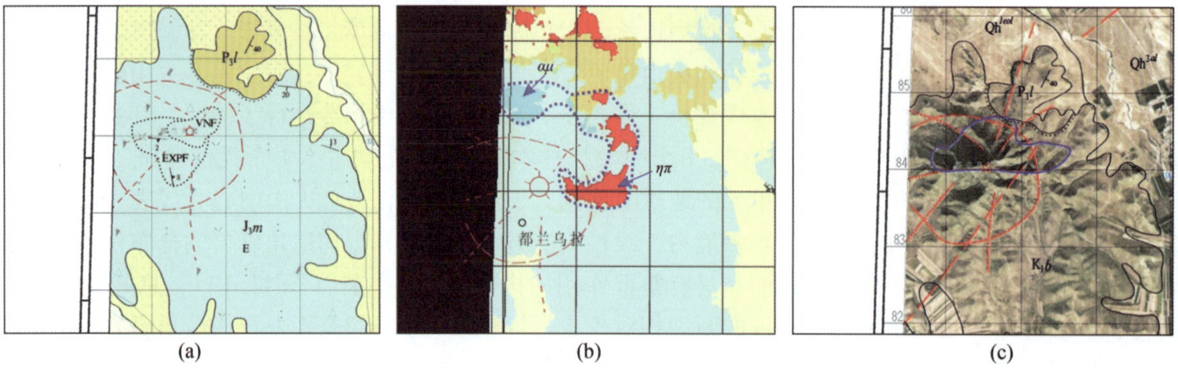

图 11.20 都兰乌拉火山喷发中心

（a）实测地质图；（b）AI 地质图；（c）遥感解释图

图 11.21（b）预测图中通过预测出的半环状闪长玢岩围绕火山喷发中心从而预测出环状火山机构，但由于此处风成砂覆盖较重，导致遥感解译火山机构［图 11-21（c）］并不明显。实测填图［图 11-21（a）］通过岩性变化特征和小规模脉岩的展布趋势，将此处厘定为一处小规模的火山机构。

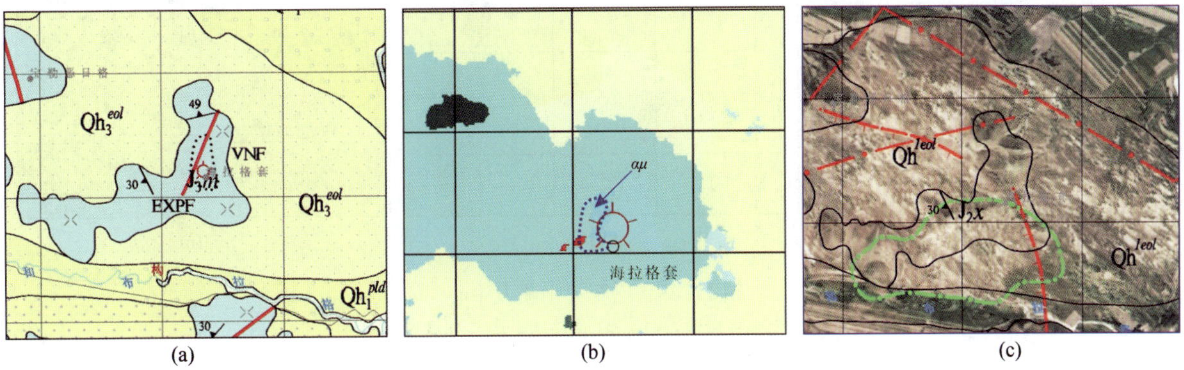

图 11.21　海拉套火山喷发中心
（a）实测地质图；（b）AI 地质图；（c）遥感解释图

图 11.22（b）预测图中通过预测出的安山玢岩、花岗斑岩脉呈半环状围绕喷发中心，中心为火山通道相火山集块角砾岩。遥感解译［图 11.22（c）］仅预测此处具有环状构造。实测填图［图 11.22（a）］通过集块角砾岩和环状展布的脉岩等特征，将此处厘定为火山机构。

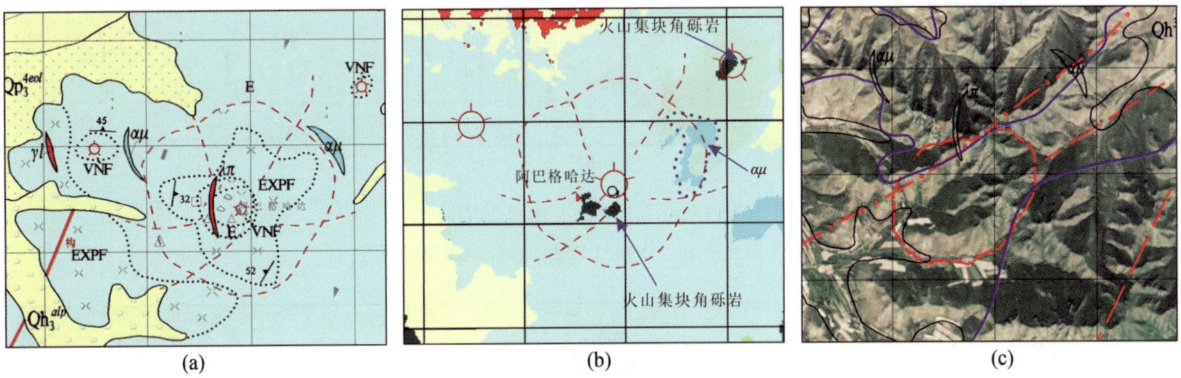

图 11.22　阿巴格哈达火山喷发中心
（a）实测地质图；（b）AI 地质图；（c）遥感解释图

图 11.23（b）预测地质图为花岗斑岩、闪长玢岩脉呈环状围绕火山喷发中心，周围多火山集块角砾岩，火山中心周围预测出多块火山集块角砾岩，推测该火山喷发中心周围应发育多个次级火山口。实地调查［图 11.23（a）］认为该处火山中心为火山集块角砾岩，围绕火山中心发育环状断裂及放射状断裂，同时流纹斑岩脉顺环状断裂侵入。图 11.23（c）为遥感解释图。

图 11.24（b）预测地质图为闪长玢岩、石英二长斑岩、二长斑岩、石英岩、正长斑岩脉呈环状围绕火山喷发中心，中心周围的震碎角砾岩指示潜火山运动。实地调查［图 11.24（a）］认为该处中心为火山集块角砾岩，围绕火山喷发中心遥感解译出环状断裂及放射状断裂。图 11.24（c）为遥感解释图。

图 11.25（b）预测地质图在额尔登乌拉东侧显示为正长斑岩脉呈环状围绕，中心为火山通道相集块角砾岩，其余中心也均显示为火山集块角砾岩。实地调查［图 11.25（b）］认为该处存在三个火山喷发中心，中心均为火山集块角砾岩，遥感解译出额尔登乌拉东侧的火山中心围绕环状断裂及放

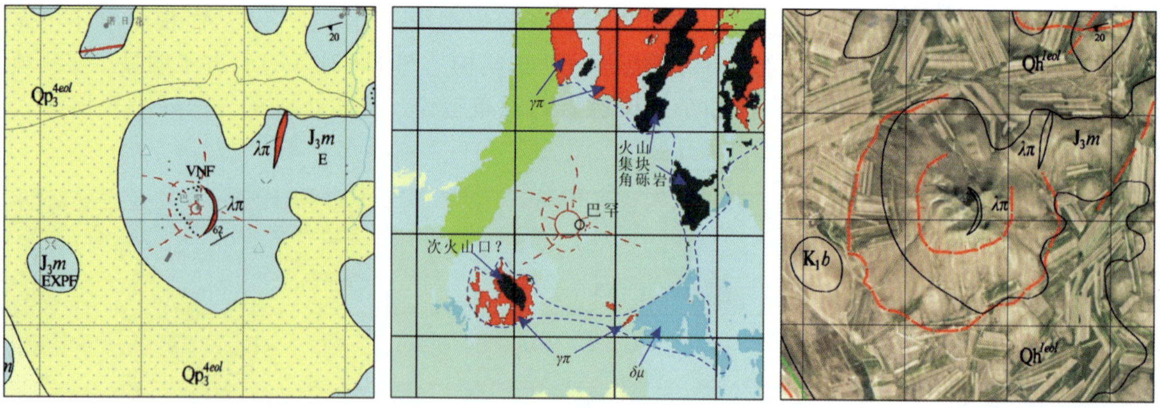

(a) (b) (c)

图 11.23 巴罕火山喷发中心

（a）实测地质图；（b）AI 地质图；（c）遥感解释图

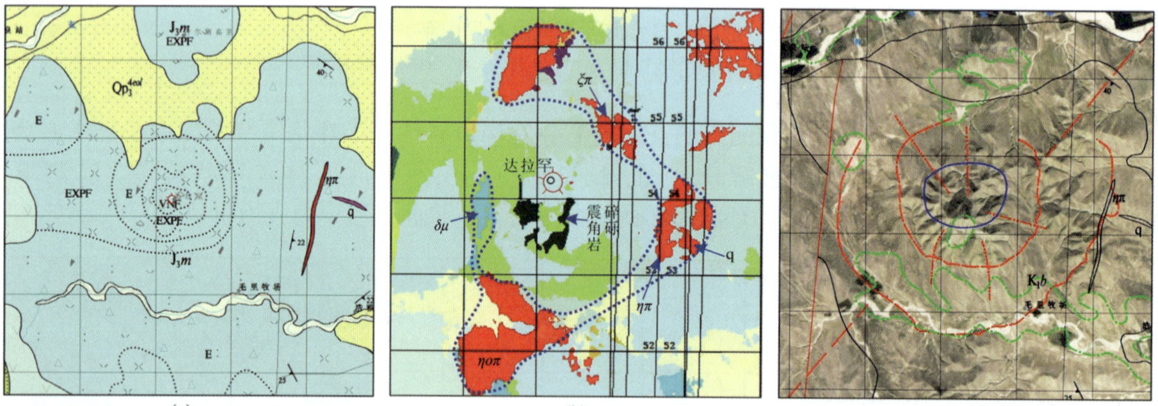

(a) (b) (c)

图 11.24 达拉罕火山喷发中心

（a）实测地质图；（b）AI 地质图；（c）遥感解释图

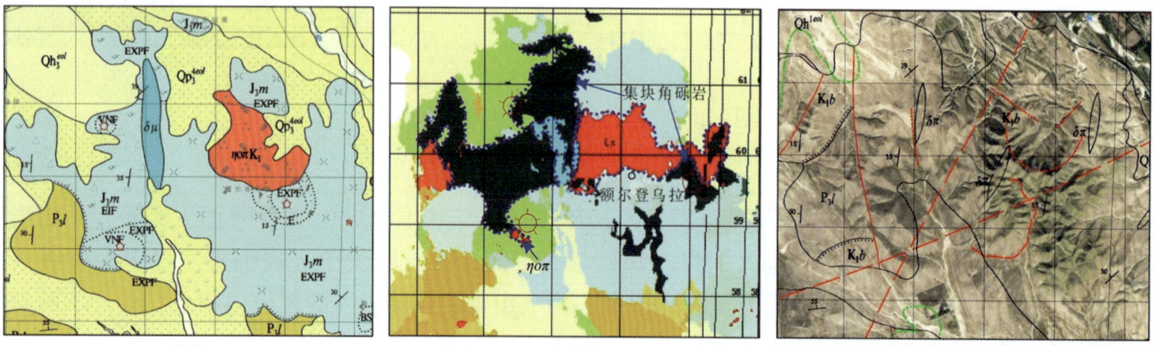

(a) (b) (c)

图 11.25 额尔登乌拉火山喷发中心

（a）实测地质图；（b）AI 地质图；（c）遥感解释图

射状断裂。图 11.25（c）为遥感解释图。

（2）确定火山喷发中心验证

所预测的地质图显示，确定的 5 处火山喷发中心中有 3 处（奈玛拉吉、玛拉嘎、先锋）均明显显示岩脉呈半环状或环状环绕火山岩的组合形态，表明该 3 处显示出环状构造特征，机器识别出火山喷发中心。其中，豁牙山火山喷发中心在预测地质图显示其中心为潜火山岩，周围环绕梅勒图组及白音高老组火山地层，显示该火山应为继承性火山，喷发中心应位于鸽子山牧业队南东侧 700 m 处的山顶，后续调查需对该处的火山中心进一步核实。乌布洞阿日嘎查火山喷发中心目前预测地质图中未见明显的岩脉呈半环或环状环绕的环状构造特征，针对无明显的环状构造的火山喷发中心，后续需进一步对火山通道相的岩性进行特殊处理或标注以辅助指示火山喷发中心（图 11. 26）。

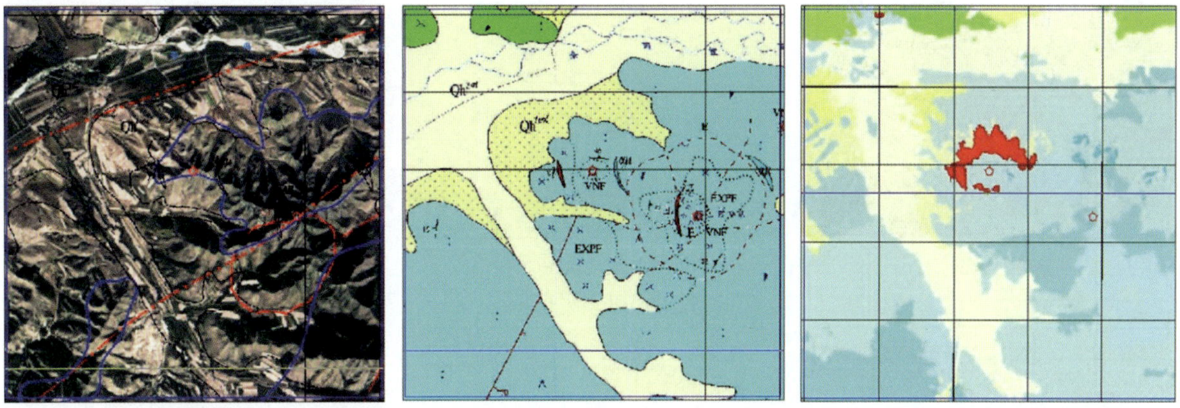

遥感影像图　　本阶段地质图　　预测地质图

(a)奈玛拉吉火山喷发中心（预测准确）

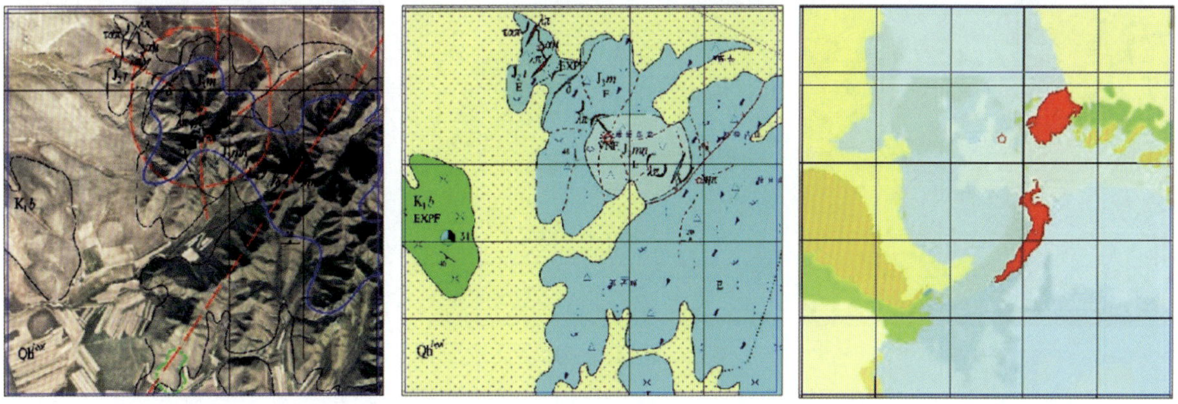

遥感影像图　　本阶段地质图　　预测地质图

(b)玛拉嘎火山喷发中心（预测准确）

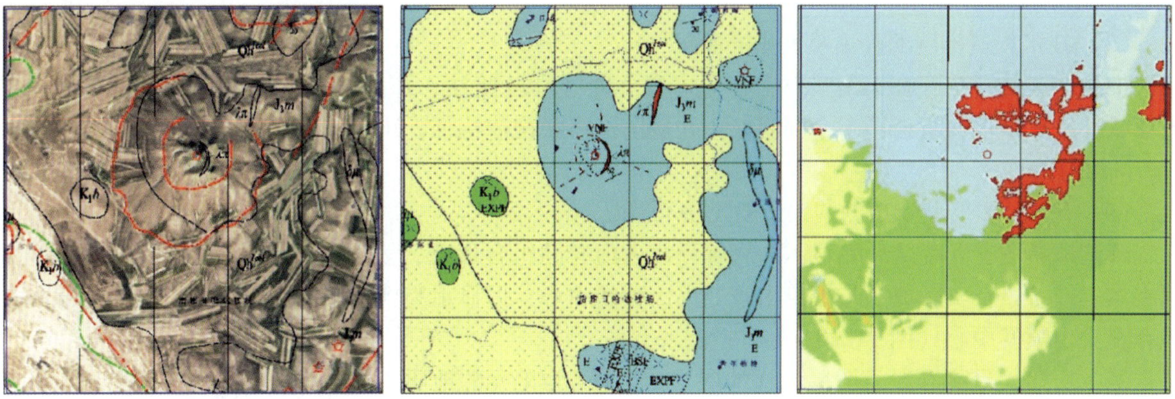

遥感影像图　　本阶段地质图　　预测地质图

(c)先锋火山喷发中心（预测准确）

图 11. 26　确定火山喷发中心验证对比图

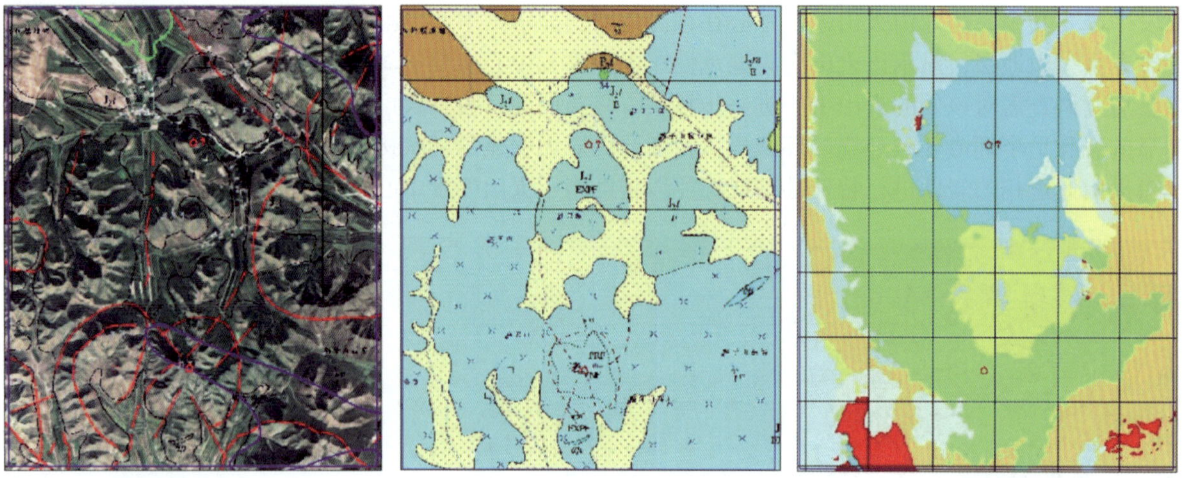

遥感影像图　　本阶段地质图　　预测地质图

(d)豁牙山火山喷发中心

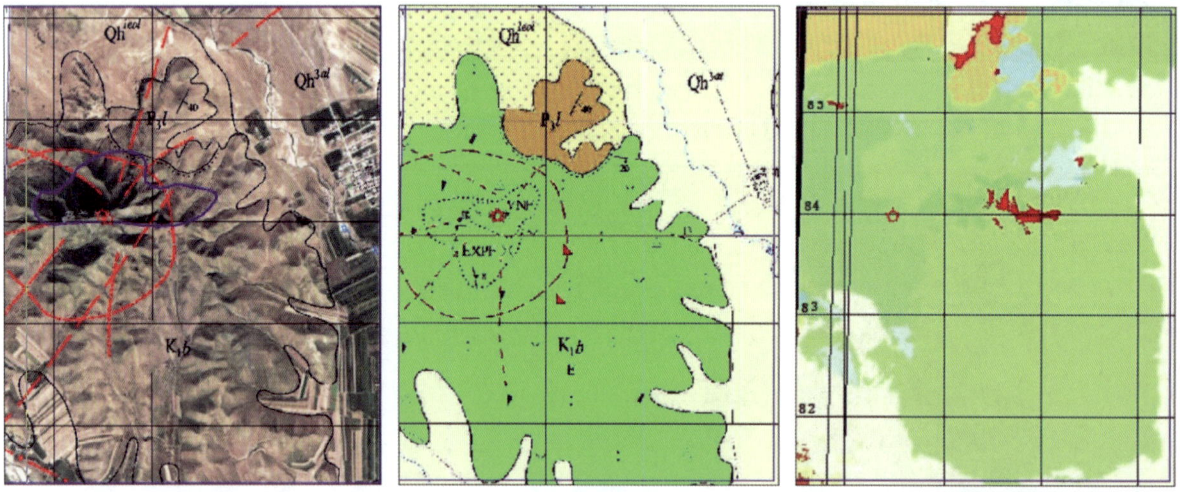

遥感影像图　　本阶段地质图　　预测地质图

(e)乌布洞阿日嘎查火山喷发中心（预测地质图未见明显环状构造）

图 11.26　确定火山喷发中心验证对比图（续）

（3）技术人员推测的火山喷发中心验证

推测的 3 处（应存在火山喷发中心）中有 2 处（荷叶哈达、那仁嘎查）明显显示岩脉呈半环状或环状环绕火山岩的组合形态，表明该 2 处显示出环状构造特征，IF-DNN 识别应具有火山喷发中心（图 11.27）。

（4）IF-DNN 模型新预测的火山喷发中心验证

预测地质图在开荒队北侧显示为岩脉环绕火山岩的组合形态，表明该处预测存在火山喷发中心，而在本工作阶段，实际填图未填绘出该处火山喷发中心，但显示为梅勒图组，需进行野外核实该处是否存在火山喷发中心（图 11.28）。

综上所述，目前以“填图单位（地层）-岩性”为单元的地质图预测对于具有环状构造，尤其是岩体沿环状断裂侵入的火山机构具有非常好的预测能力，当然因为目前对于特殊指示火山构造的岩性不能特别标识出，导致对于环状断裂中未见岩体侵入的火山机构则预测能力相对较弱，因此后续需加强如代表火山通道相的岩性（火山集块角砾岩、火山角砾岩、潜火山岩等）、指示断层的岩性（蚀变

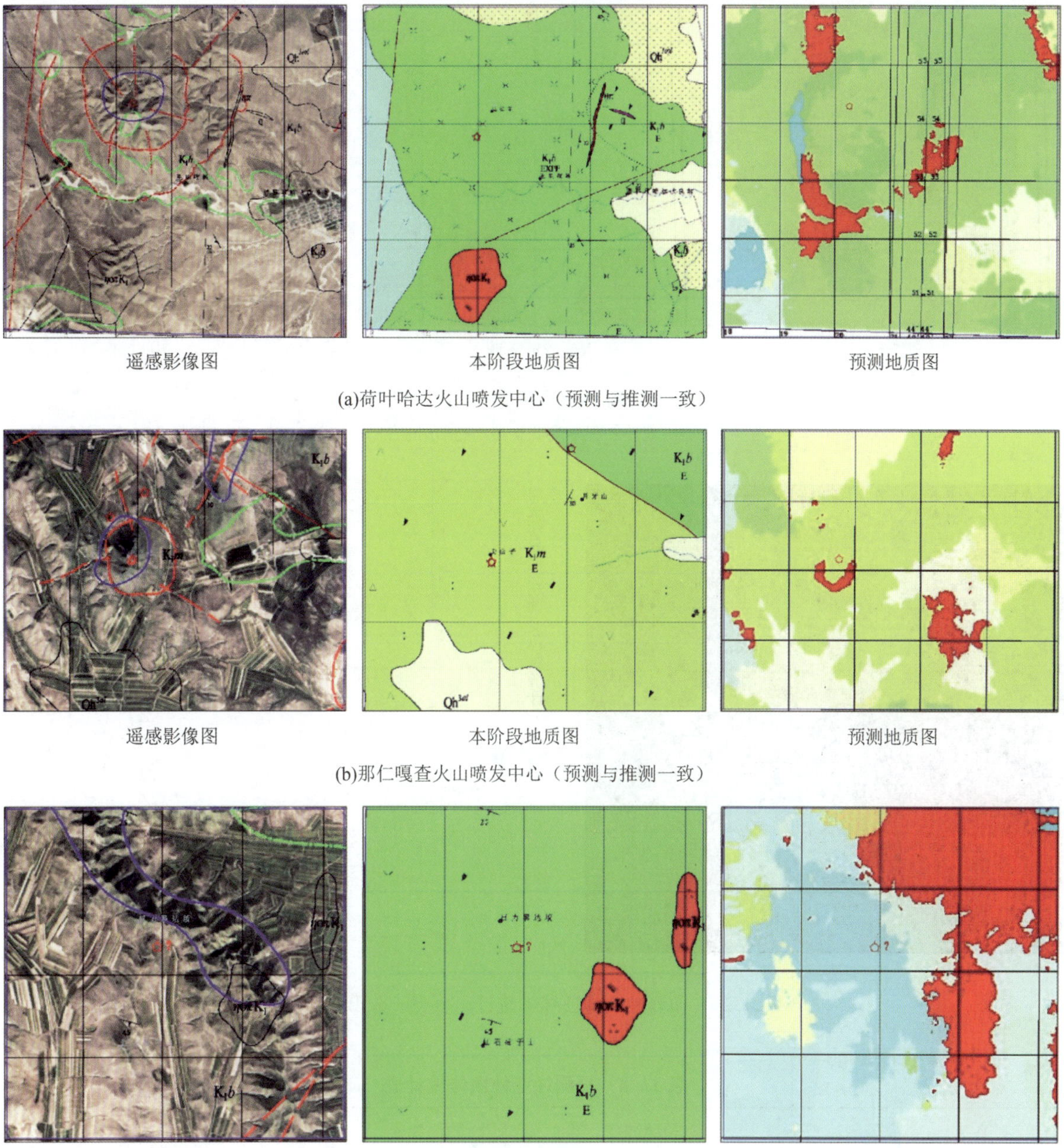

遥感影像图　本阶段地质图　预测地质图

(a)荷叶哈达火山喷发中心（预测与推测一致）

遥感影像图　本阶段地质图　预测地质图

(b)那仁嘎查火山喷发中心（预测与推测一致）

遥感影像图　本阶段地质图　预测地质图

(c)巨力黑达坂火山喷发中心（预测地质图未见明显环状构造）

图 11.27　推测的火山喷发中心验证对比图

岩）进行标识，有助于进一步对不同类型的火山机构进行预测和展现。

11.3.2.8　特殊标志层、矿化蚀变带的预测圈定情况

为了更好地认识深度学习识别矿化蚀变的预测应用的效果，对矿化蚀变预测初步进行如下统计和对比评价。

通过对预测矿化蚀变图中的预测蚀变地质体进行统计、分类、分形（图 11.29），共统计出 31 个预测蚀变地质体（表 11.8）。预测蚀变地质体宏观分布总体与区内北东北西向控矿构造分布有关，并位于北东走向的联合屯-奈玛拉吉铜铅锌钨锡钼稀散金属成矿亚带及巨日河-乌额格其金银铜钼铅锌成矿亚带内。

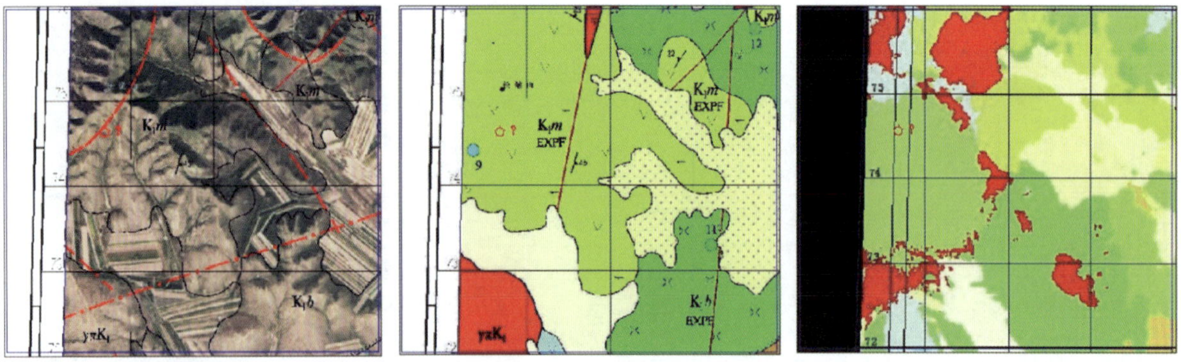

遥感影像图　　　　本阶段地质图　　　　预测地质图

图 11.28　新预测的开荒队火山喷发中心

（预测地质图显示环状构造，待野外验证）

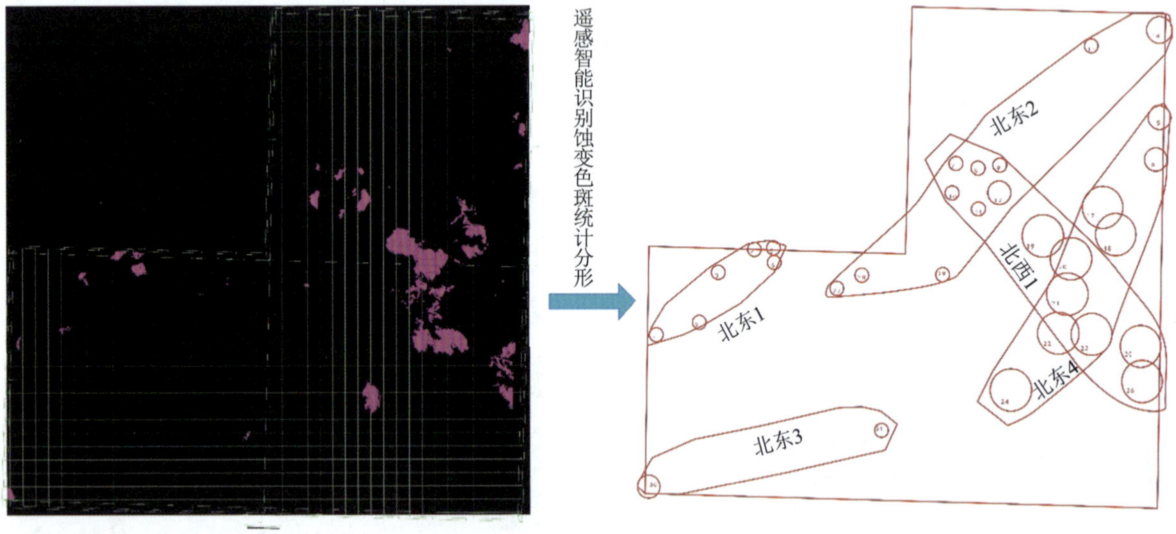

图 11.29　预测蚀变地质体的统计、分类、分形对比图

表 11.8　预测蚀变地质体统计表

预测蚀变地质体规模	预测蚀变地质体数量	预测蚀变地质体编号	预测蚀变地质体展布分形	与地质预测成矿远景区关系
大预测蚀变地质体	10	17、19、18、20、21、22、23、24、25、26	北东、北西	分别位于北东走向的联合屯-奈玛拉吉铜铅锌钨锡钼稀散金属成矿亚带及巨日河-乌额格其金银铜钼铅锌成矿亚带内
中预测蚀变地质体	5	12、14、15、16、30	北东、分散	
小预测蚀变地质体	16	1、2、3、4、5、6、7、8、9、10、11、13、27、28、29、31	北东、北西	
合计	31			

对智能识别出的预测蚀变地质体位置与已知或验证了的矿化点位置及围岩进行对比统计（图 11.30），以便得出识别技术的再现情况和潜在的有望成矿区域（表 11.9）。全区已知金属矿化点总计 25 个，给定智能识别预测具有明显矿化蚀变的矿点数据 18 个。对照已给定的 18 个已知矿点蚀变数据，在区内未识别出的已知矿点有三个（26、28、31），新识别出的矿点三（19、37、102）。从

统计结果总体看，有 16 个预测蚀变地质体覆盖了已知 15 个矿点、矿化部位，预测蚀变地质体对矿化蚀变识别的覆盖率超过 80%（15∶18）；预测蚀变地质体对全区已发现矿点的覆盖率达到 72%（18∶25）；本次智能填图技术识别出的蚀变矿化新区预测蚀变地质体个数 15 个，3 处与无明显矿化蚀变的矿点部位重合，其中第四系中的预测蚀变地质体（3 个）以及未与矿化部位重合的预测蚀变地质体部位（9 个）将需要结合野外的实地调查验证工作再做合理的结论。总体说明该方法对矿化蚀变具有一定的可识别性和预测性。

表 11.9 预测蚀变地质体统计表

预测蚀变地质体编号	围岩	发育矿化点编号	预测蚀变地质体规模	已验证含矿化点区个数统计	未经验证的含矿新区个数统计
1	第四系	无	小	给定的矿点 18 个，识别出 15 个，3 个未识别出，新识别出 3 个矿点	16，其中全部第四系覆盖区 3 个，基岩出露区 13 个
2	石英二长斑岩	无	小		
3	花岗斑岩、石英二长斑岩、J_3m 流纹岩、P_2z 板岩	※24 号矿点	小		
4	J_3m 流纹岩	无	小		
5	J_3m 流纹岩	无	小		
6	J_3m 流纹岩、哲斯组板岩	※27 号矿点	小		
7	J_3m 流纹岩、K_1m 玄武安山岩	※12 号矿点	小		
8	J_3m 流纹岩	※13 号矿点	小		
9	第四系	无	小		
10	J_3m 流纹岩	※11 矿点	小		
11	J_3m 流纹岩、P_3l 板岩	无	小		
12	J_3mn 安山岩、J_3m 流纹岩	※14 矿点	中		
13	P_3l 板岩、灰岩、花岗细晶岩脉	※15、102 矿点	小		
14	P_3l 板岩、石英二长斑岩	※16、17、※18 矿点	中		
15	J_3m 流纹岩	19 矿点	中		
16	J_3m 流纹岩	无	中		
17	J_3m 流纹岩、第四系	无	大		
18	J_3m 流纹岩、第四系	无	大		
19	第四系、J_3m 流纹岩	无	大		
20	J_3m 流纹岩	※33 矿点	大		
21	P_3l 板岩、灰岩	无	大		
22	P_3l 板岩、灰岩、K_1m 玄武安山岩、J_3m 流纹岩	无	大		
23	P_3l 板岩、灰岩、K_1m 玄武安山岩、J_3m 流纹岩	※34 矿点	大		
24	J_3m 流纹岩，$\xi\gamma J_3$	※32 矿点	大		
25	P_3l 板岩、灰岩、K_1m 玄武安山岩、J_3m 流纹岩	37 矿点	大		
26	J_3m 流纹岩	无	大		
27	第四系	无	小		
28	J_3m 流纹岩	※29 矿点	小		
29	P_3l 板岩、J_3mn 安山岩	※30 矿点	小		
30	K_1b 流纹岩	※20 矿点	中		
31	J_3m 流纹岩、第四系	无	小		

注：带※号矿化点为给定的已知具有明显矿化蚀变的矿点编号。

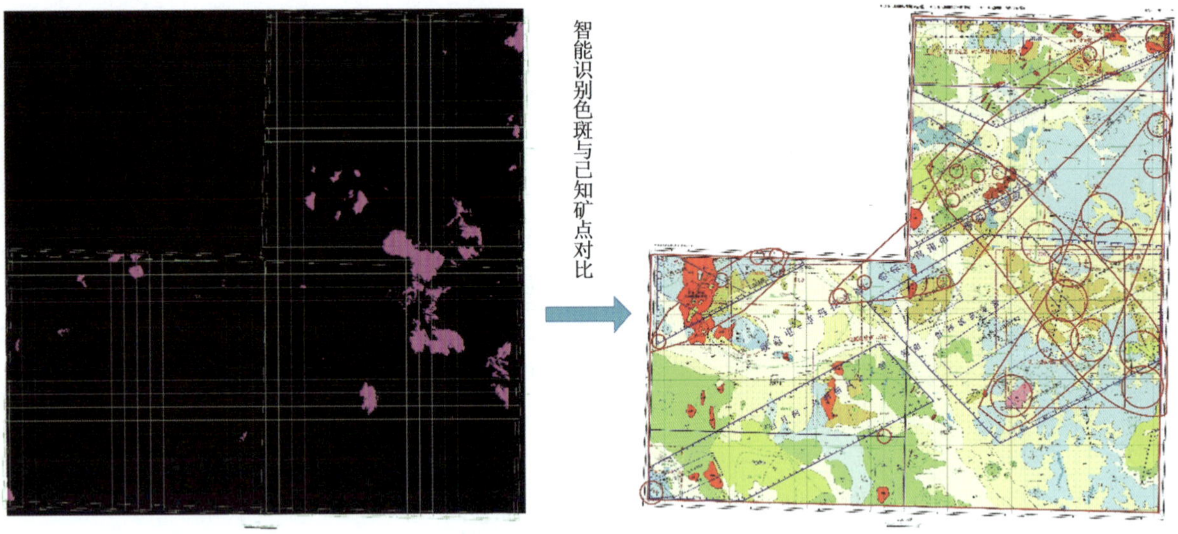

图 11.30　预测蚀变地质体位置与已知或验证的矿化点位置及围岩对比统计图

识别预测蚀变地质体与地质预测找矿靶区对比的统计结果见图 11.30、表 11.10，显示预测蚀变地质体比较符合地质预测靶区分布规律，并具有一定的外延拓展性，可能会为进一步扩大找矿空间及验证工作提供较重要的参考依据、方向。

表 11.10　识别预测蚀变地质体与地质预测找矿靶区对比统计表

成矿亚带	找矿靶区	靶区内预测蚀变地质体编号	靶区外缘预测蚀变地质体编号
联合屯-奈玛拉吉铜铅锌钨锡钼稀散金属成矿亚带	联合屯铅锌找矿靶区	3	1、2
	永丰镇铜铅锌找矿靶区	4、5、6	
	双井敖包铜铅锌找矿靶区	7、8、9、10、11、12	
	奈玛拉吉铜铅锌找矿靶区	13、14	
巨日河-乌额格其金银铜钼铅锌成矿亚带	巨日河银金找矿靶区	30	31
	马拉嘎金找矿靶区	29	27、28
	马拉嘎银金钼找矿靶区	24	25、26
	巴格贝金多金属找矿靶区	18、20、21	15、16、17、19、22、23
合计		18	13

11.3.2.9　浅覆盖层揭露

（1）纯遥感+DEM 揭露能力评价

该实验主要是基于纯遥感+DEM 预测的第四系与本轮预测地质图进行对比，圈定浅覆盖地区揭露的地质体。如图 11.31 中蓝色边界为本次预测揭露的地质体，主要分布于巨里河幅的哲北农场牧场、后河村、喜安村，荷叶哈达幅先锋、豁牙山，奈玛拉吉幅哈里协那、查干宝力高（图 11.31）。整体揭露的地质体多为基岩区地质体的范围延伸或扩大，由于地质填图多反映的是地表地质体，因而当对隐伏地质体进行揭露时，展现的是地表出露地质体的延伸符合地质规律。其中哲北农场牧场一带所揭露的范围最大，当然与该地区覆盖层为较薄的碎石层有一定关系，但仍需对该地区的地表地貌特征及第四系覆盖层的厚度范围做进一步调查，以解释该地区为何出现大范围的揭露。

（2）SAR 数据揭露能力评价

该试验加入了 SAR 数据进行 IF-DNN 建模。通过实地调查 SAR 数据的穿透能力，发现图 11.32

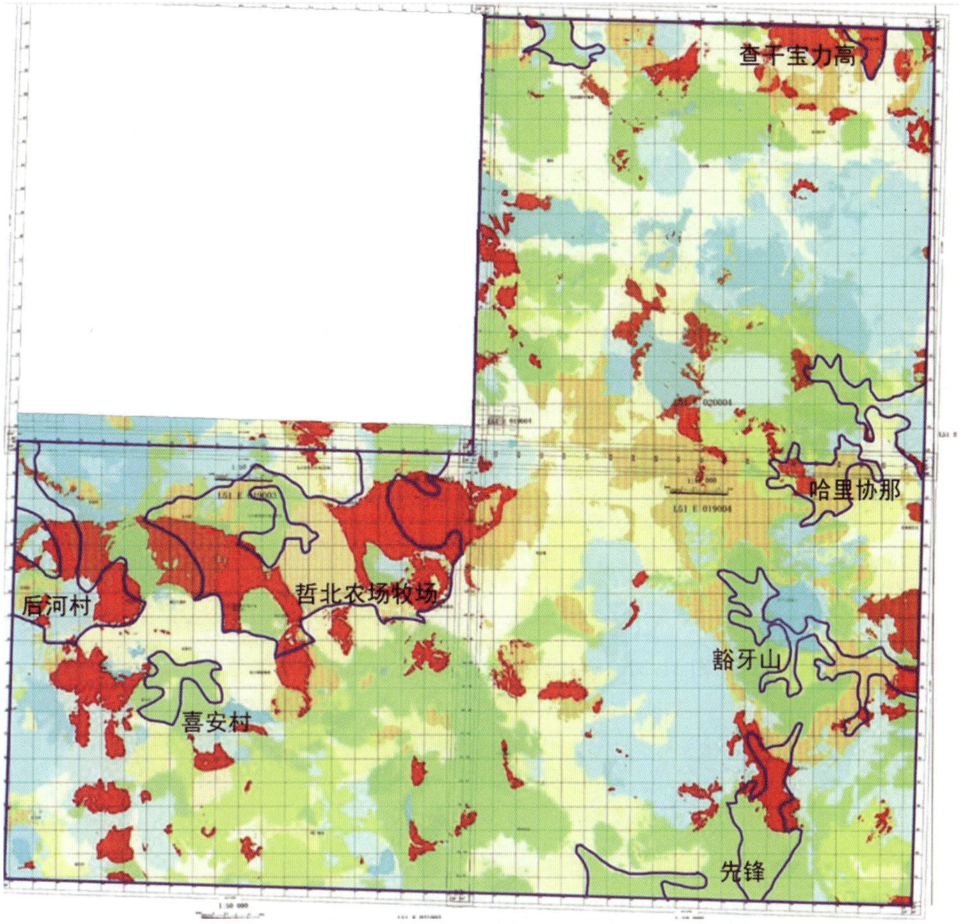

图 11.31　浅覆盖区地质体揭露圈定
（蓝色曲线圈定范围）

中的 a 处野外实地调查其第四覆盖厚度基本大于 5 m（图 11.33），预测地质图在该处预测为第四系，在图 11.32 中的 b 处野外实地调查其第四系覆盖厚度基本小于 5 m（图 11.34），而在预测地质图中该处预测为底部的基岩，即上侏罗统满克头鄂博组火山岩。因此 SAR 数据的加入展现了所预测的地质图具有浅覆盖地区揭露预测地质体的能力，本次调查认为基本覆盖厚度小于 5 m 则 SAR 数据可穿透覆盖区进行潜伏地质体的预测。

奈玛拉吉区调项目组主要在巨里河幅的乌日根塔拉农场、哲北农场牧场、联合镇、喜安村、巨日合镇、赛汉塔拉嘎查、哈日朝鲁嘎查，通过民用井、煤矿矿井、砖厂钻井揭露的第四系厚度，并分析勘探剖面资料，确定这些地点的第四系厚度大致为 20 ~ 30 m。将其厚度标定至预测地质图中（图 11.35），显示这些地点均预测为第四系，仅在赛罕塔拉处揭露出火山岩地层，因此，基本判断 SAR 数据的穿透能力应小于 20 m。

根据巨里河幅开展的第四系剖面调查资料，图 11.35 中 GS116 厚度大于 4 m、GS112 厚度大于 4.3 m、GS110 厚度大于 4.3 m、GS104 厚度大于 3 m、GS106 厚度大于 4 m、GS101 厚度大于 3 m，其中 GS116、GS104 及 GS101 被揭露，而 GS112、GS110、GS106 预测为第四系，即未被揭露。因此 SAR 在该区域揭露厚度应大于 4 m。由于钻井资料较少，仅在联合镇南东约 2 km 处有一钻井，该处钻井资料揭示该处的第四系厚度大于 21 m，但该处基岩并未被揭露。综上所述，SAR 数据基本揭露的厚度应是大于 4 m，小于 20 m。

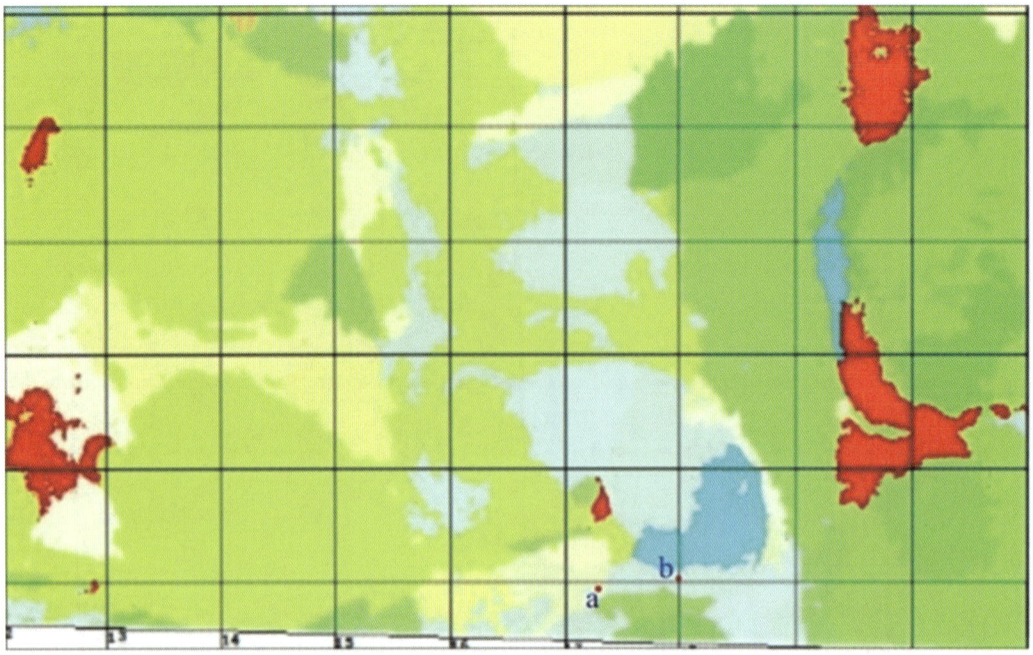

图 11.32 SAR 数据穿透能力实地调查分布图

图 11.33 图 11.32 中 a 处第四系地貌特征（厚度>5 m）

（3）浅覆盖揭露分析

本次主要基于纯光学遥感预测的第四系与本轮试验预测的第四系进行对比（图 11.36），圈定浅覆盖地区揭露的地质体（图 11.37）。本次预测所揭露的地质体主要分布于后河村、巨里河地堡、扎鲁特旗水泥厂、哲北农场牧场、荷叶哈达、毛都牧场、双井敖包、浩雅日哈达牧、豁牙山砖厂等地区，主要分布于巨里河幅及荷叶哈达幅。由于目前揭露区并无钻井资料进行验证，由于地质填图多反

图 11.34　图 11.32 中 b 处第四系地貌特征（厚度<5 m）

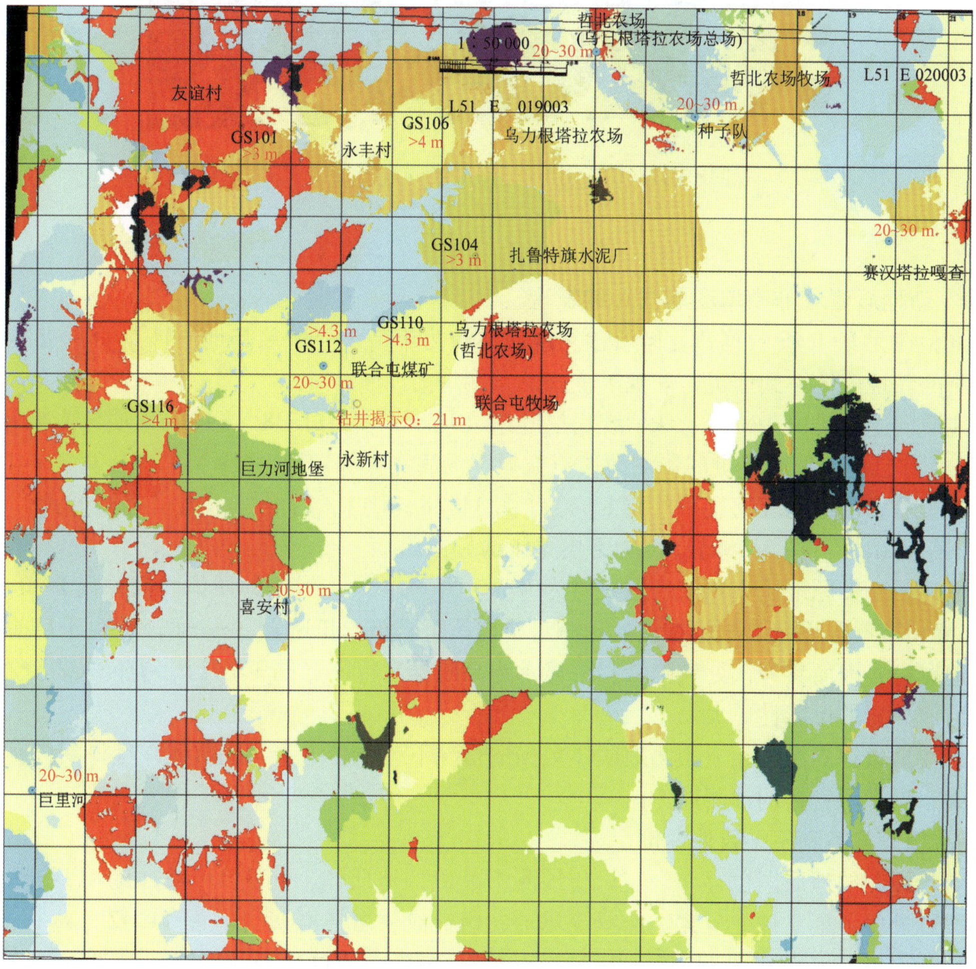

图 11.35　巨里河幅第四系厚度调查分布图

映的是地表地质体，因而当对隐伏地质体进行揭露时，展现的是地表出露地质体的延伸符合地质规律，故通过对揭露区附近发育的地质体进行对比判断揭露区的地质体是否合理，通过对比揭露区的地质体多为基岩区地质体范围延伸或扩大的区域，因而整体在无钻井验证下具有合理性。

图 11.36　预测第四系（含 SAR 数据）与纯光学遥感预测第四系界线对比
（蓝色界线为纯光学遥感预测）

11.3.2.10　新地质体（非新填图单位）的发现

本次试验在无 P+R+S 数据覆盖区所预测地质体较为丰富，但所预测地质体是否具有准确性，目前部分预测的新地质体得到证实，展现了良好的预测潜力。

在原地质图上长梁山一带为上侏罗统玛尼吐组（J_3mn）[图 11.38（b）]，地质体内部并无 P+R+S 数据覆盖，并且周围调查提供的预测地质点数据多为满克头鄂博组（J_3m）[图 11.38（a）]，而本次试验在该处预测为下白垩统梅勒图组（K_1m）[图 11.38（b）]，后经技术人员在野外预调查证实该处为梅勒图组安山岩（图 11.39），确为下白垩统梅勒图组。

巨力黑达坂一带原地质填图该处地质体为 K_1b [图 11.40（b）]，地质体内部并无 P+R+S 数据覆盖 [图 11.40（a）]，而本次试验在该处预测为早白垩世石英二长斑岩（$\eta o \pi K_1$），由于目前尚未对该处进行实地调查，因而参考该处航磁资料，显示为高磁异常特征（图 11.41），为侵入岩分布的特征，因而该处为侵入岩的可能性更大。

因此，在地质体周围无相应预测地质体数据的情况下，预测出新的地质体并且得到核实预测结果证实为准确，展现了良好的预测能力。

11.3.2.11　预测与实测不一致处评价

当然本轮预测的地质图也存在证实目前预测不准确的地质体，如图 11.43（b）虚线框内原地质材料及本次野外验证证实该处应为上侏罗统玛尼吐组流纹质岩屑凝灰岩 [图 11.42（a）]，而本轮预测该处为早白垩世侵入岩 [图 11.42（b）]，该预测不准确，通过区调项目组人员对该处的实地踏勘认为该处地貌上火山岩表现为薄层的碎石层，可能引入 SAR 数据具有一定穿透能力，预测的是薄层火山岩碎石层下的大面积隐伏的侵入岩，从而导致预测不准确。

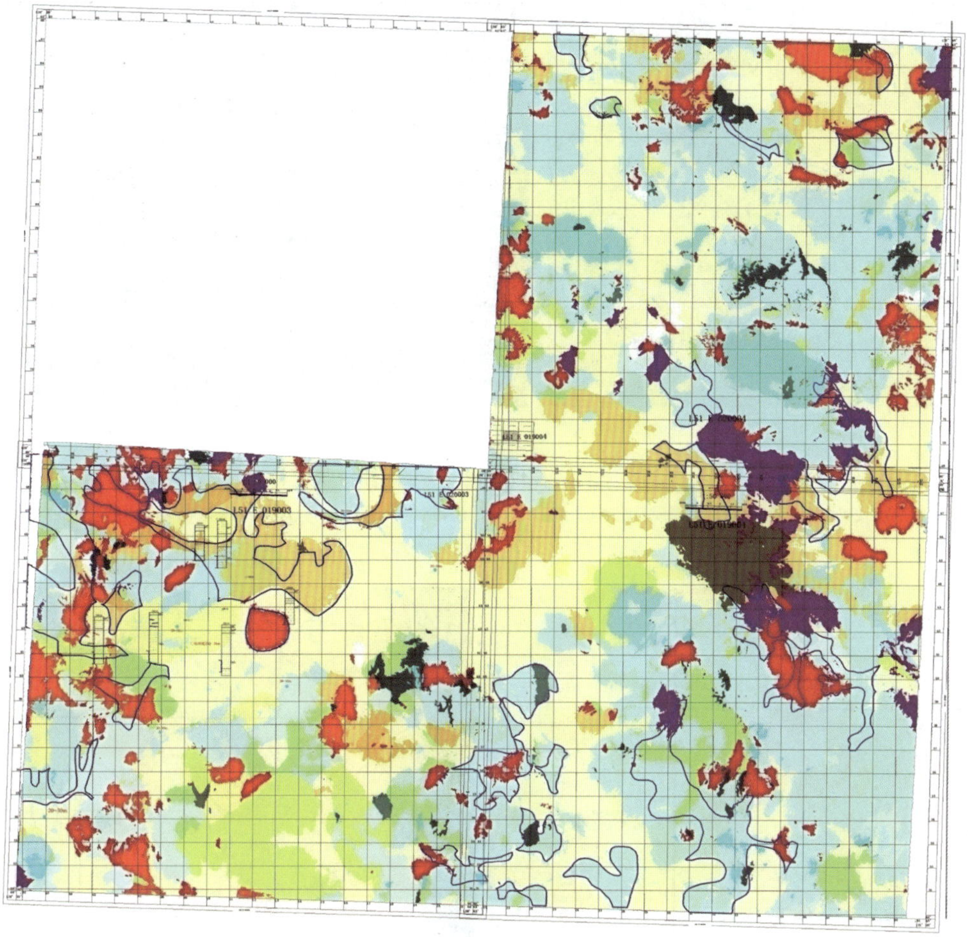

图11.37 第四系揭露区分布图
（蓝线为第四系揭露区）

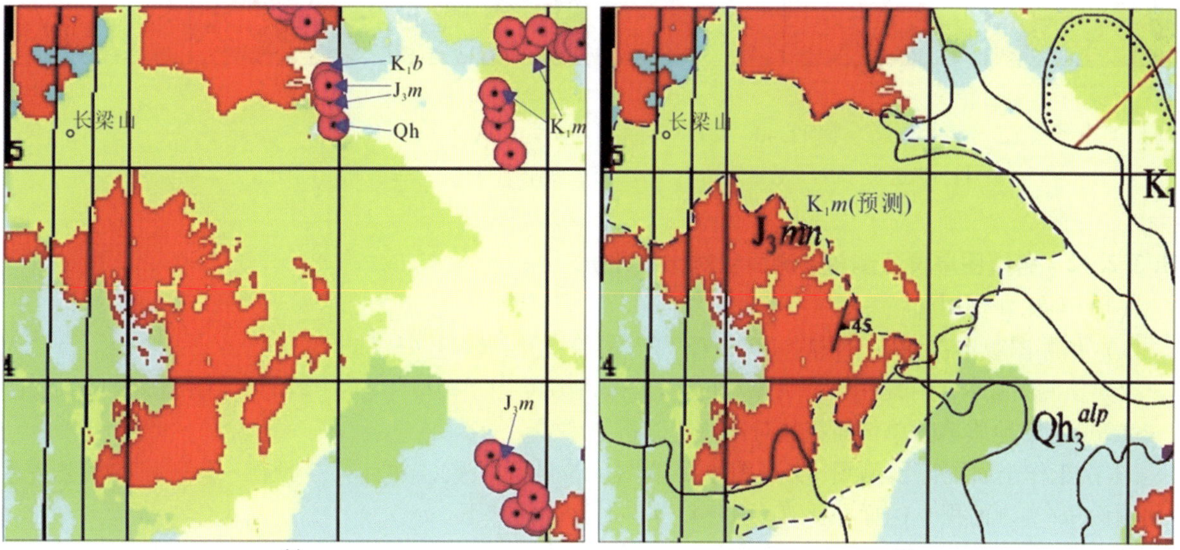

图11.38 发现梅勒图组安山岩出露
（a）长梁山一带样本数据分布图；（b）预测地质体（颜色）与实测地质体（实线）对比图

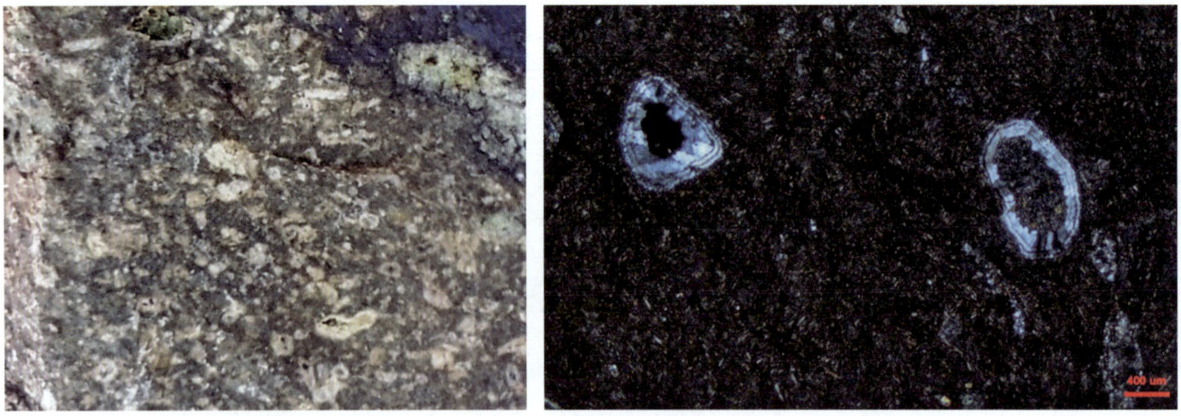

(a) (b)

图 11.39　下白垩统梅勒图组气孔杏仁状安山岩

（a）长梁山一带下白垩统梅勒图组气孔杏仁状安山岩野外露头；（b）对应（a）的薄片鉴定照片

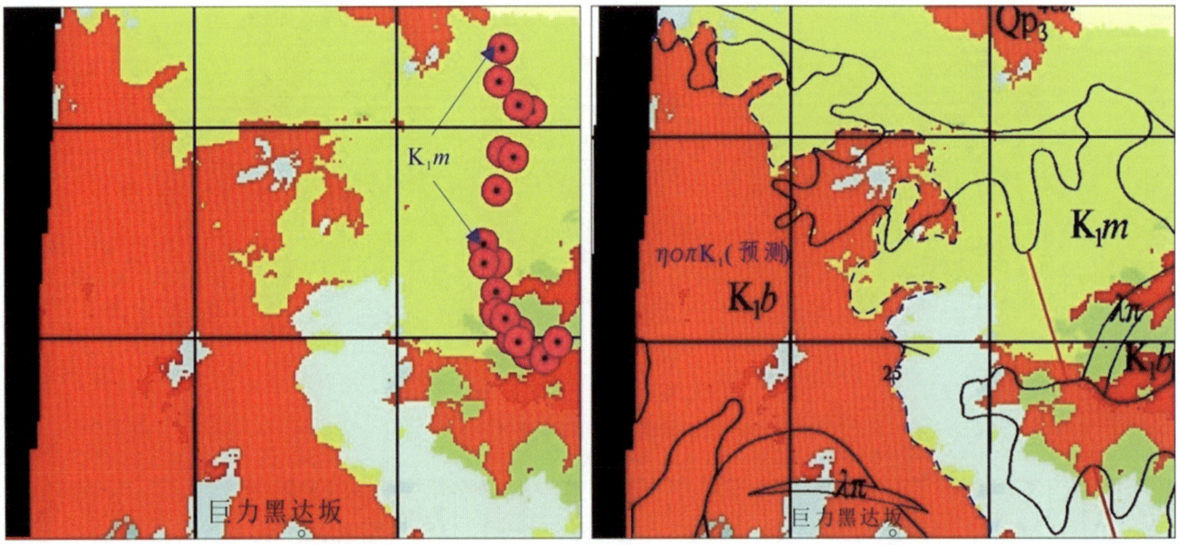

(a) (b)

图 11.40　发现早白垩世石英二长斑岩（$\eta o\pi K_1$）

（a）巨力黑达坂一带样本数据分布图；（b）预测地质体（颜色）与实测地质体对比图（实线）

11.3.2.12　各填图单位预测与实测面积对比及评价

（1）对比评价用图

1）预测图版本：地质图预测（P+R+S 83%覆盖度）[图 11.43（a）]。

2）实测图版本：内蒙古 1∶5 万奈玛拉吉等三幅地质草图（2020 年 11 月 25 日）[图 11.43（b）]。

（2）主要地质填图单位面积数对比评价分析

本次工作全面统计预测图-实测图主要填图单位的面积数，并计算（预测-实测）的面积差和（预测面积/实测面积）的面积比（表 11.11）。对比分析如下。

1）全新统（Qh）实测面积 316.44 km^2，预测面积 312.06 km^2，两者面积相当，预测面积/实测面积比 0.986。原因可能说明工作区的全新统（Qh）地层厚度较大，深度学习填图技术对其下部地质体几乎不揭露。

2）更新统（Qp）实测面积 261.19 km^2，预测面积 29.01 km^2，两者面积差值较大，预测面积/实

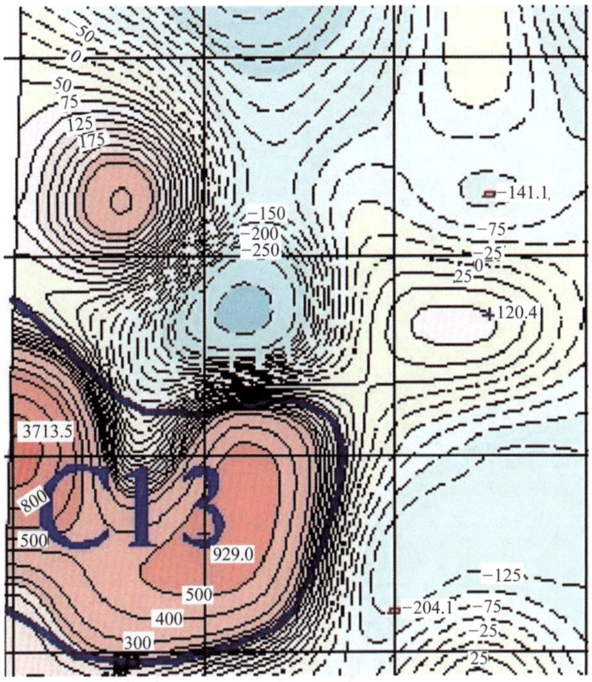

图 11.41　巨力黑达坂一带高磁异常特征

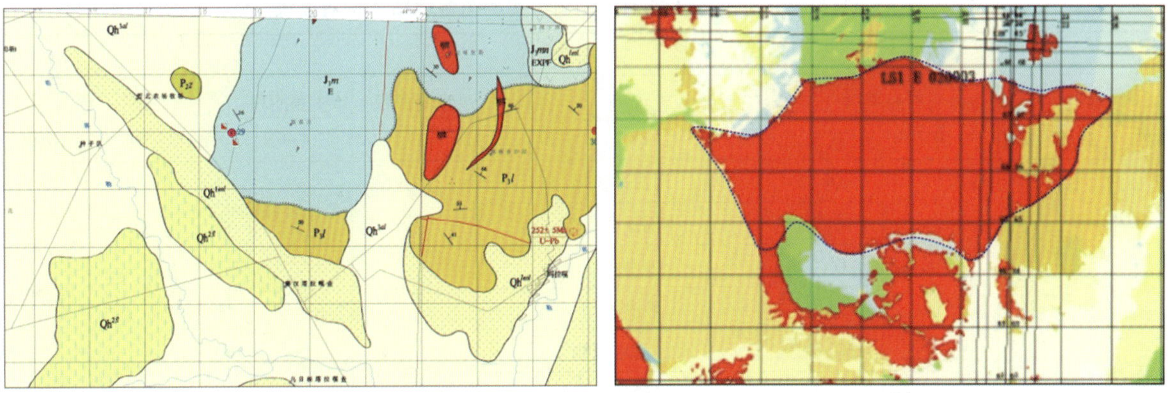

(a)　　　　(b)

图 11.42　预测与实测不一致地方评价

（a）实地调查前地质图；（b）预测地质图

测面积比 0.11。可能说明 Qp 地层厚度相对较薄，对其下地质体揭示较好，导致预测面积远远小于实测面积。

3）岩石地层方面，预测面积 604.55 km^2，实测面积 492.82 km^2，预测差值 111.73 km^2，预测面积/实测面积比 1.23，较为吻合，两者差值主要由于第四系浅覆盖层预测中被揭露引起。总体来说：实测面积较大的地质体如梅勒图组、满克头鄂博组等，其预测面积与实测情况较为贴近；而实测面积较小的地质体的预测则相对不稳定。

4）中生代地层预测面积 501.09 km^2，实测面积 421.02 km^2，预测差值 80.07 km^2，预测面积/实测面积比 1.19。其中，中生代火山岩地层预测面积 491.34 km^2，实测面积 418.52 km^2，预测差值 72.82 km^2，预测面积/实测面积比 1.17；中生代沉积地层预测面积 9.75 km^2，实测面积 2.5 km^2，预测差值 7.25 km^2，预测面积/实测面积比 3.90。

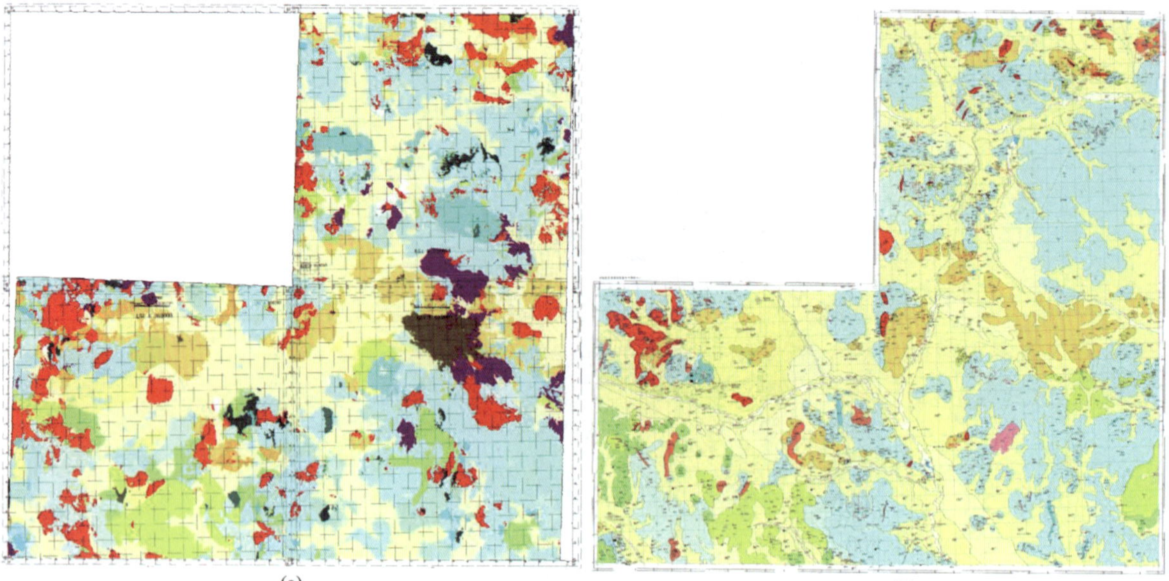

(a) (b)

图 11.43　地质路线覆盖度 83%预测与实测地质图对比

（a）AI 地质图；（b）实测地质图

表 11.11　工作区深度学习预测图与实测图各填图单位对比表

<table>
<tr><th colspan="10">地层</th></tr>
<tr><th colspan="3">年代地层</th><th colspan="2">岩石地层</th><th rowspan="2">主要岩性</th><th rowspan="2">预测面积
km^2</th><th rowspan="2">实测面积
km^2</th><th rowspan="2">预测-实测
面积差/km^2</th><th rowspan="2">预测/实测
面积比</th></tr>
<tr><th>界</th><th>系</th><th>统</th><th>组</th><th>代号</th></tr>
<tr><td rowspan="11">新生界</td><td rowspan="11">第四系</td><td rowspan="6">全新统</td><td rowspan="4">上全新统</td><td>Qh_3^{al}</td><td>河流冲积物</td><td rowspan="6">312.06</td><td rowspan="6">316.44</td><td rowspan="6">-4.38</td><td rowspan="6">0.986</td></tr>
<tr><td>Qh_3^{eol}</td><td>半固定风成砂</td></tr>
<tr><td>Qh_3^{alp}</td><td>冲洪积物</td></tr>
<tr><td>Qh_3^{pld}</td><td>坡洪积物</td></tr>
<tr><td>中全新统</td><td>Qh_2^{aln}</td><td>湖沼堆积物</td></tr>
<tr><td>下全新统</td><td>Qh_1^{pal}</td><td>一级阶地堆积物</td></tr>
<tr><td rowspan="5">更新统</td><td rowspan="4">上更新统</td><td>Qp_3^{3eol}</td><td>固定风成砂</td><td rowspan="5">29.01</td><td rowspan="5">261.19</td><td rowspan="5">-232.18</td><td rowspan="5">0.11</td></tr>
<tr><td>Qp_3^{3glf}</td><td>冰水堆积物</td></tr>
<tr><td>Qp_3^2w</td><td>乌尔吉组风成黄土</td></tr>
<tr><td>Qp_3^{1l}</td><td>湖积物</td></tr>
<tr><td>中更新统</td><td>Qp_2^2c</td><td>赤峰黄土</td></tr>
<tr><td rowspan="6">中生界</td><td rowspan="2">白垩系</td><td rowspan="2">下统</td><td>梅勒图组</td><td>K_1m</td><td>玄武安山质火山岩</td><td>44.72</td><td>42.76</td><td>1.96</td><td>1.05</td></tr>
<tr><td>白音高老组</td><td>K_1b</td><td>流纹质火山岩</td><td>39.81</td><td>18.75</td><td>21.06</td><td>2.12</td></tr>
<tr><td rowspan="4">侏罗系</td><td rowspan="2">上统</td><td>玛尼吐组</td><td>J_3mn</td><td>安山质火山岩</td><td>50.99</td><td>39.15</td><td>11.84</td><td>1.30</td></tr>
<tr><td>满克头鄂博组</td><td>J_3m</td><td>流纹质、英安质火山岩</td><td>355.82</td><td>317.86</td><td>37.96</td><td>1.12</td></tr>
<tr><td>中统</td><td>万宝组</td><td>J_2w</td><td>砾岩、含砾粗粒岩屑砂岩夹纹层状玻屑细凝灰岩</td><td>4.18</td><td>1.57</td><td>2.61</td><td>2.67</td></tr>
<tr><td>下统</td><td>红旗组</td><td>J_1h</td><td>粉砂岩、砂岩为主的含煤系</td><td>5.57</td><td>0.94</td><td>4.64</td><td>5.95</td></tr>
</table>

续表

地层									
年代地层			岩石地层		主要岩性	预测面积 km²	实测面积 km²	预测-实测面积差/km²	预测/实测面积比
界	系	统	组	代号					
古生界	二叠系	上统	林西组	P_3l	中细粒-细粒岩屑砂岩与板岩	95.48	69.77	25.71	1.37
		中统	哲斯组	P_2z	钙质岩屑砂岩、杂砂岩、长石砂岩、板岩和生物碎屑灰岩夹凝灰岩	7.98	2.03	5.95	3.93

侵入岩							
地质年代	名称	代号	主要岩性	预测面积 km²	实测面积 km²	预测-实测面积差/km²	预测/实测面积比
早白垩世	花岗斑岩	$\gamma\pi K_1$	花岗斑岩	15.89	15.16	0.73	1.05
	石英二长斑岩	$\eta o\pi K_1$	石英二长斑岩	24.28	9.47	14.81	2.56
	脉岩	$\gamma\pi$、$\delta\mu$、$\eta o\pi$、$\lambda\pi$……	花岗斑岩、闪长玢岩、石英二长斑岩、流纹斑岩…	58.89	4.37	54.52	13.48

5）晚古生代沉积地层预测面积 103.46 km²，实测面积 71.80 km²，预测差值 31.66 km²，预测面积/实测面积比 1.44。

6）侵入岩预测面积 99.06 km²，实测面积 29 km²，预测差值 70.06 km²，预测面积/实测面积比 3.42。

7）综上，岩石地层预测面积/实测面积比为 1.23，远小于侵入岩的 3.42，而晚古生代地层预测面积/实测面积比也略高于中生代地层，一方面说明预测技术有一定揭露深部地质体的能力，另一方面说明工作区各类地质体随着深度的加深，晚古生代地层和侵入岩的占比具有逐渐增加的趋势，而中生代火山岩虽然在地表展布面积较大，但其厚度可能并不大。

11.3.2.13　地球物理数据加强处理评价

地球物理数据加强处理后，人工智能地质图评价的内容如下。

（1）数据

A. 基本数据

基本数据见表 11.12。

表 11.12　基本数据

数据	像元大小/m	说明	训练使用的元素数/波段数
1∶20 万地球化学	5	原始数据	39
1∶5 万地球化学	5	原始数据	12
遥感高一资三	5	原始数据	3
遥感高三 SAR	5	原始数据	3
数字高程模型（DEM）	30	原始数据	1
遥感 Landsat8	5	原始数据	3×4
1∶20 万区域重力数据	5	原始数据	22

续表

数据	像元大小/m	说明	训练使用的元素数/波段数
全国 5 km×5 km 航磁网格数据	5	原始数据	
扎鲁特地区 1：20 万航磁网格化数据	5	原始数据	
内蒙古自治区 1：50 万航磁数据平面等值线图	5	原始数据	

B. 地球物理数据处理方案

由于在地球物理数据增强方法中，可选的参数可以是多种方案，如，计算跨度的大小对地质体识别能力的影响到底有多大，作者围绕这些问题进行了试验。一般来说，计算跨度越小，越能揭露地质体微观的变化，计算跨度越大，越能揭露地质体在宏观方面的变化。据此，把地球物理数据处理分 A、B 方案。表 11.13 是地球物理数据处理方案和处理参数的 A 方案，表 11.14 是地球物理数据处理方案和处理参数的 B 方案。

表 11.13　地球物理数据处理 A 方案

序号	处理方法	处理参数
1	补偿圆滑滤波处理求取的剩余重力异常	补偿因子 8，指数因子 200
2	滑动平均滤波处理求取的剩余重力异常	滑动窗口 17×17（点距数）
3	正则化滤波处理求取的剩余重力异常	几何尺度 24（点距数）
4	布格重力异常解析信号振幅	
5	布格重力异常水平方向 135°一阶导数	计算跨度 2（点距数）
6	布格重力异常水平方向 135°二阶导数	计算跨度 2（点距数）
7	布格重力异常归一化标准差	
8	布格重力异常归一化标准差垂向导数	
9	布格重力异常归一化总水平方向导数垂向导数	
10	布格重力异常归一化 Theta Map 垂向导数	
11	布格重力异常斜导数	
12	布格重力异常总水平方向导数（频率域）	
13	布格重力异常总水平方向导数（空间域）	计算跨度 2（点距数）
14	布格重力异常斜导数总水平方向导数	
15	布格重力异常 Theta Map	
16	布格重力异常垂向二阶导数（艾勒金斯第一公式）	计算跨度 2（点距数）
17	布格重力异常垂向二阶导数（艾勒金斯第二公式）	计算跨度 2（点距数）
18	布格重力异常垂向二阶导数（艾勒金斯第三公式）	计算跨度 2（点距数）
19	布格重力异常垂向二阶导数（哈克公式）	计算跨度 2（点距数）
20	布格重力异常垂向二阶导数（罗森巴赫第二公式）	计算跨度 2（点距数）
21	趋势分析处理求取的剩余重力异常	阶数 12
22	向上延拓处理求取的剩余重力异常	向上延拓高度 1000 m
23	补偿圆滑滤波处理求取的剩余化极磁力异常	补偿因子 2，指数因子 200
24	化极磁力异常水平方向 135°一阶导数	计算跨度 2（点距数）
25	滑动平均滤波处理求取的剩余化极磁力异常	滑动窗口 9×9（点距数）

续表

序号	处理方法	处理参数
26	正则化滤波处理求取的区域化极磁力异常	几何尺度 4（点距数）
27	化极磁力异常解析信号振幅	
28	化极磁力异常归一化标准差	
29	化极磁力异常归一化标准差垂向导数	
30	化极磁力异常归一化总水平方向导数垂向导数	
31	化极磁力异常归一化 Theta Map 垂向导数	
32	化极磁力异常斜导数	
33	化极磁力异常总水平方向导数（频率域）	
34	化极磁力异常斜导数总水平方向导数	
35	化极磁力异常 Theta Map	
36	趋势分析处理求取的剩余化极磁力异常	阶数 8
37	向上延拓处理求取的剩余化极磁力异常	向上延拓高度 2000 m
38	化极磁力异常垂向二阶导数（艾勒金斯第一公式）	计算跨度 12（点距数）
39	化极磁力异常垂向二阶导数（艾勒金斯第二公式）	计算跨度 6（点距数）
40	化极磁力异常垂向二阶导数（艾勒金斯第三公式）	计算跨度 8（点距数）
41	化极磁力异常垂向二阶导数（哈克公式）	计算跨度 12（点距数）
42	化极磁力异常垂向二阶导数（罗森巴赫第二公式）	计算跨度 10（点距数）

表 11.14 地球物理数据处理 B 方案

序号	处理方法	处理参数
1	补偿圆滑滤波处理求取的剩余重力异常	补偿因子 14，指数因子 200
2	滑动平均滤波处理求取的剩余重力异常	滑动窗口 25×25（点距数）
3	正则化滤波处理求取的剩余重力异常	几何尺度 32（点距数）
4	布格重力异常解析信号振幅	
5	布格重力异常水平方向 135°一阶导数	计算跨度 8（点距数）
6	布格重力异常水平方向 135°二阶导数	计算跨度 4（点距数）
7	布格重力异常归一化标准差	
8	布格重力异常归一化标准差垂向导数	
9	布格重力异常归一化总水平方向导数垂向导数	
10	布格重力异常归一化 Theta Map 垂向导数	
11	布格重力异常斜导数	
12	布格重力异常总水平方向导数（频率域）	
13	布格重力异常总水平方向导数（空间域）	计算跨度 32（点距数）
14	布格重力异常斜导数总水平方向导数	
15	布格重力异常 Theta Map	
16	布格重力异常垂向二阶导数（艾勒金斯第一公式）	计算跨度 6（点距数）
17	布格重力异常垂向二阶导数（艾勒金斯第二公式）	计算跨度 6（点距数）
18	布格重力异常垂向二阶导数（艾勒金斯第三公式）	计算跨度 6（点距数）

续表

序号	处理方法	处理参数
19	布格重力异常垂向二阶导数（哈克公式）	计算跨度 16（点距数）
20	布格重力异常垂向二阶导数（罗森巴赫第二公式）	计算跨度 16（点距数）
21	趋势分析处理求取的剩余重力异常	阶数 18
22	向上延拓处理求取的剩余重力异常	向上延拓高度 3000 m
23	补偿圆滑滤波处理求取的剩余化极磁力异常	补偿因子 10，指数因子 200
24	化极磁力异常水平方向 135°一阶导数	计算跨度 2（点距数）
25	滑动平均滤波处理求取的剩余化极磁力异常	滑动窗口 13×13（点距数）
26	正则化滤波处理求取的剩余化极磁力异常	几何尺度 32（点距数）
27	化极磁力异常解析信号振幅	
28	化极磁力异常归一化标准差	
29	化极磁力异常归一化标准差垂向导数	
30	化极磁力异常归一化总水平方向导数垂向导数	
31	化极磁力异常归一化 Theta Map 垂向导数	
32	化极磁力异常斜导数	
33	化极磁力异常总水平方向导数（频率域）	
34	化极磁力异常斜导数总水平方向导数	
35	化极磁力异常 Theta Map	
36	趋势分析处理求取的剩余化极磁力异常	阶数 18
37	向上延拓处理求取的剩余化极磁力异常	向上延拓高度 20000 m
38	化极磁力异常垂向二阶导数（艾勒金斯第一公式）	计算跨度 16（点距数）
39	化极磁力异常垂向二阶导数（艾勒金斯第二公式）	计算跨度 12（点距数）
40	化极磁力异常垂向二阶导数（艾勒金斯第三公式）	计算跨度 12（点距数）
41		
42		
43		
44		
45	化极磁力异常垂向二阶导数（哈克公式）	计算跨度 16（点距数）
46	化极磁力异常垂向二阶导数（罗森巴赫第二公式）	计算跨度 16（点距数）

（2）IF-DNN 建模结果

通过地球物理数据处理 A 与 B 方案形成增强数据，分别进行 ID-DNN 建模，计算结果精度对比表见表 11.15。地球物理数据处理 A 方案形成的 AI 地质图见图 11.44。地球物理数据处理 B 方案形成的 AI 地质图见图 11.45。

表 11.15　地球物理数据处理 A 与 B 方案建模精度对比表

地球物理数据处理方案	填图对象个数	平均召回率/%	整体召回率/%
A	220	97.97	98.69
B	220	99.14	99.21

（3）对比评价用图

1）预测图：地球物理数据增强处理 A 方案见图 11.44。

2）预测图：地球物理数据增强处理 B 方案见图 11.45。

3）对比图：内蒙古 1：5 万奈玛拉吉等三幅构造纲要图（2021 年 8 月版）见图 11.46。

（4）综合评价

A. 与实测地质图比较的综合评价

本次地球物理数据增强后的 A 方案（图 11.44）与 B 方案（图 11.45）预测结果从宏观上与实测的内蒙古 1：5 万奈玛拉吉等三幅构造纲要图（见图 11.12）对比，其第四系沉积盖层面积明显减少，而二叠系基底和侵入岩的预测面积大幅度增加，图面总体与反映测区前第四纪构造格架的构造纲要图（图 11.46）的形态更为接近。其在测区北部和中部预测的二叠纪地层东西向延展较好，加之预测的中生代侵入岩的断续展布形态，基本能够反映出测区受晚古生代和中生代构造叠加控制，以中生代近东西向盆-隆构造叠加东西向、北东向、北西向和南北向脆性、韧脆性断裂构造为主体的构造形迹特征，由北向南呈现出不完整的“两隆两盆”的构造格局，即北部、中部为两条古生代隆起，其间发育中生代火山-沉积盆地。

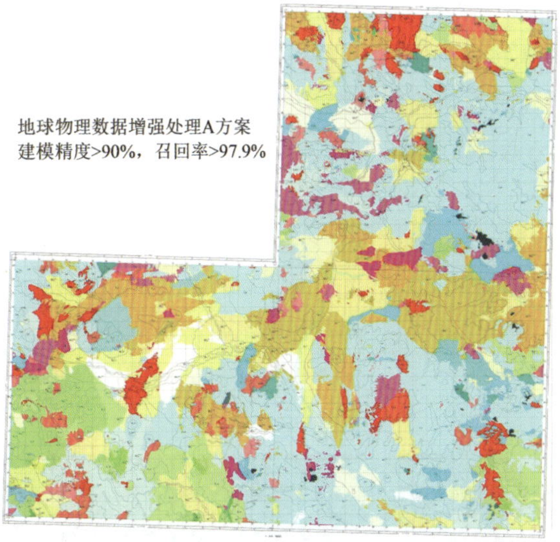

图 11.44　地球物理数据增强处理 A 方案

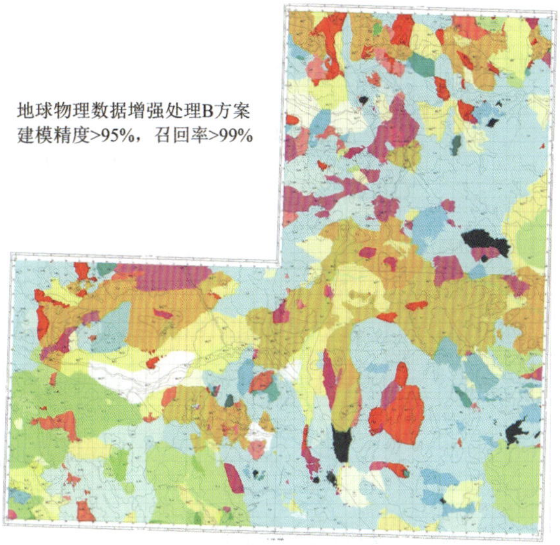

图 11.45　地球物理数据增强处理 B 方案

B. 与未采用地球物理数据建模的 AI 地质图比较

与未采用地球物理数据建模的 AI 地质图（图 11.13）相比，图面最大的区别也就是在于对第四系地层的覆盖范围的预测，地球物理数据增强后的两个方案的预测图第四系面积明显减少，而晚古生代地层和中生代侵入岩的面积明显增多，单个地质体的延展和规模也有所增加，认为其更加能够反映深部的地质体展布形态与构造格架，而对于浅表的地质信息则提供的不甚准确。

C. 地球物理数据加强处理 A 和 B 方案后的两种结果对比

从地球物理数据加强处理 A 和 B 方案后的两种结果对比来看，A 方案预测图（图 11.44）中的地质体更为细碎，侵入岩尤为明显，地质界线出现“毛边”的现象更为明显，部分位置还会出现较平直的地质界线，如巨里河幅东北部二叠系与第四系地层之间的部分界线。而 B 方案（图 11.45）预测图则少有上述问题，图面情况与测区构造纲要图更为接近，成图效果更好。

11.4 存在的问题和建议

11.4.1 部分地质体预测不准确

预测不准确的地质体主要可划分为两个方面：一是预测地质体具有 P+R+S 数据覆盖而预测出的结果不准确；二是预测地质体无 P+R+S 数据覆盖而预测出的结果不准确。对于第一种情况对其评价时寻找原因主要要对样本数据进行检查，看是否存在样本数据录入错误、地质认识更新等；第二种情况是实现无 P+R+S 数据覆盖区的预测，其效果的优劣是检验预测能力的关键，对于该种情况则主要需对深度学习的参数方案、证据数据的使用等方面进行调整。

本轮预测出现第一种情况相对较少，第二种情况的验证受限于目前工作阶段野外调查区未全部覆盖该预测区域，但局部地质人员已进行预调查并获得相对确定的结果，目前仅一处证实为不准确。以下对这两种情况的示例进行说明：

1）第一种情况：红石砬山北侧野外实地调查主要为酸性火山熔岩（图 11.46），即上侏罗统满克头鄂博组火山岩，但预测地质图在该处预测为 P_1s［图 11.47（b）］，因而该处的预测结果不准确，观察红石砬子山一带的样本数据［图 11.47（a）］，该处周边分布有 P+R+S 数据，因而对该处样本数据进行核实（表 11.16），D3123 及 D3122 中的其中两个点的 *XX* 坐标出现错误，因而导致该点出现在所预测的区域，影像预测结果，相信纠正该两处错误信息后，新的预测结果会与实际调查相符合。

表 11.16　D3122 及 D3123 样本数据表

ID	路线号	地质点号	采集方式	点性/采样类型	*XX*	*YY*	原始填图单位+岩性组合标签
13	PM312	D3123	地质点	岩性控制点	308692.9	4966478.5	P_1s 灰色粉砂质板岩与岩屑砂岩不等厚互层
13	PM312	D3123	地质点	岩性控制点	302970.7	4967971.93	P_1s 灰色粉砂质板岩与岩屑砂岩不等厚互层
11	PM312	D3122	地质点	岩性控制点	307789.8	4967010.46	P_1s 灰色粉砂质板岩与变质岩屑砂岩
11	PM312	D3122	地质点	岩性控制点	302601.9	4968706.83	P_1s 灰色粉砂质板岩与变质岩屑砂岩

(a)

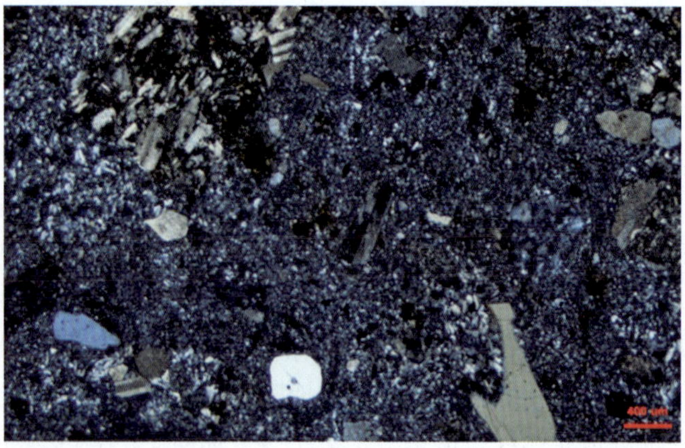

(b)

图 11.46　流纹质弱熔结角砾岩晶屑凝灰岩标本与薄片

（a）红石砬山北侧上侏罗统满克头鄂博组流纹质弱熔结角砾岩晶屑凝灰岩手标本；（b）薄片鉴定照片

2）第二种情况：沙那格一带并无 P+R+S 数据覆盖［图 11.48（a）］，技术人员对该处进行预调查发现该处主要为玄武安山岩（图 11.49），属下白垩统梅勒图组（K_1m）［图 11.48（b）］，而本次

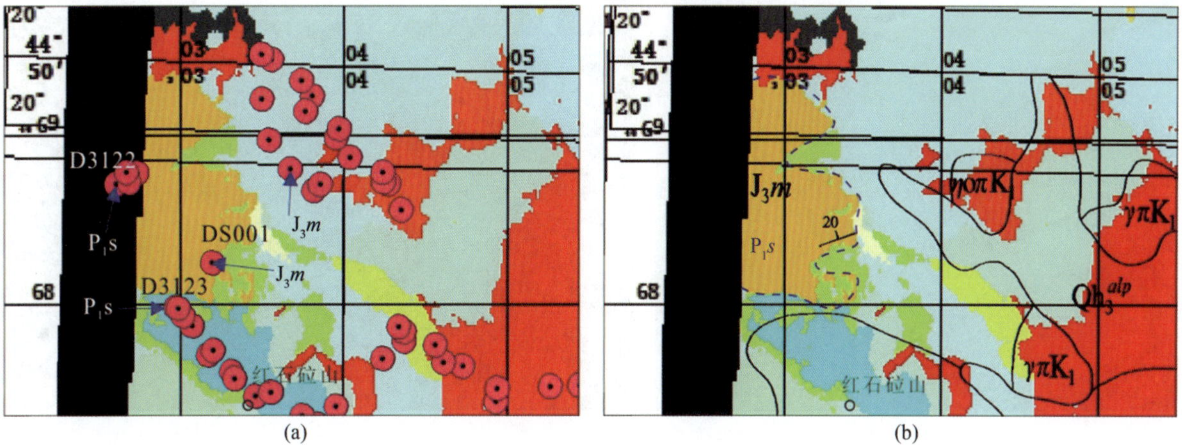

图 11.47　红石砬山一带预测错误分析
（a）红石砬山一带样本数据分布图；（b）预测地质体（颜色）与实测地质体（实线）对比图

预测在该处均预测为上侏罗统满克头鄂博组（J_3m），因而在该处预测不准确，推测该处可能受到大范围分布的满克头鄂博组影响，还需要参数再试验调优。

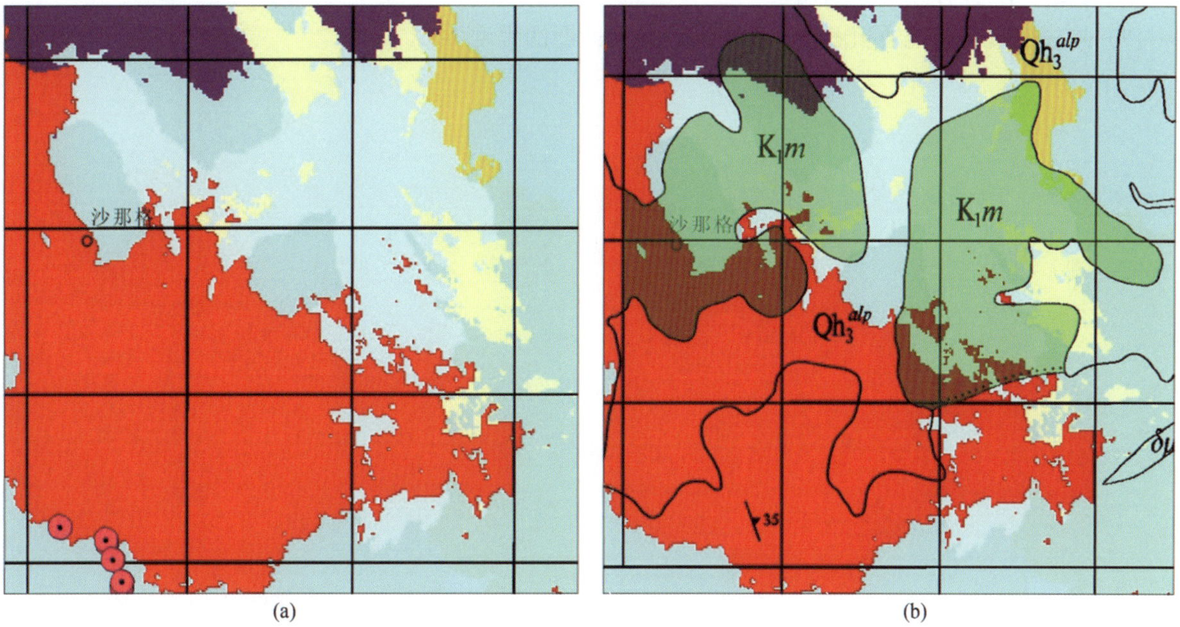

图 11.48　沙那格一带预测错误分析
（a）沙那格一带样本数据分布图；（b）预测地质体（颜色）与实测地质体（实线）对比图

11.4.2　其他原因与建议

1）部分野外资料整理及测试工作相对滞后，如同位素测年、岩石地球化学数据等，一定程度影响现阶段实测地质图的准确性，提供用于深度学习预测的数据也会出现错误样本。

2）由于疫情、分属不同项目等各类客观因素影响，导致沟通欠缺，导致预测图-实测图对照应用不够及时。

3）目前仅采用预测图-实测图各填图单位的总面积进行定量评价，评价相对粗糙，不利于分析

(a) (b)

图 11.49　下白垩统梅勒图组玄武安山岩岩标本与薄片

（a）沙那格附近下白垩统梅勒图组玄武安山岩岩野外露头；（b）薄片鉴定照片

深度学习地质填图技术预测图的准确性。

4）参与示范调查人员均为地质矿产专业技术人员，信息技术理论较薄弱且处于起步阶段，思维转变和对深度学习的理解程度不足。

5）应用深度学习地质填图技术解决关键地质问题的程度不够。

第 12 章　枫香驿幅深度学习地质填图技术应用

12.1　应用概况

12.1.1　工作任务基本情况

12.1.1.1　区位条件

试验图幅为 1∶5 万枫香驿幅（H50E010009）。图幅所在区域行政区划隶属于安徽省安庆市太湖县和宿松县，面积约 440 km^2。地理拐点坐标分别为：①东经 116°15′00″，北纬 30°20′00″；②东经 116°00′00″，北纬 30°30′00″；③东经 116°15′00″，北纬 30°30′00″；④东经 116°15′00″，北纬 30°20′00″。

区内交通较为便利。区内西南角有安九高速铁路、合九铁路、沪渝高速以及 105 国道横穿而过。北部有 211 省道横贯东西。西南角有 249 省道通行。区内县道、村镇道路四通八达，具有较为发达的公路交通网络。

12.1.1.2　地形、地貌条件

图幅所在区域地处大别山南麓，属长江流域；地势北西高，南东低。图幅内大部分区域为低山-丘陵地貌，海拔 200~900 m，最高峰海拔 998 m（六省凸），相对高差 200~600 m。山区山势陡峻，多发育冲沟及“V”形谷。图幅南东角为山前剥蚀堆积高山丘或断陷盆地，海拔 30~150 m。

12.1.1.3　气候条件

图幅所在区域属亚热带季风湿润型气候，其特点是温度宜人，四季分明，雨水充沛，光照充足，无霜期长。年平均气温 16.2℃，年极端最高气温 39.2℃，最低气温达－16℃。年降水量 916~1777 mm，年平均降水量 1455 mm，降水集中在 4~8 月，山区降水多于丘陵。全年平均日照时数 2023 h，无霜期年平均 249 天。

12.1.2　预研究资料收集与认识

12.1.2.1　区域地质矿产调查

区内新中国成立后至 21 世纪初，陆续开展了各类中小比例尺（1∶25 万、1∶20 万、1∶5 万）区域地质矿产调查或修测。1970 年，安徽省冶金地质局 311 地质队（后隶属安徽省地矿局）完成《太湖幅 H-50-15 1∶20 万区域地质矿产调查报告》。安徽省地矿局 311 地质队完成《张家塝幅（东）H-50-52-D 枫香驿幅 H-50-53-C 大湖县幅（西）H-50-53-D 破凉亭幅（北）H-50-65-A 1∶5 万区域地质调查报告》（苏一波等，1988）。安徽省地质调查院完成《太湖县幅 H50C002002 1∶25 万区域地质调查报告》（汪来利等，2002）。安徽省地质调查院与安徽省地矿局 311 地质队采用数字地质填图技术共同完成《安徽省宿松地区矿产地质调查报告》（王翔等，2016）。上述资料本次全部收集。其中，21 世纪安徽省宿松地区矿产地质调查过程中对 20 世纪 80 年代末完成的 1∶5 万枫香驿幅地质图进行了修测。修测工作对之前 1∶5 万调查认定的原大别岩群刘畈岩组、桥岭岩组、原宿松岩群虎踏石岩组、蒲河岩组进行了重新厘定。原相关岩组主体均为变质变形侵入体，这为本次深

度学习地质填图技术的应用提供了较好的比较材料。同时，修测工作采用数字地质填图技术形成的区域地质调查原始数据（PRB 数据）也为本次图幅试验提供了有利条件。

12.1.2.2　区域物化探调查与遥感地质解译工作

本区 1∶20 万航空重力、航空磁法以及水系沉积物测量全覆盖。安徽省地矿局 311 地质队完成 1∶20 万蕲春幅、太湖幅区域水系沉积物地球化学调查（徐文武，1991）。安徽省地球物理地球化学勘查技术院完成太湖县幅 1∶20 万重力地质调查（王晓莺，1995）。2016 年，“安徽省宿松地区矿产地质调查”在本区开展了系统的 1∶5 万水系沉积物测量和 1∶5 万遥感地质解译工作（王翔等，2016）。

上述 1∶20 万地球物理测量和 1∶5 万遥感地质解译原始数据、1∶5 万地球化学调查成果数据实现收集并整理。存在不足的问题是地球物理调查数据比例尺与其他数据不一致，前者为 1∶20 万，后者均为 1∶5 万。

12.1.3　深度学习地质填图技术应用情况

本次图幅深度学习地质填图技术试验选择 1∶5 万枫香驿幅开展。填图单位深度学习样本库主要使用数字地质填图形成的原始 PRB 数据、高分二号遥感影像数据和地球化学调查数据。图 12.1 为枫

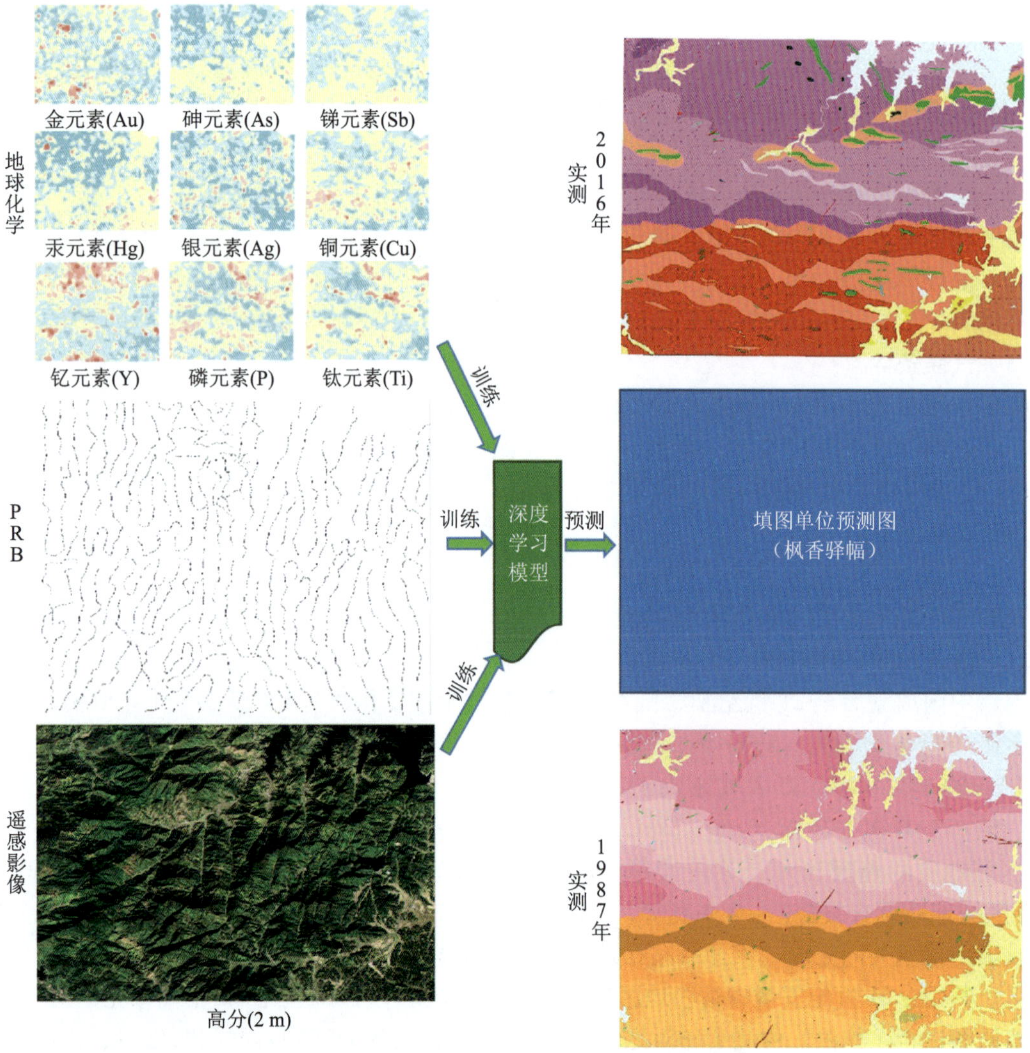

图 12.1　枫香驿幅填图单位深度学习试验流程

香驿幅深度学习地质填图技术试验流程。

需要说明的是，由于深度学习地质填图技术试验平台为非涉密环境，航空重力与航空磁法数据本次未加入到深度学习样本库中。

12.2　调查区基础地质特征

试验图幅 1∶5 万枫香驿幅（H50E010009）位于大别造山带东段，紧邻大别山造山带与扬子陆块两个大地构造单元结合部位（图 12.2）。区内构造变形强烈，多期次的构造运动形成了区内强度不同、方向各异的断裂及韧性剪切构造。区内出露为大别山造山带核部的中深变质岩地层，属于大别-淮阳地层区岳西地层小区（戴圣潜等，2014）。其中，沿山前地带分布有第四纪地层。

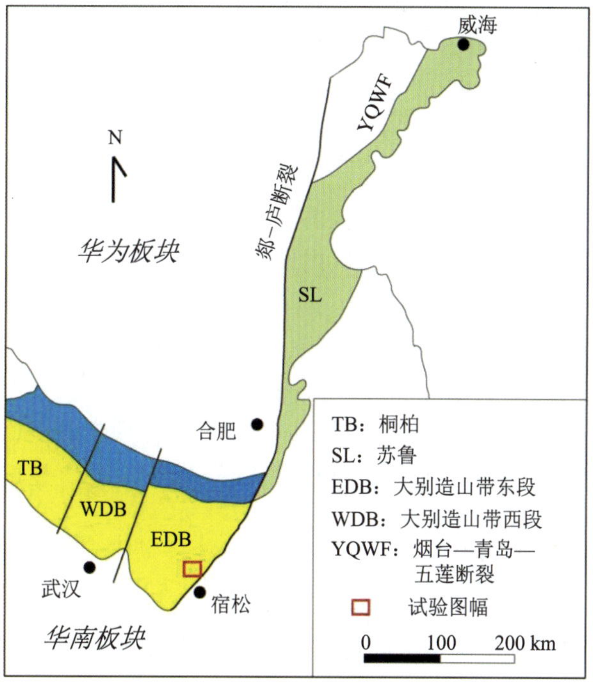

图 12.2　枫香驿幅大地构造位置示意图

12.2.1　地层

区内地层主要出露大别山岩群和宿松岩群，其时代归属一直存在争议（李曙光等，1989；徐树桐等，2010；高天山等，2002；李俊辉等，2016）。依据《安徽省宿松地区矿产地质调查报告》（王翔等，2016）中地层划分方案，区内主要分布古元古代、中—新元古代和新生代地层。从老到新依次为古元古界桥岭岩组，中—新元古界柳坪岩组、蒲河岩组以及第四系中更新统戚家矶组、全新统芜湖组等。

12.2.1.1　古元古代地层

桥岭岩组（$Pt_1q.$）

本组原名桥岭组，系安徽省区测队（1970—1974）命名于岳西县的桥岭村。据《安徽省宿松地区矿产地质调查报告》（王翔等，2016），时代为古元古代。

分布于区内北部太湖-方咀韧性剪切带以北的英山-潜山（超）高压岩片中。在图幅北部沿近东西向呈包裹体或残留顶盖形式产出，出露面积较少。

岩性以黑云（角闪）斜长片麻岩、榴闪岩、二云斜长片麻岩、薄层云母石英片岩为主，局部含磁铁石英岩，大理岩，并含有较多的榴辉岩等变质铁镁质岩岩块。

12.2.1.2　中—新元古代地层

（1）柳坪岩组（$Pt_{2-3}l.$）

本组原为宿松群（现宿松岩群）的一个组，311 地质队（1980、1982）创名于宿松县柳坪-二朗河一带。据《安徽省宿松地区矿产地质调查报告》（王翔等，2016），时代为中—新元古代。

岩性组合为含磷白云母石英片岩、含磷白云石大理岩、磷灰岩、厚层白云质大理岩、含滑石云母石英片岩、白云母斜长片麻岩。

（2）蒲河岩组（$Pt_{2-3}p.$）

本岩组原为宿松群（现宿松岩群）的一个组，311 地质队（1980、1982）创名于宿松县柳坪-二朗河一带。据《安徽省宿松地区矿产地质调查报告》（王翔等，2016），时代为中—新元古代。

岩性组合为白云母石英片岩、石墨片岩、石英岩、大理岩、含黄玉蓝晶石石英岩夹斜长角闪岩、变质蛇纹岩岩块及双峰式火山岩岩块。该岩组以富含碳、硅、铝，以及变质蛇纹岩为特征。与下伏地层呈构造平行化接触。

12.2.1.3　第四纪地层

第四纪地层主要分布于图幅的东南角和图幅内河流两岸。本区属于长江流域，第四纪地层自下而上为戚家矶组、下蜀组、芜湖组。其中下蜀组区内地表未出露。

（1）戚家矶组（Qp^2q）

戚家矶组系安徽省区域地质调查队 1982 年创建，为坡麓环境堆（沉）积物。据《安徽省宿松地区矿产地质调查报告》（王翔等，2016），时代划归中更新世。

主要岩性为紫红色黏土层、含姜结核粉质黏土、含细砾黏土质粉砂土、细砂土、砾石层。下部砾石层砾石大小不等，杂乱堆积；上部砾石层，砾石磨圆好、分选也好，显正粒序，砾石扁平面呈叠瓦状排列。

该组与前第四纪地层呈角度不整合接触。

（2）芜湖组（Qhw）

本组为 1982 年安徽省区域地质调查队创建，主要为长江流域全新世河流环境沉积。本组的成因类型以冲积为主。

岩性主要为灰白、灰黄色含细砾黏土质粉砂土、含细砾粉砂土、砾石层。砾石以长石石英砂岩为主，磨圆好、但分选差。底部砾石层无磨圆、棱角状、分选差，杂乱堆积。

12.2.2　岩浆岩

区内古元古代和新元古代中酸性变质变形侵入岩发育。另外，区内脉岩也广泛发育。

12.2.2.1　古元古代侵入岩

古元古代侵入岩仅出露于图幅西北角徐家河一带。代表性岩体为石井村岩体（$\gamma\delta Pt_1^s$）。岩体普遍遭受较为强烈的变质变形作用，岩性主要为片麻状花岗闪长岩。原岩为花岗闪长岩。

岩石呈灰白色，片麻状构造，鳞片粒状变晶结构—变余似斑状结构，主要矿物组成：斜长石 50%~60%、钾长石 15%~20%、石英 15%~20%和暗色镁铁质矿物（黑云母、角闪石等）<10%。斜长石为更、中长石（An 15~20），钾长石以微斜长石为主。副矿物有锆石、磷灰石、磁铁矿等。

12.2.2.2　新元古代侵入岩

新元古代侵入岩基本全区分布，代表性岩体为刘畈岩体、桥岭岩体、水吼岭岩体、枫香驿岩体和烽火村岩体等，均是从原大别岩群、宿松岩群中解体出来的变质变形侵入体。岩石类型主要为片麻状二长花岗岩、片麻状花岗岩，原岩为二长花岗岩、花岗岩。岩体经历了多期变质和变形作用的改造，侵入体在受到强烈的变质变形作用时，岩性转变为白云母二长片麻岩、白云母石英片岩等。在区域上常见花岗质片麻岩与白云母二长片麻岩、白云母石英片岩之间呈渐变过渡关系，没有截然界线。桥岭岩体、刘畈岩体和水吼岭岩体主体均为片麻状二长花岗岩，不同的是水吼岭岩体紧邻太湖-方咀韧性剪切带。另外，枫香驿岩体和烽火村岩体主体也均为片麻状花岗岩。下面以桥岭岩体、水吼岭岩体和枫香驿岩体为例说明各类新元古代变质变形侵入体的岩石特征。

（1）桥岭岩体（$\eta\gamma Pt_3^q$）

岩体分布于图幅中北部花凉亭水库周边，岩性主要为片麻状二长花岗岩。岩石呈灰白色，主要组成矿物为斜长石（35%~40%）、微斜长石（15%~20%）、石英（25%~30%）、黑云母（10%~15%）等，黑云母已全部为白云母及少量绿泥石、帘石交代，并析出少量不透明矿物及细小针状金红石。岩石呈片麻状构造，鳞片粒状变晶结构，局部强变形处石英常见被压扁、拉长，具波状消光；变形较弱的岩石为块状—弱片麻状构造，变余花岗结构。桥岭岩体与大别岩群变质表壳岩呈侵入接触关系，一般在其内接触带附近，常见到后者的捕虏体，两者又共同卷入后期的变形。

（2）水吼岭岩体（$\eta\gamma Pt_3^s$）

岩体呈带状分布于图幅中部三角尖—雷公尖—陈家岭一带。岩性主要为中粗粒片麻状二长花岗岩。岩石呈灰白色、浅肉红色，主要矿物为斜长石（30%~40%）、钾长石（25%~30%）、石英（20%~30%）。次要矿物黑云母、白云母、绿帘石、石榴子石等。副矿物有锆石、榍石、磁铁矿等。

图幅内水吼岭岩体呈近东西向带状分布，紧邻太湖-方咀韧性剪切带。在强变形带内，岩石经受强烈的韧性剪切，发育糜棱面理及拉伸线理，局部发育构造白云母石英片岩。随着远离剪切带中心，岩体的变形越来越弱，有时保留变余花岗结构。

（3）枫香驿岩体（γPt_3^{fx}）

主要分布于太湖-方咀韧性剪切带以南，呈北西西向展布。围岩为宿松岩群云母石英片岩、石英岩等。二者呈侵入后的构造平行化接触。

岩性主要为片麻状花岗岩。在强变形带内，岩石经受强烈的韧性剪切，于岩体内部发育三条构造白云母石英片岩带，在远离剪切带中心地段，岩体的变形越来越弱，有时保留变余花岗结构；常见花岗质片麻岩与白云母二长片麻岩、白云母石英片岩之间呈渐变过渡关系，没有截然界线。岩石呈灰白—浅肉红色，花岗变晶结构，片麻状构造。主要矿物成分：钾长石35%~50%，石英25%~30%，斜（钠）长石10%~20%，其次为黑云母2%~5%，白云母1%~3%。副矿物有锆石、磷灰石、金红石、钛铁矿、磁铁矿、石榴子石等。粒径0.5~2.5 mm。

12.2.2.3 脉岩

图幅内脉岩广泛发育，脉岩类型多样，主要为花岗斑岩脉、闪长岩脉、石英脉和煌斑岩脉等。岩脉主要顺北东向、近东西向和近南北向的断裂侵位产出，规模几米至上千米不等。区内脉岩的产出先后顺序主要为煌斑岩脉、花岗斑岩脉、闪长岩脉。其中，花岗斑岩脉、闪长岩脉应为燕山期岩浆作用产物；而石英脉产出时限范围较广，各个时期均有分布。其中部分脉岩与围岩接触带发育硅化、褐铁矿化、黄铁矿化等矿化蚀变。蚀变带出露宽度不等，多在0.3~3 m之间。接触带产状与脉岩基本一致，与内生金属矿产的成矿作用具有密切联系。

12.2.3 构造

图幅位于大别造山带东段南缘，是中深层次变质岩出露区，以发育不同方向强、弱相间变形带为特点。图12.3为枫香驿幅构造纲要简图。以太湖-方咀逆冲韧性剪切带（F_7）为界，图幅可划分为太湖超高压岩片和宿松变质岩片两个构造变形带。图幅内构造演化可追溯到古元古代。印支期南、北两大陆块碰撞造山作用对区内构造格架影响最大，定位于燕山期碰撞后伸展作用。

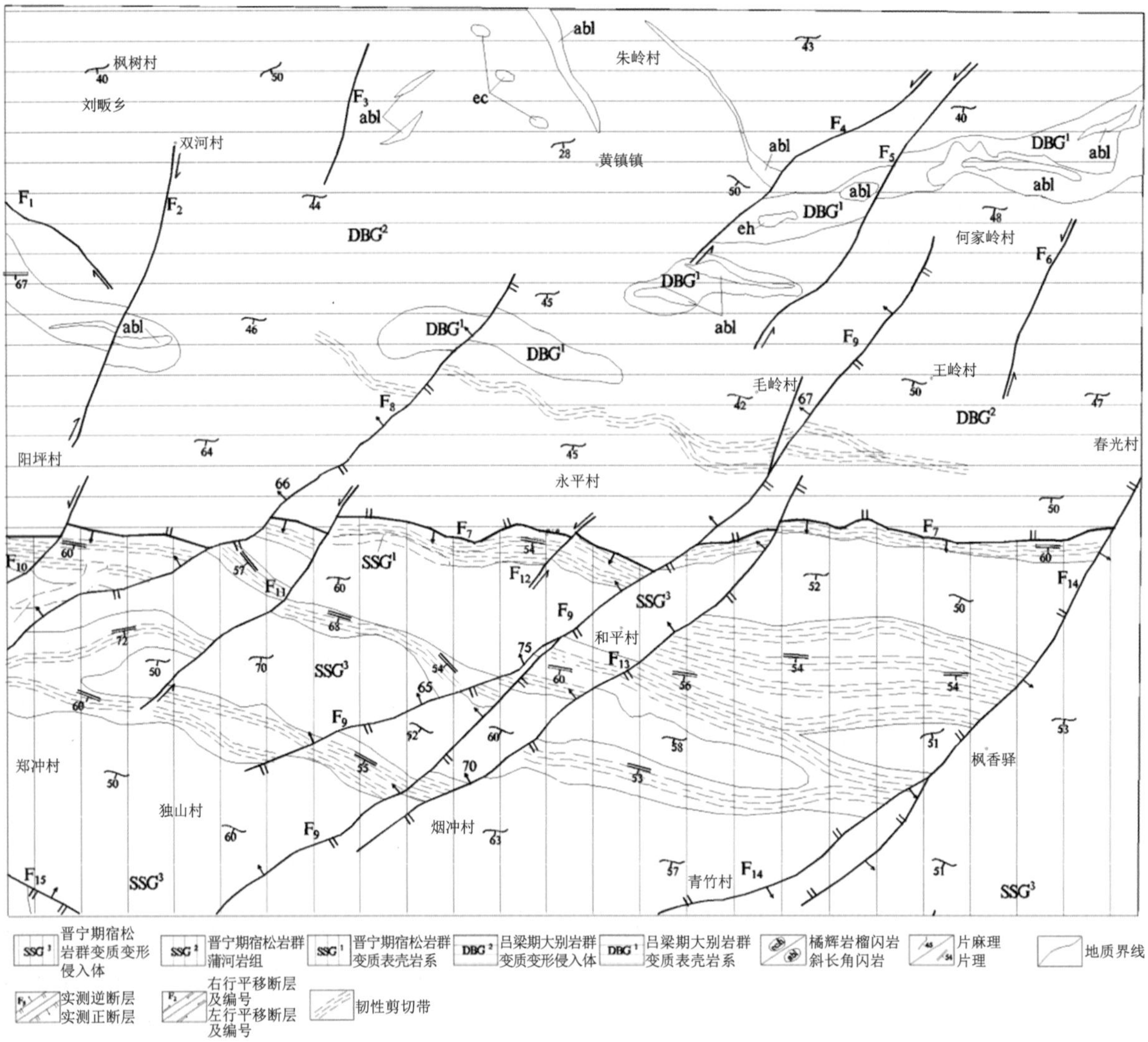

图 12.3　枫香驿幅构造纲要简图

12.2.3.1　构造变形特征

图幅属大别造山带，以太湖-方咀逆冲韧性剪切带（F_7）为界，划分为太湖超高压岩片和宿松变质岩片两个构造变形带。北为太湖超高压岩片，以大面积出露新元古代变质变形侵入体及少量新元古代—古元古代变质表壳岩系为特征。变质表壳岩系在变质变形侵入体中以捕虏体、残留顶盖等形式产出。南为宿松变质岩片，以出露中元古代变质表壳岩系及新元古代变质变形侵入体为特征。二者作为大别造山带整体组成的一部分，在构造变形特征上具有一定的相似性，又因各构造变形带具有不同的地质构造背景，因而在一定程度上构造变形特征也存在一定差异。

（1）太湖超高压岩片

太湖超高压岩片分布于图幅北部。主要由花岗质片麻岩、二长花岗质片麻岩、片麻岩、片岩及少量大理岩、榴辉（闪）岩、斜长角闪岩等组成。其中大理岩、榴辉（闪）岩、斜长角闪岩等大小不等，分布不均，大部分呈透镜状、不规则状、“脉状”“布丁状”分布在大别岩群桥岭岩组中。桥岭岩组以残留顶盖形式分布于大面积出露的二长花岗质片麻岩内；部分斜长角闪岩、榴辉（闪）岩以包裹体、捕虏体等形式产出。

（2）宿松变质岩片

宿松变质岩片北以太湖-方咀韧性剪切带（F_7）为界与太湖超高压岩片相邻。岩片由稳定环境下被动大陆边缘浅海台地相沉积岩（柳坪岩组）、以原岩为酸性岩浆岩为主的变质变形侵入体（枫香驿花岗质片麻岩）以及蒲河杂岩组成，普遍遭受高压高绿片岩相—低角闪岩相变质作用。

12.2.3.2　韧性剪切带

区内近东西向太湖-方咀韧性剪切带（F_7）贯穿全区，是大别岩群与宿松岩群的分划性剪切带。剪切带表现出明显的强应变带与弱应变域相间分布的特征，强应变带数米到数十米不等，影响宽度3~5 km，总体向南倾斜。

作为大别岩群与宿松岩群的分划性界面，其两侧的岩石组成、变形变质作用均有明显差异。分布于剪切带南侧的宿松岩片由中元古代含磷变质岩系和新元古代变质变形侵入体组成。变质作用主要为绿帘-角闪岩相，为退变质作用产物；剪切带北侧的太湖超高压岩片主要由灰白色含磁铁矿白云母二长片麻岩、黑云斜长片麻岩及少量变质表壳岩系（桥岭岩组）组成，其形成的温度和压力都明显高于剪切带南侧的宿松岩片的峰期变质温度和压力。两者之间存在明显的变质变形差异。

剪切带主要由花岗质片麻岩、白云母石英片岩、含石榴石黑云（白云母）石英片岩及包裹其中的白云母斜长片麻岩和含石榴黑云斜长片麻岩组成，发育有变形强度不一、类型不同的糜棱岩、构造片岩以及构造片麻岩等。

12.2.3.3　断裂构造

图幅内断裂构造极为发育，规模大小不等，性质各异，按方向不同可以划分为北东向和近东西向两组断裂系，其中以北东向断层最为发育。它们在空间上以一定的方位有规律地分布，形成区内较为复杂的断层网络系统。

（1）区域性断裂

郯庐断裂带是中国东部重要的北东向区域性断裂带。在区内为桐城-太湖断裂带，由枫香驿-铜铃寨断裂（F_{14}）及其旁侧的分支断裂组成。

枫香驿-铜铃寨断裂（F_{14}）：图幅内展布于枫香驿—毛栗村一线，呈北东走向贯穿全区。断层产状120°∠70°，断层斜切太湖超高压岩片和宿松变质岩片，具有左行平移性质，平移距离200~500 m。

（2）一般性断裂

图幅内北东向断层最为发育，总体特征表现为规模较大、延伸远。断层常具多期活动特征，断裂带中常见发育构造角砾岩或碎裂岩，并伴有硅化、绿泥石化等多种矿化蚀变。断层性质以逆断层为主，次为正断层、平移断层。以紫荆村-周冲村断层（F_9）为例描述如下：

紫荆村-周冲村断层（F_9）：位于图幅东部，呈北东向贯穿全区，断层总体产状：310°~325°∠65°~75°。断层出露于大别造山带内，呈北东向斜切太湖超高压岩片和宿松变质岩片。断裂有明显分支现象，北东侧沙畈村附近发育近北北东向分支断裂，延伸近2 km消亡在大别岩群岩石中；南西侧近吴河村附近，一条近南西西向分支断层发育，全长约7.5 km，消亡在宿松变质岩片中。在老岗村一带，断层发育有宽度约50 m的断层破碎带，破碎带内岩石极为破碎，发育一系列构造类岩石，由边部向断层中心，主要有角砾岩、碎斑岩、碎粒岩、断层泥等，沿断层常见雁行状排列的构造透镜体，其长轴与断层走向一致，倾向北西，带中硅化、绿泥石化、绢云母化等矿化蚀变强烈。断层带中次级断面较为发育，在剖面上呈叠瓦状组合，总体产状：325°∠66°，擦痕、阶步等小构造较为常见，擦痕产状355°∠62°，除此之外，断层带附近一北西西向韧性剪切带被该断层左行切割，平移距离100~200 m。根据上述特征判断，紫荆村-周冲村断层（F_9）为高角度左行平移逆冲断层，受晚期伸展作用影响有正断滑覆现象。

12.2.4 变质岩

图幅属大别山中深变质岩带，自北向南可进一步分为太湖超高压变质岩带和宿松高压变质岩带，依次出露高—超高压榴辉岩相和高压绿帘角闪岩相的变质岩。此外，区内动力变质岩也较为发育。

12.2.4.1 大别岩群变质岩

区内大别岩群出露地层主要为桥岭岩组，主要分布于北部，呈包裹体或残留顶盖形式产出，出露面积较少。岩性主要有石英榴辉岩、黑云斜长片麻岩、斜长角闪岩、榴闪岩、白云母石英片岩和变粒岩。局部可见白片岩。

（1）岩石学特征

石英榴辉岩：分布在花凉亭水库周围及其以南，榴辉岩多呈大小不等的透镜体分布于黑云斜长片麻岩及变质变形侵入体中。石英榴辉岩为灰绿色，中粒花岗变晶结构，块状构造，边部具弱的片麻理。岩石由石榴子石、绿辉石、蓝晶石、石英、多硅白云母、金红石和钠质闪石等组成，以不含柯石英而含蓝闪石为特征。

黑云斜长片麻岩：主要矿物有石英、斜长石、黑云母、白云母。次要矿物有石榴子石、绿帘石、黝帘石、金红石/榍石、锆石等。呈带状分布，具有明显的沉积岩层特征。石榴子石多以残晶存在，裂隙及边缘常有闪石+绿帘石的后成合晶，并被更晚期绿泥石交代。石榴子石以富含铁铝榴石为特征。

白云母石英片岩：通常与黑云斜长片麻岩呈互层并含有榴辉岩透镜体。其矿物组合为石英+多硅白云母+石榴子石+蓝晶石+斜黝帘石+绿帘石+斜长石。石榴子石主要以斑晶形式存在，成分以铁铝榴石为主，其中有多晶石英包体。

斜长角闪岩：根据产状与岩石共生组合可分为两类：①呈透镜状，常与榴辉岩、榴闪岩等共生；②呈透镜状、似层状产于表壳岩及变质变形侵入体中，沿面理方向展布，常与角闪斜长片麻岩共生。岩石类型有斜长角闪岩、透辉石斜长角闪岩、黑云斜长角闪岩、含榴斜长角闪岩等。

变粒岩：通常与黑云斜长片麻岩共生。岩石为灰色，鳞片粒状变晶结构，片麻状构造。由钠长石（40%~50%）、石英（20%~30%）及含量不等的石榴子石、黑云母、白云母、绿帘石/黝帘石、角闪石、金红石、榍石、磁铁矿等组成。

白片岩：出露于花凉亭水库大坝北端，岩石呈脉状出现在宽 40 m、高 10 m 的块状榴辉岩中，厚约 50 cm，总体倾向西，露头延伸 10 m 以上。白片岩呈灰白色，块状构造，发育弱的面理，细粒半自形粒状变晶结构。岩石主要由石英（50%）、蓝晶石（15%）、绿帘石（20%）及滑石（5%）组成。次要矿物有金红石、锆石及钛铁矿，含有约 7%的后成合晶，偶有石榴子石出现。

（2）矿物共生组合

图幅内大别岩群的变质矿物共生组合见表 12.1。

表 12.1 区内大别岩群变质矿物共生组合

岩性	榴辉岩相	后成合晶	绿片岩相
石英榴辉岩	Gt+Ky+Czo+Ru+Phe	Di+Ab+Zo+Mus+Qz+Amp	Amp+Ep+Ab+Bi
白云母石英片岩	Gt+Ky±Coe+Ru+Phe+Czo	Czo+Qz+Ab+Mus	Ab+Qz+Ep
变粒岩	Gt+Zo+Qz+Ru+Phe	Ep+Amp+Bi+Mus+Ab+Qz+Gt	
白片岩	Ky+Tc+Coe+Qz+Ru		

（3）变质条件

图幅内榴辉岩为不含柯石英的石英榴辉岩，形成的 $P-T$ 条件为 635±40℃，2.2±0.4 GPa。石英榴辉岩由于形成的温压低，因而保存了进变质过程中的大量信息。石榴子石核部有早期矿物如多硅白云母、冻蓝闪石+钠云母、石英、钠长石等包体，为绿帘-角闪岩相；边部有绿辉石、多硅白云母及镁红闪石、金红石等矿物包体。同时石榴子石成分从核部到边缘，镁铝榴石组分增加，钙铝榴石及组分含量减少，指示一个明显的进变质过程。石榴子石边部绿辉石、多硅白云母及金红石等包体的出现标志着榴辉岩相的开始。其峰期的温压为635℃±40℃、2.2±0.4 GPa。石英榴辉岩的退变质作用经过角闪岩相和绿片岩相变质、退变质的叠加。

12.2.4.2　宿松岩群变质岩

图幅内宿松岩群出露地层主要为柳坪岩组和蒲河岩组，主要分布于南部。岩性可分为片岩类、长英质粒状岩类、片麻岩类和变质基性岩类。

（1）岩石学特征

片岩类：呈层状、似层状产于宿松岩群中。以发育片理和富含云母、石英为特征。根据石英和云母的相对含量又可分为云母片岩亚类和石英片岩亚类。

云母片岩亚类，其化学成分与泥质岩相似。岩石呈灰白色、黄褐色、深灰色，鳞片变晶结构、粒状鳞片变晶结构，片状构造。云母含量一般>50%，常含一定量的蓝晶石、红柱石、石榴子石等矿物。所属岩石有白云母片岩、二云母片岩、石榴二云母片岩、黑云片岩、石榴红柱石白云母片岩、蓝晶石榴黑云片岩、蓝晶石榴二云片岩等。

石英片岩亚类与云母片岩亚类具有相同的结构构造和主要矿物组合特征，但石英等粒状矿物含量相对较高，而片柱状矿物含量相对较低。岩石一般呈灰白—灰色。鳞片粒状变晶结构、残缕结构，片状构造。石英含量35%~90%，云母含量30%~45%。次要矿物有钠长石、石榴子石等。副矿物有榍石、锆石、磷灰石、磁铁矿、金红石等。常见岩石有白云母石英片岩、（石榴、钠长）白云母石英片岩、钠长二云石英片岩、白云母（二云）钠长石英片岩、石榴白云母石英片岩等。

长英质粒状岩类：广泛分布于宿松岩群中。矿物粒径一般<1 mm，具鳞片粒状变晶结构，柱粒状变晶结构，变余斑状结构，变余砂状结构，片麻状构造发育，主要由长英质矿物组成。所属岩石有黑云钠长变粒岩、（黑云）角闪斜长变粒岩、白云母斜长（钠长）变粒岩、二云更长（钠长）变粒岩、（含）绿帘更长变粒岩、二长浅粒岩。其中以黑云斜长变粒岩及二长浅粒岩最为发育。

片麻岩类：主要分布于宿松岩群蒲河岩组中。岩石呈灰白色、灰黑色，鳞片粒状变晶结构，片麻状构造。主要由斜长石（40%~65%）、钾长石、白云母、黑云母、石英及少量角闪石、绿帘石、石榴子石等组成。副矿物有磁铁矿、锆石、磷灰石、金红石等。常见岩石有白云母斜长片麻岩、黑云斜长片麻岩等。

变质基性岩类：主要分布于宿松岩群蒲河岩组中。一般与片岩、片麻岩互层。此外，一部分呈脉状分布产出，可能为基性岩墙。岩石呈灰黑色、暗绿色，纤状变晶结构，片状构造、块状构造。岩石主要由斜长石、角闪石、黑云母、石英、绿帘石、绿泥石、石榴子石等组成。副矿物有磁铁矿、锆石、磷灰石、金红石、榍石等。常见岩石有角闪片岩、斜长角闪岩、石榴斜长角闪岩、石榴绿帘角闪岩等。

（2）矿物共生组合

在宿松岩群柳坪岩组中，云母石英片岩的矿物共生组合为Mus+Qz±Ep+Bi+Ab+Gt，为典型的绿帘角闪岩相矿物组合。在宿松岩群蒲河岩组中，浅粒岩（变酸性火山岩）中出现Phn+Ab+Mt+Gt+Zo+Ep+Qz+Pi。斜长角闪岩中出现两个世代矿物组合，早期：Gt+Ep/Zo+Ab+Bar+Mt+Qz±Ru±Pg；晚期：Bi+Chl+Hb+Ep+Qz。变泥质岩中常见矿物组合有：Gt+Phn+Qz+Mt+Pg+Ep/Zo；Ky+Phn+Qz+Mt/Hem；Ky+Qz+Phn+Ru±Top；Ky+Cht+Co+Phn。上述组合应为高压过渡型矿物组合。

（3）变质条件

由于变质程度相对较低且岩性繁杂，宿松岩群变质条件缺乏系统性和全面性研究（石永红等，2010；石永红等，2016；周安泰等，2018）。据新一代区域地质志（戴圣潜等，2014），柳坪岩组代表典型的绿帘角闪岩相。而蒲河岩组至少存在三期变质作用：主期变质温压条件为520~580℃、1.2~1.4 GPa，为高压过渡型；中期为典型的绿帘角闪岩相，其变质温压条件大致为460~480℃，

0.6~0.7 GPa（魏春景，1997）；晚期表现为蓝晶石的叶蜡石化，石榴子石局部绿泥石化，应为低压绿片岩相，其变质温压条件为 275℃、0.2 GPa（戴圣潜等，2014）。

12.2.4.3 接触变质作用

接触变质作用发育于侵入体与围岩接触带附近，伴随侵入岩和围岩成分上的变化可以出现不同类型接触变质作用。图幅内岩浆活动频繁，形成时代主要集中于古元古代、新元古代等构造-岩浆活动阶段，但普遍遭受后期的变质改造，与围岩接触关系及蚀变现象已无法观察。

12.2.4.4 动力变质作用

区内动力变质作用主要与断裂构造及韧性剪切作用有关，可分为碎裂岩类、糜棱岩类和构造片岩类等岩石系列。

（1）碎裂岩类

碎裂岩类是与脆性断裂构造变形有关的岩石，主要包括构造角砾岩、碎裂岩，为形成于浅表构造层次的构造岩。碎裂岩类岩石由于受后期流体活动影响，在断裂带中多出现交代蚀变现象，部分地区有金属、非金属矿脉充填。

构造角砾岩：广泛见于图幅内不同规模的断裂带中。主要因围岩类型和流体活动、风化作用等因素影响使该类岩石颜色变化多样。岩石具角砾状构造、块状构造，角砾大小不一、混杂，无定向性，角砾砾径一般均在 2 mm 以上，大者可达数十厘米，角砾含量一般在 30%以上。胶结物主要为围岩碎屑、泥质、硅质和铁质等，分布在角砾之间，含量 25%~30%。

碎裂岩：该类岩石见于图幅内规模较大的断裂带中，尤以北东向—北东东向断裂居多。根据粒径不同尚可分为碎砾岩（粒径>2 mm）、碎粒岩（粒径 0.2~2 mm）和碎粉岩（粒径<0.2 mm）等，主要形成于浅层构造带中。岩石颜色各异。碎裂岩具压碎角砾状构造、块状构造，碎裂结构，岩石、矿物颗粒接触紧密，其间多为微裂隙或断层泥、粉胶结。

（2）糜棱岩类

糜棱岩类岩石为强韧性变形的产物，相对碎裂岩类岩石形成深度较大。糜棱岩类岩石主要集中分布在近东西向交织网状、似层状强应变带中。由强应变带中心向两侧弱变形域方向，其构造变形程度变化较大，岩性表现为由糜棱岩向初糜棱岩、糜棱岩化二长花岗质片麻岩转变，超糜棱岩较为少见，局部在强应变带中心可见。

（3）构造片岩类

该类岩石是区内分布最为广泛的动力变质岩石，韧性剪切带内均有出露，强应变带是它的出露部位。构造片岩类岩石是强韧性剪切过程中，重结晶作用较为彻底的糜棱岩类岩石。重结晶作用形成的新生云母矿物有明显的次生加大和沿糜棱面理富集现象的特征。岩石具片状构造、鳞片粒状变晶结构，多呈带状、交织网状分布，新生矿物含量>50%，常见白云母石英片岩、二云石英片岩、云母片岩等构造片岩类岩石。

12.2.5 矿产资源

图幅地处秦岭-大别成矿省桐柏-大别-苏鲁成矿带宿松金、磷成矿亚带（周存亭等，2017），是安徽省主要成矿区之一。古元古代、晋宁期、燕山期强烈的构造-岩浆活动在该区形成了较为丰富的内生金属矿产，如金、铅锌多金属；另外非金属矿产亦是区内的主要矿产，主要为瓷石、金红石和脉石英等。区内已知代表性金属矿床（点）主要为酸枣岭金矿点、胡家岭金矿化点和小明府多金属矿点（王翔等，2016）。

12.3 应用与评价

本次选择已开展数字填图的 1：5 万枫香驿幅（H50E010009）开展了区域变质岩填图单位深度学

习地质填图技术应用。试验中综合利用化探、遥感影像和数字填图 PRB 数据，开展变质岩区图幅填图单位深度学习训练和地质图预测。经过地质人员人工审核，枫香驿幅预测地质图与实测地质图基本一致，说明模型具备一定的变质岩区填图单位识别能力。

12.3.1　深度学习地质填图技术应用

根据二级项目已开展的岩石地层（火山岩地区填图单位）识别试验经验，本次变质岩区填图单位深度学习模型试验采用数字填图 PRB 数据、地球化学数据和遥感影像数据作为训练样本库的数据来源。模型对枫香驿幅填图单位开展预测，并分别与 1987 年和 2016 年填制的地质图进行比较，分别从变质岩地层、片麻岩、特殊岩性体等三个方面分析变质岩区填图单位深度学习模型对枫香驿幅填图单位的特征提取能力。

12.3.2　深度学习预测图与实测图对比评价

12.3.2.1　对比评价用图

如前所述，1∶5 万枫香驿幅填图单位可分为地层、特殊岩性体、变质变形侵入体、岩脉和水体等 5 类。表 12.2 为 1∶5 万枫香驿幅填图单位色表。表中依次对各类填图单位设定了包含 RGB 值和填充色的色表。其中，填充色号为数字地质填图系统中 MapGIS 图库的颜色索引值。

表 12.2　枫香驿幅填图单位色表

ID	代号	名称	填充色	R	G	B	颜色	备注
1	水体		1332	229	255	255		水系
2	Qhw	第四系全新统芜湖组	682	255	255	178		地层
3	Qp^2q	第四系中更新统戚家矶组	621	255	255	76		地层
4	Pt$_{2-3}p$.	中—新元古界蒲河岩组	1153	255	230	153		地层
5	Pt$_{2-3}l$.	中—新元古界柳坪岩组	1081	255	230	190		地层
6	Pt$_1q$.	古元古界桥岭岩组	1114	242	178	151		地层
7	abl	斜长角闪岩	1304	0	255	0		特殊岩性体
8	ec	榴辉岩	1392	0	100	0		特殊岩性体
9	eh	榴闪岩	1387	0	51	0		特殊岩性体
10	mb	大理岩	288	223	215	255		特殊岩性体
11	msqsc	白云母石英片岩	1350	242	204	255		特殊岩性体
12	γPt_3^{fh}	烽火村岩体（新元古代片麻状花岗岩）	1275	255	80	80		变质变形侵入体
13	γPt_3^{fx}	枫香驿岩体（新元古代片麻状花岗岩）	1273	204	51	0		变质变形侵入体
14	$\gamma\delta Pt_1$	石井村岩体（古元古代片麻状花岗闪长岩）	1265	217	76	217		变质变形侵入体
15	$\eta\gamma Pt_3^{l}$	刘贩岩体（新元古代片麻状二长花岗岩）	1267	229	127	229		变质变形侵入体
16	$\eta\gamma Pt_3^{q}$	桥岭岩体（新元古代片麻状二长花岗岩）	1268	242	153	242		变质变形侵入体
17	$\eta\gamma Pt_3^{s}$	水吼岭岩体（新元古代片麻状二长花岗岩）	1266	229	102	229		变质变形侵入体
18	$\xi\gamma$	正长花岗岩脉	1182	245	0	0		岩脉
19	$\gamma\iota$	花岗细晶岩脉	1302	255	0	0		岩脉
20	$\gamma\pi$	花岗斑岩脉	1302	255	0	0		岩脉
21	$\gamma\delta$	花岗闪长岩脉	1182	245	0	0		岩脉

续表

ID	代号	名称	填充色	R	G	B	颜色	备注
22	δ	闪长岩脉	1303	0	255	255		岩脉
23	$\delta\mu$	闪长玢岩脉	1303	0	255	255		岩脉
24	χ	煌斑岩脉	1288	76	255	102		岩脉
25	ι	细晶岩脉	1302	255	0	0		岩脉
26	qz	石英脉	1307	255	0	255		岩脉

图 12.5 为 1∶5 万枫香驿幅深度学习模型预测地质图与人工绘制地质图对比评价用图。图 12.4（a）中图幅西北部花凉亭水库未叠加显示。为便于对实测数据的直观展示，图 12.4（b）中将参与填图单位深度学习模型训练的 PRB 路线数据做了叠加显示。为便于位置比对，两对比图均使用了相同的图幅图框。

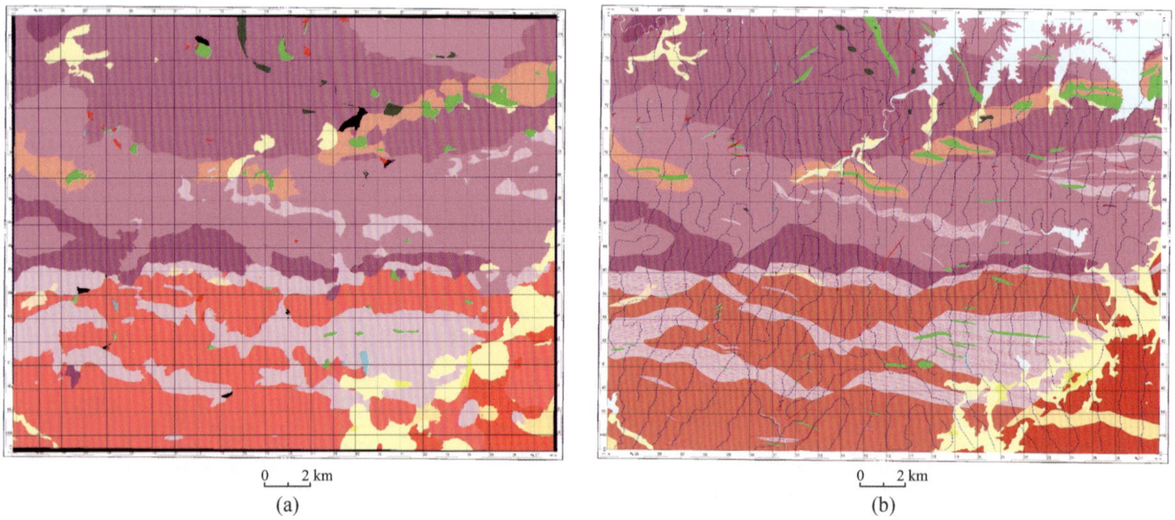

图 12.4　枫香驿幅深度学习模型预测地质图与人工绘制地质图对比

（a）深度学习模型预测地质图；（b）地质人员人工绘制地质图

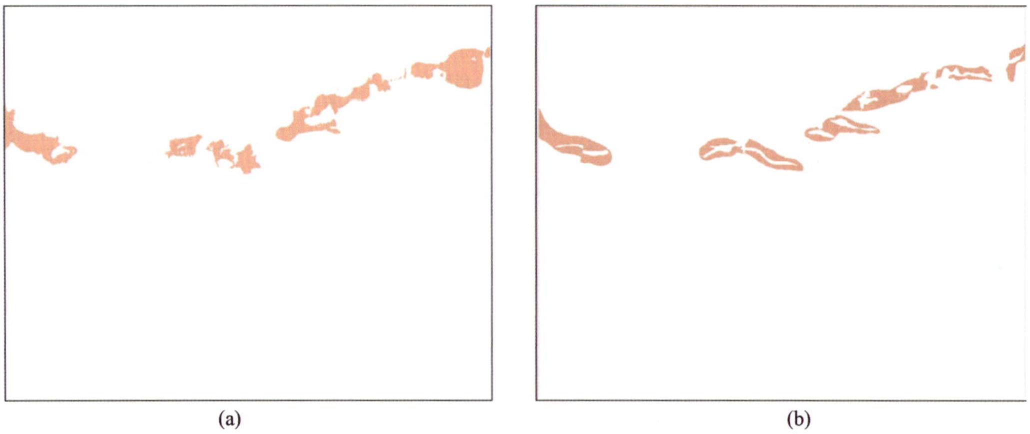

图 12.5　大别岩群桥岭岩组（$Pt_1q.$）深度学习模型预测与人工绘制分布图对比

（a）预测图；（b）人工绘制图

12.3.2.2　地质图总体格局或总体格架的评价

图幅内以近东西向太湖-方咀逆冲韧性剪切带（F_7）为界可划分为太湖超高压岩片和宿松变质岩片两个构造变形带。如图 12.5 所示，与剪切带密切相关的水吼岭岩体和白云母石英片岩特殊岩性体的预测成图基本与人工绘制成图一致。不同的是预测地质上枫香驿-铜铃寨断裂（F_{14}）和一般性断裂未能保持平直延伸。

预测地质图中地层、特殊岩性体、变质变形侵入体等分布基本与实测地质图一致。对比结果说明填图单位深度学习模型在监督学习和训练后，具备一定的变质岩区填图单位识别能力。特别是深度学习模型在填图单位遥感影像特征提取方面表现出了较好的效果。如石井村花岗闪长质片麻岩（$\gamma\delta Pt_1$）在遥感影像上表现出的地貌多呈谷地（岩石易风化），不同于片麻状二长花岗岩在遥感影像上表现为山地地貌，树枝纹短小、密集，锯齿状山脊，山体形态呈尖棱状。

同时，对于榴辉岩、斜长角闪岩（变质镁铁-超镁铁质岩一种）等出露面积。

很小的地质体，在实验中预测地质图与人工绘制地质图误差较大。可能的原因在于本次地球化学数据为 1∶20 万，数据可区分精度受限，对出露面积不大的地质体，难以反映其地球化学特征。

12.3.2.3　变质岩地层预测评价

枫香驿幅中部太湖-方咀韧性剪切带横穿而过，将图幅内变质地层分为北部的大别岩群和南部的宿松岩群。2016 年开展的安徽省宿松地区矿产地质调查工作认为区内 1987 年安徽省地矿局 311 地质队填绘的大别岩群桥岭岩组和宿松岩群虎踏石岩组主体应为变质变形侵入体，宿松岩群柳坪岩组仍以变质地层为主体。

图幅内，桥岭岩组岩性主要为黑云斜长片麻岩、白云斜长片麻岩、二云斜长片麻岩，局部含有较多的榴辉岩等变质铁镁质岩岩块。柳坪岩组岩性主要为白云石英片岩、黑云斜长片麻岩夹透镜状大理岩。

图 12.5 为桥岭岩组深度学习模型预测与人工绘制分布图对比。可见二者分布总体上基本一致。在图幅右上角花亭湖水库坝址附近，预测的桥岭岩组分布较人工绘制分布有较大差异。经查差异处为花亭湖水面。

12.3.2.4　片麻岩预测评价

如前所述，2016 年开展的安徽省宿松地区矿产地质调查工作认为区内 1987 年安徽省地矿局 311 地质队填绘的大别岩群桥岭岩组和宿松岩群虎踏石岩组主体应为变质变形侵入体并分解为刘贩片麻状二长花岗岩（$\eta\gamma Pt_3^{l}$）、桥岭片麻状二长花岗岩（$\eta\gamma Pt_3^{q}$）、水吼岭片麻状二长花岗岩（$\eta\gamma Pt_3^{s}$）、枫香驿片麻状花岗岩（γPt_3^{fx}）、烽火村片麻状花岗岩（γPt_3^{fh}）和石井村片麻状花岗闪长岩（$\gamma\delta Pt_1$）。

石井村片麻状花岗闪长岩（$\gamma\delta Pt_1$）仅在图幅左上角出露，如图 12.6（c）所示。该片麻岩体由两条路线控制。岩性为片麻状花岗闪长岩，岩石易风化，地貌多呈谷地，与片麻状二长花岗岩在遥感影像上特征较明显［图 12.6（b）］。图 12.6（a）为深度学习模型预测的石井村片麻状花岗闪长岩的

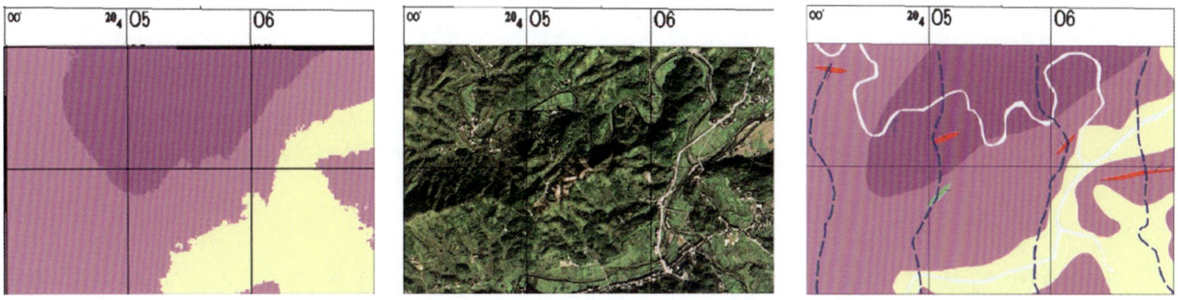

(a)　(b)　(c)

图 12.6　石井村片麻状花岗闪长岩深度学习模型预测图、遥感影像图与人工绘制分布图对比

（a）模型预测图；（b）遥感影像图；（c）叠加 R 路线地质图

分布，与遥感影像总体保持一致，说明深度学习模型能够根据填图路线构建的填图单位训练样本库提取石井村片麻状花岗闪长岩的遥感影像特征。

枫香驿片麻状花岗岩（γPt_3^{fx}）的深度学习模型预测分布与人工绘制地质图中的分布也基本一致，如图 12.7 所示。

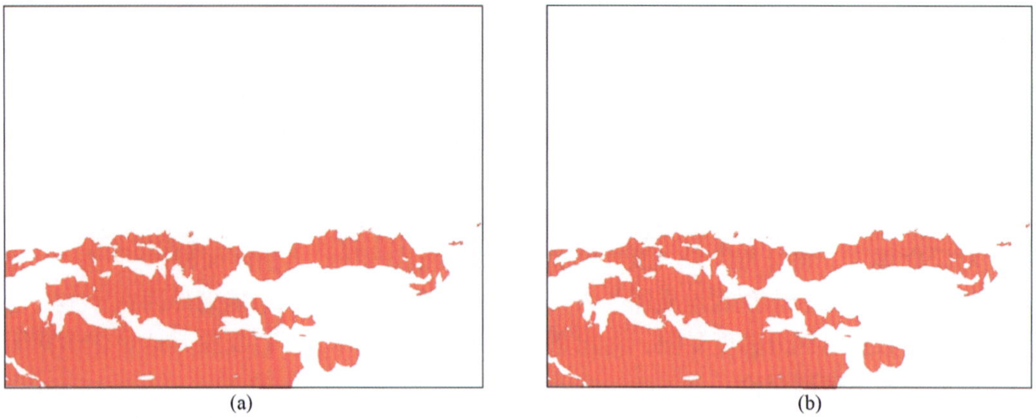

图 12.7　枫香驿片麻状花岗岩（γPt_3^{fx}）深度学习模型预测与人工绘制分布图对比

（a）预测图；（b）人工绘制图

12.3.2.5　特殊岩性体预测评价

图幅内太湖-方咀韧性剪切带中构造片岩发育，岩性多为白云母石英片岩（msqsc）。同时，区内榴辉岩（ec）多与斜长角闪岩（abl，变质镁铁-超镁铁质岩）共生出露，大理岩（mb）也零星分布。

白云母石英片岩（msqsc）的深度学习模型预测分布与人工绘制地质图中的分布也基本一致，如图 12.8 所示。其中，由于路线数据存在错误，导致深度学习模型在右下角预测了两块白云母石英片岩。

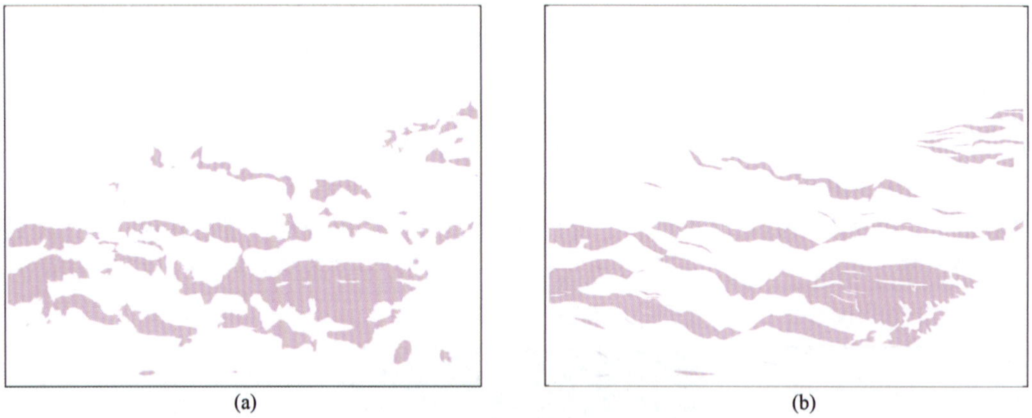

图 12.8　白云母石英片岩（msqsc）深度学习模型预测与人工绘制分布图对比

（a）预测图；（b）人工绘制图

图 12.9 为榴辉岩（ec）深度学习模型预测与人工绘制分布图对比。在 14 km 线处［图 12.10（a）］深度学习模型预测了较连续的榴辉岩分布。其与人工绘制地质图［图 12.10（b）］仅根据路线圈闭小块榴辉岩的变质铁镁质岩岩块有很大不同。图 12.10（b）中另一块路线未穿越的榴辉岩，深度学习模型未能预测出，说明目前深度学习模型对榴辉岩的特征提取尚不能满足预测所

需。推测可能的原因在于本次地球化学数据为 1：20 万，数据可区分精度受限。虽然在地球化学特征方面，变质的镁铁-超镁铁质岩与花岗质变质变形侵入体明显不同，但 1：20 万比例尺下的地球化学采样数据每一个格子难以包含出露面积不大的透镜状榴辉岩，其地球化学特征存在未表达的情况。后续需要有针对性地对地球化学训练样本在此类数据特征的反映方面做重点对比分析。

图 12.9　榴辉岩（ec）深度学习模型预测与人工绘制分布图对比

（a）预测图；（b）人工绘制图

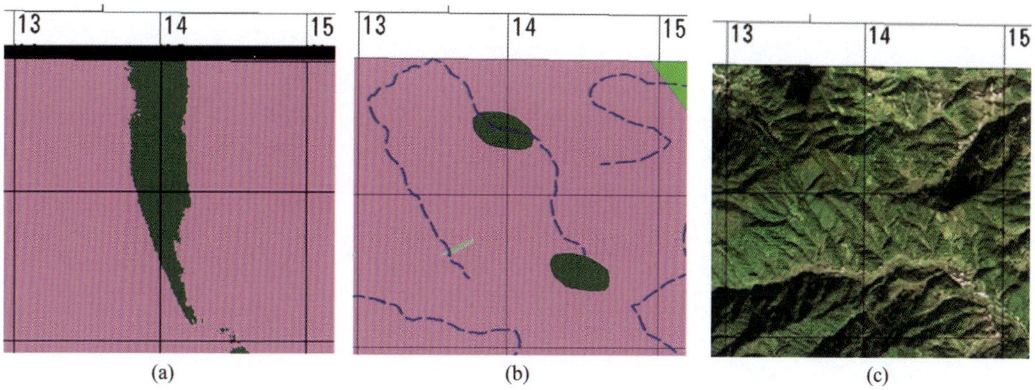

图 12.10　榴辉岩（ec）局部模型预测图、叠加 R 路线地质图和遥感影像图对比

（a）模型预测图；（b）叠加 R 路线地质图；（c）遥感影像图

12.4　存在的问题和建议

12.4.1　存在问题

1）本次深度学习地质填图技术应用图幅试验中地球物理、地球化学数据比例尺为 1：20 万，有待后续提高至与填图 PRB 数据相同的 1：5 万比例尺。

2）填图路线中反映断裂和韧性剪切带等地质构造的动力变质岩未参与深度学习图幅试验，如碎裂岩类、糜棱岩类和构造片岩类等。同时，能够反映填图人员区域地质认识的构造纲要图也未参与图幅试验。

3）由于涉密因素，本次图幅试验数据中未包含 1：5 万比例尺的航空重力、航空磁法等数据。

12.4.2 建议

1）深度学习的优势在于相关关系的分析方面，已开展的变质岩区填图单位深度学习试验说明深度学习模型具备填图单位多数据特征提取能力。建议进一步开展深度学习与变质岩区综合方法填图的结合试验。考虑到 1∶5 万尺度的重力、磁法和化探原始数据敏感，建议对原始数据脱密处理或在涉密环境下开展深度学习与变质岩区综合方法填图的结合试验。针对榴辉岩、斜长角闪岩等出露面积很小的特殊岩性体开展有针对性的地球化学特征样本制作。

2）当前，数据与知识双重驱动的地球科学研究与应用逐渐成为数据科学与地球科学共同关心的交叉研究领域。建议后续在深度学习地质填图技术中增加地质人员的先验知识。可增加构造纲要图作为断裂界线和地层展布的约束因素。

3）目前智能地质填图已在计算机视觉和深度学习方面开展研究和探索工作，但地质领域智能问答、智能推荐和智能检测和大数据挖掘方面略显不足。建议加强地质领域知识图谱的研究和应用开发，建立基于知识图谱的数据获取、访问和融合机制，并利用机器学习等人工智能方法实现数据挖掘，开展相关的应用研究。

第 13 章　青海省都兰县昂日塔地区 3 幅 1∶2.5 万区域地质矿产调查——深度学习地质填图技术应用与评价

13.1　研究区概况

13.1.1　基本地理概况

13.1.1.1　区位条件

工区属昆仑山布尔汗布达山系，行政区划属青海省海西蒙古族藏族自治州都兰县沟里乡管辖，工区面积约 343 km^2，拐点坐标见表 13.1，1∶2.5 万和 1∶1 万图幅编号见表 13.2。

表 13.1　工区拐点坐标一览表

拐点编号	东经（E）	北纬（N）
1	98°30′00″	35°40′00″
2	98°45′00″	35°40′00″
3	98°45′00″	35°30′00″
4	98°37′30″	35°30′00″
5	98°37′30″	35°33′40″
6	98°30′00″	35°33′40″

表 13.2　工区 1∶2.5 万和 1∶1 万图幅编号

<table>
<tr><th colspan="4">图幅编号</th><th>备注</th></tr>
<tr><td colspan="2">I47F005021</td><td colspan="2">I47F005022</td><td>1∶2.5 万</td></tr>
<tr><td>I47G009041</td><td>I47G009042</td><td>I47G009043</td><td>I47G009044</td><td rowspan="2">1∶1 万</td></tr>
<tr><td>I47G010041</td><td>I47G010042</td><td>I47G010043</td><td>I47G010044</td></tr>
<tr><td colspan="2" rowspan="3"></td><td colspan="2">I47F006022</td><td>1∶2.5 万</td></tr>
<tr><td>I47G011043</td><td>I47G011044</td><td rowspan="2">1∶1 万</td></tr>
<tr><td>I47G012043</td><td>I47G012044</td></tr>
</table>

13.1.1.2　地形、地貌条件

工区属昆仑山布尔汗布达山系，区内山脉走向近东西向，属高山中等切割区，海拔 4100～4700 m，最高海拔为 4917 m，最大高差 800 m。受草原植被、沙地等浅覆盖影响，多见断续出露的规模较小、岩石较为破碎的浅表露头而少见可连续观测或产状出露明显的较大规模露头，即野外调查中一般对岩性的控制较好，而对接触关系、构造要素等控制相对较差或不准确，是一个非常适合应用深

度学习地质填图技术以提高填图质量的地区。

13.1.1.3 气候条件

工区属典型的大陆高寒气候，具低温干旱、一日多变，以干旱、寒冷、多变、温差大、冰冻期长、降雨量少为特点，四季不分明，只有旱季和雨季之分，每年 10 月至翌年 5 月为冰冻期，且有永冻层存在，5—10 月是在该区开展野外工作的较好季节。区内为内陆河水系，多为季节性河流，最大河流为查卡曲，向南汇入冬给措纳湖。

13.1.2 预研究资料收集与认识

工区地质工作程度较高，1949 年以前基本为空白，区域地质工作始于 20 世纪 60 年代，较系统的区域地质调查工作始于 20 世纪 70 年代初，在工区先后开展了程度不同的中大比例尺区域地质调查、化探扫面以及物探方面的工作。2000 年以后，工区开展了较多的矿产勘查工作，积累了丰富的地质矿产资料。工区主要工作见表 13.3。

表 13.3 工区以往地质工作成果资料收集及利用情况简表

工作年限	工作单位	项目名称	利用价值	收集情况
区域地质矿产调查				
1965—1968	青海省地质局区测队	1∶100 万玉树幅区域地质调查	一般参考	未利用
1971—1973	青海省地质局第一区测队	1∶20 万加鲁河幅区域地质调查报告	重要参考	已收集利用
1996—2000	中国地质大学（武汉）地质调查研究院	1∶25 万冬给措纳湖幅区域地质调查报告	重要参考	已收集利用
1993—1995	青海省区调综合地质大队	1∶5 万拉玛托洛湖幅、错扎玛幅区域地质调查	非常重要	已收集利用
2013—2015	陕西省核工业地质调查院	青海省都兰县尕日当地区四幅 1∶5 万区域调查		
物探工作				
1983	地矿部航空物探大队	1∶50 万航磁测量	重要参考	已收集利用
1986	青海省物探队	青海省 1∶100 万重力平面图	一般参考	未收集
2003—2005	青海省地质调查院	1∶20 万沟里公社幅区域重力调查	重要参考	已收集利用
2007—2009	青海省有色地勘局地质矿产勘查院	“青海省苦海-那更地区 I47E002011 等十二幅 1∶5 万水系沉积物和地面磁法测量”工作	非常重要	已收集利用
2006—2009	青海岭田地球物理化学勘查股份合作公司	青海省玛多县坑得弄舍金多金属矿普查工作	非常重要	已收集利用
2011—2013	青海岭田地球物理化学勘查股份合作公司	青海省玛多县坑得弄舍金多金属矿详查工作	非常重要	已收集利用
化探工作				
20 世纪 80 年代	青海省地勘局	东昆仑 1∶50 万水系沉积物扫面工作	一般参考	收集未利用
1994—1995	青海省地质局化勘院	1∶20 万地球化学测量	一般参考	收集未利用
1999	青海省有色地勘局	西起加鲁河东至那更，北起加合龙，南至智益小学开展 1∶10 万水系沉积物测量	重要参考	已收集利用
2005	青海省有色地勘局岭田公司	月日岗地区和拉玛托洛-坑得弄舍开展 1∶2.5 万沟系岩屑	非常重要	已收集利用
2007—2009	青海省有色地勘局地质矿产勘查院	青海省苦海-那更地区 I47E002011 等十二幅 1∶5 万水系沉积物和地面磁法测量工作	非常重要	已收集利用

续表

工作年限	工作单位	项目名称	利用价值	收集情况
矿产地质工作				
1956—1958	青海省地质局石油普查大队	香日德南山一带路线地质调查	一般参考	未利用
1969	青海省第八地质队	1∶5万普查找矿	一般参考	未利用
1969—1970	青海省地质局第四地质队	清水泉、托索河南岸一带的超基性岩普查评价	一般参考	未利用
2001—2004	青海省地矿局	青海都兰督冷沟铜钴矿资源评价	重要参考	已收集利用
2002—2005	青海省地质矿产局	青海省第三轮成矿远景区划研究及找矿靶区预测	一般参考	已收集利用
2002—2009	青海省有色地勘局八队	果洛龙洼地区普查、详查	重要参考	已收集利用
2008—2009	青海省有色地勘局八队	青海省都兰县按纳格地区金矿普查	重要参考	已收集利用
2003—2005	青海省有色地勘局八队	青海省都兰县瓦勒尕金矿普查	重要参考	已收集利用
2006	青海省有色地勘局崚田公司	坑得弄舍地区金多金属预查	非常重要	已收集利用
2007—2009	青海省有色地勘局崚田公司	坑得弄舍地区金铅锌矿普查	非常重要	已收集利用
2007—2013	青海省有色地勘局八队	青海省沟里一带整装勘查工作	非常重要	已收集利用
2008—2009	青海省有色地勘局八队	青海省都兰县阿斯哈金矿预查	重要参考	已收集利用
2009—2010	青海省有色地勘局八队	青海省都兰县达里吉格塘金矿预查	重要参考	已收集利用
2013—2015	青海省有色地勘局八队	青海省都兰县鑫拓一带金多金属矿调查评价工作	重要参考	已收集利用
2013	青海崚田地球物理化学勘查股份合作公司	青海省玛多县坑得弄舍金多金属矿详查和青海省玛多县坑得弄舍金多金属矿外围普查	非常重要	已收集利用
2011—2015	甘肃宏叶矿业有限公司	青海省都兰县达日沟脑铁矿预查、普查	非常重要	已收集利用
遥感工作				
1993—1995	青海省区调综合地质大队	1∶5万遥感地质解译随同期开展的区域地质调查项目一并实施	一般参考	已收集利用
2013—2015	陕西省核工业地质调查院	都兰县尕日当地区区域地质调查项目一并实施1∶5万遥感解译	一般参考	已收集利用
地质科研工作				
1974—1977	青海省地质研究所	《青海省都兰地区矽卡岩铁矿成矿特征及找矿方向研究报告》	重要参考	已收集利用
1986	中国科学院南京地质古生物研究所和青海省地质科学研究所	《青海布尔汗布达山南坡石炭纪、三叠纪地层和古生物研究》	一般参考	已收集
1987	青海省地质科学研究所	《青海省及毗邻地区变质地带与变质作用》	一般参考	已收集
1991	青海省地矿局	《青海省区域地质志》	一般参考	已收集
1994	青海省区调综合大队	《东昆仑中东段第二轮金铜成矿远景区划》	一般参考	已收集
1997	青海省地矿局	《青海省岩石地层》	一般参考	已收集
1999—2000	中国地质科学院矿产资源研究所	《东昆仑地区综合找矿预测与突破》	一般参考	已收集
2002	中科院地质矿产研究所	《东昆仑地区成矿远景评价报告》	一般参考	已收集
2003—2005	青海省地质调查院	《青海省大地构造编图专项研究》	一般参考	已收集
2005	青海省有色地勘局地质矿产勘查院	《青海省东昆仑成矿带矿产资源综合调查》	重要参考	已收集利用
2007	青海省有色地勘局八队和中南大学联合	《青海省都兰县果洛龙洼地区金矿成矿规律研究及成矿预测》	重要参考	已收集利用

续表

工作年限	工作单位	项目名称	利用价值	收集情况
地质科研工作				
2007—2012	青海省地矿局	《青海省矿产资源潜力评价》	重要参考	已收集利用
2012	青海省有色地质矿产勘查局八队和中南大学	《青海省沟里地区金多金属整装勘查找矿部署研究》	重要参考	已收集利用
2012	青海省有色地质矿产勘查局八队和中南大学	《沟里矿产资源远景区 1∶5 万矿调多元地质信息集成与靶区优选》	重要参考	已收集利用
2013—2015	青海省地质调查院	《青海赛什塘-苦海地区喷流-沉积型铜多金属矿找矿潜力调查及靶区优选》	重要参考	已收集利用
2014—2016	青海省地质调查局	《青海省铜矿主要成矿类型选区研究》	重要参考	已收集利用
2014—2016	青海省地质调查局	《青海省都兰-兴海地区 1∶5 万矿调多元地质信息集成与靶区优选》	重要参考	已收集利用
2014	青海省有色地质矿产勘查局八队和中国地质大学（武汉）	《青海省沟里地区金多金属矿整装勘查区关键基础地质研究》	非常重要	已收集利用
2014	陈广俊等	《青海东昆仑沟里地区及外围金矿成矿作用研究》	非常重要	已收集利用
2014	蒋明光等	《青海省玛多县坑得弄舍金—铅—锌多金属矿床成因及成矿规律研究》	非常重要	已收集利用
2014	叶天竺等	《勘查区找矿预测理论与方法》	非常重要	已收集利用
2015	潘彤等	《青海省东昆仑成矿环境、成矿规律与找矿方向》	非常重要	已收集利用

13.1.2.1 区域地质调查

1）1965—1968 年，青海省地质局区测队开展 1∶100 万玉树幅区域地质调查涉及本区，此项工作开展较早，初步建立了地层、构造格架，为后期的地质工作奠定了基础。

2）1971—1973 年，青海省地质局第一区测队完成了 1∶20 万加鲁河幅区域地质调查工作。系统建立了区内的地层系统和构造体系，划分了侵入岩期次，并发现了一批矿产地及找矿线索，为总结本地区构造演化和矿产分布规律提供了基本资料和数据，也为本项目开展工作提供了主要基础。

3）1993—1995 年，由青海省区调综合地质大队开展了 1∶5 万拉玛托勒湖幅、错扎玛幅区域地质调查项目。该项目采用多重地层划分理论，以新理论、新方法、新观点填图，查明了区内地层、岩浆岩、断裂构造等，为后期地质工作打下了坚实的基础。

4）1996—2000 年，由中国地质大学（武汉）地质调查研究院昆仑山区调队开展了 1∶25 万冬给错纳湖幅新一轮国土资源大调查项目，运用当代国际先进理论——非史密斯地层填图方法，对造山带混杂岩地层区填图方法和技术路线作了有益的探索，全面细致地揭示了东昆仑东段造山带形成、物质组成及演化过程。为今后进一步开展工作奠定了较好的基础。

5）2013—2015 年，由陕西核工业地质调查院开展的青海省都兰县尕日当地区 1∶5 万四幅区域地质调查。在系统收集和综合分析已有地、物、化、遥、矿产等资料基础上，采用数字填图技术，系统查明区域地层、岩石、构造等特征，突出构造、岩性及矿化地质体表达，在地质填图基础上，开展矿点概略检查和异常查证。为本次工作提供了翔实的基础地质资料。

13.1.2.2 区域地球物理及地球化学测量、遥感测量

1）1983 年，地矿部航空物探大队在青海省北部进行了 1∶50 万航磁测量工作。

2）1986年，青海省物探队编制了青海省1∶100万重力平面图。

3）2003—2005年，青海省地质调查院进行了1∶20万沟里公社幅区域重力调查，圈定15个剩余重力异常并进行了推断解释。

4）2007—2009年由青海省有色地勘局地质矿产勘查院开展的青海省苦海-那更地区I47E002011等十二幅1∶5万水系沉积物和地面磁法测量工作，涉及本区为I47E003011、I47E003012两个1∶5万标准图幅，在区内圈定有C2-10、C2-11、C2-13等14处异常，根据磁异常的性质和特征，结合地质成果进行了综合对比分析，并对部分磁异常进行了检查验证。

5）2006—2009年，青海崚田地球物理化学勘查股份合作公司在工区开展了青海省玛多县坑得弄舍金多金属矿预、普查工作，圈定IP1、IP2两处激电异常。

6）2011—2013年，青海崚田地球物理化学勘查股份合作公司开展了青海省玛多县坑得弄舍金多金属矿详查工作，为验证矿区深部是否存在隐伏岩体，圈定磁异常4处，圈定激电异常5处，推断成矿有利构造3处。

7）2011—2012年，青海崚田地球物理化学勘查股份合作公司在工区北部实施了“青海省都兰县克合特地区多金属矿普查”项目，圈定1∶1万磁异常3处（C1-C3），依据C3异常发现铁铜矽卡岩带1条，1∶2000激电剖面在查果Ⅰ矿带新圈定激电异常3处。

8）2011—2015年，甘肃宏叶矿业有限公司在工区中部实施了青海省都兰县达日沟脑铁矿预查、普查项目，圈定1∶1万磁异常8处，圈定1∶1万激电异常3处。

9）20世纪80年代末，青海省地勘局对东昆仑地区进行了1∶50万水系沉积物扫面工作，共圈出174个综合异常，其中以Au、Cu、Pb、Zn、Sb等为主元素，甲、乙类异常近60个，这项工作为近年来东昆仑地区的多金属资源调查提供了宝贵的基础资料。

10）1994—1995年，青海省地质局化勘院在该区开展的1∶20万地球化学测量，在色日德—德龙一带圈出6处以金为主的综合异常。

11）1999年，青海省有色地勘局在西起加鲁河，东至那更，北起加合龙，南至智益小学的1500 km^{2}范围内开展1∶10万水系沉积物测量，圈出26处Au、Co、Cu等综合异常，经对督冷沟异常、果洛龙洼异常等检查，发现了督冷沟铜钴矿、果洛龙洼金矿。

12）2005年，青海省有色地勘局崚田公司在工区西部的月日岗地区和中部的拉玛托珞-坑得弄舍地区开展了“青海省玛多县坑得弄舍金多金属矿普查”工作，其中1∶2.5万沟系岩屑测量工作，圈出异常多处。

13）2007—2010年青海省有色地质矿产勘查局地质矿产勘查院开展的“青海省苦海-那更地区I47E002011等12幅1∶5万水系沉积物和地面磁法测量”工作，初步查明了工区内地球化学特征，圈定异常并作了相应的地质推断。通过对全区开展水系沉积物地球化学测量，发现了一批综合异常，异常主要与火山岩、断裂构造和岩体与围岩接触带有关。通过1∶5万水系沉积物测量，了解了工区Ag、As、Au、Ni、Bi、Co、Cu、Hg、Mn、Mo、Pb、Sb、Sn、W、Zn、Cr、La、Ba、Fe等19个元素的分布特征和规律。了解或推断了引起异常的地质因素，并通过异常检查发现了矿化多处，具进一步工作的价值。

14）1993—1995年，1∶5万遥感地质解译随同期开展的拉玛托洛胡幅区域地质调查项目一并实施。

15）2013—2015年，开展的青海省尕日当地区四幅区域地质调查项目一并实施1∶5万遥感解译。

13.1.2.3　矿产、能源地质勘查工作

1）1956—1958年，青海省地质局石油普查大队在工区做过路线、地质找矿工作。著有《香日德南山一带路线地质找矿报告》；20世纪50年代中期青海省工业厅探矿地质队进行普查，发现苦海煤矿，1957年提交C2级储量205.7×10^4 t，地质储量168×10^4 t。

2）1969年青海省第八地质队进行了1∶5万普查找矿，完成面积1000 km^2。

3）1969—1973 年，青海省地质局区测队开展加鲁河幅 1∶20 万区域地质调查，新发现矿（床）点十余处。

4）1969—1970 年，青海省地质局第四地质队对清水泉、托索河南岸一带的超基性岩体进行了圈定与普查评价。

5）2001—2004 年，青海省有色地勘局在工区西部开展“青海都兰督冷沟铜钴矿资源评价”项目，发现了南北两条矿带，圈出以铜钴为主的矿体 44 条，探获资源量（333+334）铜 28.9×10^4 t，钴 4249 t。

6）2002—2005 年，青海省开展了“青海省第三轮成矿远景区划研究及找矿靶区预测”工作，开展青海境内各成矿区、带的成矿地质背景及成矿规律研究，开展全省境内找矿靶区优选与预测，新编了 1∶100 万青海省地质图。

7）2002—2009 年，青海省有色地勘局八队在工区外围西部果洛龙洼地区开展金矿普查、详查工作，在地表发现金矿带 6 条，估算资源量 36.69437 t，矿床初具中型规模。初步认为该矿床属于典型的造山带型金矿。

8）2003—2005 年，青海省有色地质矿产勘查局八队在工区外围进行了青海省都兰县瓦勒尕金矿普查工作，在该区探获（333+334）资源量 0.82054 t，新增（333）资源量 0.16886 t。该矿床类型归属于构造破碎蚀变岩型金矿床。

9）2006 年，青海崚田物化探公司在坑得弄舍地区进行了预查工作，在重晶石岩中发现一条多金属矿体。

10）2007—2009 年，青海崚田地球物理化学勘查股份合作公司在工区开展了青海省玛多县坑得弄舍金多金属矿普查工作，获资源量：334Au 金属量 13.00137 t，333+334 Pb+Zn 金属量 13.93×10^4 t，Ag 金属量 115.28553 t，总矿石量 910.18×10^4 t。成因初步认为热水沉积型矿床。

11）2008—2009 年，青海省有色地质矿产勘查局八队在工区外围西段进行了青海省都兰县按纳格地区金矿普查工作，金矿体估算 333+334 总资源量为 2.56333 t。

12）2008—2009 年，青海省有色地质矿产勘查局八队在工区外围进行了青海省都兰县阿斯哈（可热）金矿预查工作，先后发现 12 条含矿带，经 334 资源量估算；Au 为 1.85688 t，Cu 为 201.24 t。该金矿为近年来东昆仑成矿带上所发现的新的成矿类型（构造蚀变岩型矿床）。

13）2009—2010 年，青海省有色地勘局八队在工区外围开展了青海省都兰县达里吉格塘地区金矿预查工作，共圈定金矿（化）体 8 条，334 资源量 Au1.75881 t，Cu0.10481 t。认为其成因类型为热液构造蚀变岩型金矿床。

14）2010—2012 年，青海省有色地质矿产勘查局地质矿产勘查院在工区开展青海省都兰县帕龙沟地区铅锌矿预查工作，对 HS17、HS18 水系沉积物综合异常进行了初步评价，发现热液型铅锌矿的花岗岩脉、石英闪长岩脉。

15）2009—2012 年，青海崚田物化探公司在工区克合特多金属矿点开展了预查、普查工作，通过 334 资源量估算，求得铜矿石总量 474092.6 t，铜金属量 4874.72 t；铅矿石总量 34796.4 t，铅金属 173.98 t。

16）2010—2011 年，商业投资项目在工区开展工作发现达尔乌拉岩浆岩型磁铁矿点，估算储量 25.5×10^4 t，磁铁矿赋存岩性为含角闪石黑云母辉石岩或角闪岩。

17）2011 — 2012 年，甘肃宏叶矿业有限公司委托甘肃省地矿局第二地质矿产勘查院在工区达日沟脑开展铁矿预查工作，圈定磁铁矿体 2 条，估算出 334 资源量为 283581 t。磁铁矿大多产在闪长岩体，推测成因类型为岩浆分异型。

18）2012—2016 年，青海省有色地质矿产勘查局八队牵头实施的青海省都兰县沟里地区金及多金属矿整装勘查工作。总结整装勘查区矿床（点）分布，分析了主要矿床（点）地质特征，总结了成矿及找矿规律，并对勘查区找矿潜力做了深刻分析。正在组织实施第二阶段（2016—2021 年）整装勘查工作。

19）2013 年将青海省玛多县坑得弄舍金多金属矿普查项目分立为青海省玛多县坑得弄舍金多金属矿区详查和青海省玛多县坑得弄舍金多金属矿区外围普查两个项目开展工作，目前共圈定 39 条多金属矿体，其中盲矿体 28 条，初步认为该矿床属于同生断裂热液充填改造型矿床。

20）2013—2015 年由陕西核工业地质调查院开展的青海省都兰县尕日当地区 1：5 万四幅区域地质调查，在工区内新发现铜矿（化）点 5 处，铁矿化点 1 处等，并对矿（化）点进行了检查工作。

13. 1. 3　深度学习地质填图技术应用情况

1）2021 年 5 月，确定以青海都兰县昂日塔地区 1：2. 5 万区域地质矿产调查项目中的三个图幅（I47F005021、I47F005022、I47F006022）为智能区域地质调查合作试点图幅，开展岩石地层识别试验工作。

2）2021 年 5 月—2021 年 6 月，收集试点图幅周边图幅相关资料，进行资料整理和数据预处理，岩石地层单位识别和区分的数据准备；7 月 5 日，开展智能区域地质调查相关的岩石地层识别试验的交流研讨，确定下一步具体要求、分工以及关键时间节点。

3）2021 年 7 月—8 月，针对收集的地、物、化、遥不同资料开展系统的综合研究，修改完善图幅 PRB 库，进行样本数据修改，优化预测参数，累计进行预测地质图评价及参数讨论近 4 次。

4）2021 年 9 月—10 月，梳理总结年度成果，进一步完善图幅 PRB 库，修改样本数据，形成最新的预测地质图。

5）主要工作量包括实测地质路线 292 条，P+R+S 样本数据 291 组，核对标签数约 160 个。

13. 2　调查区基础地质特征（简要描述）

13. 2. 1　地层

工区大地构造位置处于东昆仑造山带东段，经历了漫长的构造演化历史和多期次的造山旋回，并在不同时段沉积形成了表征海相、陆相以及火山岩相等不同沉积相的各种岩石类型。本次工作参照《中国区域地质志》工作指南（2012）提出的“全国地层分区的原则和基本方案”和《中国区域地质志·青海志》（青海省地质调查院，2019）建立的关“青海省地层区划方案”，结合工区具体情况对区内地层按不同时间段划分了地层单元。

区内地层出露较全，时间跨度大，岩石类型复杂，出露的岩石地层单位由老到新依次为古元古界金水口岩群、下泥盆统契盖苏组、下石炭统哈拉郭勒组、上石炭统—下二叠统浩特洛哇组、下三叠统洪水川组，下-中三叠统闹仓坚沟组、中三叠统希里可特组以及第四纪地层。此外，还有寒武纪—奥陶纪长石山蛇绿混杂岩及石炭纪—晚二叠世康德龙蛇绿混杂岩 2 个非正式地层填图单位（表 13. 4）。

13. 2. 1. 1　金水口岩群

该地层做为本区的结晶基底分布较为广泛，与相邻地质体大多呈断层接触，局部被中奥陶世中酸性侵入岩侵蚀，克合特地区见契盖苏组角度不整合于其上。由于受到花岗岩体的侵蚀及断裂构造的破坏，多组成大小不等形态各异的构造块（片）体，部分地段发育中深层次的韧性剪切带，带内发育条带、眼球、石香肠、剪切褶皱等构造形迹，总观岩石组合及矿物成分变化等特征，变质程度为角闪岩相—高绿片岩相。根据变质岩石组合、变形特征及原岩建造差异，金水口岩群进一步分为片麻岩岩组、片岩岩组及大理岩岩组。

表 13.4　工区地层单元划分表

地层分区 地质年代			秦—祁—昆地层大区：东昆仑—柴达木地层区				
代	纪	世	万宝沟—鄂拉山地层分区		东昆北地层分区		苦海—兴海地层分区
中生代	三叠纪	早—中三叠世	希里可特组（T_2x）				
			闹仓坚沟组（$T_{1-2}n$）	上段（$T_{1-2}n^3$）			
				中段（$T_{1-2}n^2$）			
				下段（$T_{1-2}n^1$）			
			洪水川组（$T_{1-2}h$）	上段（$T_{1-2}h^3$）			
				中段（$T_{1-2}h^2$）			
				下段（$T_{1-2}h^1$）			
晚古生代	二叠纪	中二叠世					康德龙蛇绿混杂岩（CP_2k）
		早二叠世	浩特洛哇组（C_2P_1h）				
	石炭纪	晚石炭世					
		早石炭世	哈拉郭勒组（C_1h）	上段（C_1h^2）			
				下段（C_1h^1）			
	泥盆纪	早泥盆世			契盖苏组（D_1q）	上段（D_1q^2）	
						下段（D_1q^1）	
早古生代			东昆南地层分区				
	奥陶纪		长石山蛇绿混杂岩（$\in Oc$）				
	寒武纪						
古元古代			东昆仑地层分区				
			金水口岩群（$Pt_1J.$）		大理岩岩组（$Pt_1J.^3$）		
					片岩岩组（$Pt_1J.^2$）		
					片麻岩岩组（$Pt_1J.^1$）		

13.2.1.2　寒武纪—奥陶纪长石山蛇绿混杂岩

长石山蛇绿混杂岩物质组成分为岩块和基质两大类，其中弱变形的构造块体呈透镜状、不规则、条带状散布于强变形的基质当中，“网结状”构造特征发育。岩块按岩石成因和形成环境可分为碳酸盐岩岩块（灰岩和白云岩）、碎屑岩岩块、蛇绿岩岩块（橄榄岩、蛇纹岩、辉石橄榄岩、辉绿岩、辉长岩、枕状玄武岩等）、洋岛海山型火山岩岩块，基质主要为糜棱岩、钙质千枚质糜棱岩、钙质千糜岩、长英质糜棱岩、中基性火山岩质糜棱岩。岩块与基质之间均为断层或韧性剪切带接触，局部刚性块体之间呈构造接触。

13.2.1.3　下泥盆统契盖苏组

根据区内契盖苏组空间展布、岩石组合及岩性特征，划分为下部碎屑岩段和上部火山岩夹碎屑岩段，二者直接以火山岩的始现作为分段标志。

契盖苏组下段：整体为一套粗碎屑岩建造，岩石组合为紫红色复成分砾岩、灰红色含砾粗砂岩、杂色中粗粒长石石英砂岩、紫红色中砾岩，局部夹少量紫红色细粒石英砂岩、紫红色粉砂岩，偶夹凝灰岩。岩石色调以紫红色为主，向上为灰红色夹杂灰色、灰绿色。其中复成分砾岩为底砾岩，砾石磨圆较好，多为椭球状、卵状，砾石成分主要有花岗岩砾、火山岩砾、砂岩砾、脉石英砾、变质岩砾等。

契盖苏组上段：以火山岩的出现为特征与下段分界，整体为一套火山岩夹碎屑岩建造，主要岩石组合为灰绿色石英安粗岩、灰绿色玄武安山岩、浅灰绿色安山岩、灰绿色英安岩、浅紫灰色含角砾英安岩夹灰色-灰绿色凝灰岩、浅灰色含碎屑凝灰岩、紫红色细粒长石石英砂岩、紫红色含砾长石砂岩等。

13.2.1.4 石炭纪—中二叠世康德龙蛇绿混杂岩

康德龙蛇绿混杂岩由岩块和基质两部分组成，其中岩块包括蛇绿岩组分、变质结晶基底。蛇绿岩组分包括超基性岩、强蚀变辉长岩、强蚀变辉长辉绿岩、辉绿岩等；变质结晶基底主要有片岩、片麻岩及大理岩；基质部分，包括糜棱岩、眼球状花岗质糜棱岩、糜棱岩化砂岩、强片理化砂岩等。

13.2.1.5 下石炭统哈拉郭勒组

区内哈拉郭勒组可划分为下部碳酸盐岩段和上部碎屑岩段，其岩石组合如下：

下段：碳酸盐岩段，受区域断裂围限，未见底，岩性以浅灰色、灰色、深灰色结晶灰岩和浅灰色、浅灰白色、灰白色白云质灰岩为主，灰色条带状灰岩、深灰色含生物碎屑砂屑灰岩、微晶灰岩、角砾状灰岩次之，夹少量的深灰色钙质粉砂岩和紫红色细粒石英砂岩。

上段：碎屑岩段，岩性以长石石英砂岩、（含砾）岩屑石英砂岩、长石砂岩、（含砾）长石石英砂岩为主，粉砂岩、复成分砾岩次之，局部夹有结晶灰岩和橄榄玄武岩、蚀变玄武岩等。

13.2.1.6 上石炭统—下二叠统浩特洛哇组

浩特洛哇组岩性主要为一套碳酸盐岩-（变）碎屑岩夹千枚岩组合，碳酸盐岩以硅化细晶灰岩为主，结晶灰岩和粉晶灰岩次之；（变）碎屑岩以变质石英砂岩和强片理化粉砂岩为主，石英砂岩、砾岩和板岩次之，千枚岩主要为绢云母千枚岩。灰岩、石英砂岩、片理化粉砂岩中普遍发育平行层理，泥质板岩中发育波状层理，含砾细粒石英砂岩局部发育交错层理，砾岩局部发育楔状交错层理，总体表现出滨浅海相沉积的特征。

13.2.1.7 下—中三叠统洪水川组

通过对不同地段所出露的地质体进行详细产出特征、岩石组合、岩性特征及沉积特征等观察、收集、填绘，本文中将洪水川组自下而上分为下、中、上三个岩性段。

下段：整体为一套粗碎屑岩建造，岩石色调整体为灰红色-砖红色，底部以粗砾岩和细砾岩为主，夹极少量含砾粗粒岩屑长石砂岩和含砾中粗粒长石砂岩；上部以含砾粗砂岩、含砾粗粒岩屑长石砂岩、含砾粗粒岩屑石英砂岩、含砾中粗粒长石砂岩为主，细粒石英砂岩和中细粒长石石英砂岩少量，（夹）粗粒岩屑石英砂岩、细粒石英砂岩。

中段：是一套碎屑岩夹火山岩建造，碎屑岩岩石色调以灰绿色为主，局部为灰色、深灰色，主要岩性有含砾粗粒长石石英砂岩、中粗粒石英砂岩、中细粒岩屑石英砂岩、中细粒长石石英砂岩、细粒石英砂岩、粉砂岩、粉砂质板岩等；火山岩岩性以灰色-青灰色-灰绿色英安岩、灰红色-砖红色-紫红色流纹岩为主；浅灰绿色-灰绿色安山岩、深灰色-暗灰绿色流纹岩、灰色-灰绿色-紫灰色-紫红色含角砾凝灰岩次之；灰紫色英安岩、青灰色-灰绿色流纹岩、浅灰色-灰色凝灰岩、浅灰色-灰色-青灰色-灰绿色凝灰质角砾岩、灰白色大理岩（火山集块）少量；（夹）极少量灰绿色玄武岩、灰-灰绿色火山岩集块岩、浅灰绿色英安质晶屑玻屑凝灰岩、浅灰色-灰色含角砾英安质晶屑玻屑凝灰岩等；局部见沉凝灰岩夹层。

上段：整体为一套细碎屑岩建造，岩石色调上以灰色、深灰色、灰绿色为主，局部为紫红色。主要岩性以强劈理化粉砂岩、片理化钙质粉砂岩为主，（泥钙质）粉砂岩、凝灰质粉砂岩、粉砂质灰岩、深灰色细粉晶灰岩次之，夹少量细粒石英砂岩、微晶灰岩及中—细粒岩屑砂岩、灰色灰岩、灰色-深灰色含角砾凝灰岩、浅灰色-浅灰绿色凝灰岩、灰绿色杏仁状玄武岩，夹层厚度普遍较小，多呈中薄层状。细粉晶灰岩中平行层理和水平层理均比较发育，局部形成连续的波浪形弯曲变形现象；

凝灰质粉砂岩中平行层理发育，局部发育包卷层理和交错层理；粉砂质灰岩中水平层理发育。微晶灰岩中发育平行层理和水平层理，局部受后期构造活动影响形成小型尖棱褶皱；灰岩中发育平行层理；粉砂岩和石英砂岩中发育水平层理。

13.2.1.8 下—中三叠统闹仓坚沟组

根据岩石组合进一步划分为下、中、上三个岩性段，闹仓坚沟组下段整体为一套碳酸盐岩建造，主要岩性以灰色、灰白色条带状微晶灰岩、灰色粉砂质灰岩为主，局部夹少量灰色鲕粒状灰岩；中段整体为一套含角砾灰岩夹（互）砂岩建造，是闹仓坚沟组中厚度最大的岩性段。岩性以灰色含角砾亮晶砂屑灰岩、含角砾灰岩、灰绿色细粒石英砂岩为主，夹灰色微晶灰岩与粉砂岩互层、浅灰色微晶灰岩；上段主要岩性为灰岩夹（互）粉砂岩，以灰色、深灰色微晶灰岩与灰绿色粉砂岩互层、灰绿色细粒石英砂岩为主，灰绿色微晶灰岩、灰绿色、灰色强片理化粉砂岩次之，夹浅灰绿色中粗粒岩屑石英砂岩。总的来看，闹仓坚沟组由底到顶具有灰岩层递减而砂岩层或粉砂岩层递增的变化趋势。

13.2.1.9 中三叠统希里可特组

区内希里可特组岩石组合较为简单，底部自下而上为复成分砾岩、含砾岩屑石英砂岩，中上部为岩屑长石石英砂岩、长石石英砂岩、粉砂岩及粉砂质泥岩。其中砾岩中砾石成分主要为下伏闹仓坚沟组灰岩及少量花岗岩和片麻岩，从砾石成分可以看出，物源主体来自其下伏地层。因地层出露规模小，横向上岩石组合变化不大。

13.2.1.10 第四纪地层

区内第四纪沉积物主要分布于东部坑得龙和拉玛托洛湖一带，同时在达日吾勒哈、各玛龙、克合特等主沟内有一定分布，根据成因类型划分为中更新世冰川堆积、晚更新世冰水堆积、晚更新世冲洪积堆积以及全新世冲积堆积。第四系地层成因类型划分见表 13.5。

表 13.5 工区第四纪地层成因类型划分表

地质年代	代号	成因类型	主要岩性组合	典型地形、地貌
全新世	Qh^{al}	冲积堆积	砂砾石、卵石、泥砂	构成现代河床、曲流河、河流Ⅰ级阶地、现代河漫滩地貌
晚更新世	Qp_3^{pal}	冲洪积堆积	砂砾石、亚砂土，多具二元结构	多形成沟口冲洪积扇体，并构成现代河床的Ⅱ级阶地
	Qp_3^{gfl}	冰水堆积	松散砂砾石、砂土堆积	冰积台地、冰积垄
中更新世	Qp_2^{gl}	冰川堆积	冰川漂砾、泥砾、砂砾石堆积	冰碛垄、冰碛丘陵

13.2.2 侵入岩

13.2.2.1 蛇绿岩

区内划分出长石山蛇绿构造混杂岩带和康德龙蛇绿构造混杂岩带共 2 条蛇绿构造混杂岩带，前者属东昆中蛇绿构造混杂岩带，后者可能为苦海-赛什塘蛇绿构造混杂岩带向西延伸的部分。

长石山蛇绿岩岩石组合包括蛇纹石岩、蛇纹石化橄榄岩、辉石橄榄岩、辉长岩、辉绿岩、玄武岩和硅质岩，形成环境为与俯冲有关的弧后盆地的 SSZ 型蛇绿岩。

康德龙蛇绿岩岩石组分出露不完整，岩石组合主要有蛇纹岩、橄榄岩、超基性岩、辉长岩、辉长辉绿岩和辉绿岩，形成环境为与俯冲消减有关的弧后扩张或小洋盆（边缘海）。

13.2.2.2 超基性-基性侵入岩

在坑得龙西发育 1 处超基性侵入岩，呈透镜状分布于金水口岩群片岩岩组中，整体出露面积约

0.025 km^2。因周边第四系残坡积物覆盖较强，仅见零星基岩露头，推测与金水口岩群呈侵入接触。该超基性侵入体岩石类型单一，岩性为强蛇纹石化辉石橄榄岩。

13.2.2.3 中酸性侵入岩

以调查区中-酸性侵入岩“构造岩浆期”“构造岩浆旋回”“构造岩浆岩带（段）”的划分为基础，通过野外侵入岩地质产状、宏观特征及侵入岩岩石特征的对比、室内薄片鉴定、岩石地球化学特征分析、同位素测年数据的研究和前人资料的收集利用，将工区显生宙以来的大大小小的侵入体分门别类，并最终归并成 22 个侵入岩填图单位进行填图，详见表 13.6。

13.2.3 火山岩

13.2.3.1 长石山洋岛玄武岩

长石山洋岛玄武岩赋存于长石山蛇绿混杂岩带中，与糜棱岩、糜棱岩化粉砂岩等混杂带基质呈断层接触。该洋岛玄武岩主体呈规模巨大的不规则剪切透镜产出，局部被剪切割裂成大小不等的透镜状块体。长石山洋岛火山岩以喷溢相的玄武岩为主，岩石组合为玄武岩和玻基玄武岩组合。岩石呈规模不等的构造块体产出，岩枕发育，蚀变强烈，蚀变类型主要为绿帘石化蚀变。形成于大洋环境的洋岛玄武岩。

表 13.6 工区侵入岩填图单位划分一览表

构造岩浆旋回	构造岩浆期	构造岩浆岩段	时代	侵入体填图单位	代号	岩性	同位素年龄/Ma	动力学过程
石炭纪—三叠纪	印支期	拉玛托洛湖-多角禾构造岩浆岩段	中三叠世	正长花岗岩	$\xi\gamma T_2$	浅肉红-砖红色中细粒正长花岗岩	237.8±1.1①	碰撞造山
						肉红色中细粒正长花岗岩	235.7±1.2②	
						浅肉红-肉红色中粗粒正长花岗岩		
						浅肉红色中粗粒似斑状正长花岗岩		
				石英闪长岩	$\delta o T_2$	灰绿-深灰色中细粒石英闪长岩		活动大陆边缘俯冲环境
						灰-灰白色中细粒石英闪长岩		
				闪长岩	δT_2	灰-深灰色-灰绿色细粒闪长岩		
				角闪石闪长岩	$\delta\psi T_2$	深灰色中细粒角闪石闪长岩		
						深灰绿色细粒角闪石闪长岩	244.6±0.94	
				角闪石岩	$\psi o T_2$	墨绿-深灰色粗粒角闪石岩		
			早三叠世	二长花岗岩	$\eta\gamma T_1$	浅灰-灰白色中细粒二长花岗岩		
						灰红-浅肉红色中细粒二长花岗岩	249±0.81①	
						浅肉红色中粗粒二长花岗岩		
						浅肉红色中粗粒似斑状二长花岗岩		
				花岗闪长岩	$\gamma\delta T_1$	浅灰-灰白色中细粒花岗闪长岩		
						浅灰-灰色-灰白色中粗粒花岗闪长岩		
						灰白色不等粒花岗闪长岩		
						浅灰色弱片麻状中细粒花岗闪长岩		
				英云闪长岩	$\gamma\delta o T_1$	灰色中粗粒英云闪长岩		
						灰绿色中细粒蚀变英云闪长岩		
						灰白色中细粒英云闪长岩		
						深灰绿色细粒蚀变斑状英云闪长岩		

续表

构造岩浆旋回	构造岩浆期	构造岩浆岩段	时代	侵入体填图单位	代号	岩性	同位素年龄/Ma	动力学过程
南华纪—泥盆纪	加里东期	克合特-折哦更木构造岩浆岩段	中志留世	二长花岗岩	$\eta\gamma S_2$	灰红-肉红色中粗粒二长花岗岩		碰撞造山
						灰红色中细粒二长花岗岩		
				英云闪长岩	$\gamma\delta o S_2$	灰绿-灰色中细粒英云闪长岩		
		坑得龙-扎龙恰当岗构造岩浆岩段	早志留世	花岗闪长岩	$\gamma\delta S_1$	浅灰-灰白色中细粒花岗闪长岩	431.2±1.3	洋陆转换
						浅灰色中粗粒（片麻状）花岗闪长岩		
				二长花岗岩	$\eta\gamma S_1$	灰红色中粗粒二长花岗岩		
						浅肉红色中细粒二长花岗岩		
	加里东期	拉玛托洛湖-多角禾构造岩浆岩段	中奥陶世	二长花岗岩	$\eta\gamma O_2$	浅灰-灰红色中粗粒二长花岗岩		洋陆俯冲
				花岗闪长岩	$\gamma\delta O_2$	浅灰白色中粗粒（片麻状）花岗闪长岩	463.3±2.0① 463.1±2.4① 467.0±1.6②	
						灰白色中细粒（片麻状）花岗闪长岩		
				英云闪长岩	$\gamma\delta o O_2$	深灰-灰绿色中粗粒英云闪长岩		
						深灰-灰色-灰白色细粒英云闪长岩		
						灰色细粒黑云英云闪长岩		
				石英闪长岩	$\delta o O_2$	浅灰-灰绿色细粒石英闪长岩	465.1±1.8① 462.1±1.4①	
				角闪石石英闪长岩	$\psi\delta o O_2$	深灰-灰绿色中细粒角闪石石英闪长岩		
				黑云母角闪石闪长岩	$\delta\psi\beta O_2$	深灰色中细粒黑云母角闪石闪长岩		
古元古代—青白口纪	晋宁期	克合特-假屋龙构造岩浆岩段	青白口纪	片麻状花岗闪长岩	$\gamma\delta^{gn}Pt_3$	灰白-灰色片麻状花岗闪长岩（灰色片麻状英云闪长岩?）	875.2±5.4① 941.0±6.3①	陆块汇聚碰撞

注：①数据引自《尕日当地区1∶5万四幅区调报告》（陕西省核工业地质调查院，2016）；②数据引自任海东（暂未刊发）。

13.2.3.2 下泥盆统契盖苏组火山岩

契盖苏组火山岩岩石类型以喷溢相的火山熔岩为主，爆发相的火山碎屑岩次之。其中火山熔岩类岩石组合包括玄武岩、玄武安山岩、安山岩、英安岩和流纹岩。火山碎屑岩类岩石组合包括火山角砾岩和凝灰岩。火山岩岩石组合主体为安山岩和英安岩。结合岩石地球化学特征及区域构造演化，认为区内契盖苏组火山岩形成于后碰撞陆内伸展环境。

13.2.3.3 下石炭统哈拉郭勒组火山岩

哈拉郭勒组火山岩以喷溢相的基性火山熔岩为主，岩石类型包括玄武岩和玄武安山岩。其中玄武岩分布广泛，是该期火山岩的主体岩石类型，玄武安山岩零星分布，岩石中发育柱状节理。火山岩自然岩石组合为钙碱性玄武岩-碱性玄武岩-玄武安山岩组合。岩石地球化学特征也表明哈拉郭勒组基性火山岩总体显示板内碱性玄武岩的特征，指示其可能形成于大陆板内拉张带或初始裂谷构造环境。

13.2.3.4 下—中三叠统洪水川组火山岩

洪水川组中段火山岩为海相火山岩，据岩石岩性及其产状大致划分为爆发相、喷溢相、潜火山相和侵出相四种基本岩相类型。洪水川组火山岩是岩浆多次喷发与溢流交替的产物，主要由火山碎屑岩和熔岩组成，具有爆发相和喷溢交替出现的韵律特征。

（1）爆发相

爆发相是洪水川组火山岩中较为发育的岩相之一，岩石类型包括火山集块岩、火山角砾岩、含角砾凝灰岩和熔结凝灰岩，以含角砾凝灰岩最为广泛。

（2）喷溢相

喷溢相是该套火山岩中最为发育的岩相，岩石类型包括基性火山岩、中性火山岩和酸性火山岩，且以酸性火山岩为绝对主体，岩性主要为英安岩和流纹岩。火山熔岩呈层状产出，厚度较大，横向上延伸稳定，具流动构造特征，尤以流纹岩中的流纹构造最为典型。

（3）潜火山相

区内潜火山相的岩石较少见，岩石岩性为闪长玢岩，呈不规则的脉状、透镜状产出。闪长玢岩与围岩呈突变侵入接触关系，接触面清楚截然，斜切火山碎屑岩层面，接触面内倾，其围岩为爆发相的含角砾凝灰岩。闪长玢岩具浅成侵入岩的结构构造特征，而其围岩具有距火山口不远崩落堆积的特征，推测该闪长玢岩可能是火山喷发晚期沿火山通道侵入的地质体。

（4）侵出相

侵出相在洪水川组火山岩中较发育，岩性主要为正长花岗斑岩。岩石呈规模不等的小岩株侵位于酸性熔岩中，平面形态呈不规则的条带状，绝大多数近北西西向展布。岩石年代学特征表明，该斑岩可能为与洪水川组酸性熔岩同期侵位但未喷出地表的浅成侵入体或侵位时代较战红山酸性熔岩略晚的浅成侵入体。野外地质调查表明，该正长花岗斑岩普遍与战红山酸性熔岩相伴产出，鉴于岩石年代学特征和野外地质特征，本次工作将洪水川组火山岩中广泛发育的正长花岗斑岩划属至侵出相。

13.2.4　变质岩

依据《中国区域地质志·青海志》（2019）划分方案，工区属秦祁昆变质地区、东昆仑变质地块，包括东昆北-鄂拉山变质地带、万保沟-纳赤台变质地带、苦海-兴海变质地带三个三级变质地带。

区内变质岩出露较为广泛，具有不同变质成因、不同变质期次、不同变质程度的变质岩石复合体的特点。多数岩石形成以后又遭受不止一期构造热事件的改造，尤其是时代较老的岩石经历了多期改造，记录多期次变质变形作用。工区内变质作用时间跨度大，从古元古代到三叠纪地层均有不同程度变质作用发生，变质作用类型以区域变质作用为主，局部叠加了高压变质作用、动力变质作用和热接触变质作用，变质相分布从低温低压的低绿片岩相到高绿片岩相-角闪岩相、榴辉岩相均有出露。工区各变质作用类型主要特征见表13.7。

表13.7　工区各变质作用类型主要特征一览表

变质作用类型	原岩建造	变质岩石	变质作用特征	主要变质地质体	主变质期
区域动力热流变质变质作用	泥砂质岩、碳酸盐岩夹中基性火山岩	片麻岩类、片岩类、大理岩类	绿片岩相—角闪岩相	金水口岩群	吕梁期
区域低温动力变质作用	砂岩、粉砂岩、泥岩	变砂岩、变粉砂岩、泥质板岩、千枚岩、片理化杂砂岩、轻变质岩	绿片岩相	新元古代—古生代各类地质体	晋宁期，加里东期，华力西期
接触变质作用	碎屑岩+碳酸盐岩	角岩、角岩化岩石	低绿片岩相	古元古代—晚古生代地质体	加里东期—印支期
动力变质作用	砂岩类、碳酸盐岩、超基性-基性-中酸性侵入岩、基性火山岩等	千糜岩、糜棱岩、糜棱岩化岩石、强片理化岩石、碎裂岩化岩石	绿片岩相	古元古代—中新生代地质体	晋宁期—华力西期

从出露岩石来看，以区域动力热流变质作用形成的变质岩分布最广，其次为区域低温动力变质作用变质岩、动力变质岩，热接触变质岩分布相对较少。区域动力热流变质影响的金水口岩群出露于工区中北部及南部；区域低温动力变质作用影响的地质体主要为契盖苏组、浩特洛哇组、洪水川组、闹仓坚沟组、希里可特组等，分布于达理吉格塘、套木本贡玛、折哦更木、克合特等地区。接触变质岩零星出露于加里东期、印支期侵入体与金水口岩群、契盖苏组与相邻地层的外接触带上。动力变质岩分布于金水口岩群、契盖苏组、长石山蛇绿混杂岩、康德龙蛇绿混杂岩以及古元古代—中生代地质体中的断层破碎带。

13.2.5 构造

工区位于东昆仑造山带东段，多年来不同学者对这一地区的构造单元划分提出了多种不同的方案。本次工作参考《中国区域地质志·青海志》(2019) 划分方案，将工区以昆中断裂为界划分为秦祁昆造山系和康西瓦-修沟-磨子潭地壳对接带两个一级构造单元，二级构造单元分别为东昆仑造山带和昆南俯冲增生杂岩带，三级构造单元为昆北复合岩浆弧、苦海-赛什塘蛇绿构造混杂岩与纳赤台蛇绿混杂岩带，在此基础上进一步划分出 11 个四级构造单元。工区构造单元划分见表 13.8、图 13.1、图 13.2。

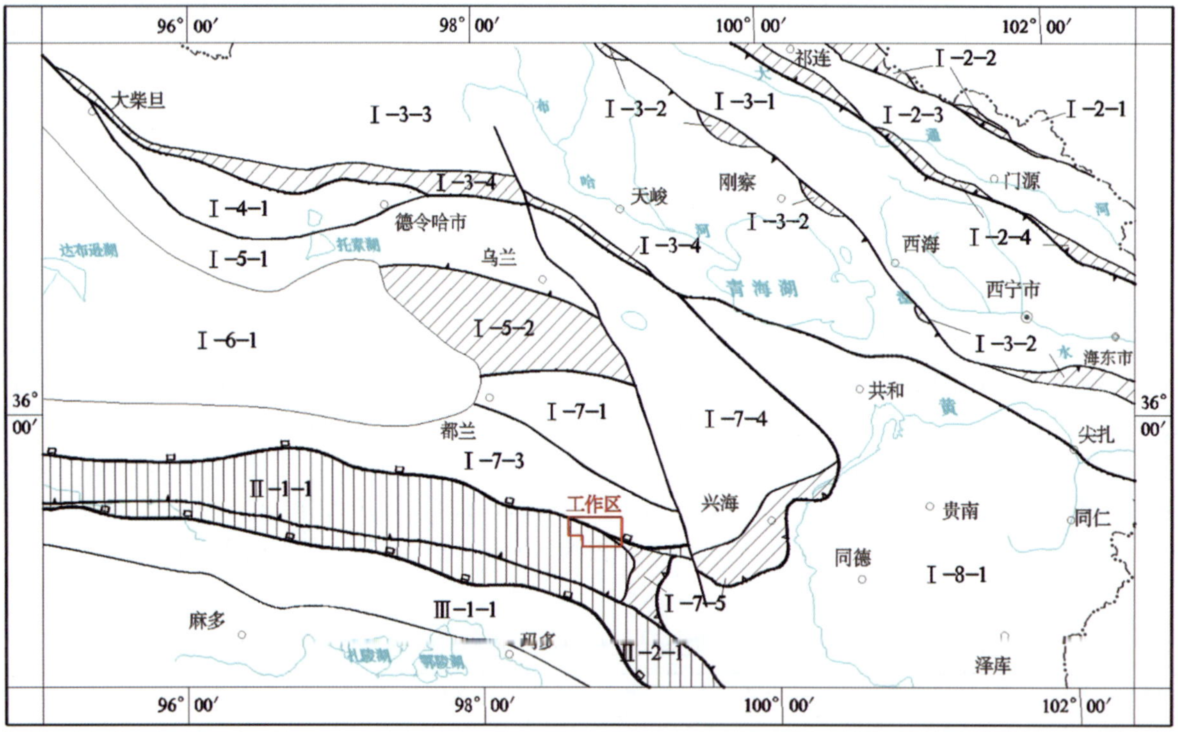

图 13.1 工区大地构造位置图

I-7-3 昆北复合岩浆弧 (Pt_3、O-S、P-T)；I-7-5 苦海-赛什塘蛇绿混杂岩带 (C-P_2)；

II-1-1 纳赤台蛇绿混杂岩带 (Pt_2、∈-O)

13.2.6 矿产资源

工区位于秦-祁-昆成矿域昆仑（造山带）成矿省东昆仑（造山带）Fe-Pb-Zn-Cu-Co-Au-W-Sn-石棉成矿带（Pt；∈；D；C；P；Q），以昆中构造混杂岩北界断裂为界，以北属于伯喀里克-香日德 Au-Pb-ZN-Mo-石墨-萤石（Cu、稀有、稀土）成矿亚带（C、I），南部划分为东昆仑南部（坳褶带/增生楔）Cu-Co-Au 成矿亚带和智益-铜峪沟 Cu-Pb-Zn-Sn-Au-重晶石成矿亚带（据《青海省矿产资源潜力评价报告》，2013），矿种丰富、成矿类型多样（表 13.9；图 13.3）。其中金成矿最为显著，矿床成因类型复杂，总体上看存在造山型金矿（果洛龙洼金矿床）、卡林型金矿（大场金矿床）和与侵入体相关的金矿床（瓦勒尕金矿床）以及浅成低温热液型（坑得弄舍）金矿等。

表 13.8 构造单元划分表

一级构造单元	二级构造单元	三级构造单元	四级构造单元
秦祁昆造山系（Ⅰ）	东昆仑造山带（Ⅰ$_{7}$）	昆北复合岩浆弧（Ⅰ$_{7-3}$）	克合特基底残块（Ⅰ$_{7-3-1}$）
			各玛龙火山沉积断陷盆地（Ⅰ$_{7-3-2}$）
			坑得龙加里东期岩浆弧（Ⅰ$_{7-3-3}$）
		苦海-赛什塘蛇绿混杂岩带（Ⅰ$_{7-5}$）	康德龙蛇绿构造混杂岩带（Ⅰ$_{7-5-1}$）
康西瓦-修沟-磨子潭地壳对接带（Ⅱ）	昆南俯冲增生杂岩带（Ⅱ$_{1}$）	纳赤台蛇绿混杂岩带（Ⅱ$_{1-1}$）	石屋龙基底残块（Ⅱ$_{1-1-1}$）
			长石山蛇绿构造混杂岩带（Ⅱ$_{1-1-2}$）
			折义龙加里东期岩浆弧（Ⅱ$_{1-1-3}$）
			折哦更木-战红山北陆缘裂谷（Ⅱ$_{1-1-4}$）
			达理吉格塘陆表海盆地（Ⅱ$_{1-1-5}$）
			倒木提-战红山印支期岩浆弧（Ⅱ$_{1-1-6}$）
			歇马昂里弧前盆地（Ⅱ$_{1-1-7}$）

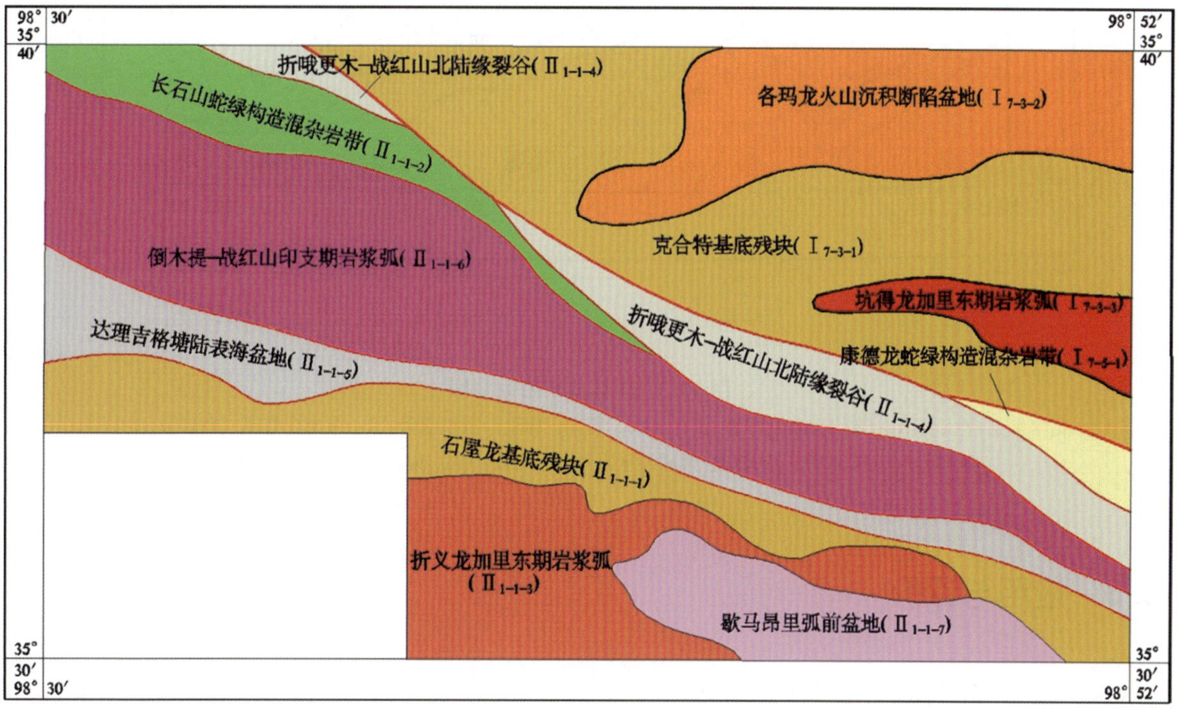

图 13.2 工区构造单元划分图

表 13.9　工区成矿带划分表

Ⅰ级成矿域		Ⅱ级成矿省		Ⅲ级成矿带（区）		Ⅳ级成矿带（区）	
编号	名称	编号	名称	编号	名称	编号	名称
Ⅰ-2	秦祁昆仑成矿域	Ⅱ-6	昆仑（造山带）成矿省	Ⅲ-26	东昆仑（造山带）Fe-Pb-Zn-Cu-Co-Au-W-Sn-石棉成矿带（Pt；€；D；C；P；Q）	Ⅳ-26②	伯喀里克-香日德 Au-Pb-Zn-Mo-石墨-萤石（Cu、稀有、稀土）成矿亚带（C、I）
						Ⅳ-26③	东昆仑南部（坳褶带/增生楔）Cu-Co-Au 成矿亚带
						Ⅳ-26⑤	智益-铜峪沟 Cu-Pb-Zn-Sn-Au-重晶石成矿亚带

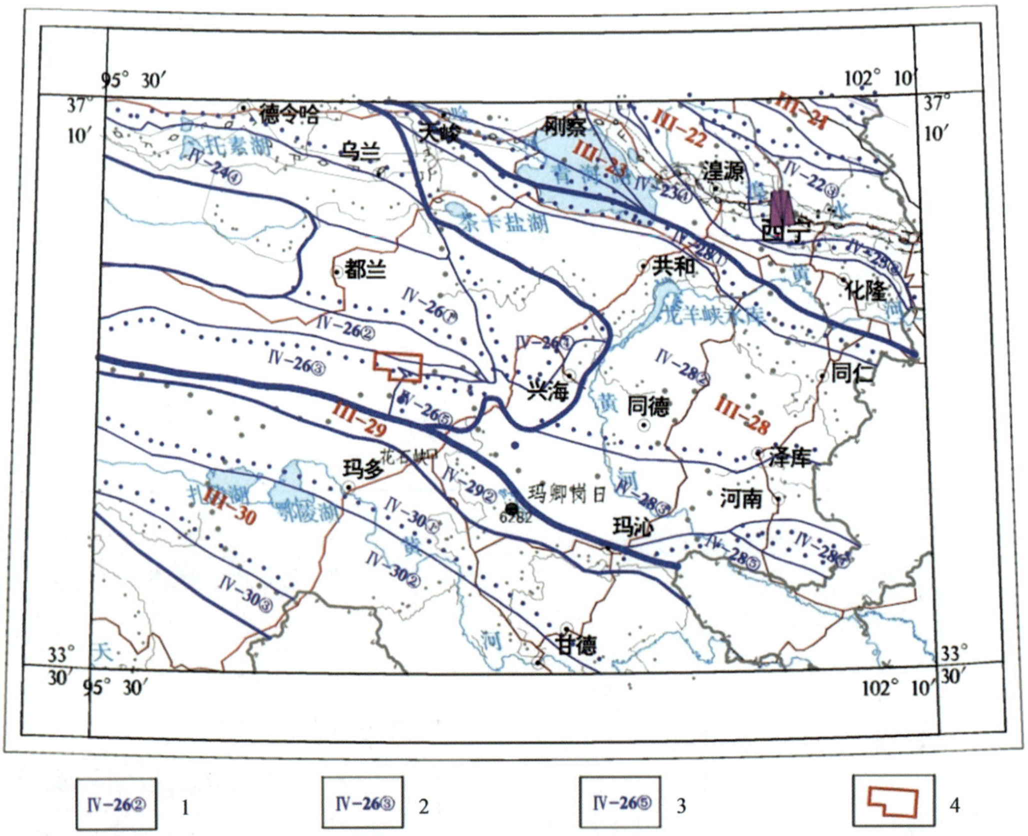

图 13.3　工区成矿带划分图

1—伯喀里克-香日德 Au-Pb-ZN-Mo-石墨-萤石（Cu、稀有、稀土）成矿亚带；2—东昆仑南部（坳褶带/增生楔）Cu-Co-Au 成矿亚带；3—智益-铜峪沟华力西期铜、铅、锌、锡成矿亚带；4—工区范围

13.3　应用与评价

13.3.1　深度学习地质填图技术应用

本次示范应用以“填图单元-岩性”为单元，以青海省都兰县昂日塔地区 3 幅 1∶2.5 万图幅为应用调查区，基于 1∶5 万地球化学、高精度磁测、数字高程模型（DEM）、遥感 Landsat8 和

1：2.5 万地质点（P）、样品（S）、路线（R）等数据（像元大小为 2.5 m），采用 IF-DNN 模型开展地质图预测应用。通过对比评价认为采用多次建模和按 1：2.5 万技术规范有关参数作为采样距离的全连接参数模型有效兼顾了地质体的宏观特征、相邻关系的表达及地质体分类的准确性，预测效果较好。

13.3.2　深度学习预测图与实测图对比评价

13.3.2.1　对比评价用图

1）预测图版本：地质图预测见图 13.4（a）。

2）实测图版本：都兰县昂日塔地区 1：2.5 万地质图（2020 年 10 月）见图 13.4（b）。

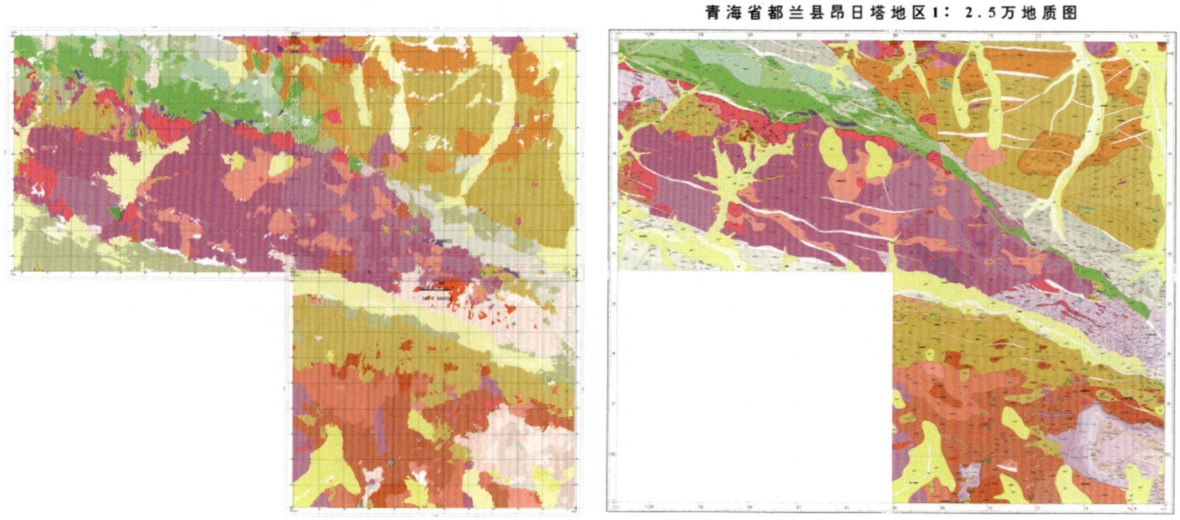

(a)　(b)

图 13.4　都兰县昂日塔地区 1：2.5 万地质图

（a）预测地质图；（b）实测地质图

13.3.2.2　地质图总体格局或总体格架的评价

本次工作对区内地质体的宏观分布特征和整体构造格架的预测与实际出露情况对应较好（图 13.5）。预测图中各类地质体整体呈北西-南东向展布，与区域构造线方向一致。预测地质图中元古宙地层、中生代地层、火山岩地层以及加里东期—印支期中酸性侵入岩的总体展布特征与实测地质图一致性较好。预测图中对调查区断裂构造反映较好，显示出区内主构造线方向为北西西向，次为北东向。因综合利用了 1：5 万地面高精度磁测和 1：2.5 万等具有深部揭露作用的数据，在达理吉格塘地区第四系覆盖强烈地段，能够更好反映浅覆盖之下地质体及其空间展布特征，为区调工作提供了更为丰富的深部信息。

13.3.2.3　预测准确的地质体评价

本次预测的地质图与人工填绘出的地质图中，地质体的分类及地质体的形态均展现出了较好的一致性。特别是在造山带填图中，混杂带特征特别重要，混杂带大多呈大小不一、规模不等的构造块体产出，在野外实际填图过程中，由于受比例尺（点距和线距）、填图人员水平的参差不齐以及地形地貌的限制，容易造成对重要地质的错漏，甚至可能对混杂带宏观展布特征认识不太确切，例如，在长石山蛇绿构造混杂岩中，橄榄岩、辉石橄榄岩的出露特征以及地质体的边界与深度学习预测图（图 13.6）中具有高度一致性，另外在辉长岩西侧，野外填图过程中由于受地形限制，未到达该区

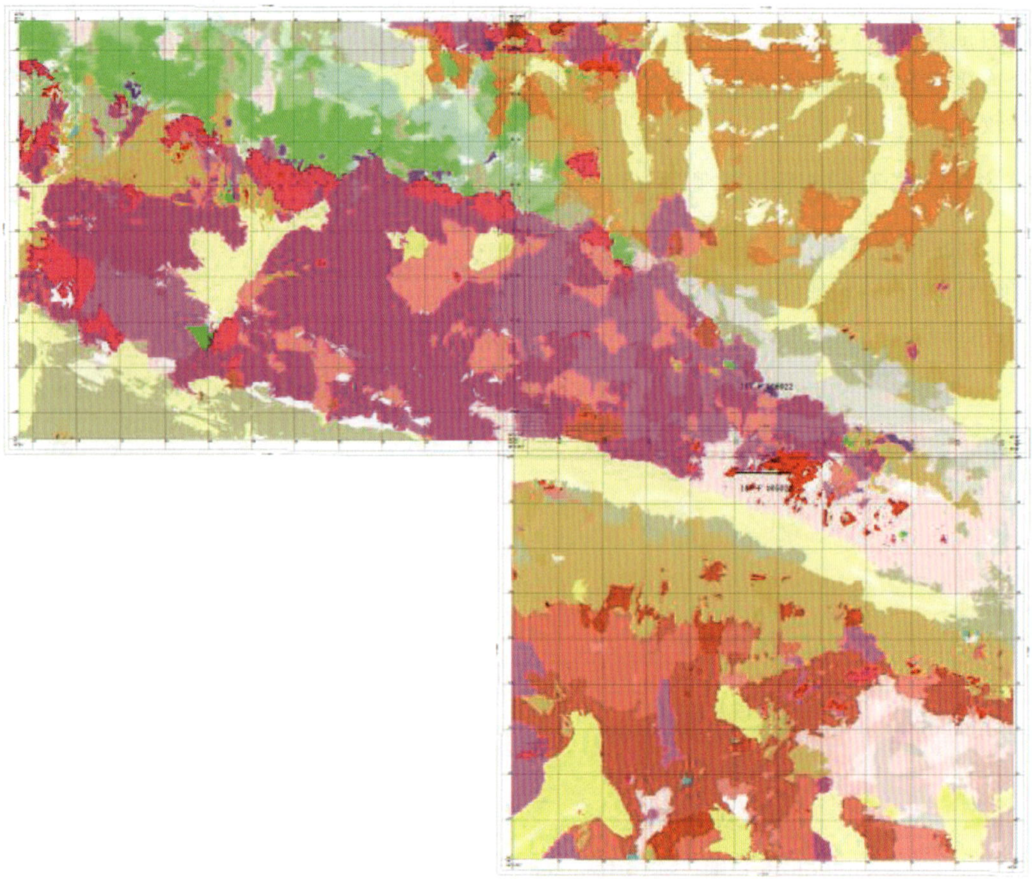

图 13.5　预测地质图

域，但深度学习预测图却能很好地反映未发现的橄榄岩块体，这将为未来造山带填图带来便利并提高填图的准确性。

13.3.2.4　预测新的出露位置并准确地对地质体评价分析

根据实测地质图［图 13.7（a）］，该区域南侧主要出露地层为古元古界金水口岩群，其中发育不同时代的花岗岩脉，北侧发育上石炭统—下二叠统浩特洛哇组，二者呈断层接触。在深度学习预测图［图 13.7（b）］中，本次采用 IF-DNN 预测方法，在预测区东部，沿北西-南东向断续出露一套和浩特洛哇组属性一致的地质体，通过 2021 年野外实际验证，由于受地貌影响，在实际填图中，未能识别出该套地质体，但沿南北向冲沟零星露头观察，该处实际发育碎屑岩夹火山岩建造，与预测图标注地质体一致。另外如图 13.8（a1）、（a2）所示，野外实际填图中该区出露为晚更新世冲洪积物和下泥盆统契盖苏组砂岩夹粉砂岩，未见任何侵入岩露头或者转石，但在深度学习预测图［图 13.8（b1）、（b2）］，在 IF-DNN 预测方法的基础上，添加 1∶5 万地面高精度磁测资料，在古元古界金水口岩群中预测出呈团块状产出的中三叠世花岗闪长岩（时代根据邻区预测），由此可以判定，在预测中多元数据融合叠加效果更好，特别是在对隐伏岩体的预测中，地面高精度磁测资料作用重大。

13.3.2.5　浅覆盖地区揭露与一定深度预测地质对象的评价

区内第四系等浅覆盖区域相对较少，仅分布在达理吉格塘、倒木提、克合特、达日吾勒哈等地，出露规模总体较小。本次在浅覆盖地区揭露预测效果较好，以达理吉格塘地区为例。如图 13.9 所示，图中地质体界线为实测填图中第四系与相邻基岩的接触界线，该地区沿沟谷分布大面积晚更新世冲洪

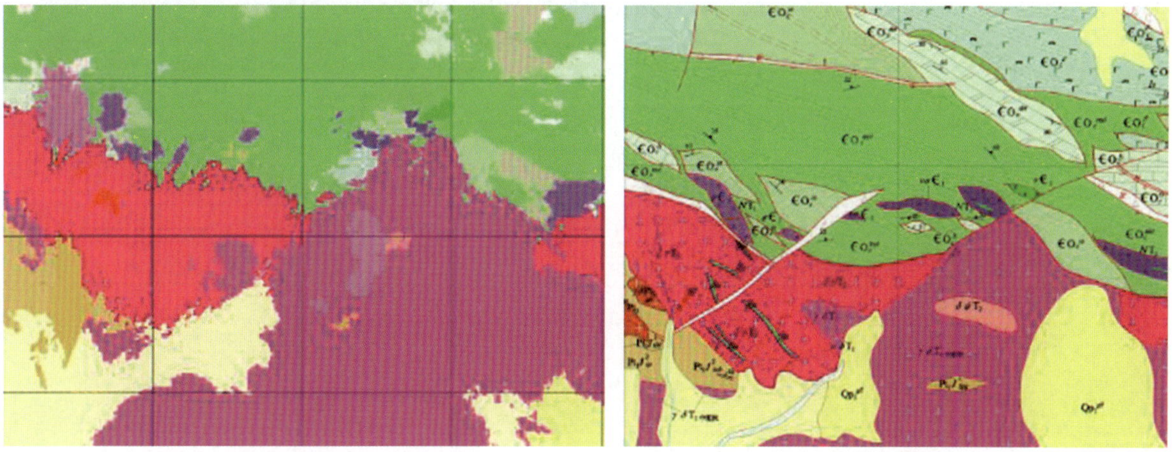

(a)　　(b)

图 13.6　长石山蛇绿构造混杂岩中，橄榄岩、辉石橄榄岩的出露特征以及地质体的边界与深度学习预测图中具有高度一致性

（a）AI 地质图；（b）实测地质图

积物和现代冲积，地表出露厚度 0.8~12 m 之间，本次在冲洪积覆盖区揭露预测出浩特洛哇组地层，有助于指导后期填图调查工作。

本次试验在无 P+R+S 数据覆盖区域预测地质体方面也具有一定效果，准确性较好。如图 13.10（a）所示，在该图中部中三叠世正长花岗岩和北东侧金水口岩群中样本数据点（图中“黑色圆圈”）相对稀疏，经本次工作，依据 1∶5 万地面高磁异常特征，在样本数据稀疏地区新预测出了未填绘出的中三叠世正长花岗岩和中奥陶世石英闪长岩［图 13.10（b）］，显示出良好的预测能力。

13.3.2.6　地质体相邻关系准确度的评价

通过对比，预测地质图与实际地质图中，地质界线形态与实际接触关系最为贴合的属第四系与相邻基岩接触界线［图 13.11（a）］、奥陶纪侵入岩与金水口岩群侵入界线［图 13.11（b）］；其次三叠纪歇马昂里弧前盆地与相邻奥陶纪中酸性侵入岩、金水口岩群接触界线与实际调查较为吻合［图 13.11（c）］；在倒木提周边地质体相对复杂地区，三叠纪侵入岩、金水口岩群、长石山蛇绿构造混杂岩三者出露部位推测界线与实测界线略有出入，侧面反映出在复杂地区预测地质体相邻关系时，一方面要提高 PRB 的输入质量，另外在复杂区需增加 P 图元的密度，进一步增强预测的一致性［图 13.11（d）］。

13.3.2.7　火山机构反映程度与准确度评价

研究区战红山一带分布下三叠统洪水川组火山岩，出露岩性为安山岩、英安岩、流纹岩、凝灰岩、角砾凝灰岩、火山角砾岩、闪长玢岩、花岗斑岩等，上述岩性可进一步分为爆发相、喷溢相、次火山岩相及侵出相［图 13.12（a）］，推断出南侧达日吾勒哈沟内存在火山喷口，因后期构造运动使的火山机构保存不够完好。

本次深度学习预测工作对该地区地质体及岩性（如花岗斑岩、辉绿岩等）做了较好预测，但对火山机构的预测有所欠缺［图 13.12（b）］，究其原因可能是一方面由于该火山机构为古火山机构，由于受后期构造叠加改造，其原始面貌已基本消失殆尽，由此，在预测时，遥感影像未能发挥出足够的性能，对线环构造的识别存在误识，其外，P 图元的密度决定了预测时线环的识别，导致火山机构的宏观特征与实际推测存在一定的偏差。

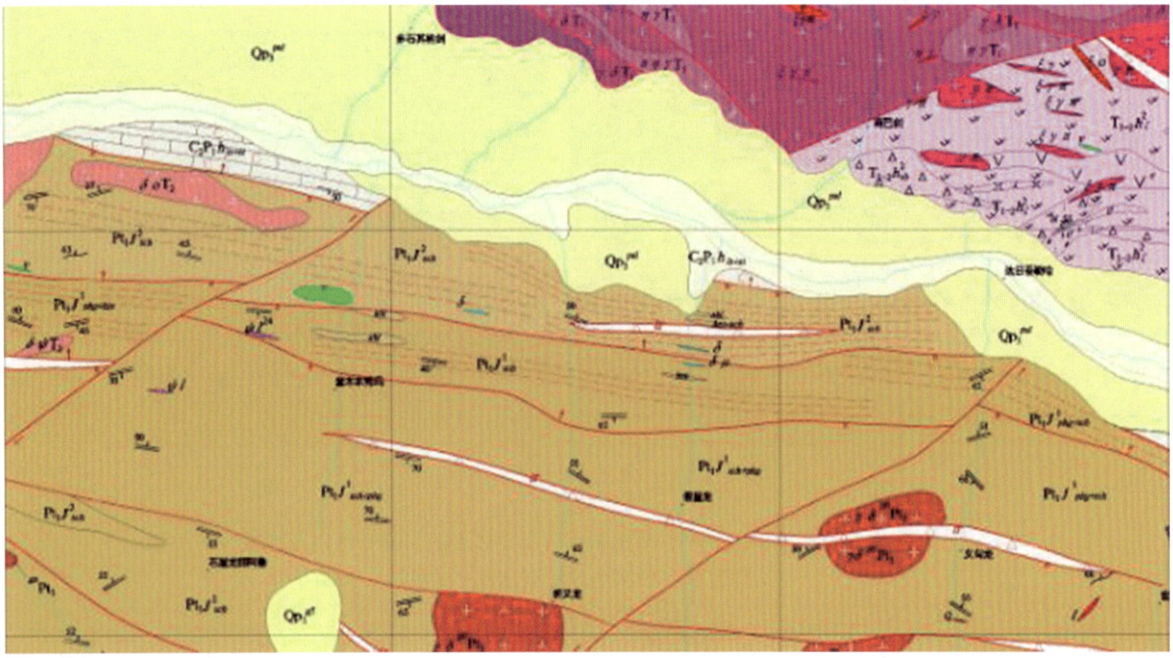

(a)

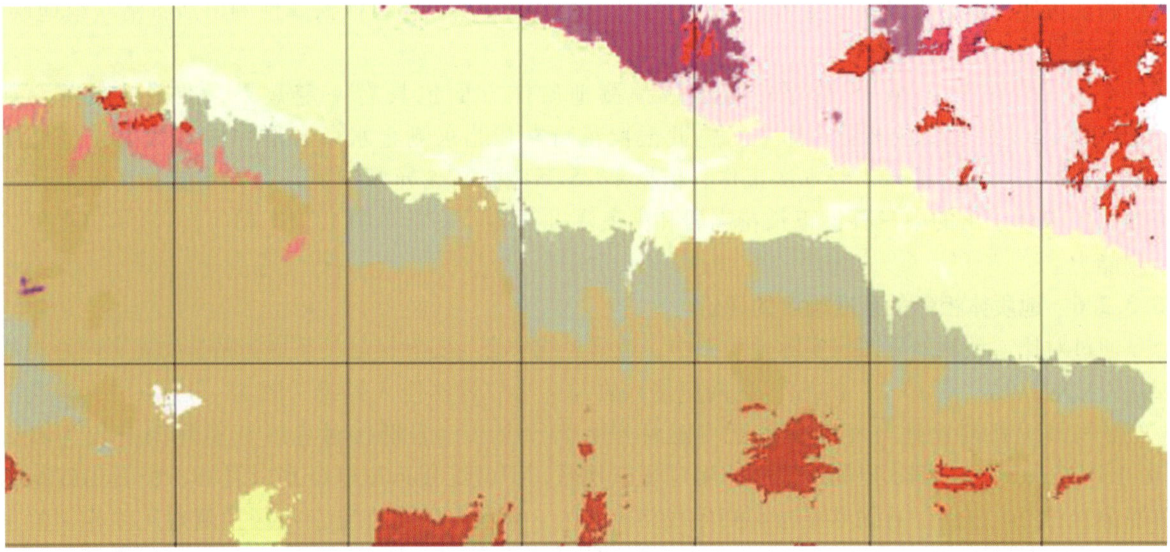

(b)

图 13.7　在预测区东部，新发现沿北西-南东向断续出露一套和浩特洛哇组属性一致的地质体，并经过野外验证

（a）实测地质图；（b）AI 地质图

13.3.2.8　总体构造反映程度与准确度评价

线型构造的预测最大程度上取决于遥感影像图，以及与断裂相关的构造角砾岩、断层泥等脆性动力变质岩的发育程度。本次预测工作根据多数据对比选择 Landsat8 数据源和 P+R 进行预测，例如在达理吉格塘［图 13.13（a）］、克合特地区［图 13.13（b）］破碎带发育地段，对断裂构造的识别和深度学习预测与实际填图成果对应较好，特别在图 13.13（b）预测图中，对古元古界金水口岩群中发育的层级断裂有很好的识别和预测，这将大大提高研究区断裂期次的研究，另外该技术在矿区进行应用预测时，针对与构造有关矿床的成矿背景研究和深部勘探工作部署意义重大，能有效地指导下部找矿工作。

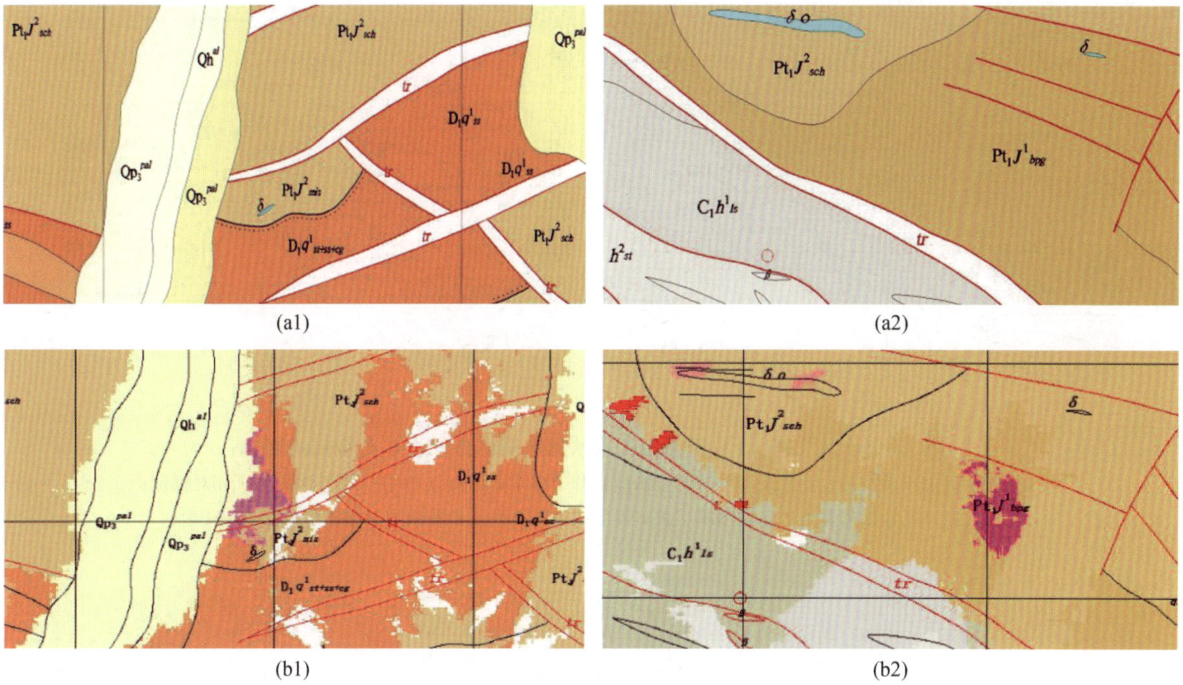

图 13.8　隐伏岩体预测能力评价

（a1），（a2）实测地质图；（b1），（b2）预测地质图

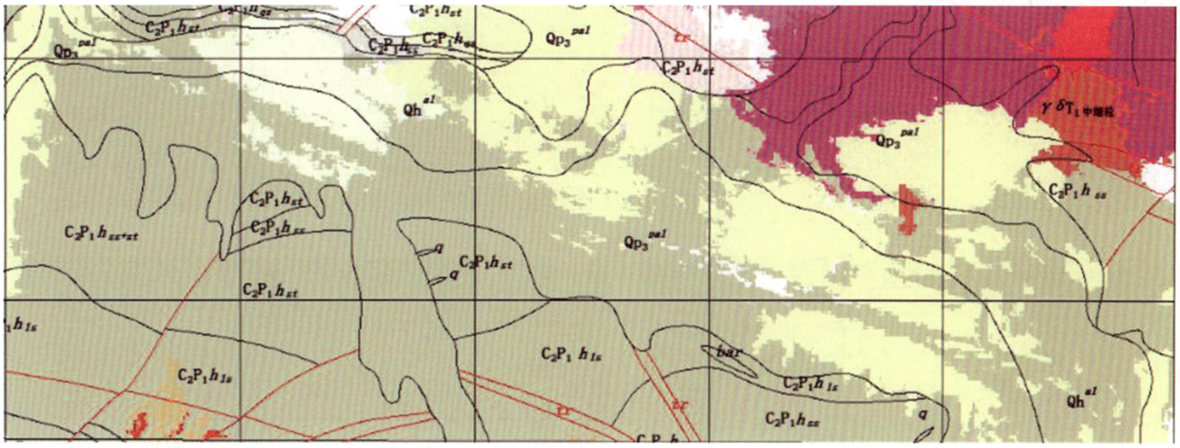

图 13.9　达理吉格塘地区预测图与实际地质界线对比

13.4　存在的问题和建议

13.4.1　存在问题

本次深度学习预测工作总体效果很好，特别是造山带中对构造块体的识别和预测超出预期，但还存在以下一些问题：

1）在个别地区存在深度学习预测和实际填图不一致情况，特别是在构造复杂区和构造叠加改造区域。

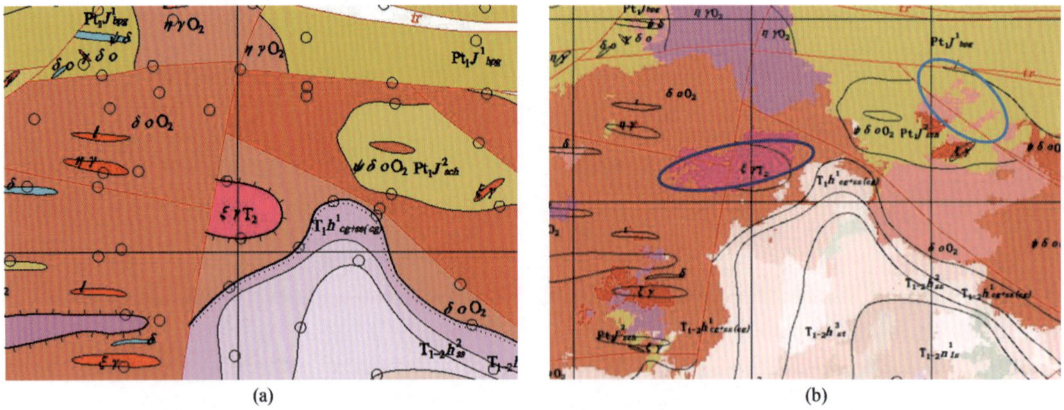

图 13.10　无 P+R+S 数据覆盖区域预测地质体方面也具有很强的能力

（a）图中部中三叠世正长花岗岩和北东侧金水口岩群中样本数据点（图中“黑色圆圈”）相对稀疏；（b）在样本数据稀疏地区新预测出了未填绘出的中三叠世正长花岗岩和中奥陶世石英闪长岩

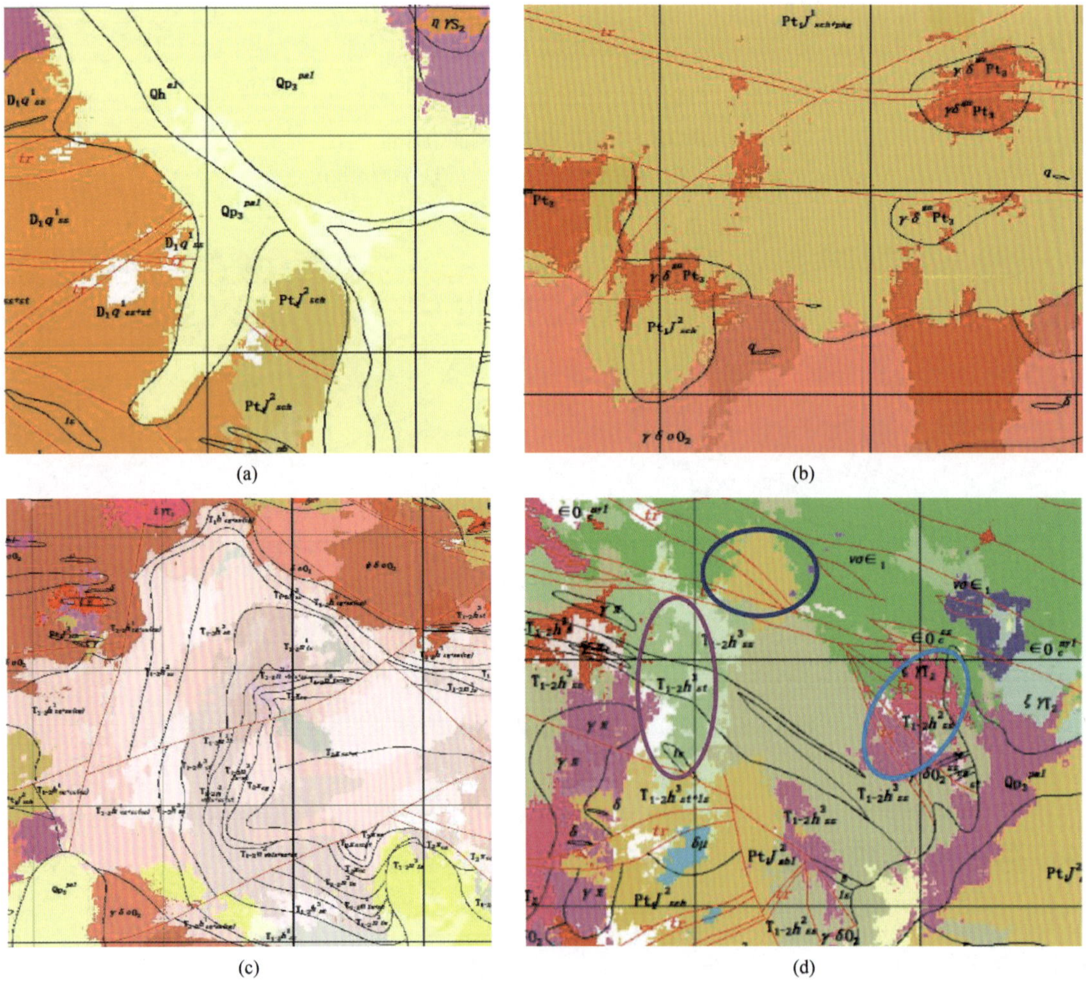

图 13.11　地质界线形态与实际接触关系的贴合

（a）第四系与相邻基岩接触界线；（b）奥陶纪侵入岩与金水口岩群侵入界线；（c）三叠纪歇马昂里弧前盆地与相邻奥陶纪中酸性侵入岩、金水口岩群接触界线与实际调查较为吻合；（d）三叠纪侵入岩、金水口岩群、长石山蛇绿构造混杂岩三者出露部位推测界线与实测界线略有出入

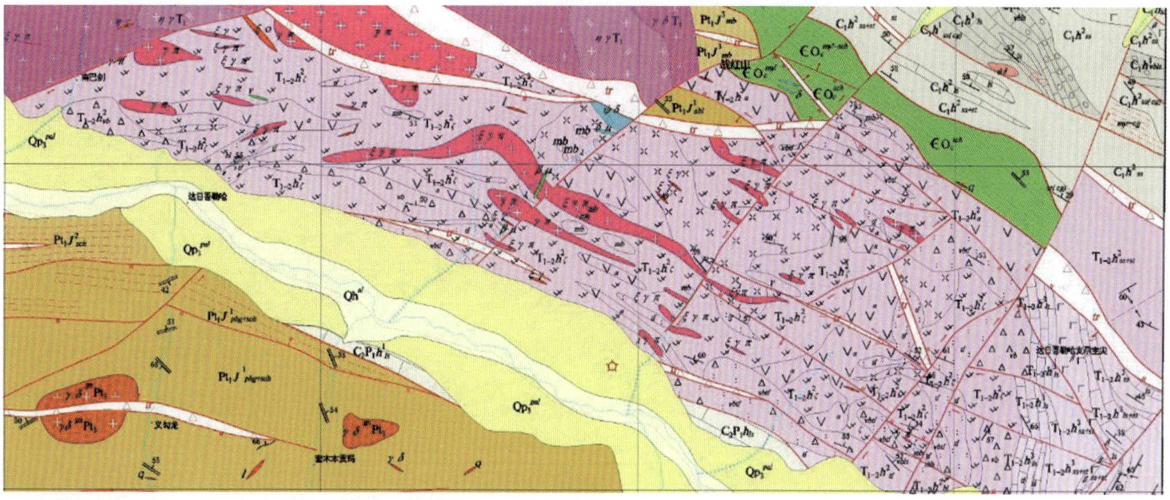

(a)

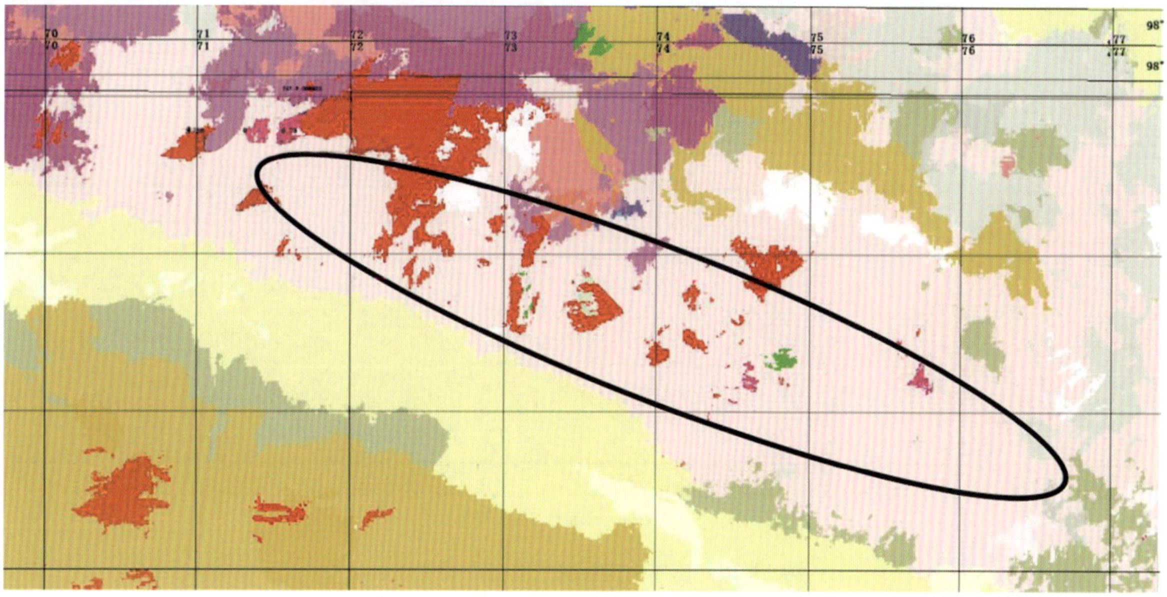

(b)

图 13.12　火山机构反应程度与准确度评价

（a）南侧达日吾勒哈沟内存在火山喷口，因后期构造运动使的火山机构保存不够完好；（b）火山机构的预测有所欠缺

2）根据总体预测效果分析，预测工作对宽度小于 3 m、长度小于 10 m 线状地质体和小于 10 m 的闭合地质体预测效果不是很好，主要体现在具有前述特征的岩脉。

3）项目组技术人员对于信息技术理论和深度学习地质填图技术预测方面的理论知识涉猎较少，对深度学习的学习和理解不足，导致技术方法上未做到闭环，还存在信息遗漏问题。

13.4.2　建议

1）在造复杂区和构造叠加改造区域进行预测工作时，第一要提高输入的 PRB 数据的质量，第二要增加 P 图元的密度，第三，预测要素最好能多元信息叠加。

2）对于预测精度的问题，建议选择小范围的典型示范区进行验证，如：与花岗伟晶岩型稀有、稀土成矿区域。

3）建议加强深度学习预测方法的培训和推广，做好信息衔接。

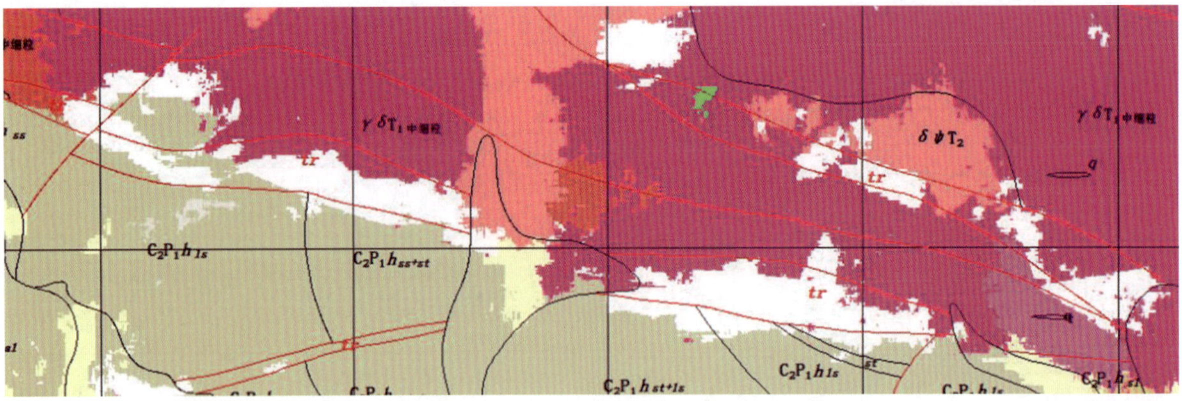

(a)

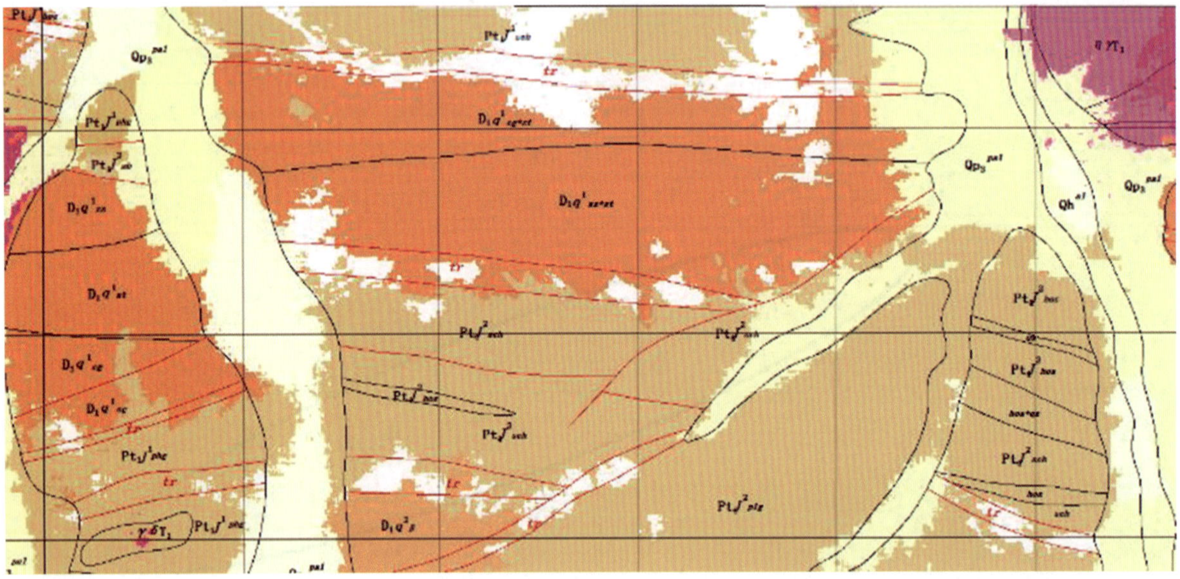

(b)

图 13.13　总体构造反映程度与准确度评价

（a）达理吉格塘地区对断裂构造的识别和深度学习预测与实际填图成果对应较好；

（b）对古元古界金水口岩群中发育的层级断裂有很好的识别和预测

第14章 结 语

本书基于地质路线是地质图形成的基础这一原理，提出了地质路线填图对象（知识标签）粒度化方法、面向填图对象对多尺度、多专业地质数据，构建了多模态多个共享特征表示（融合层）的神经网络地质图生成模型结构及人工智能地质图自动生成流程。该模型利用不同抽象级别学习跨模态共享表示的灵活性，获得更好的多模态融合特征提取效果，特别适合地质填图大数据量、岩性分类粒度细和岩性相近的分类建模。针对以线为特征地质路线（PRB 数据）标签样本少的特点，提出了地质路线 PRB 知识标签少样本数据增强技术方法：半监督地质路线高可信计算标签生成方法，特别适合具有小样本及样本不均衡等特点的地质图建模。大幅度提高了填图对象建模数量和基于定位的识别精度，最大可满足 4 幅联测 1：50000 填图实际应用需求。本研究主要贡献如下：

1）本书针对多模态数据挖掘技术，重点研究了：①对不同模态的样本进行更为精细化的特征表示，实现有效的跨模态匹配，利用模态互补构建更为完整的特征描述方法；②克服学习样本数量的限制，研究监督与半监督结合的多模态学习方法；③研究有效的模型融合框架，比较共享表示层在某个深度融合多个信道的单个共享层，或者一次融合一个或多个模态而逐渐融合的优劣。④研究效果更为真实、性能更加稳定的跨模态生成方法。这些内容和技术框架对现在和未来 AI 地质调查方法研究具有很大的指导意义。

2）研究一种基于地质路线深度学习人工智能地质图生成的新型构架，即多模态数据中间层融合深度神经网络地质图生成模型架构（简称 IF-DNN）。该架构具有高鲁棒性、可以满足大数据量、小样本、样本不均衡等特点的建模，可以满足多图幅联测（比如：4 幅 1：50000 地质填图联测），评价指标应符合人工智能地质图的定量和定性评价指标，其输出可以达到或部分高于实测水平的人工智能地质图。其目的是为新一代地质填图方法提供技术支持，让地质填图的效率和研究精度更高、研究程度更深。

3）针对多模态地质基础数据的特点，研究多个共享特征的表示或融合层的细粒度控制融合策略，目标是通过 DNN 实现特征融合，利用多模态的互补性，提取跨模态数据的高维空间特征，来提高模型的精度和鲁棒性。该研究针对地质填图单位岩性复杂且分类多的特点，对提高小样本类的识别精度有重要意义。

4）研究了更客观、更准确和更方便的地质路线作为知识标签的制作与方法。地质路线是地质人员野外实际观察的点和路线，也是最基础、粒度最细的地质数据，因而很容易理解需把描述的内容（地质点和路线的填图对象）转为地质对象分类标签。该研究对地质填图标签粗细粒度和内容划分具有重要意义，以便适应不同比例尺填图成图要求。该方法可避免使用地质草图（很多不确定性）作为标签导致人为性占主导的影响，其制作方法和过程与地质填图应用场景匹配，更有利于落地应用。

5）采用了多次采样与半监督建模结合方法，研究了极少真标签到真伪混合标签再到大样本集高可信伪签的生成技术方法。其目的一是要把地质路线具有少标签、长尾现象和样本极不均匀性带给建模的影响减小到最低。二是通过扩大采样范围来提高建模精度及能充分体现分类对象在空间的相邻关系。该研究对输出的分布形态是否更逼近实测地质图具有很重要的意义。

通过不同地质分区填图的应用，证明了本书所提出的方法将地质填图对象的识别和分类提高到了接近实测地质图的水平。一些填图对象的分布和精度甚至优于人工填图。在覆盖区，部分填图对象能够更好地反映浅层覆盖下的地质体及其空间分布特征。当人工智能地质图的空间表达与原来认知不一致的情况下，特别有助于分析野外地质问题，并具有较强的指导意义。很多地质填图专家认为该技术与方法是信息化时代的历史必然，不仅创新填图方法，还变革了人们认知地球的思维方式，意义十分重大。该方法也适用其他地质调查如地质矿产调查、环境地质调查、海岸带地质调查。

目前，该技术方法已同时应用于中国地质调查局在国内外开展的多个地质填图项目中。就在本专著出版之际，已基本上建立起了一个人工智能地质填图应用技术系统，可以适合从地质填图空白区（零地质路线，无标签）到不同程度的地质填图工作（不同路线密度和标签）的全过程应用。

参考文献

安徽省冶金地质局311地质队. 1970. 太湖幅H-50-15 1：20万区域地质矿产调查报告[R]. 全国地质资料馆. DOI：10.35080/n01.c.46714.

戴圣潜，储东如，刘家云，等. 2014. 安徽省区域地质志报告(上中下册)[R]. 全国地质资料馆. DOI：10.35080/n01. c. 137118.

高天山，李惠民，汤加富，等. 2002. 大别造山带南缘浅粒岩的锆石U-Pb年龄及其地质意义. 中国地质，(3)：301-304.

江来利，等. 2002. 太湖县幅H50C002002 1：25万区域地质调查报告[R]. 全国地质资料馆. DOI:10.35080/n01.c.98238.

李俊辉，于洋，韦龙猛，等. 2016. 大别山造山带宿松岩群锆石U-Pb年龄和Nd同位素特征:宿松地体物源和属性. 地球科学与环境学报，38(1)：21-33.

李曙光，葛宁洁，刘德良，等. 1989. 大别山北翼大别群中C型榴辉岩的Sm-Nd同位素年龄及其构造意义. 科学通报，(7)：522-525.

石永红，林伟，王清晨. 2010. 大别山南部黄镇—凉亭河一线宿松变质杂岩岩石学和峰期变质温压条件及与高压榴辉岩对比研究. 地质学报，84(3)：329-342. DOI:10.19762/j.cnki.dizhixuebao.2010.03.003.

石永红，王娟，聂峰，等. 2016. 宿松变质杂岩中石榴石-蓝晶石-硬绿泥石片岩形成条件及时限研究. 岩石学报，32(2)：493-504.

苏一波，等. 1988. 张家塝幅(东)H-50-52-D枫香驿幅H-50-53-C大湖县幅(西)H-50-53-D破凉亭幅(北)H-50-65-A 1：5万区域地质调查报告[R]. 全国地质资料馆. DOI:10.35080/n01.c.77556.

王翔，邓佳良，徐文武，等. 2016. 安徽省宿松地区矿产地质调查报告[R]. 全国地质资料馆. DOI：10.35080/n01.c.170430.

王晓莺. 1995. 太湖县幅H-50-15 1：20万区域重力图编图说明书[R]. 全国地质资料馆. DOI：10.35080/n01.c.91119.

王万银，邱之云，杨永，等. 2009. 位场边缘识别方法研究进展. 地球物理学进展，25(1)：196-210.

魏春景，单振刚. 1997. 安徽省大别山南部宿松杂岩变质作用研究. 岩石学报，(3)：85-89+92-97.

徐树桐，吴维平，陆益群，等. 2010. 大别山南部的低级变质岩:宿松群和张八岭群. 安徽地质，20(1)：5-13.

徐文武. 1991. 蕲春幅H-50-14(安徽部分)太湖幅H-50-15 1：20万地球化学图说明书:水系沉积物测量[R]. 全国地质资料馆. DOI：10.35080/n01.c.88181.

周安泰，石永红，赵俊先，等. 2018. 大别造山带宿松变质杂岩变质演化过程. 地球科学与环境学报，40(6)：727-738.

周存亭，杜建国，许卫，等. 2017. 安徽省大地构造相与成矿地质背景研究. 武汉:中国地质大学出版社，337-338.

Arabi Aliabad F, Shojaei S, Zare M, et al. 2018. Assessment of the fuzzy ARTMAP neural network method performance in geological mapping using satellite images and Boolean logic. International Journal of Environmental Science and Technology, 16(5). doi:10.1007/s13762-018-1795-7.

Su Y, Fan K, Bach N, et al. 2019. Unsupervised Multi-Modal Neural Machine Translation. in IEEE Conference on Computer Vision and Pattern Recognition, Long Beach, CA, USA(2019. 6. 15-2019. 6. 20), 10474-10483. doi:10.1109/CVPR.2019.01073.

Zhao S G, Wang, M N Yi, W H, et al. 2022. Intelligent Classification of Surrounding Rock of Tunnel Based on 10 Machine Learning Algorithms. Appl. Sci. 12, pp. 2656-2676. doi:10.3390/app12052656.

Almurieb H A, Bhaya E S. 2020. SoftMax neural best approximation. In IOP Conference Series: Materials Science and Engineering, 871(1), 012040. IOP Publishing. https://doi.org/10.1088/1757-899X/871/1/012040.

Alom M Z, Taha T M, Yakopcic C, et al. 2019. A State-of-the-Art Survey on Deep Learning Theory and Architectures. Electronics, 8(3), 292. https://doi.org/10.3390/electronics8030292.

Anderson T I, Vega B, Kovscek A R. 2020. Multimodal Imaging and Machine Learning to Enhance Microscope Images of Shale. Computers & Geosciences, 145(2020), pp. 104593-104606. doi:10.1016/j.cageo.2020.104593.

Atrey P K, Hossain M A, El Saddik A, et al. 2010. Multimodal fusion for multimedia analysis: a survey. Multimedia systems, 16, 345-379. https://doi.org/10.1007/s00530-010-0182-0.

Baltrušaitis T, Ahuja C, Morency L P. 2018. Multimodal machine learning: A survey and taxonomy. IEEE transactions on pattern analysis and machine intelligence, 41(2), 423-443. https://doi.org/10.1109/TPAMI.2018.2798607.

Biessmann F, Plis S, Meinecke F C, et al. 2011. Analysis of multimodal neuroimaging data. IEEE reviews in biomedical engineering, 4, 26-58. https://doi.org/10.1109/RBME.2011.2170675.

Boulahia S Y, Amamra A, Madi M R, et al. 2021. Early, intermediate and late fusion strategies for robust deep learning-based multimodal action recognition. Machine Vision and Applications, 32(6), 121. https://doi.org/10.1007/s00138-021-01249-8.

Bramon R, Boada I, Bardera A, et al. 2011. Multimodal data fusion based on mutual information. IEEE Transactions on Visualization and Computer Graphics, 18(9), 1574-1587. https://doi.org/10.1109/TVCG.2011.280.

Brandmeier M, Chen Y. 2019. Lithological classification using multi-sensor data and convolutional neural networks. The International Archives of the Photogrammetry, Remote Sensing and Spatial Information Sciences, 42, 55-59. https://doi.org/10.5194/isprs-archives-XLII-2-W16-

55-2019.

Bronstein M M, Bronstein A M, Michel F, et al. 2010. Data fusion through cross-modality metric learning using similarity-sensitive hashing. In 2010 IEEE computer society conference on computer vision and pattern recognition(pp. 3594-3601). IEEE. https://doi. org/10. 1109/CVPR. 2010. 5539928.

Chavan A. 2018. Support Vector Machine(SVM). https://medium. com/@ akshayc123/support-vector-machine-svmf0f5d8f8908f.

Chen P, Li Q, Zhang D Z, et al. 2020. A survey of multimodal machine learning. Chinese Journal of Engineering, 42(5), 557-569. http://cje. ustb. edu. cn/en/article/doi/10. 13374/j. issn2095-9389. 2019. 03. 21. 003.

Cheng G, Guo W. 2017. Rock images Classification by Using Deep Convolution Neural Network. IOP Conf. Series: Journal of Physics: Conf. Series887(2017)012089. doi:10. 1088/1742-6596/887/1/012089.

Dargan S, Kumar M, Ayyagari M R, et al. 2020. A survey of deep learning and its applications: a new paradigm to machine learning. Archives of Computational Methods in Engineering, 27, 1071-1092. https://doi. org/10. 1007/s11831-019-09344-w.

Dargan S, Kumar M, Ayyagari M R, et al. 2019. A Survey of Deep Learning and Its Applications: A New Paradigm to Machine Learning. Archives of Computational Methods in Engineering. doi:10. 1007/s11831-019-09344-w.

De Boissieu F, Sevin B, Cudahy T, et al. 2018. Regolith-geology mapping with support vector machine: A case study over weathered Ni-bearing peridotites, New Caledonia. International journal of applied earth observation and geoinformation, 64, 377-385. https://doi. org/10. 1016/j. jag. 2017. 05. 012.

de Lima R P, Duarte D, Nicholson C, et al. 2019. Petrographic microfacies classification with deep convolutional neural networks. Computers and Geosciences, S0098-3004(19)30762-9. doi:10. 1016/j. cageo. 2020. 104481.

de Moraes R J, Hajibeygi H, Jansen J D. 2020. A multiscale method for data assimilation. Computational Geosciences, 24, 425-442. https://doi. org/10. 1007/s10596-019-09839-2.

Deng H, Runger G, Tuv E. 2011. Bias of Importance Measures for Multi-valued Attributes and Solutions. In: Honkela T, Duch W, Girolami M, et al. (eds) Artificial Neural Networks and Machine Learning-ICANN 2011. ICANN 2011. Lecture Notes in Computer Science, Vol 6792. Springer, Berlin, Heidelberg. https://doi. org/10. 1007/978-3-642-21738-8_38.

Elahi F, Muhammad K, Din S U, et al. 2022. Lithological Mapping of Kohat Basin in Pakistan Using Multispectral Remote Sensing Data: A Comparison of Support Vector Machine(SVM) and Artificial Neural Network(ANN). Appl. Sci. 12, 12147. https://doi. org/10. 3390/app122312147(9-1).

Fu Y G, Huang H Y, Guan Y, et al. 2021. EBRB cascade classifier for imbalanced data via rule weight updating. Knowledge-Based Systems 223 (2021)107010. doi:10. 1016/j. knosys. 2021. 107010.

Gao J, Li P, Chen Z, et al. 2020. A survey on deep learning for multimodal data fusion. Neural Computation, 32(5), 829-864. https://doi. org/10. 1162/neco_a_01273.

Hacibeyoglu M, Ibrahim M H. 2018. EF_Unique: an improved version of unsupervised equal frequency discretization method. Arabian Journal for Science and Engineering, 43, 7695-7704. https://doi. org/10. 1007/s13369-018-3144-z.

Harris J R, Grunsky E C. 2015. Predictive lithological mapping of Canada's North using Random Forest classification applied to geophysical and geochemical data. Computers & Geosciences 80(2015), pp. 9-25. doiI: 10. 1016/j. cageo. 2015. 03. 013.

Hinton G E, Salakhutdinov R R. 2006. Reducing the dimensionality of data with neural networks. Science 313(5786), 504-507. https://doi. org/10. 1126/science. 1127647.

Hossain M I. 2022. Support Vector Machine. https://www. researchgate. net/publication/365892847.

Jackson I, Asch K. 2002. The status of digital geological mapping in Europe: The results of a census of the digital mapping coverage, approaches and standards of 29 European geological survey organisations in the year 2000. Computers & geosciences, 28(6), 783-788. https://doi. org/10. 1016/S0098-3004(01)00103-0.

Khaleghi B, Khamis A, Karray F O, et al. 2013. Multisensor data fusion: A review of the state-of-the-art. Information fusion, 14(1), 28-44. https://doi. org/10. 1016/j. inffus. 2011. 08. 001.

Krizhevsky A, Sutskever I, Hinton G E. 2017. ImageNet classification with deep convolutional neural networks. Communications of the ACM, 60 (6), 84-90. https://doi. org/10. 1145/3065386.

Kuhn S, Cracknell M J, Reading A M. 2018. Lithologic mapping using Random Forests applied to geophysical and remote-sensing data: A demonstration study from the Eastern Goldfields of Australia. Geophysics, 83(4), B183-B193. https://doi. org/10. 1190/geo2017-0590. 1.

Kuhn S, Cracknell M J, Reading A M, et al. 2020. Identification of intrusive lithologies in volcanic terrains in British Columbia by machine learning using random forests: The value of using a soft classifier. Geophysics, 85(6), B249-B258. https://doi. org/10. 1190/geo2019-0461. 1.

Kuhna S, Cracknella M J, Readingb A M. 2019, Lithological mapping in the Central African Copper Belt using Random Forests and clustering:

Strategies for optimised results. Ore Geology Reviews 112, 103015. https://doi.org/10.1016/j.oregeorev.2019.103015.

Kumara C, Chatterjeea S, Oommena T T, et al. 2020. Automated lithological mapping by integrating spectral enhancement techniques and machine learning algorithms using AVIRIS-NG hyperspectral data in Gold-bearing granite-greenstone rocks in Hutti, India. Int J Appl Earth Obs Geoinformation 86, 102006, https://doi.org/10.1016/j.jag.2019.102006.

Lahat D, Adali T, Jutten C, 2015. Multimodal data fusion: an overview of methods, challenges, and prospects. Proceedings of the IEEE, 103 (9), 1449-1477. https://doi.org/10.1109/JPROC.2015.2460697.

Lecun Y, Bottou L, Bengio Y, et al. 1998. Gradient-based learning applied to document recognition. Proceedings of the IEEE, 86(11), 2278-2324. https://doi.org/10.1109/5.726791.

Li F Y, Zhou H L, Wang Z Y, et al. 2021. ADDCNN: An Attention-Based Deep Dilated Convolutional Neural Network for Seismic Facies Analysis With Interpretable Spatial-Spectral Maps. IEEE TRANSACTIONS ON GEOSCIENCE AND REMOTE SENSING, VOL. 59, NO. 2. Doi:10.1109/TGRS.2020.2999365.

Li J H, Yan Z, Fu C L, et al. 2022. Application of remote sensing geologicsal interpretation in thematic geological mapping of accretionary complex:a case study of the Tuomoerrite accretionary complex in the northern margin of Qaidam basin. ACTA GEOLOGICA SINICA(100th Anniversary 96(4), 1478-1487. https://doi.org/10.19762/j.cnki.dizhixuebao.2022106.

Li C L, Li F D, Li J Q, et al. 2015. Smart geological survey architecture. Geology in China, 42(4), 828-838. http://geochina.cgs.gov.cn/geochina/article/abstract/20150403.

Li X. 2013. Using "random forest" for classification and regression. Chinese Journal of Applied Entomology, 50(4), 1190-1197. DOI:10.7679/j.issn.2095-1353.2013.

Li C L, Yu Q W, Yang D L, et al. 2003. Research on PRB digital mapping techniques. Earth Science-Journal of China University of Geosciences. http://www.earth-science.net/article/id/1266.

Li D W. 2004. The normalization of regional geochemical data and its application. Geophysical and Geochemical Exploration, 28(3), 273-275.

Lu Y, Xiong B, Wang Y, et al. 2021. The application of ground high-precision magnetic survey to the geology and mineral investigation in Huanghe Town area. In IOP Conference Series: Earth and Environmental Science(Vol. 660, No. 1, p. 012105). IOP Publishing. https://doi.org/10.1088/1755-1315/660/1/012105.

Luo J H, Wang H Y, Xie Z Y. 2015. The discussion of the relation between map scale and remote sensing image resolution. Geomatics & Spatial Information Technology, 38(12), 61-64.

Maimaitijiang M, Sagan V, Sidike P, et al. 2020. Soybean yield prediction from UAV using multimodal data fusion and deep learning. Remote Sensing of Environment, 237(2020), pp. 111599-111619. doi:10.1016/j.rse.2019.111599.

Markauskaite L, Sutherland L M, Howard S K. 2008. Knowledge labels and their correlates in an asynchronous text-based computer-supported collaborative learning environment: who uses and who benefits?. Research and Practice in Technology Enhanced Learning, 3(01), 65-93. https://doi.org/10.1142/S1793206808000458.

Nair V, Hinton G E. 2010. Rectified linear units improve restricted boltzmann machines. In Proceedings of the 27th international conference on machine learning(ICML-10)(pp. 807-814).

Nawaz M, Arseienko D. 2016. Classification: Support Vector Machine, Neural Networks. https://www.researchgate.net/publication/315155991_Classification_Support_Vector_Machine_Neural_Networks.

Németh K, Palmer J, 2019. Geological mapping of volcanic terrains: Discussion on concepts, facies models, scales, and resolutions from New Zealand perspective. Journal of Volcanology and Geothermal Research, vol. 385, pp. 27-45. doi:10.1016/j.jvolgeores.2018.11.028.

Ngiam J, Khosla A, Kim M, et al. 2011. Multimodal Deep Learning. in Proceedings of the 28th International Conference on Machine Learning, ICML 2011, Bellevue, Washington, USA, June 28-July 2, 2011.

Othman A, Gloaguen R. 2015. Comparison of Different Machine Learning Algorithms for Lithological Mapping Using Remote Sensing Data and Morphological Features: A Case Study in Kurdistan Region, NE Iraq. In EGU General Assembly Conference Abstracts(p. 6781). https://ui.adsabs.harvard.edu/abs/2015EGUGA.17.67810.

Pal M, Rasmussen T, Porwal A. 2020. Optimized lithological mapping from multispectral and hyperspectral remote sensing images using fused multi-classifiers. Remote Sensing, 12(1), 177. https://doi.org/10.3390/rs12010177.

Pires De Lima R, Duarte D, Nicholson C, et al. 2020. Petrographic Microfacies Classification with Deep Convolutional Neural Networks. Computers & Geosciences, 142(2020), pp. 104481-104519. doi:10.1016/j.cageo.2020.104481.

Plagianakos V P, Magoulas G D, Vrahatis M N. 2001. Learning rate adaptation in stochastic gradient descent. Advances in Convex Analysis and Global Optimization: Honoring the Memory of C. Caratheodory(1873-1950), 433-444. https://doi.org/10.1007/978-1-4613-0279-7_27.

Poria S, Cambria E, Bajpai R, et al. 2017. A review of affective computing: From unimodal analysis to multimodal fusion. Information fusion, 37, 98-125. https://doi.org/10.1016/j.inffus.2017.02.003.

Pour A B, Hashim M, Makoundi C, et al. 2016. Structural mapping of the Bentong - Raub suture zone using PALSAR remote sensing data, Peninsular Malaysia: implications for sediment - hosted/orogenic gold mineral systems exploration. Resource Geology, 66(4), 368-385. https://doi. org/10. 1111/rge. 12105.

Pouyanfar S, Sadiq S, Yan Y L, et al. 2018. A Survey on Deep Learning: Algorithms, Techniques, and Applications. ACM Computing Surveys, Vol. 51, No. 5, Article 92. doi:10. 1145/3234150.

Ramachandram D, Taylor G W. 2017. Deep multimodal learning: A survey on recent advances and trends. IEEE signal processing magazine, 34(6), 96-108. https://doi. org/10. 1109/MSP. 2017. 2738401.

Ran X, Xue L, Zhang Y, et al. 2019. Rock Classification from Field Image Patches Analyzed Using a Deep Convolutional Neural Network. Mathematics, 7(8), pp. 755-770. doi:10. 3390/math7080755.

Ren Z Y, Wang Z C, Ke Z W, et al. 2021. Survey of Multimodal Data Fusion. Computer Engineering and Applications 57(18), 49-64. http://cea. ceaj. org/CN/10. 3778/j. issn. 1002-8331. 2104-0237.

Russakovsky O, Deng J, Su H, et al. 2015. Imagenet large scale visual recognition challenge. International journal of computer vision, 115, 211-252. https://doi. org/10. 1007/s11263-015-0816-y.

Sharpe T. 2015. The birth of the geological map. Science, 347(6219), 230-232. https://doi. org/10. 1126/science. aaa2330.

Shebl A, El-Desoky H M, Abdel-Rahman A M, et al. 2023. Impact of DEMs for Improvement Sentinel 2 Lithological Mapping Utilizing Support Vector Machine: A Case Study of Mineralized Fe-Ti-Rich Gabbroic Rocks from the South Eastern Desert of Egypt. Minerals 13, 826. https://doi. org/10. 3390/min13060826.

Shebl A, Csámer A. 2021. Stacked vector multi-source lithologic classification utilizing Machine Learning Algorithms: Data potentiality and dimensionality monitoring. Remote Sensing Applications: Society and Environment 24, 100643, https://doi. org/10. 1016/j. rsase. 2021. 100643.

Shebl A, Abdellatif M, Hissen M, et al. 2021. Lithological mapping enhancement by integrating Sentinel 2 and gamma-ray data utilizing support vector machine: A case study from Egypt. International Journal of Applied Earth Observations and Geoinformation 105, 102619. https://doi. org/10. 1016/j. jag. 2021. 102619.

Shebl A, Kusky T, Csámer Á. 2022. Advanced land imager superiority in lithological classification utilizing machine learning algorithms. Arabian Journal of Geosciences 15:923. https://doi. org/10. 1007/s12517-022-09948-w.

Shi D, Ping W G, Khushnood Abbas K. 2021. A survey on deep learning and its applications. Computer Science Review, vol. 40, pp. 1-22. doi: 10. 1016/j. cosrev. 2021. 100379.

Shirmard H, Farahbakhsh E, Muller D. 2022. A review of machine learning in processing remote sensing data for mineral exploration, Remote Sensing of Environment, 268(2-3):112750, https://doi. org/10. 1016/j. rse. 2021. 112750.

Shirmard H, Farahbakhsh E, Heidari E, et al. 2022. A Comparative Study of Convolutional Neural Networks and Conventional Machine Learning Models for Lithological Mapping Using Remote Sensing Data. Remote Sens. 14, 819. https://doi. org/10. 3390/rs14040819.

Shrestha A, Mahmood A. 2019. Review of deep learning algorithms and architectures. IEEE access, 7, 53040-53065. https://doi. org/10. 1109/ACCESS. 2019. 2912200.

Sihombing D P, Destawan R, Ady S, et al. 2015. Geological Subsurface Investigation by Using the Integration of Gravity and Magnetic Methods at Bayat, Central Java, Indonesia. In Near-Surface Asia Pacific Conference, Waikoloa, Hawaii, 7-10 July 2015(pp. 418-421). Society of Exploration Geophysicists, AustralianSociety of Exploration Geophysicists, Chinese Geophysical Society, Korean Society of Earth and Exploration Geophysicists, and Society of Exploration Geophysicists of Japan. https://doi. org/10. 1190/nsapc2015-110.

Sperotto A, Sadre R, Van Vliet F, et al. 2009. A labeled data set for flow-based intrusion detection. In IP Operations and Management: 9th IEEE International Workshop, IPOM 2009, Venice, Italy, October 29-30, 2009. Proceedings 9(pp. 39-50). Springer Berlin Heidelberg. https://doi. org/10. 1007/978-3-642-04968-2_4.

Stahlschmidt S R, Ulfenborg B, Synnergren J. 2022. Multimodal deep learning for biomedical data fusion: a review. Briefings in Bioinformatics, 23(2), bbab569. https://doi. org/10. 1093/bib/bbab569.

Sturkell E, Jakobsson M, Gyllencreutz R. 2008. How true are geological maps? An exercise in geological mapping. Journal of Geoscience Education, 56(4), 297-301. https://doi. org/10. 5408/1089-9995-56. 4. 297.

Sun J, Cao X, Liang H, et al. 2020. New interpretations of normalization methods in deep learning. In Proceedings of the AAAI Conference on Artificial Intelligence(Vol. 34, No. 04, pp. 5875-5882). https://doi. org/10. 1609/aaai. v34i04. 6046.

Thorleifson H, Berg R C, Russell H A. 2010. Geological mapping goes 3-D in response to societal needs. GSA Today, 20(8), 27-29. https://rock. geosociety. org/net/gsatoday/archive/20/8/abstract/i1052-5173-20-8-27. htm.

Torgo L, Ribeiro R. 2009. Precision and recall for regression. In Discovery Science: 12th International Conference, DS 2009, Porto, Portugal, October 3-5, 2009 12(pp. 332-346). Springer Berlin Heidelberg. https://doi. org/10. 1007/978-3-642-04747-3_26.

Tu K, Wen Q, Chen H, et al. 2019. New method of structural interpretation in meadow covering based on GaoFen-3 Pol-SAR images. Journal of Remote Sensing, 23(2), 243-251. https://doi. org/:10. 11834/jrs. 20198098.

Van Engelen J E, Hoos H H. 2020. A survey on semi-supervised learning. Machine learning, 109(2), 373-440. https://doi. org/10. 1007/s10994-019-05855-6.

Wagner J, Andre E, Lingenfelser F, et al. 2011. Exploring fusion methods for multimodal emotion recognition with missing data. IEEE Transactions on Affective Computing, 2(4), 206-218. https://doi. org/10. 1109/T-AFFC. 2011. 12.

Wang Q, Ma Y, Zhao K, et al. 2020. A comprehensive survey of loss functions in machine learning. Annals of Data Science, 1-26. https://doi. org/10. 1007/s40745-020-00253-5.

Wang X, Huang Q, Celikyilmaz A, et al. 2019. Reinforced Cross-Modal Matching and Self-Supervised Imitation Learning for Vision-Language Navigation. in IEEE Conference on Computer Vision and Pattern Recognition, Long Beach, CA, USA(2019. 6. 15-2019. 6. 20)], pp. 6622-6631. doi:10. 1109/CVPR. 2019. 00679.

Wang Z, Zuo R, Liu H. 2021. Lithological mapping based on fully convolutional network and multi-source geological data. Remote Sensing, 13(23), 4860. https://doi. org/10. 3390/rs13234860.

Whitmeyer S J, Nicoletti J, De Paor D G. 2010. The digital revolution in geologic mapping. Gsa Today, 20(4/5), 4-10. https://rock. geosociety. org/net/gsatoday/archive/20/4/abstract/i1052-5173-20-4-4. htm.

Wu Y S, Wang H J, Che H L, et al. 2020. Primary Dataset of 1 : 50 000 Stream Sediment Survey of Hunjiang City Map-sheet, Jilin Province. Geology in China, Vol. 47 Supp. (2). doi:10. 12029/gc2020Z203.

Yu L, Porwal A, Holden E J, et al. 2012. Towards automatic lithological classification from remote sensing data using support vector machines. Computers & geosciences 45, 229-239. https://doi. org/10. 1016/j. cageo. 2011. 11. 019.

Zhang X G, Li Y C, Sun R B. 2020. State, features, trends and enlightenment of geological mapping in major countries of the world. Mineral Exploration 11(2), 301-310. http://www. kckc. org. cn/ch/reader/view_abstract. aspx? file_no=20200212.

Zhou T, Su R, Guo Y, et al. 2020. A Multi-Modality Fusion Network Based on Attention Mechanism for Brain Tumor Segmentation. in IEEE 17th International Symposium on Biomedical Imaging(ISBI), Iowa City, Iowa, USA, April 3-7, 2020, 377-380. doi: 10. 1109/ISBI45749. 2020. 9098392.

Zhu X M, Niu J Z, Liao H B. 2020. Geomagnetic Characteristics and Prospecting Prediction Based on Comprehensive Information in the Wulijie Area, Northern Jiangxi Province. Geology and Exploration, vol. 56, no. 4. doi:10. 12134/j. dzykt. 2020. 04. 002.

Deep Learning-based Geological Map Generation Using Geological Routes: An English Abstract

Abstract—To improve the accuracy and mapping efficiency of surveyed geological maps and give full play to the potential for the in-depth integration of existing multi-scale and multi-professional geological data, we created a mapping objects location-based recognition and artificial intelligence geological map automatic generation method based on deep learning of geological routes. This method converts digitally mapped geological route data into mapping object knowledge labels, and then, it establishes an intermediate fusion, fully connected neural network model of the multimodal data based on the knowledge labels through data label improvement and multimodal data assimilation in order to realize the high-precision identification of fine-grained mapping objects and the output of artificial intelligence geological maps. Through application of this mapping method in several areas containing different types of rocks and geological structures, it was demonstrated that this method can accurately reflect the geological tectonic framework and spatial distribution of a study area. This method has a strong recognition capability regarding the accurate recognition of fine-grained mapping units, the recognition of geological boundaries and contact relationships, the recognition of volcanic edifices, and the exposure of shallow overburden areas. The method improves the recognition and classification of the geological mapping objects to a level approximating that of a surveyed geological map. Moreover, the distributions and accuracies of some of the mapping objects are even better than those obtained through manual mapping. This method is also applicable to other relevant geological surveys, such as mineral resources surveys and environmental geological surveys.
Index Terms—Artificial intelligence geological map, fully connected neural network, geological route knowledge label, high dimensional fusion of multimodal data.

I. Introduction

Since the establishment of regional geological mapping, the geological route has remained an indispensable method in geological mapping (Thorleifson et al., 2010). This is because the formation of the most primitive geological map is the process of reasonably connecting the geological observation points and the boundaries between points and segmented routes along each mapping route on the geographical base map and mapping the geological bodies and geological phenomena according to the similarities of the observed content (e.g., the lithology), the occurrence of the geological bodies, and the regional geological structures based on the determined geological mapping units.

Due to the limited density of geological routes, most of the boundaries of geological bodies are predicted and connected using certain rules. The accuracy, rationality, and precision of such connections are not only affected by the subjectiveness and expertise level of the geologists creating the map (Sturkell et al., 2008) but are also constrained by the objective conditions (e.g., outcrops) of the mapping area. The main problems involved in this process are as follows. (1) The inaccessibility of the geological routes (affected by factors such as geography, topography, and climatic conditions) results in a limited ability to accurately delineate and predict the distributions of the geological bodies. (2) Some geological bodies may be omitted during geological mapping, or the form and relationship of the spatial distribution of the geological bodies may not be reflected objectively due to the fact that not all of the exposed geological bodies are traversed by the geological routes. (3) The lack of visibility of the shallow coverage area affects the accuracy of the map. Therefore, the use of computer technology to improve the accuracy and efficiency of geological mapping has been a hotspot in the field of geological mapping (Whitmeyer et al., 2010).

With the rise of the third wave of artificial intelligence at the beginning of this century, deep learning has been shown to have unique advantages in various fields and has also begun to influence geological mapping, which is a traditional field (Pal et al., 2020, Cheng and Guo, 2017, Ran et al., 2019, Zhao et al., 2022, Anderson et al., 2020, Pires de Lima et al., 2020).

Several major contributions regarding the use of artificial intelligence methods for geological mapping are related to the content of this paper. Yu et al. (2012) achieved the automatic classification of eight lithological and water bodies and dry rivers using a support vector machine and Advanced Spaceborne Thermal Emission and Reflection Radiometer (ASTER), magnetic susceptibility, digital elevation model (DEM), and other data and achieved a rock classification accuracy of up to 73.2%. Brandmeier and Chen (2019) combined deep learning with ArcGIS and performed seven lithology predictions (mappings) in the Mount Isa area of Australia using convolutional neural networks and a combination of Sentinel-2 and ASTER data, achieving a prediction accuracy of up to 75%. Arabi Aliabad et al. (2018) used Landsat-7 images and the fuzzy adaptive resonance theory (ART) MAP artificial neural network to create a local geological map of the Yazd-Shirkooh Basin, and the accuracy of the 11 classifications of their fuzzy ARTMAP artificial neural networks model reached 89% (kappa coefficient).

The methods used in these studies mainly involved extracting remote sensing image information, generally with a small number of classifications and fewer information sources (e.g., using only remote sensing data). Using a single information source limits the recognition ability (Ngiam et al., 2011) and makes it more difficult for the granularity of the recognition and the number of mapping objects of the classifications to meet the requirements for geological mapping at a scale of 1∶50000 or larger. In recent years, a multimodal fusion deep learning method has gradually become the focus of research (Baltrusaitis et al., 2019, Ramachandram and Taylor, 2017, Chen et al., 2020, Gao et al., 2020). This method is a typical multidisciplinary application that obtains information from text, image, audio, video, and other sources to enable information conversion and fusion, and it improves the performance of the model. At present, multimodal data fusion techniques based on neural networks have been applied in many fields, including machine translation (Su et al., 2019), autonomous driving (Wang et al., 2019), brain tumor segmentation (Zhou et al., 2020), and soybean yield prediction (Maimaitijiang et al., 2020). At present, there are corresponding applications that have also been conducted in lithology mapping (Harris and Grunsky, 2015, Kuhn et al., 2018, Wang et al., 2021), but they were limited to the traditional data fusion mode. That is, the fusion was carried out in a low dimensional original space, and the feature representation ability obtained via this fusion was weak (Atrey et al., 2010). The number and granularity of the recognition and classification are still on the order of less than one, so it is difficult to apply in practice.

In view of the current situation of geological mapping, in order to improve the efficiency, accuracy, and research level of measured geological mapping, and to replace the traditional geological mapping method with the modern AI geological mapping method, we created a method of deep learning mapping object recognition and artificial intelligence geological map automatic generation based on geological route data for 1 : 50000 (or larger scale) regional geological mapping. This method studies and tests the knowledge labeling of geological routes, the feature extraction of multi-scale, multi-modal, and multi-disciplinary geological related data in high-dimensional depth fusion, high-precision identification, prediction, and positioning of most fine-grained mapping objects and their spatial relationships. The approach also realizes the automatic generation of regional (1 : 50000 or larger scale) artificial intelligence geological maps. This method also provides a new tool for related geological surveys, such as geological and mineral surveys, identification of alteration zones, and the discovery of shallow buried ore bodies and buried intrusive bodies.

Ⅱ. Key Techniques for Artificial Intelligence Geological Map Modeling Based on Deep Learning of Geological Routes

(1) Introduction of PRB Technique for Digital Geological Mapping

Digital geological mapping methods have advanced significantly since 2000 (Whitmeyer et al., 2010, Jackson and Asch, 2002). The point-routing-boundary (PRB) method of digital geological mapping (Li et al., 2003) referred to in this paper is the sum of the main processes by which field geologists make observations of the geological route in traditional geological field mapping, which are then transformed into a digital computer simulation process (PRB process) (Fig. 1 (a)), as well as the relevant techniques used in the creation of the digital geological map. More specifically, the P process is the field observation process of the geological positioning process; the R process is the route observation and description process between points; and the B process is the point and geological boundary description process between points. This technique has been the main technical method of digital geological mapping used in China since 2002 (Li et al., 2015).

The core of the PRB method of digital geological mapping is mainly composed of the PRB data model, the PRB basic processes, and the PRB operation. The PRB data model consists of field data acquisition entities such as geological observation points, segmented routes, the boundaries between points, global positioning system (GPS) data, samples, fossils, occurrences, sketches, and photos, each of which has a spatial data model, a structured data model, and an unstructured data model. Different appropriate PRB combinations can be used to map geological elements with varying degrees of complexity. The PRB process is used to create a map of the PRB data, a digital geological map, and a spatial database of the geological map. Fig. 1 (b) presents a digital geological map created by performing various geological mapping of PRB data acquired in the field.

(2) Modeling Process and Key Steps

The general modeling process for artificial intelligence geological map auto-generation based on deep learning of geological route PRB data is shown in Fig. 2.

The modeling process mainly consists of five steps, the respective key techniques of which are as follows.

Step 1: Classification and granularity division of the geological mapping objects.

Step 2: Assimilation processing of the carrier data of the geological object features (de Moraes et al.,

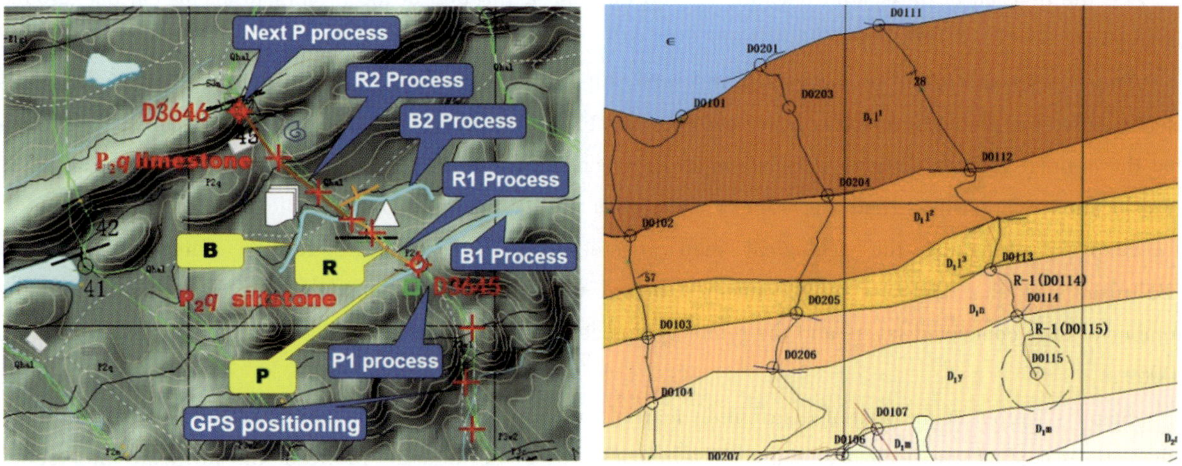

(a) (b)

Fig. 1 Diagrams showing the PRB data expression and function of the digital mapping of the geological routes: (a) Digital process of geological route PRB acquisition; and (b) Geological sketch connected by operation of geological route PRB data.

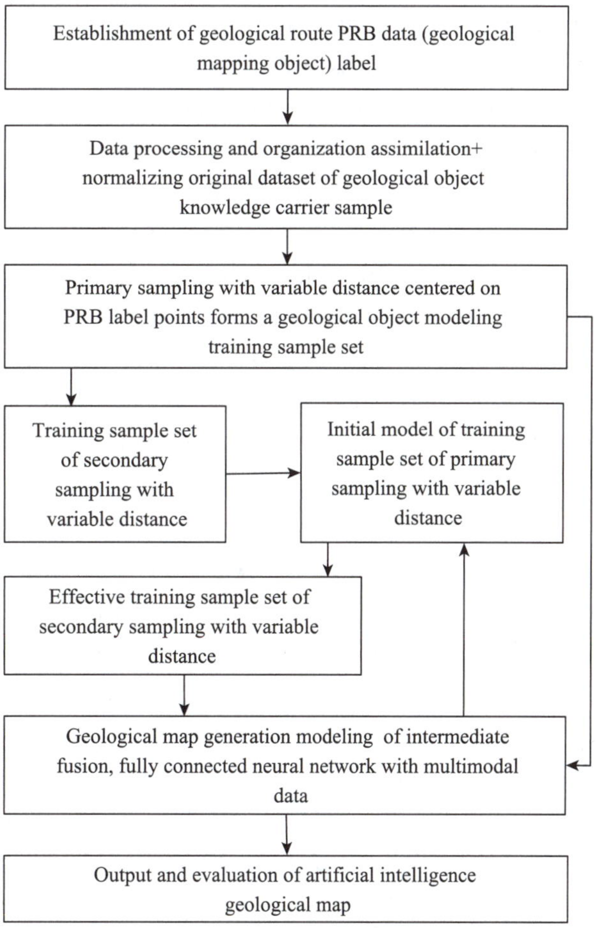

Fig. 2 The general modeling process of the artificial intelligence geological map auto-generation method.

2019), the division of the spatial resolution, and the homogenization of the prominent geological background data.

Step 3: A combination of supervised and semi-supervised modeling (van Engelen and Hoos, 2019) is used to solve the problem of having fewer samples due to line sampling. This approach simultaneously ensures that the optimal variable distance parameters of the secondary sampling method, which reflect the macroscopic (the location relationship) and microscopic (the object itself) features of the geology, are determined.

Step 4: Designing the geological map generation model's structure for the intermediate fusion (Baltrusaitis et al., 2019), fully connected neural network with multimodal data. Determination of the number of fully connected layers and the related parameters of the neural network (Hinton and Salakhutdinov, 2006).

Step 5: Output of the spatial distribution map of the mapping object recognition results according to the schematic legend of the geological map. Determination of the evaluation index of the artificial intelligence geological map.

The subsequent sections of this paper focuses on the core techniques used in the above modeling process.

Ⅲ. Construction of Knowledge Labels of Geological Route Mapping Objects

(1) Classification Granularity of Knowledge Labels of Geological Route Mapping Objects

In this book, the classification and conclusions of the geological objects (e. g., the geological mapping units, lithologies, structures, alterations, and dikes) proposed by geologists through geological mapping and comprehensive research (including geological theory and experimental identification) are collectively referred to as the knowledge of the geological mapping objects. The classifications, spatial distributions, features, and relationships of the geological objects along the geological routes (Németh and Palmer, 2019) are the most intuitive expressions of our knowledge of the geological mapping objects, and they are also known as PRB knowledge labels (Markauskaite et al., 2008).

The classification granularity of the PRB knowledge labels refers to the degree of classification of the geological mapping objects, and it is considered from three perspectives: the degree of detail of the classification of the observed geological objects along the geological routes according to the accuracy of the mapping scale, the size of the spatial distribution of the geological objects, and the number of samples constituting a class.

Generally, the classification granularity of the main geological mapping objects is defined as follows: (1) classification based on the geological mapping units, that is, the geological mapping unit and the segments of the informal geological mapping unit or geological mapping unit; (2) classification based on the lithology of the geological mapping unit (the most fine-grained), which can be further divided into the individual lithologies or lithological assemblages of the geological mapping unit. This is also the most meaningful and commonly used basic classification scheme and is the main granularity used in this study. (3) Classification based on the genesis of the environmental features, for example, volcano sedimentary facies, metamorphic facies, and other facies can usually be grouped and divided based on the granularity of the mapping unit lithology. (4) Classification based on other geological structures and features such as fault or fracture zones, faults, alteration features, mineralized zones (points), small dikes, disaster features, and karst caves. The granularity of the classification should be unified, and overlapping of classification categories should be avoided during the classification process.

Taking into account the spatial expression, the size of the geological mapping objects in space is also an important factor for classification. Since it is relatively difficult to obtain high-accuracy data supporting the identification of geological objects in small-grained mapping, only the objects that can be expressed on the final geological map are generally considered in the classification. That is, units that are too small to effectively show on the scale of the map are not considered.

From the modeling perspective, there should be a certain number of samples in each class. In general, there should be at least three samples of the same geological mapping object to form a class; otherwise, the samples and class should be discarded.

(2) Structure and Content of Knowledge Labels of Geological Route Mapping Objects

The structure of the knowledge labels of the geological route mapping objects is to label the contents of the field route records (Sperotto et al., 2009). This process involves forming a knowledge label for an object based on the geological observation points, boundaries between points, segmented routes, and similar content observed along each mapping route, which is conducive to the application of machine learning. The designs of the structure and content, as well as examples of geological observation point samples, segmented route samples, and sample classification, are presented in Table 1. When tabulating the sample list for the knowledge labels, in addition to following the requirements of the three aspects of the classification granularity of the knowledge labels of the geological mapping objects, the geological eras should be arranged from the latest to the earliest from top to bottom. The geological route records from non-digital mapping can be labeled based on this method.

The meanings of the columns in Table 1 are as follows. The RouteCode (optional) is the geological route's number. The GeoPoint (optional) is the geological point's number. The Acquisition method (optional) is the type of sample source (e.g., geological point, segmented route, geological section, and sampling). The Type (optional) is the specific type of sample (e.g., thin section and whole rock analysis). XX (required) is the x-axis value (m) of the kilometer grid. YY (required) is the y-axis value (m) of the kilometer grid. The Geological object ID (initial) (required) is the original code for the mapping object (e.g., S_2d calcareous mudstone). The Geological object ID (for modeling) (required) is the mapping object code used for the calculations (e.g., S_2d mudstone). The RGB Value (required) is the red-green-blue (RGB) value of the geological object (e.g., 255, 0, 0). The RGB color (required) is the RGB value of the composite color.

Table 1 Structure, Content, and Examples of the Knowledge Labels of the Geological Route Mapping

Route Code	Geo-Point	Acquisition method	Type	XX	YY	Geological object ID (initial)	Geological object ID (for modeling)	RGB Value	RGB color
L9070	D9070	Segmented route	Route 1	412845	3066871	$P_{2-3}e$ fracture zone	Fracture zone ($P_{2-3}e$)	255, 0, 0	
L9070	D9070	Segmented route	Route 1	412805	3066899	$P_{2-3}e$ fracture zone	Fracture zone ($P_{2-3}e$)		
L9070	D9078	Sampling	Chemical analysis sample	409879	3069396	P_3l_1 argillaceous siltstone	P_3l_1 argillaceous siltstone	242, 242, 89	
L9070	D9078	Sampling	Thin section	409878	3069394	P_3l_1 argillaceous siltstone	P_3l_1 argillaceous siltstone		

Continue

Route Code	Geo-Point	Acquisition method	Type	XX	YY	Geological object ID (initial)	Geological object ID (for modeling)	RGB Value	RGB color
L8040	D8040	Sampling	Specimen	407730	3074966	P_2q limestone	P_2q limestone	242, 229, 76	
L9215	D9217	Sampling	Specimen	407621	3066041	P_2q limestone	P_2q limestone		
L9250	D9256	Sampling	Specimen	402285	3065960	D_2st quartz sandstone	D_2st quartz sandstone	229, 210, 114	
L8570	D8580	Sampling	Specimen	421621	3076451	D_2st quartz sandstone	D_2st quartz sandstone		
L9045	D9057	Segmented route	Route 1	402676	3068864	D_2st gray-white quartz sandstone	D_2st quartz sandstone		
L9250	D9252	Geological observation point	Lithological control point	401977	3066376	S_2d calcareous mudstone	S_2d mudstone	204, 217, 0	
L9010	D9010	Geological observation point	Lithological control point	401433	3070393	S_2d calcareous mudstone	S_2d mudstone		

(3) Data Labeling Method for Knowledge Labels of Geological Route Mapping Objects

According to Table 1, the various sampling data and the descriptions of the geological mapping objects observed along the geological routes can be transformed into knowledge labels for the geological route mapping objects. As long as the geological mapping unit is unique, the data for the labeled samples, such as the lithological control points, specimens, thin sections, spectral analysis samples, and basic chemical samples, can be used directly. However, there will be an ambiguity problem for the control points on the geological boundaries, where the geological mapping unit is both A and B at a given position, which does not meet the requirements for the uniqueness of label samples. To solve this problem, we should indirectly reference the attributes of the geological boundary points using the labeling method for the label samples of the segmented routes (R data).

The procedure for making label samples for the segmented geological routes is as follows.

In geological mapping, the route from the current geological observation point to the next geological observation point can be divided into 1 to n geological route segments (Fig. 1 (a)). Since the segmented route is expressed in the form of lines, when labeling, it should be converted into labels for the discrete points using the following steps.

1) If the length of the segmented route is less than or equal to two times the fixed-point precision, the midpoint of the segmented route is taken as the sampling point of the label sample.

2) If the length of the segmented route is greater than three times the fixed-point precision, the geological route should be broken down into effective marked points in the form of points according to the following rules. It can be calculated using the algorithm formula $d=n * Ó \pm x$, where d is the distance between the sampling points of the label points on the segmented geological route; $Ó$ is the distance converted according to the fixed-point precision of the geological mapping (for example, the fixed-point accuracy of the 1 : 50000 geological map does not exceed 50 m, and $Ó$ is 50 m); n is usually equal to 2 mainly due to the requirements of the sampling point distance of the first modeling; x is the under- or over-sampling control

distance, and its value can be 1/2 to 1/5 of $n * \acute{O}$.

3) The properties of the mapping objects of the segmented route adjacent to the geological boundary should be consistent.

Ⅳ. Composition and Assimilation of Carrier Data for Knowledge Features of Geological Objects

(1) Composition of Carrier Data for Knowledge Features of Geological Objects

As a carrier, the geophysical, geochemical, and remote sensing data are the symbolic representation of the geological information, and in this paper, this information is collectively referred to as the carrier of the knowledge features of the geological objects. Carrier data can be divided into vector and raster modes, which are also commonly referred to as basic data and remote sensing data in this paper. For convenience of description, the datasets organized into the various geophysical, geochemical, and remote sensing data classifications (which may be a layer, a feature class, or a two-dimensional table) are collectively referred to as a channel in this paper. In the selection and composition of the data, it is necessary to attach great importance to the following points.

1) The geochemical data should be derived from original data and diagenetic main elements and oxides to the greatest extent possible. These data are mainly obtained from geochemical stream sediment, soil, and rock geochemical surveys, and we should try to use the single element and oxide contents of the original analysis of each survey sample. When organizing the data, each element is input as its own channel.

2) Remote sensing data for a combination of different multiple bands should be used to the greatest extent possible. In addition, data obtained through simultaneous interpretation of various scales and sensors can be used. To give full play to the computing power and feature extraction ability of machine learning, the combination of different bands should be input as a channel as much as possible (Junhui et al., 2022). For example, Landsat8 satellite data are usually data for four different combinations of bands, that is, 752, 753, 432, and 632 (the band number is represented by the individual numbers of the band combination. e. g., 752 indicates a combination of bands 7, 5, and 2). Whereas, in modeling, 543, 643, 654, 764, and full band can also be input as their own channels.

3) Geophysical data and SAR data that can reflect subsurface characteristics should be used as much as possible (Pour et al., 2016, Tu et al., 2019, Lu et al., 2021).

4) Large-scale geophysical and geochemical exploration data should be acquired and used as much as possible. Geophysical data can be processed using many methods, such as anomaly separation processing of gravity and magnetic data and various derivative processing (Sihombing et al., 2015), and such data can be used as the input of different channels at the same time.

(2) Assimilation of Carrier Data for Knowledge Features of Geological Objects

A. Assimilation of the Spatial Resolutions of the Geochemical, Geophysical, and Remote Sensing Data

Geochemical and geophysical survey data are usually sampled at different densities according to the precision requirements of the geological surveys. For example, the sampling requirements for stream sediment geochemical data (Wu et al., 2020) are precision measurements at a scale of 1 : 50000 with 20 samples per square kilometer. Similarly, in a 1 : 50000 geophysical ground magnetic survey (Zhu et al., 2020), for sampling using a rectangular survey network, the line distance is 500 m, and the dot pitch is 50~200 m, while for sampling using a square survey network, the line distance and dot pitch are both 500 m. That is, geophysical and geochemical exploration data have different spatial resolutions and different scale accuracies. During the modeling, the spatial resolutions of these data need to be assimilated in order to be matched and used uniformly.

Remote sensing data are already gridded and can be directly used with image data with different spatial resolutions (from hundreds of meters to sub-meters) without the need for spatial resolution assimilation scale transformation.

In general, for the grid assimilation processing of non-gridded data, the larger the grid scale is, the higher the accuracy is, and the better the data can reflect the shape of the classification of the recognition and mapping objects. However, the scale of the grid should also correspond to the accuracy of the non-gridded data itself in order to avoid excessive asymmetry with the original accuracy. According to the principle that the minimum distance between two points that can be distinguished by the normal human eyes is 0. 1 mm (Luo et al., 2015), in this study, the grid spacing, that is, the spatial resolution assimilation scale, was selected as the actual distance of 0. 1 mm on the mapping scale. For example, for a 1 : 50000 geological map, the spatial resolution assimilation scale of the non-gridded data was determined to be 5 m × 5 m resolution data.

B. Normalization of Geophysical-Geochemical-Remote Sensing Data Dimensions

Geochemical, geophysical, and remote sensing data often have different dimensions and dimensional units. For example, the dimensions for geochemical test data are%, ng/g, and μg/g, while those for geophysical test data include the aeromagnetic anomaly (nT) and Bouguer gravity (m/s^2). The difference in dimensions will affect the results of the data fusion analysis. Therefore, to eliminate the dimensional influence between indicators, it is important to perform data normalization. That is, the dimensional expression should be transformed into a dimensionless expression to become a scalar.

There are many ways to normalize dimensions (Sun et al., 2020), but the method used should be considered according to the characteristics of the different competence data. For example, in the mapping and modeling of geological trough maps, the data representing the geological background should be the focus in order to weaken the influence of anomalous values. For this reason, we recommend using the following two dimensional normalization methods: (1) the 255-value equal-frequency method (Hacibeyoglu and Ibrahim, 2018) and (2) the 255-value normal distribution cumulative frequency method. In the 255-value equal-frequency method, the 100% frequency is divided into 256 equal parts (0. 390625), and the value of each level at an equal-frequency interval 0. 390625% is obtained according to the data sorting. This method highlights the anomalous geological bodies. In the 255-value normal distribution cumulative frequency method, according to the normal distribution function, the value interval is divided into 256 parts, the accumulation of the normal distribution coverage area is obtained, the data is sorted, and the value is obtained according to the cumulative frequency. This method highlights the geological background (Liu, 2004).

V. Few-Shot Data Enhancement Technique for Knowledge Labels of Geological Route Mapping Objects

(1) Few-Shot Data Enhancement Method for Knowledge Labels of Geological Route Mapping Objects

An efficient deep learning model generally requires a sufficiently large training dataset (Lecun et al.,

1998, Russakovsky et al., 2015, Krizhevsky et al., 2017) as support for mastering the hierarchical structure of the feature space with a strong generalization ability. However, the few-shot training data will render the current best deep learning method almost powerless. The knowledge label data of the geological route mapping objects is an extreme case of few-shot training data. Generally, the number of geological observation points in a 1 : 50000 geological map is 800 ~ 1200, and the number of specimens and other samples (e.g., thin sections and petrochemical samples) usually does not exceed 2000. If a map is calculated based on an area of about 400 km^2, when the assimilation technique (spatial resolution of 5 m) recommended in this paper is used, the number of geological observation points can reach more than 16 million points. Therefore, the impact of conducting the modeling using less than 0.01% of the labeled sample data on the accuracy and reliability of the modeling is self-evident.

The fact that geological routes are characterized by lines is the root cause of the few-shots. The transformation from line to point and then to plane is one of the best methods of sample data enhancement. In this method, the precision of the mapping is taken as the radius value expanded to the plane with the label point as the center, and the maximum annotation of the confirmed geological mapping objects on the geological route is expanded through variable distance sampling and secondary sampling. In this section, we discuss the variable distance sampling radius and secondary sampling method by taking geological observation points D0114 and D0115 in Fig. 1 (b) as examples.

1) The first variable distance sampling step aims to increase the number of samples by emphasizing the accuracy of the labels, which lays the foundation for the modeling of the initial supervision model.

According to the fixed-point accuracy requirements of geological mapping at different scales, in this study, the area radius R1 for the sample label expansion sampling was determined. For example, according to the technical requirements for 1 : 50000 geological mapping, the error between the points marked on the geological free-hand map and the field position of the various geological observation points on the map should be less than 50 m, so it can be assumed that the points within a circle with radius of 50 m and the fixed point as the center are the same geological body (e.g., D0115).

When making PRB knowledge labels, the labels of the geological boundary points have been converted into lithological control points for the routes on both sides, so there will be no ambiguity problem at the same point. The area of the points within the radius (rectangle) from the sampling center point is referred to as the original point sampling expansion area. During the calculations, the rightmost column and the uppermost row of the sampling expansion area are not regarded as part of the sampling graph in order to ensure that the area of the number of samples corresponds to the product of the square of the radius, that is, $S = (r * r) * (r * r)$, where S is the sum of the number of samples, and r is the sampling radius.

In this paper, the sample points in the extended area are referred to as the sub-original sampling points. As can be seen from Fig. 3 (a), the sampling distribution after the original sampling is expanded by 50 m (the black area is the area not covered by the geological routes). After the sub-original sampling point is determined, the carrier data can be sampled at the corresponding position and modeled for the first time. Then, the obtained model is referred to as the initial model.

2) The second variable distance sampling step aims to expand the radius of the labeled sample to obtain the macroscopic features of the geological object and to effectively increase the number of samples. Here, "effective" means that the resampled samples after the study area expansion contain as many points of this label attribute as possible. This is illustrated by the dotted circle around D0115 in Fig. 1 (b). Through comparison, in this study, it was decided that it is better to set radius R2 of the expanded sampling area for

the variable distance secondary sample label corresponding to the average distance of the geological mapping route. For example, according to the technical requirements for 1 : 50000 geological mapping, the average distance of the effective routes is generally controlled at approximately 500 ~ 600 m, so the second sampling radius was set as 500 m. Fig. 3 (b) presents a diagram of the second extended sampling point with variable distance. Mapping at other scales can be conducted following this parameter selection method. Through the classification and selection of the secondary sampling samples and based on the supervision model of the primary sampling, the sampling points that are consistent with the classification of the sub-original points are referred to as the secondary modeling training sampling points. Increasing number of label samples using supervised and semi-supervised methods can eliminate the problems caused by the few-shots of the PRB data.

(a) (b)

Fig. 3 Few-shot data enhancement results for the PRB geological route label: (a) Primary sampling point expansion of the original point; and (b) Secondary sampling point expansion of the variable distance. The black area is the area outside of the geological routes. The colored areas denote the points (areas) sampled after the original PRB point was expanded twice.

(2) Comparison of the Impacts of the Different Parameter Enhancement Methods on the Number of Labels and the Model'S Accuracy

We compared and studied the variable distance secondary sampling and modeling methods through three ongoing 1 : 50000 geological mapping experiments. A comparison of the parameters with different R2 values is presented in Table 2. When R2 is 1000 m, the number of samples increases by about 30000 times, but the effective samples are only about 14%. When R2 is 750 m, the sampled data increases by 20000 times, but the effective samples are only about 19%. When R2 is 500 m, the effective samples reach 25%, and the accuracy of the model is the highest (the average recall rate of the class is 91.52%).

Table 3 compares the results of the variable distance secondary sampling and the fixed distance primary sampling methods. As can be seen from Table 3, compared with the fixed distance primary sampling method, the variable distance secondary sampling method not only increases the effective number of training samples by tens of thousands of times, but it also greatly improves the modeling accuracy. For example, taking the accuracy of the fixed geological observation point in the 1 : 50000 regional geological mapping as the value radius, an original point can be expanded to about 400 sub-original points, accounting for less than 2% of the total identified points. Even after the sampling distance is doubled to 100 m, although each original point of the sample can be increased into 1600 sub-original points and the percentage of the total identification points can be increased to about 7%, the recall rate of the training sample points and the accuracy of the modeling will be seriously affected because the sampling exceeds the allowable range of the accuracy of each point.

If the original sampling point is extended to a 100 m sampling point, the sample recall rate will decrease from 80.5% to 76.13% and the accuracy rate will decrease from 84.29% to 78.14%. However, with the variable distance secondary sampling method, the number of sampling points for the secondary model training can be increased by increasing each original point to 12560 points, and the percentage of secondary modeling training samples in the total identification points can be increased to about 56%, which greatly increases the number of training samples. This also improves the sample recall rate from 85% to approximately 92% and the accuracy rate from 88.53% to 96.39%.

Table 2 Comparison of the Impacts of the Different R^2 Values on the Number of Effective Samples

Number of PRB labels	R1 (m)	R2 (m)	Number of primary label sampling	Number of secondary label sampling	Average recall rate of class of the initial model to the secondary sampling point	Average recall rate of class of model
1970	50	1000	787540	59887023	13.65%	90.98%
1970	50	750	787460	42289472	18.89%	89.10%
1970	50m	500 m	927640	27101604	25.36%	91.52%

Table 3 Comparison of the Results of the Variable Distance Secondary Sampling and Fixed Distance Primary SamplingMethods

Method	Accuracy rate of original sampling point	Average recall rate of class of original sampling point	Accuracy rate of training set sampling points (expanded sampling radius)	Average recall rate of class of training points (expanded sampling radius)	Quantity classified based on lithology of geological mapping objects(No.)	Original training sample data(No.)	Number of samples after radius expansion (No.)	Percentage of training points in total prediction points
Fixed distance training sampling method with a sampling distance of 50 m (10 rasters)	92.49%	89.49%	89.49%	84.64%	162	1970	787460	1.80%
Fixed distance training sampling method with a sampling distance of 100 m (20 rasters)	84.92%	84.34%	78.14%	76.31%	162	1970	3146760	7.20%
Variable distance secondary sampling method with a sampling distance of 50~500 m (10~100 rasters)	88.53%	85%	96.39%	91.95%	162	1970	24744327	56.50%

(3) Processing of the Sample Imbalance in the Secondary Sampling

The different sizes of the mapping objects exposed on the surface inevitably lead to an uneven distribution (quantity) of the training samples (Fu et al., 2021) and a more prominent long tail phenomenon. We solved the sample imbalance problem in the second sampling by using undersampling and oversampling methods. Through a large number of experiments, the threshold algorithm for the oversampling and undersampling was optimized, which improved the recall rate of the mapping objects by approximately 5%~7%. The specific methods are as follows.

The total number of classified objects is n. First, the total number of samples of each type is calculated and sorted in ascending order by size, that is, X_1, X_2, $\cdots X_n$. Then, the total number of sample points for the first 90% of the objects is calculated as S. The threshold for oversampling is N_1 ($N_1 = S/n * 90\%$), which is less than or equal to 90% of the average number of sample points used for the mapping object classification. The number of sample points in class X_j ($j = n * 90\%$) of the mapping object is used as the undersampling threshold N_2. If the number of sample points for class X_i is less than N_1, the class is resampled to N_1. If the number of samples filtered for class X_i is between N_1 and N_2, all of the sample points are retained and no resampling is performed. If the number of samples filtered for Class X_i is greater than N_2, the first N_2 sample points are selected according to the probability values obtained from the initial model and the points belong to this class. After the undersampling, the remaining sample points for each mapping object are taken as test set sampling points for the corresponding class.

Ⅵ. Model Structure and Evaluation Indicators for Artificial Intelligence Geological Map Automatic Generation

(1) Geological Map Generation Model Structure for Intermediate Fusion, Fully Connected Neural Network with Multimodal Data

Intermediate fusion refers to the transformation of different modal data into a high-dimensional feature expression and feature extraction, which is then fused with the intermediate layer of the modality (Stahlschmidt et al., 2022). This gives full play to the potential for the in-depth integration of existing multi-scale and multidisciplinary geological data and helps objectively identify and classify geological bodies by fully utilizing the advantages of the algorithm model. Fig. 4 shows the geological map generation model structure of the intermediate fusion, fully connected neural network with multimodal data.

This structure mainly uses the deep neural network with a high dimensionality to extract the data features of the two different modalities, and then, it splices the two feature vectors to obtain multimodal feature vectors. Finally, the fully connected neuralnetwork is used to complete the feature fusion, and the Softmax classifier (Almurieb and Bhaya, 2020) is used to classify and output the mapping objects. Based on the results of this test, the number of layers of full connection should be less than 3.

In Fig. 4, X_1 is the number of entities of geological professional data, and X_2 is the number of entities of remote sensing data. Dense-1-1, Dense-1-2, and Dense-1-3 are three fully connected layers, which can extract the features of the basic professional geological data. The other three fully connected layers (Dense-2-1, Dense-2-2, and Dense-2-3) can extract the features of the remote sensing data. Among them, for the number of neurons in the first fully connected layer (Dense-1-1 and Dense-2-1), for each single modal feature extraction, the parameter is determined by the classification number of the geological bodies (the classification number of the labels). If Y is the classification number of labels and A is the number of

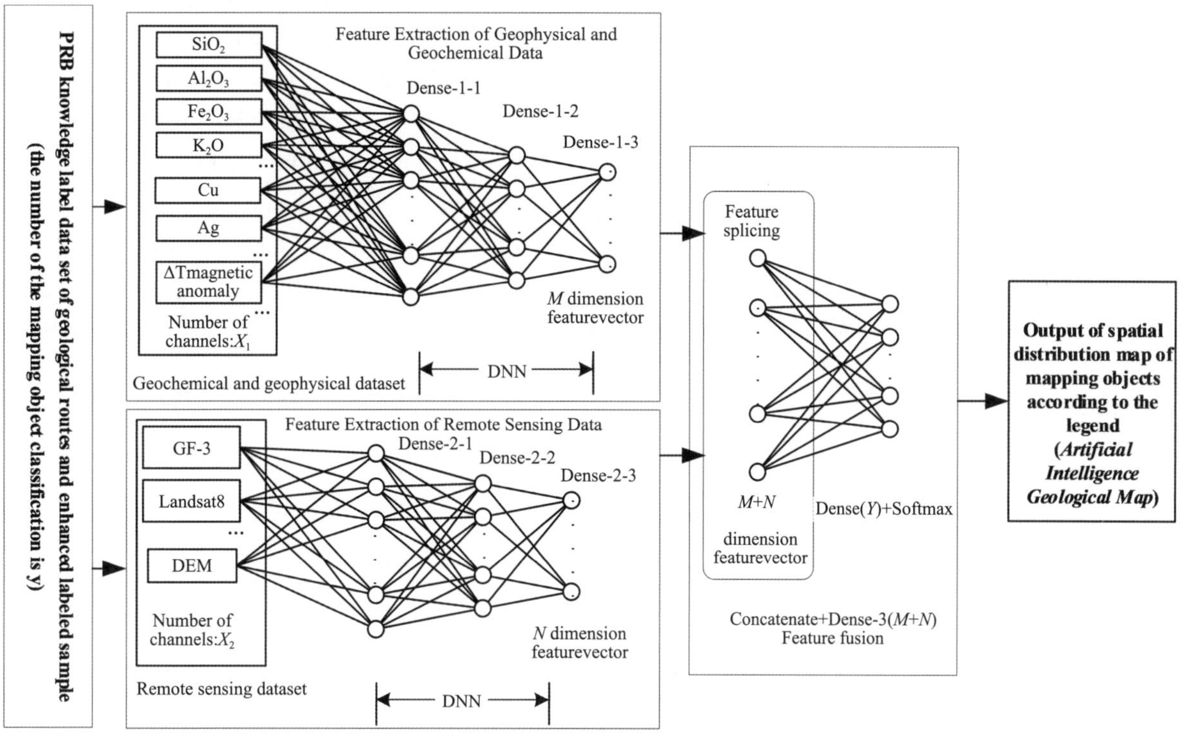

Fig. 4 Structure of the geological map generation model for an intermediate fusion, fully connected neural network with multimodal data.

neurons of the first full connected layer, the relationship between Y and A should satisfy the following formula: $A=2^n>Y$ The concatenate layer is the fusion layer. Its input and output have the same dimension, and its value is the same as the input of the number of first fully connected layer neurons in Dense-1-1 and Dense-2-1. Dense-3 captures the common features of the basic data and the remote sensing data in a high-dimensional space. Its input and output dimensions are the same as those of the concatenate layer. Dense (Y) is the output layer, where Y is the number of the classification of the PRB labels and is also the predicted number of geological objects. Table 4 presents an example setting based on the G48E002009 model calculation parameters described in Sec. Ⅶ (1).

To avoid over fitting, each fully connected layer can use batch regularization or dropout to optimize the model. The activation function for all of the full-connection layers in the network model structure selects the ReLU (rectified linear unit) activation function (Nair and Hinton, 2010). This model utilizes the cross-entropy loss function, which is commonly used in classification problems, to optimize the model parameters. Based on this, the L2 regularization is used to prevent overfitting of the model during the training process and to enhance the generalization ability of the model. The loss function (Wang et al., 2020) formula can be expressed as

$$Loss = -\sum_{i\subseteq C} y_i \log(\hat{y}_i) + \lambda \|\theta\|^2 \tag{1}$$

where C is the classification category, y_i is the real category, $\hat{y}_i$ is the predicted category, $\|\theta\|^2$ is the L2 regular term, and λ is the regular term coefficient with a value of 0.001.

The output of the geological map of the intermediate fusion, fully connected neural network is the process of inputting geological knowledge carrier data for each grid point on the corresponding map into the model for secondary modeling and then carrying out recognition and classification. The recognition and classification results for the legend (e. g. , color code of the mapped units) should be essentially consistent with the standard color setting of the geological map legend while taking into account the ages of and relationship between adjacent geological objects on the geological map. To this end, the coordinate information, recognition and classification, and classification color code for each grid point should be stored in the same recognition and classification file. Then, the recognition and classification files should be read according to the sequence of the ages of the geological objects, which are reflected by the PRB labels, and the results should be output according to the corresponding position sequence.

Table 4 An Example of the Parameter Inputs Related to the Modeling Calculations

Full connection layer name	Number of neurons or channels	Activate function	Input dimension	Output dimension
Input-1	$X_1=38$	—	—	38
Input-2	$X_2=15$	—	—	15
Dense-1-1	512	ReLU	38	512
Dense-1-2	256	ReLU	256	256
Dense-1-3	256	ReLU	256	256
Dense-2-1	512	ReLU	15	512
Dense-2-2	256	ReLU	256	256
Dense-2-3	256	ReLU	256	256
Concatenate	—	—	512	512
Dense-3	512	ReLU	512	512
Output	$Y=463$	Softmax	512	463

(2) Model Evaluation Indicators for the Fully Connected Neural Network Geological Map Generation Model

The evaluation indicators used to assess the results of a statistical classification model are generally the accuracy rate, recall rate, and precision rate (Torgo and Ribeiro, 2009). To better evaluate the mapping accuracy of the artificial intelligence geological map, in this paper, the following three indicators were used for the evaluation.

1) The mathematical accuracy of the artificial intelligence geological map modeling is described by the general accuracy rate. We can express the model accuracy by the accuracy of the model training convergence curve. The modeling accuracy can also be expressed by the accuracy rate ACC: $acc = num\_carract/Num\_Total$, where *num_carract* represents the number of sample points in all of the test sets with correct prediction, and *Num_Total* represents the total number of sample points in the test set.

2) The accuracy of the recognition and classification of the mapping object is evaluated using the average recall rate of the class, which is calculated as follows: $Average\_recall = sum/class$, where *sum* is the sum of the recall rate values obtained by identifying the training sampling points of the various mapping objects using the model, and *class* is the number of mapping objects.

3) The overall geological accuracy of an artificial intelligence geological map is described by the comprehensive evaluation of the recognition accuracy and location accuracy of the mapping objects. This

indicator provides comprehensive analysis and evaluation of the artificial intelligence geological map by the geological mapping personnel according to the degree of the research and understanding of the mapping area, especially regarding inconsistencies and major contradictions. This can also be verified in the field. The evaluation indicators mainly involve evaluation of the overall pattern or framework (distribution form and distribution direction) of the artificial intelligence geological map, accuracy evaluation of the consistency and inconsistency between the identified geological bodies and the original geological sketches, evaluation of the geological objects exposed in the shallow overburden areas and identified at a certain depth, evaluation of the reflection degree and accuracy of the volcanic edifices, and accuracy evaluation of the relationship between adjacent geological bodies.

Ⅶ. Application and Evaluation of the Geological Mapping Method for Three Rock Types and an Orogenic Belt Zone

(1) Basic Overview of the Data and Modeling of the Four Study Areas

In this study, 33 1 : 50000 surveyed geological maps of the southeastern coast of China were compiled, and the relationships between the various parameters in the modelling and the recognition effect and accuracy after hundreds of modeling tests were analyzed. Based on this, we selected the following maps to demonstrate and verify the method developed in this study (Fig. 5).

Study area 1: the 1 : 50000 geological map of Huoshaoba (G48E002009), which covers the sedimentary rock area between Yunnan and Guizhou.

Study area 2: the 1 : 50000 geological maps of Naimalaji, Julihe, and Heyehada (L51E020003, L51E019004, and L51E020004), which covers the volcanic rock area in Zhalute Banner, Inner Mongolia Autonomous Region.

Study area 3: the 1 : 50000 geological map of Fengxiangyi (H50E010009), which covers the Dabie Mountain metamorphic rock area in Anhui Province.

Study area 4: three 1 : 25000 geological maps (I47F005021, I47F005022, and I47F006022) that cover the Qinghai-Tibet orogenic belt in the Angrita District, Dulan County, Qinghai Province, which were recently completed for regional geological and mineral surveys.

A. Key Modeling Data

a) A 1 : 200000 stream sediment geochemical survey (required). The analyzed elements and oxides include SiO_2, Al_2O_3, Fe_2O_3, K_2O, Na_2O, CaO, MgO, As, Ag, Au, Ba, Be, Bi, B, Cd, Co, Cr, Cu, F, Hg, La, Li, Mn, Nb, Ni, Pb, P, Sb, Sn, Sr, Th, Ti, U, V, W, Y, Zn, and Zr.

b) A 1 : 50000 stream sediment geochemical survey (optional). The analyzed elements include As, Au, Ba, Be, Bi, Ca, Cd, Cr, Cu, F, Fe, Hg, K, La, Li, Mg, Mn, Mo, Na, Nb, Ni, Pb, P, Sb, Se, Si, Sn, Sr, Ti, V, W, Zn, Zr, Ag, Al, and Co.

c) Aeromagnetic 10 km × 10 km grid data (required): ΔT magnetic anomaly.

d) Remote sensing data (required): Advanced Land Observing Satellite (ALOS, 10 m), GF-1 Satellite (2 m), GF-3 Satellite (10 m), GF-6 Satellite (2 m), Landsat8 (15 m), S1A (sentinel satellite images, 10 m), and digital elevation (30 m).

B. Main Technical Indicators for Modeling

a) PRB labels, and a model accuracy of >95%. The average recall rate was 92.37%.

b) Joint surveys L51E020003, 151E019004, and 151E020004: 351 mapping objects, 6, 488 original

Fig. 5 Map showing the locations of the study areas in China.

PRB labels, and a model accuracy of >97%. The average recall rate was 92%.

c) Map H50E010009: 166 mapping objects, 11451 original PRB labels, and a model accuracy of > 97%. The average recall rate was 92.45%.

d) Joint surveys I47F005021, I47F005022, and I47F006022: 402 mapping objects, 10526 original PRB labels, and a model accuracy of >91%. The average recall rate was 92.02%.

(2) Comprehensive Evaluation of Artificial Intelligence Geological Map Automatic Generation Method

A. Consistency Evaluation of Tectonic Framework and Form of the Entire Map

Study area 1 is located at the junction between the Yunnan-Guizhou Plateau and the Sichuan Basin, and it is represented by a 1 : 50000 surveyed geological map (Fig. 6 (a)). The terrain is high in the west and low in the east and has the typical characteristicsof mountainous terrain. The exposed strata are Paleozoic to Quaternary, mainly including Paleozoic, Mesozoic, and Cenozoic systems.

The Paleozoic strata mainly consist of epicontinental neritic facies, with some continental margin-terrigenous facies and continental carbonate rocks in between. In the Late Middle Permian to Late Permian, a large-scale eruption of alkaline basaltic magma occurred. In the Mesozoic, an intracontinental basin developed, and the strata are mainly transitional facies clastic rocks, shallow sea carbonate rocks, alternating margin and terrigenous facies coal-bearing clastic rocks. After the Late Triassic, are continental clastic rocks were primarily deposited. The folds are mainly NE and nearly SN trending. The main tectonic stress direction is direction NE, and a total of six antiformal synclines developed in this area. The NE-trending faults are the most developed, followed by the NW-trending faults, and there are three faults in study area 1.

Fig. 6 (b) shows the geological map created using the method developed in this study, which clearly reflects the consistency of the stratigraphic distribution, tectonic framework, and structures compared to the surveyed map. Using this method, we accurately delineated the boundaries of the geological bodies and the different rock types and rock assemblages, and we identified the faults with large lithologic differences on both sides. For example, the produced geological map accurately reflects the distribution and structural forms of the bands and large areas of Emeishan basalt; the sandstone, shale, and limestone of the Qujing Formation; the shale, dolomite, and sandstone of the Hongyapo Formation; and even the limestone of the Qixia Formation and the limestone of the Maokou Formation.

Study area 4 is located in the Qinghai-Tibet orogenic belt in the Angrita District, Dulan County, Qinghai Province, which is represented by a 1 : 25000 surveyed geological map (Fig. 6 (c)). Geotectonically, study area 2 is located in the east Kunlun orogenic belt, which can be divided into two primary tectonic units (the Qinling-Qilian-Kunlun Mountains orogenic system and the Kangxiwa-Xiugou-Mozitan crustal docking belts) and two secondary tectonic units (the east Kunlun orogenic belt and the south Kunming subduction and accretionary complex belt).

The exposed lithostratigraphic units include the Paleoproterozoic Jinshoukou Group, Early Devonian Qigaisu Formation, Early Carboniferous Halagule Formation, Late Carboniferous-Early Permian Haoteluowa Formation, Early Triassic Hongshuichuan Formation, Early-Middle Triassic Naocangjiangou Formation, Middle Triassic Xilikete Formation, and Quaternary strata. In addition, there are also two informal stratigraphic mapping units in study area 2: the Cambrian-Ordovician Changshishan Ophiolite Melange and the Carboniferous-Late Permian Kangdelong Ophiolite Melange.

Fig. 6 (d) presents the geological map created using the method developed in this study. This map shows that all of the different types of geological bodies are distributed in the NW-SE direction, which is consistent with the direction of the regional tectonic stress. In addition, the overall distributions of the Proterozoic strata, Mesozoic strata, Mesozoic volcanic strata, and Caledonian-Indosinian felsic intrusive rocks are consistent with those on the surveyed geological map. Moreover, the response to the fault structures in the survey area is good, which shows that the main tectonic stress in the area is oriented in the NW direction, followed by the NE direction.

Because of the comprehensive utilization of the high-accuracy 1 : 50000 ground magnetic survey and 1 : 25000 deep exposure data, the Quaternary strata in the Dalijigetang area cover a large area. Thus, they can better reflect the geologic body under the shallow cover and the spatial distribution characteristics of the units under the shallow cover, providing more in-depth information for the mapping.

B. Field verification and evaluation of modeling results carried out simultaneously with a regional geological survey

The case study areas were represented by three 1 : 50000 maps (L51E020003, L51E019004, and L51E020004) of areas in which ongoing regional geological surveys are being conducted. The survey area is located in the Daxinganling volcanic rock belt in the eastern part of Tianshan-Xingmeng orogenic system. In the Mesozoic, this area was a continental back-arc basin on the southeastern margin of the Mongolian-Okhotsk Ocean and the outer margin of a continental arc. It is located in the Daxinganling volcanic belt and is adjacent to the Songliao Rift Basin to the east. Fig. 7 presents the field verification and comprehensive evaluation of the degree, accuracy, and object recognition ability of the geological map.

1) Consistency between the mapped unit and the surveyed geological map and evaluation of the ability to represent the shallow overburden

Fig. 7 (a2) shows the artificial intelligence geological map created via modeling with a geological route

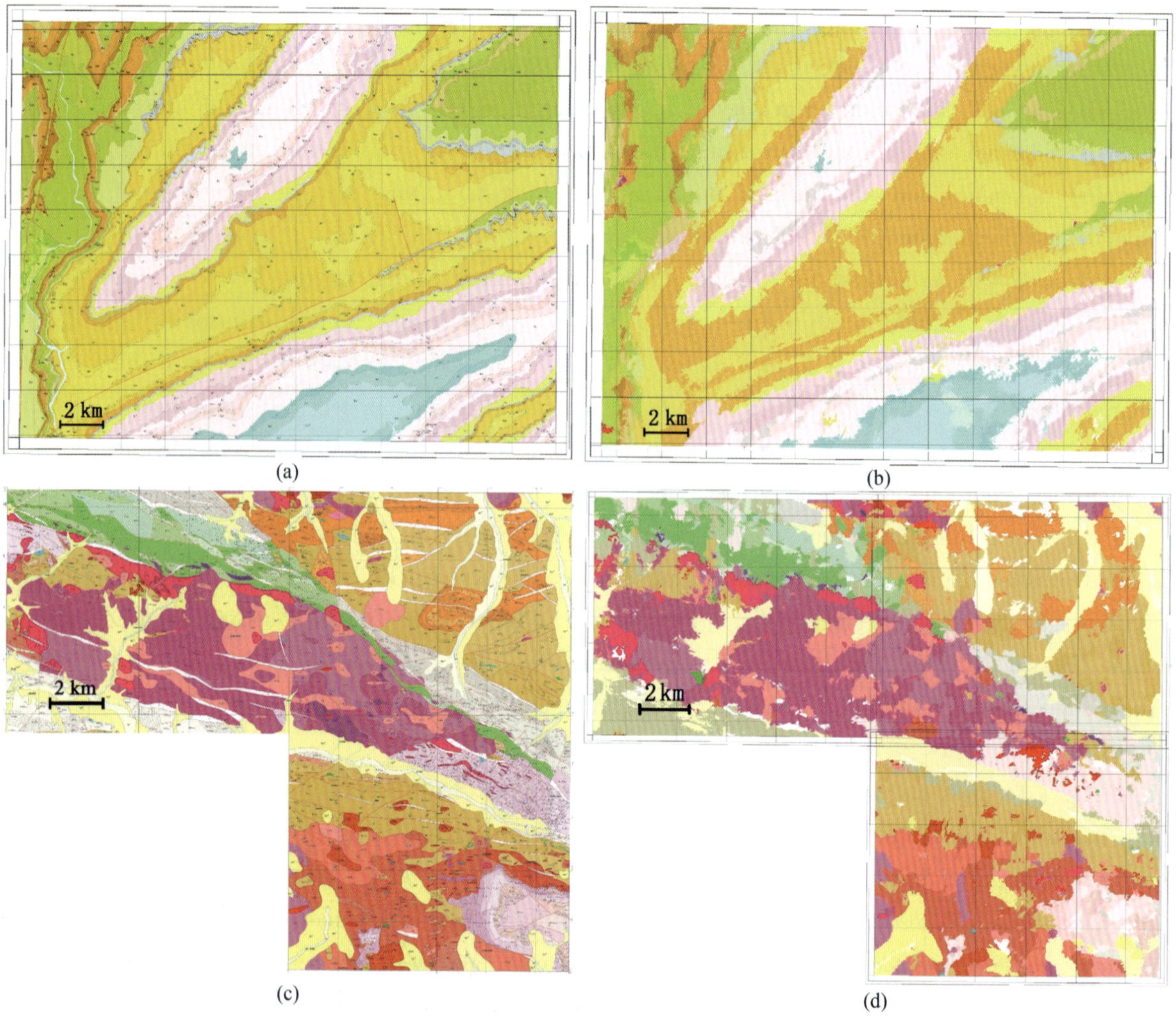

Fig. 6 Comparison of the surveyed geological maps and artificial intelligence geological maps of the sedimentary rock area and orogenic belt

(a) 1 : 50000 Huoshaoba surveyed geological map (G48E002009) of the sedimentary rock area between Yunnan and Sichuan. (b) Artificial intelligence geological map of the sedimentary rock area. (c) 1 : 25000 surveyed geological map (I47F005021, I47F005022, and I47F006022) of the Qinghai-Tibet orogenic belt in the Angrita District, Dulan County, Qinghai Province. (d) Artificial intelligence geological map of the Qinghai-Tibet orogenic belt.

coverage of 46%. Compared to the surveyed sketch (Fig. 7 (a1)), the outcrops and forms of the Lower Cretaceous Baiyingaolao Formation (K_1b), Upper Jurassic Manitu Formation (J_3mn), and Upper Jurassic Manketouebo Formation (J_3m) are basically the same. Through the introduction of synthetic aperture radar (SAR) data, the Quaternary system was revealed through deep learning to a certain extent. The survey results show that the distribution of the volcanic rocks corresponds to the surveyed map the best, and the semi-annular cryptovolcanic rocks related to the annular structures in the southeast corner are even included. In addition, the intrusive rock mass in the northern-central part of the area is larger than that on the surveyed map, but it corresponds well to the local positive anomaly on the deep magnetic survey, which may indicate that at present, the intrusive mass is not deeply buried. The results also indicate that the intrusive mass in the northeastern corner is concealed under the Quaternary cover. It is quite consistent with intrusive mass outside the screenshot, and it also corresponds to the positive anomaly on the deep magnetic survey.

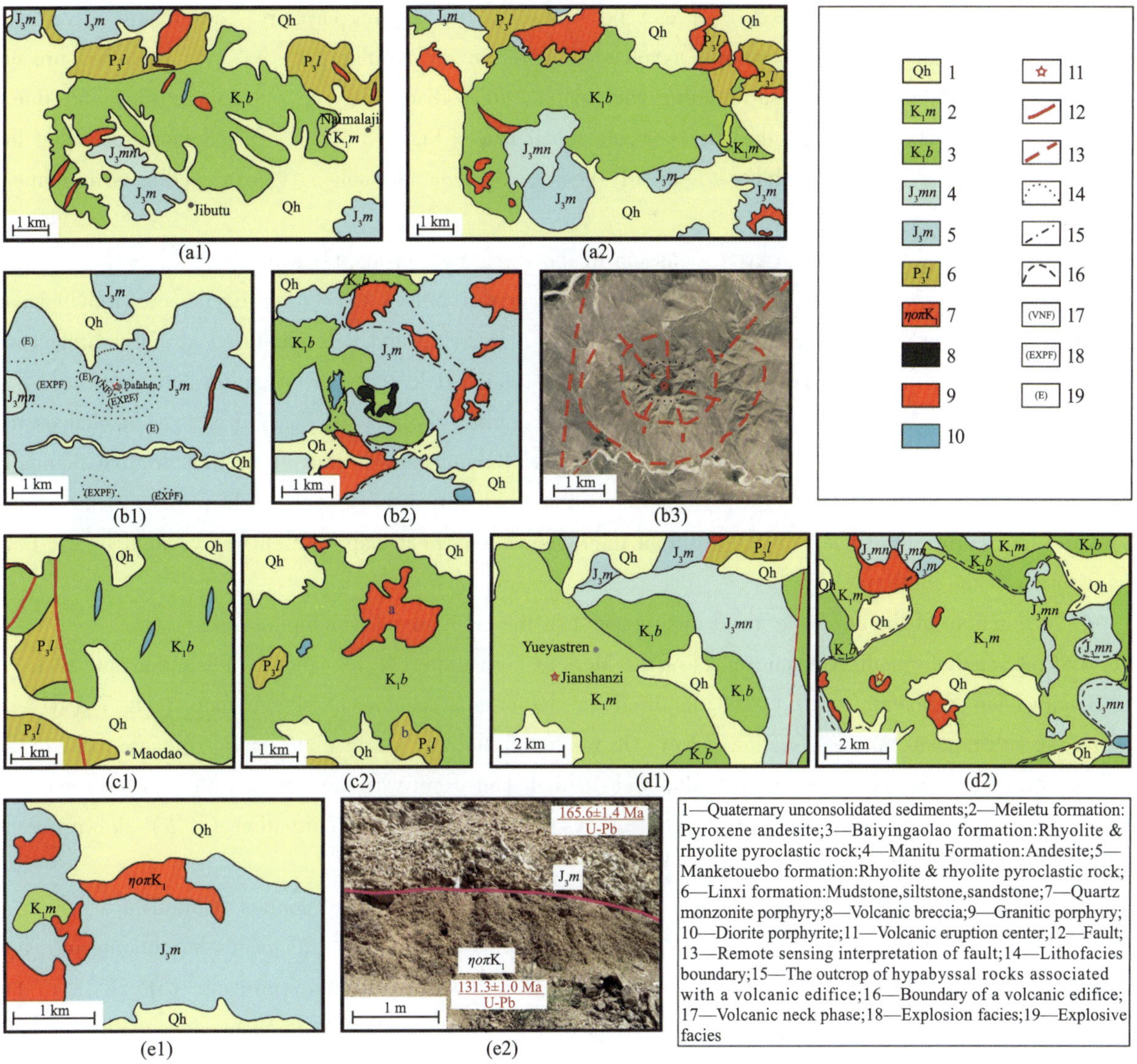

Fig. 7　Comparison of the field verification and comprehensive evaluation of the degree, accuracy, and recognition ability of the geological mapping objects

The consistency between the mapped unit and the surveyed geological map and the evaluation of its ability to represent the shallow overburden: (a1) distribution map of the surveyed mapping unit (local); and (a2) AI geological map corresponding to the map in (a1). Evaluation of the degree and accuracy of recognition of the volcanic edifices: (b1) surveyed geological map of the volcanic edifice; (b2) AI geological map corresponding to the map in (b1) (local); and (b3) remote sensing interpretation map corresponding to the map in (b1). Evaluation of the ability to avoid omissions in the recognition of the mapping units: (c1) surveyed geological sketch map (with omissions); and (c2) AI geological map corresponding to the map in (c1) (local). Evaluation of the ability to avoid misjudgment in the recognition of the mapping units: (d1) surveyed geological sketch map (with unreasonable division of mapping units); and (d2) AI geological map corresponding to the map in (d1) (local). Evaluation of the ability to recognize geological boundaries and actual contact relationships: (e1) AI geological map reflecting the contact relationships (local); and (e2) corresponding field verification photos of the area shown in (e1).

2) Evaluation of the degree and accuracy of recognition of the volcanic edifices

Fig. 7 (b1), (b2), and (b3) present a surveyed geological map of the Dalahan volcanic eruption center, a geological sketch based on deep learning modeling of the geological routes, and the interpretation results of the remote sensing images, respectively. Based on the characteristics of the artificial intelligence geological map shown in Fig. 7 (b2), it can be seen that the diorite porphyry, beschtauite, ivernite, quartzite, and normal slate dike surround a volcanic center in an annular pattern, with shattered breccia (dark green area in the figure) surrounding the center, fully displaying the volcanic edifice and linear structure, which is consistent with the surveyed geological map (Fig. 7 (b3)). This demonstrates that the mapping model has a significant ability to identify geological elements such as volcanic edifices and linear structures.

3) Evaluation of the ability to avoid omission in the recognition of mapping units

Point a in Fig. 7 (c1) is labeled as the rhyolitic crystal tuff of the Lower Cretaceous Baiyingaolao Formation (K_1b) on the original geological sketch (Fig. 7 (c2)), and it is identified as Early Cretaceous intrusive rock by the current geological mapping model. Through field route investigation and verification, it was found that this area should contain Early Cretaceous granite. Point b in Fig. 7 (c2) is labeled as the rhyolitic breccia tuff and rhyolite of the Lower Cretaceous Baiyingaolao Formation on the original manually prepared geological sketch (Fig. 7 (c1)). This location is identified as the sedimentary rocks of the Upper Permian Linxi Formation (P_2l) on the artificial intelligence geological map, which was verified by the field investigation of the route.

4) Evaluation of the ability to avoid misjudgment in the recognition of mapping units

The intermediate-mafic volcanic rocks of the Meiletu Formation (K_1m) and the felsic volcanic rocks of the Baiyingaolao Formation (K_1b) are identified on the original geological sketch map (Fig. 7 (d1)). During the subsequent route and section survey, it was found that the intermediate-mafic volcanic rocks of the Mailetu Formation (K_1m) are exposed in this area. This is consistent with the artificial intelligence geological map, and is inconsistent with the felsic volcanic rocks of the Baiyingaolao Formation (K_1b) shown on the original geological sketch map (Fig. 7 (d2)).

5) Evaluation of the ability to recognize geological boundaries and actual contact relationships

The artificial intelligence geological map (Fig. 7 (e1) shows the Early Cretaceous beschtauite intrusion in the J_3m rhyolite. On the surveyed map, the Early Cretaceous beschtauite intrusion ($\eta o \pi K_1$) in the rhyolite of the Manketouebo Formation (J_3m) (Fig. 7 (e2)) is shown in the Luchang area in the northern Zalute Banner, which is consistent with the identified contact relationship.

Ⅷ. Conclusions

Based on the principle that the geological route is the basis of geological map generation, in this study a granularity method for the geological route mapping object (knowledge label) and a high-dimensional secondary depth fusion and feature extraction method for multi-scale, multi-professional geological data oriented to the mapping object were developed. Then, a geological map generation model structure of multi-modal data, intermediate fusion, fully connected neural network and an artificial intelligence geological map automatic generation process were developed. To resolve the problems brought about by the few-shot samples along the geological routes (PRB data) characterized by lines, we developed a method of improving the label sample data for the PRB knowledge of the geological routes. Through variable distance sampling and secondary sampling, this method automatically labels the maximum geological mapping objects along the geological routes. The method developed in this study greatly improves the quantity, recognition accuracy, and position precision of the modeling of the mapping objects, and it can meet the practical application requirements for 1 : 50000 mapping for a maximum of four joint surveys.

Through application of the proposed mapping method in four representative areas, it was demonstrated that the proposed method improves the recognition and classification of geological mapping objects to a level that approximates that of surveyed geological maps. The distributions and accuracies of some of the mapping objects were even better than those obtained through manual mapping, and they reflect the geological body and its spatial distribution characteristics under shallow coverage better. The spatial expression of the artificial intelligence geological map is also conducive to the discovery of new problems and new information, and has strong guiding significance for gaining a deeper understanding of and analysis of field geological problems. This method also provides a new tool for resource exploration and exploitation. The modeling method for purely linear geological objects (e. g. , fault lines) needs to be strengthened and improved in the future.

Acknowledgment

We would like to thank the chief geological mapping scientists, geological mapping scientists, and geological experts from the various units and departments (including the Basic Investigation Department and Regional Geology Department of the China Geological Survey; the Geological Survey Centers of the China Geological Survey in Shenyang, Tianjin, Nanjing, Xi'an, and Chengdu; the Kunming Comprehensive Survey Center of Natural Resources of the China Geological Survey; the Geological Survey Institutes in Fujian, Anhui, and Qinghai) for their professional guidance.